西门子工业自动化技术丛书

深入浅出西门子运动控制器 S7-1500T 使用指南

第 2 版

组　编　西门子（中国）有限公司
编　著　张雪亮　王　薇　王广辉

机　械　工　业　出　版　社

自动化技术在不断地升级、创新，西门子公司作为自动化领域的领导者，不断地推出新产品和新技术。

本书主要介绍了学习和开发运动控制器的必备基础知识，第1章介绍了产品的软硬件结构及相关选型工具，典型方案的配置，并且以仿真软件为例进行运动控制编程的初期准备；第2章以PROFIdrive为基础进行通信的操作说明，介绍了西门子公司各种伺服驱动器的组态、优化和配置；第3～6章介绍了各种工艺对象的使用，并且给出了实战案例；第7章介绍了故障安全功能，通过安全运动控制器和驱动器的安全功能的结合从而保证人身和设备的安全；第8章以数字化概念为核心，通过多个案例介绍了数字化虚拟调试过程；第9章介绍了常用标准化、模块化的高效程序库。

本书每个章节互相独立、深入浅出、内容完整，并配有大量的例图，便于读者学习和掌握。

本书具有较强的实用价值可供广大工业产品用户、系统工程师、工程技术人员和大专院校相关专业师生阅读。

图书在版编目（CIP）数据

深入浅出西门子运动控制器S7-1500T使用指南／西门子（中国）有限公司组编；张雪亮，王薇，王广辉编著．—2版．—北京：机械工业出版社，2022.4

（西门子工业自动化技术丛书）

ISBN 978-7-111-70710-3

Ⅰ.①深…　Ⅱ.①西…②张…③王…④王…　Ⅲ.①运动控制-控制器-指南　Ⅳ.①TP24-62

中国版本图书馆CIP数据核字（2022）第077002号

机械工业出版社（北京市百万庄大街22号　邮政编码100037）

策划编辑：林春泉　朱　林　责任编辑：朱　林

责任校对：张晓蓉　贾立萍　封面设计：鞠　杨

责任印制：张　博

北京雁林吉兆印刷有限公司印刷

2022年8月第2版第1次印刷

184mm×260mm·21印张·518千字

标准书号：ISBN 978-7-111-70710-3

定价：109.00元

电话服务　　　　　　　　网络服务

客服电话：010-88361066　机　工　官　网：www.cmpbook.com

010-88379833　机　工　官　博：weibo.com/cmp1952

010-68326294　金　书　网：www.golden-book.com

封底无防伪标均为盗版　机工教育服务网：www.cmpedu.com

序

2013 年，自德国推出“工业 4.0”概念以来，全球工业领域正在快速进入一个崭新的时代。在第四次工业革命到来之时，我国也在全面提升制造业发展质量和水平。随着人口红利的逐渐消失，许多国内企业都面临着全球化制造业加速竞争的挑战：在全球市场中，当低廉的劳动力成本不能再作为“中国制造”的优势标签时，企业对于变革的需求更为迫切，“机器换人”、智能制造必然成为当前我国制造业发展的主旋律。

自动化是实现工业强国的重要前提之一。随着我国日益旺盛的产业升级需求态势，广大的自动化设备厂商、生产企业均对产品和技术提出了更严苛的要求，以期实现更短的上市时间、更大的灵活性、更高的效率以及更好的质量。西门子公司始终以客户面临的挑战为驱动力，凭借卓越的工程技术与创新能力，以领先的电气化、自动化和数字化产品及其解决方案和服务，助力中国制造业的智能化转型升级，实现可持续发展。西门子 SIMATIC 作为种类繁多的工业自动化产品中的重要一员，是一个面向所有制造应用和所有行业独有的控制系统。

1958 年，SIMATIC 品牌在德国专利局注册商标，之后从第一代 SIMATIC S3 可编程序控制器到具有突破意义的可编程序控制器 SIMATIC S5，从 S7 - 300/400 和全集成自动化 TIA 实现横向及纵向集成到 S7 - 1200/1500 和 TIA 博途平台成为数字化工厂的基石，SIMATIC 控制器已经成为自动化领域不可或缺的产品，为众多用户熟知和喜爱。2016 年，在运动控制领域中，SIMATIC 控制器不断创新，随着 TIA 博途 V14 版本的发布，西门子公司推出了全新的工艺型 CPU——SIMATIC S7 - 1500 T - CPU。它无缝扩展了中高级 PLC 的产品线，在标准型 / 安全型 CPU 功能基础上，实现了更丰富的运动控制功能。

为了帮助广大用户快速、全面地掌握这一新产品、新技术，我们特别邀请西门子资深工程师编写了本书。该书在知识结构上突出系统性，在内容上突出实践性，以工程应用为主线，力求概念清晰、叙述简洁、通俗易懂。书中大量实例来自生产实际和服务实践，融汇了作者长期积累的工作经验和研究成果。希望该书能够成为您学习基于 SIMATIC 运动控制器的实用工具书，在此感谢您对西门子品牌一直以来的关注和信赖！

西门子（中国）有限公司
数字化工厂集团
工厂自动化生产机械业务总经理
段诚
2022 年 2 月

前　言

随着工业制造生产效率的不断提升，运动控制系统也在快速发展。在经历了从步进控制系统到总线型伺服控制系统等诸多阶段后，当前运动控制已经进入到高速、高精度的数字化控制系统阶段。传统的PLC正在适应这种发展，逐步集成了众多的运动控制功能。并且随着以太网在工业领域中的大量应用，传统的脉冲、模拟量控制已经开始向基于以太网的实时通信控制方向进行转换。其它新技术的引入，也使当前的自动化运动控制具有了越来越丰富的功能和属性，例如通过OPC UA通信实现标准化行业数据传递、驱动器与电动机通过通信的方式进行数据交换，以及统一的软件平台实现控制器、驱动器和人机界面的集成调试等。

数字化是工业领域发展的新阶段，随着大量的数字化技术与传统自动化技术的快速融合、交汇，数字化的理念逐渐被工业领域所熟悉并且接受。通过机械、电气以及自动化控制的有机结合，运动控制设备展现了蓬勃发展的强大生命力。利用虚拟调试技术极大地缩短了调试时间，利用统一的数字化平台使参与各个调试环节的工程师可以有效地沟通和协作，再加上生产和加工数据的大量采集和分析，使数字化为工业领域带来诸多优势和价值。

为了适应运动控制的发展趋势，为广大客户提供具有数字化基因的高端产品，西门子数字化工厂集团于2016年推出了新一代基于PLC平台的运动控制产品S7－1500T，它在PLC中集成专用的运动控制器内核，适用于所有执行运动控制任务的机器，从简单的调速控制到高性能的多轴协调运动，为众多运动控制任务提供一个简单而灵活的解决方案。通过便于操作的PL-Copen指令和友好的编程测试环境，可以快速地实现定位、同步以及运动机构控制等功能。为了提高S7－1500T的可用性，提高工程师的编程效率并使项目规范化，西门子公司提供了种类丰富的标准化程序库供用户使用，可以缩短工程师编程以及调试的时间，降低了使用和维护难度。目前，S7－1500T已应用于印刷、包装、纺织、连续物料加工以及金属成型等行业。

为了在运动控制领域提供更多助力，满足现代机器和工厂多样的技术任务需求，SIMATIC T－CPU增加了更多的功能，并且通过高效集成的方法，在运动控制方面开辟了新的途径，使得基于T－CPU构建的自动化解决方案为多种任务和复杂问题节省了宝贵的工程时间。此次更新针对新功能、新方法和新特点进行了增补介绍，为学习使用T－CPU提供帮助。

本书基于编者多年从事这方面工作的体会，详细介绍了西门子S7－1500T的性能特点及应用技术。在内容的编写上力求实用性与先进性并举，避免过多的抽象概念，更加偏重实用性，从产品综述、通信、工艺对象、运动系统功能、扩展功能介绍、安全功能、数字化实践及常用库等多方面为工程应用人员做了全面介绍，是一本非常好的实用型参考书。本书可作为自动化与驱动领域的工程技术人员及高等院校师生的参考书，也可作为培训教材。

本书即将出版之际，特别要感谢西门子（中国）有限公司数字化工厂集团工厂自动化生产机械业务总经理段诚先生为本书撰写序言。同时本书还得到了西门子工厂自动化有限公司相关领导和众多同事的大力支持和指导。本书作者张雪亮先生、王薇女士、王广辉先生对本书的编写和审核付出了辛勤汗水，在此一并表示深深的谢意！

由于时间紧迫、资料有限，受技术能力及编纂水平所限，难免存在错漏和不足之处，请各位专家、学者、工程技术人员等广大读者给予批评指正。

西门子（中国）有限公司数字化工业集团
高级副总裁兼工业客户服务部总经理
杨大汉
2022年2月

目　　录

第1章　西门子SIMATIC S7-1500T/TF高级运动控制器

随着制造业的快速升级，降低人工成本和缩减制造成本的需求与日俱增。巨大的竞争压力促使自动化和驱动技术以及运动控制技术不断发展。在机械制造领域中，尤其是以运动控制为主的机器，旧有设备内的机械运动以往是依靠机械元件完成的，如齿轮、凸轮机械等。这意味着，即使是一个很小的功能变化或者增加额外的功能都需要更换机械元件，更新机械结构，甚至重新进行机械设计等工作。同时，由于机械磨损在所难免，会使系统控制精度逐渐降低，并且还需要库存大量的机械备件。与此同时，日益激烈的市场竞争要求生产机械能够生产出多样化、高质量的产品以及具有更高的产能，这会使生产机械的运动愈发复杂，对机械的运行速度及控制精度的要求越来越高，而传统的生产机械无法满足这些要求。因此，利用电气设备替代机械结构，这种机电一体化的技术在工业领域得到了广泛的应用，如图1-1所示。

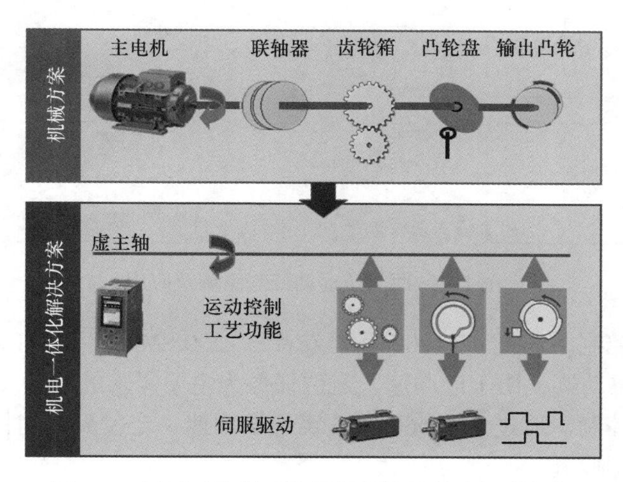

图1-1　用运动控制系统替代传统机械的解决方案

机电一体化技术的发展，带动了以伺服电动机为主的运动控制系统的蓬勃发展，利用伺服产品对传统设备进行升级改造是大势所趋。利用伺服驱动器和伺服电动机可以实现快速的运动控制，满足各个行业对运动控制的需求，如包装机、弯管机、拉丝机、套标机、拧紧机、绕线机和印刷机等生产机械。

为了顺应制造业的转变，传统的可编程序控制器（PLC）也进行了升级和改进，除了执行基本的逻辑控制任务和通信任务之外，还要执行多种多样的运动控制任务，以满足在机械自动化任务中越来越多、越来越复杂的运动控制需求，如速度控制、定位控制、多轴之间的同步控制等功能。西门子公司推出了基于PLC平台的SIMATIC S7-1500T/TF高级运动控制器（以下简称S7-1500T/TF），它在PLC中集成专用的运动控制器内核，适用于所有执行运动控制任务的机器，从简单的调速控制到高性能的多轴协调运动机构，为众多运动控制任务提供了一个简单而灵活的解决方案。这种将运动控制、PLC 和工艺控制三种功能组合在一起的运动控制产品可以降低工程组态开销，提高机器性能，同时还节省了各个控制部件之间的数据传输时间，便于对整个机器进行统一、透明的编写程序和诊断。通过便于操作的 PLCopen命令和友好的编程测试环境，可以快速地实现定位、同步以及运动机构控制等运动控制功能。

1. 西门子运动控制产品介绍

最新一代 S7-1500T/TF 是为最终用户、设备制造商和项目调试工程师提供的一个灵活、快速、精确且易于使用的产品。基于统一的 TIA 博途软件平台，能够实现从基本的逻辑控制到复杂的运动控制的高效编程，可以满足当前工业领域的各种需求。除了 S7-1500T/TF 外，西门子公司还提供了不同层级的运动控制产品（见图 1-2），以满足不同的运动控制功能需求，简要说明如下：

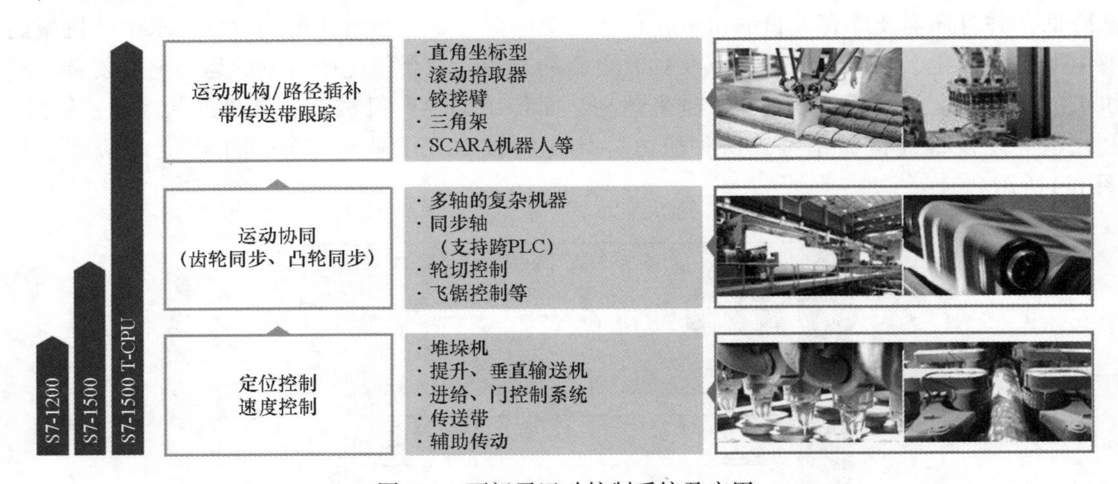

图 1-2　西门子运动控制系统及应用

1）基本的运动控制。通过 S7-1200 系列或者 S7-200 SMART PLC 以脉冲或者 PROFINET RT 通信的方式连接驱动器，用于以调速、定位任务为主要需求的场合。

2）中端的运动控制。通过 S7-1500 PLC 实现从调速、定位到相对同步（不指定具体同步的位置）的运动控制功能。

3）中端到高端的复杂运动控制任务可以使用 S7-1500T/TF 系列产品，除了调速、定位、相对同步之外，还增加了绝对同步、凸轮同步、运动机构控制、运动机构的输送链跟踪（传送带跟踪）。对于轴数多的应用，还可以通过跨 PLC 的分布式同步进行控制。S7-1500T/TF 产品借助于 TIA 博途软件平台，从友好、易用的角度提供中端到高端的运动控制，如图 1-3所示。

通过涵盖各个层级的丰富产品线，用户可以根据需求选择相应的运动控制产品。除了种类丰富的运动控制产品外，还有针对各个行业的多种解决方案。利用标准应用程序和统一的库文件可以大大减少设备制造商的工程量，使项目更加规范，为设备的未来发展和优化提供了强大助力，在本书第 9 章中进行具体的库功能介绍，在第 10 章提供了资料下载链接。

2. S7-1500T/TF 系列产品的特点

S7-1500T/TF 系列产品有六大特点，如图 1-4 所示。

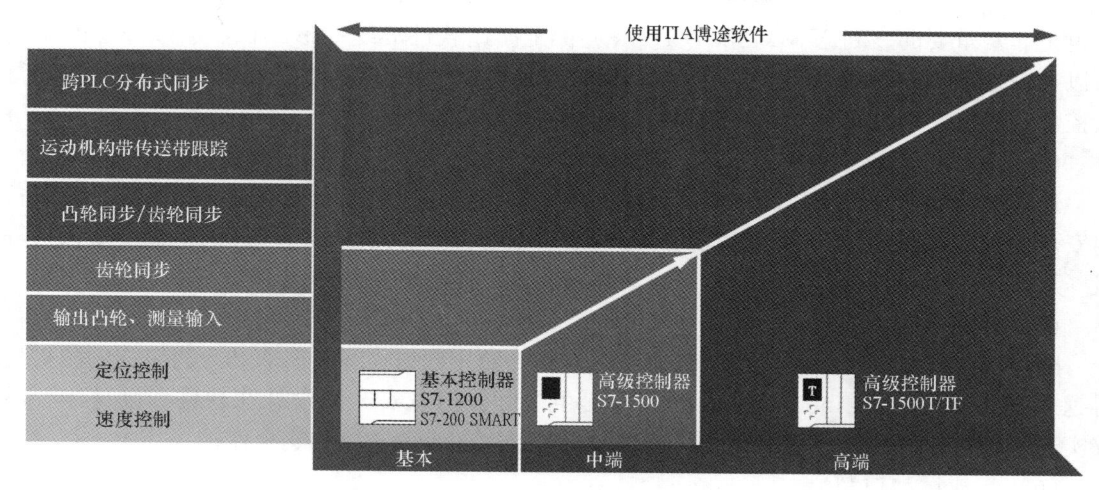

图 1-3　西门子运动控制器功能及性能

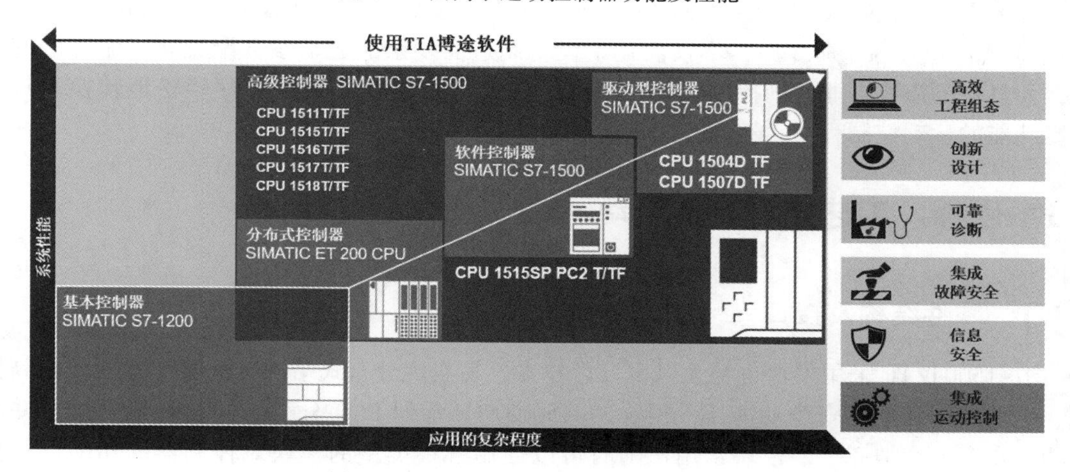

图 1-4　S7-1500T/TF 系列产品六大特点

（1）高效工程组态

众所周知，一个高效的软件架构和稳定的硬件平台是实现可靠的自动化控制的基础。在 TIA 博途软件平台这个统一架构下实现运动曲线的规划、运动状态监控，运动程序库的移植和复用，驱动产品的快速调试等功能。统一的数据共享用于快速开发人机界面（HMI），符合国际标准的 PLCopen 编程语言，使学习和使用此产品的工程师能够快速上手。

（2）创新的设计

利用西门子 PLM 软件 NX 的 MCD（机电一体化概念设计）功能模块与 PLC 仿真软件（PLCSIM Advanced）进行集成互联，实现所有的运动控制功能在控制器层面和 3D 机械模型之间进行仿真和测试；通过图形化的凸轮设计软件，可以在曲线设计的同时对转矩大小和速度进行分析，从而避免机械振动；在 TIA 博途软件中集成了运动机构 3D 运行轨迹的监控，便于各种多轴协同机械的设计和调试。

（3）可靠的诊断

一套自动化控制系统仅实现功能是远远不够的，将生产过程中的故障报警等状态信息以方便、直观的方式展现出来，从而帮助用户快速确定故障的原因，提高并且保障设备的利用率也是非常重要的。利用 S7-1500T/TF 以及 TIA 博途软件的统一诊断机制、故障诊断报警可以自动地显示在 HMI 上。同时在产品内部集成了网络服务器功能，可以通过浏览器进行监控和操作，还可以实现运动控制的状态监控和诊断功能。

（4）集成故障安全

通过安全功能和运动控制功能的集成，可以满足各种机械设备的安全功能需求，使设备的安全保护达到国际水平。不仅有利产品的出口销售，还有助于提升产品的机械安全保护等级。从长远的角度来看，安全功能是自动化设备重要而且必备的组成部分。

（5）信息安全

随着网络技术的不断发展，在信息安全方面，防止数据损坏、窃取和人为错误的防护变得越来越重要。从 S7-1500T/TF 系列产品诞生之际，信息安全就设计在软件和硬件中，不仅实现了各个层级的人员权限管理，还实现了多层次的纵深防御的安全保护。

（6）集成运动控制

最为重要的是强大的运动控制功能，通过 TIA 博途软件平台中友好的参数化配置界面，使用简便的 PLCopen 命令库，不仅简化了设备制造商复杂的运动参数配置和控制程序的编写，而且在不需要专业运动控制知识的情况下就可以将原有的 PLC 程序轻松地转换为具有丰富功能的运动控制程序，运动控制变得从未如此简单！

1.1　硬件、工艺模块以及驱动器

1.1.1　硬件结构及接口

S7-1500T/TF 采用模块化与无风扇设计技术，易实现分布式结构，且操作方便。集高性能、运动控制和故障安全功能于一身，S7-1500T/TF 系列 PLC 分为不同的性能等级，并配有功能众多、种类齐全的模块，用户随时可以使用各种类型的模块对控制器的功能进行扩充，控制器的外观和布局如图 1-5 和图 1-6 所示。在故障安全应用中，可以使用支持安全功能的 S7-1500TF 系列 PLC。S7-1500T/TF 系列 PLC 的电磁兼容性好、抗冲击和抗振动能力强，有很强的工业适应性。S7-1500T/TF 的防护等级为 IP20，建议安装在控制柜中。

图 1-5 中指示灯指示 PLC 当前操作模式和诊断状态（指示灯 1 从左至右依次为 RUN/STOP 运行状态灯、ERROR 出错指示灯 和 MAINT 需要设备维护的状态指示灯）。通过前面板 2 可以读取产品信息，查看接口 IP 地址，获得诊断状态，修改接口的 IP 地址及复位等操作。显示屏 3 支持中英文显示并且支持自动息屏等功能。4 为前面板的操作功能按键。5 为 PROFIBUS 接口的前面板（仅 1516、1517T/TF 产品有此接口）。

图 1-6 中，通过模式开关 1 实现 PLC 的启动、停止操作。LED 指示灯 2 暂无功能。仅 1516、1517T/TF 产品有 PROFIBUS 接口（X3）。PROFINET IO 接口（X2）6 为单端口，仅支持 PROFINET RT 实时通信功能。PROFINET IO 接口（X1）7 是具有双端口的交换机，支持 PROFINET RT/IRT 等时实时通信功能，使用 X1 接口进行运动控制通信。8 为设备的 MAC 地址。9 为 PROFINET 接口 X1 和 X2 的 3 个端口连接和通信状态的 LED 指示灯。S7-1500T/TF 系列 PLC 必须有存储卡才可以使用，10 为 SIMATIC 存储卡的插槽。指示灯 12 是 PLC 当前操作模式和诊断状态的 LED 指示灯。

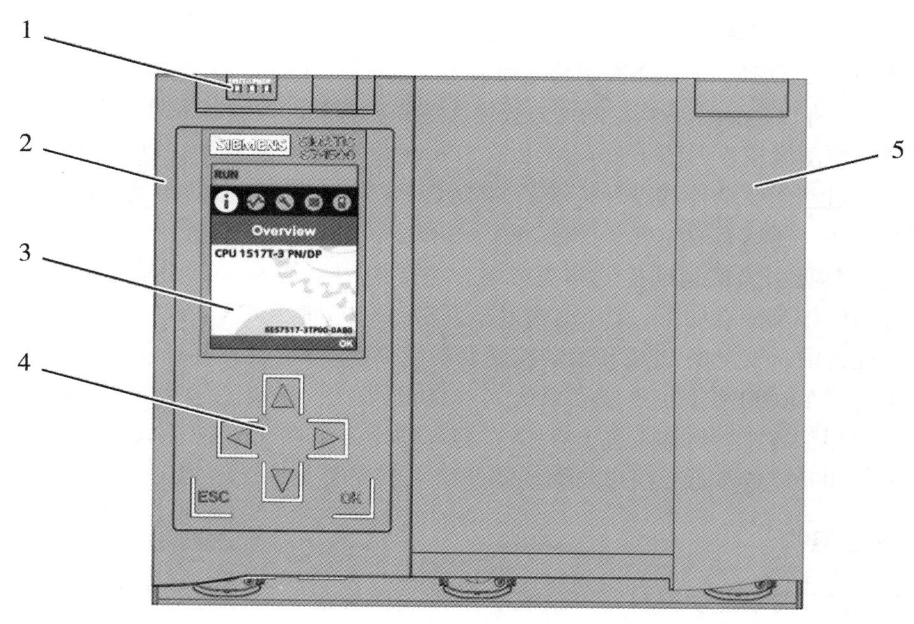

图1-5　S7-1500T/TF PLC的外观

1—指示灯　2—前面板　3—显示屏　4—控制键　5—PROFIBUS接口的前面板

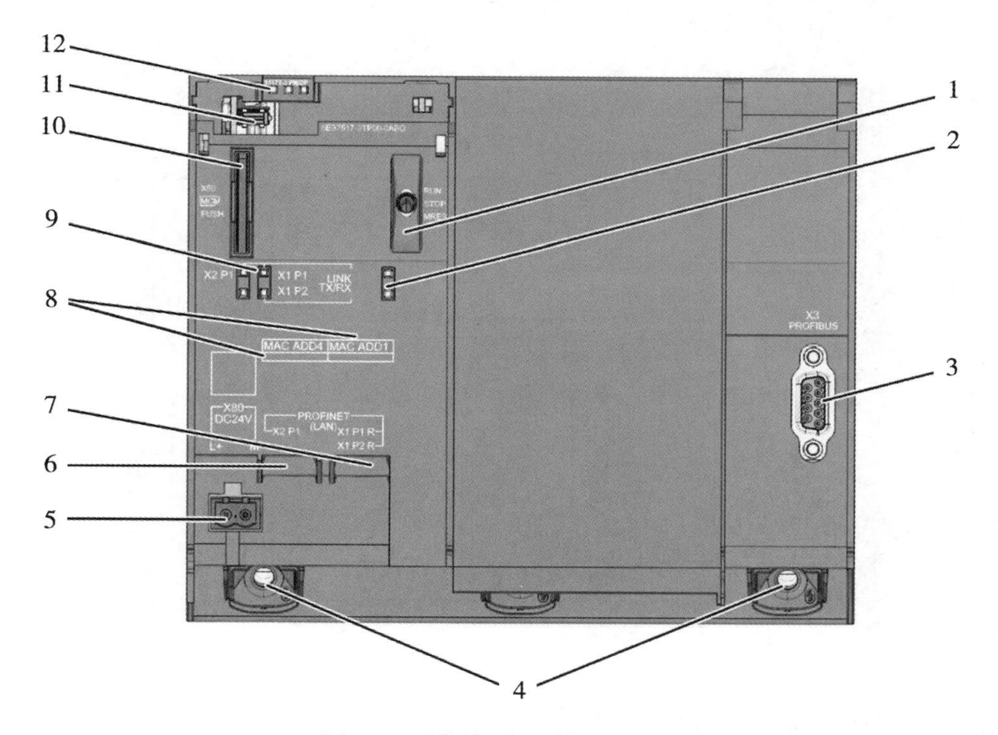

图1-6　不带前面板的模块正视图

1—模式开关　2—LED指示灯　3—PROFIBUS接口（X3）　4—固定导轨螺钉　5—24V电源电压连接器　6—PROFINET IO接口（X2）　7—PROFINET IO接口（X1）　8—MAC地址　9—PROFINET接口指示灯　10—SIMATIC存储卡的插槽　11—显示屏连接接口　12—LED指示灯

除了这种标准控制器之外，西门子公司还推出了以计算机为基础的 ET200SP 开放式控制器产品 CPU 1515SP PC2 T/TF，将运动控制功能和基于 Windows 10 的 PC 系统完美地集成在一起，优异的性能在需要将 Windows 中特定的用户程序无缝集成到软件控制器中时尤为彰显。

针对高端驱动应用，西门子公司推出了 SIMATIC 驱动型控制器 CPU 1504D TF 及 CPU 1507D TF，通过基于驱动器的设计扩展了 SIMATIC S7-1500 控制器的产品系列，除了扩展的运动控制功能外，还具有故障安全控制功能。SIMATIC 驱动型控制器针对生产机器进行了优化设计，是极具吸引力的运动控制解决方案，主要应用于需要使用 SINAMICS S120 驱动的场合，具有的优势及特点如下：1）结构紧凑，S7-1500 TF-CPU 和 SINAMICS S120 驱动器集成在一个设备中，安全的 PLC 和运动控制器功能高度集成。2）易于扩展，具有丰富的通信接口，可通过 PROFINET 扩展驱动系统。3）功能强大，集成了 SINAMICS S120 驱动器控制，配备大内存、高速接口和工艺 I/O。4）容易使用，可在 TIA 博途软件中进行快速的项目配置，布线和安装成本低，PLC 与驱动器共用一个存储卡。

1.1.2　网络架构

S7-1500T/TF 高级运动控制器中集成有多种通信标准，可完美地应用于各种自动化层级，S7-1500T/TF I/O 扩展如图 1-7 所示。

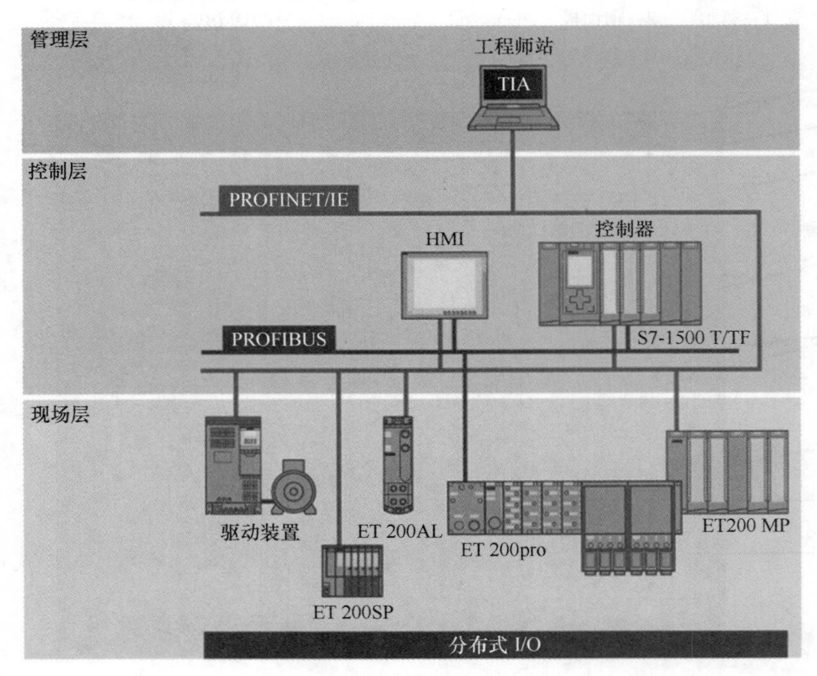

图 1-7　S7-1500T/TF I/O 扩展

S7-1500T/TF I/O 扩展有以下三种方式：

1）PLC 通过 PROFINET 或 PROFIBUS 现场总线，连接伺服驱动装置和分布式 I/O。

2）模块可直接安装在 PLC 机架上，也可以安装在分布式 I/O 系统中。

3）使用集成安全功能的 S7-1500TF PLC 和支持故障安全功能的 I/O 模块，可以实现各种安全功能。

1.1.3　工艺模块扩展

PLC 可以通过扩展各类工艺模块完成多种工艺任务，如果将工艺模块用于运动控制，必须对工艺模块、PLC 进行参数和工艺对象的组态。用于计数、测量和定位的各种工艺模块型号见表 1-1 和表 1-2。

表 1-1　S7-1500/ET200MP 使用的工艺模块

S7-1500/ET200MP	订　货　号	功　　能
TM Count 2 ×24V	6ES7 550-1AA01-0AB0	连接 2 路 24V 增量/脉冲编码器
TM PosInput2	6ES7 551-1AB00-0AB0	连接 2 路 SSI 绝对值或 5V TTL 增量编码器
TM Timer DIDQ16 ×24V	6ES7 552-1AA00-0AB0	用于测量输入、输出凸轮以及凸轮轨迹工艺对象
TM PTO4	6ES7 553-1AA00-0AB0	4 路 5V TTL 差分信号或者 24V 脉冲信号

表 1-2　ET200SP 使用的工艺模块

ET 200SP	订　货　号	功　　能
TM Count1 ×24V	6ES7 138-6AA01-0BA0	连接 1 路 24V 增量/脉冲编码器
TM PosInput1	6ES7 138-6BA01-0BA0	连接 1 路 SSI 绝对值或者 5V TTL 增量编码器
F-TM Count 1x1 VPP sin/cos HF	6ES7 136-6CB00-0CA0	检测和计数正弦/余弦脉冲，安全等级为 SIL3/Cat. 4/PLe.
TM Timer DIDQ 10 ×24V	6ES7 138-6CG00-0BA0	用于测量输入、输出凸轮以及凸轮轨迹工艺对象
TM Pulse 2 ×24V	6ES7 138-6DB00-0BB1	2 路 PWM（脉宽调制）输出，可以与驱动装置连接
TM PTO 2 ×24V	6ES7 138-6EB00-0BA0	用于步进驱动，2 路脉冲输出，每路 1DQ 24 V

如果将工艺模块与运动控制结合使用，必须组态参数。

1.1.4　适用各种应用的驱动平台

为了满足不同的应用需求，西门子公司提供了种类丰富的驱动系列产品，如图 1-8 所示。从简单定位到数控加工，从风机泵类到动态伺服系列产品。种类丰富的驱动产品与 S7-1500T/TF运动控制器结合，以可靠的品质为自动化设备的长期高效运行做好了准备。

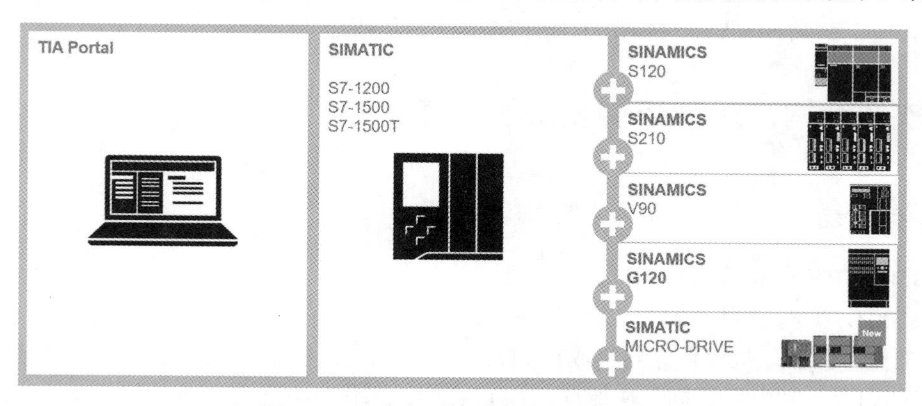

图 1-8　多种类型的驱动满足多种需求

1. SINAMICS S120 伺服驱动系统

作为 SINAMICS 系列驱动产品的高性能驱动器，SINAMICS S120 伺服驱动系统是适用于机械设备制造领域的高性能模块化驱动系统。SINAMICS S120 伺服驱动系统面向广泛的工业应用，提供单轴和多轴驱动，支持多种类型的电动机，并且依托良好的扩展性和灵活性，是满足日益增长的多轴和高性能需求的顶级产品。在驱动器内部，支持 DCC 编程功能，可以快速实现定制的驱动解决方案。

2. SINAMICS S210 伺服驱动系统

此系列为单轴 AC/AC 驱动器，具有扩展的安全功能、便利连接特性和优异的运动控制性能，专为高动态运动控制应用而设计。伺服驱动系统包括 SINAMICS S210 伺服驱动器、SIMOTICS S-1FK2 伺服电动机（提供紧凑或高动态版本），以及电动机和驱动器之间的专用“单电缆连接”。配合 S7-1500T/TF 执行运动控制任务，如定位、同步以及运动机构控制功能。

3. SINAMICS V90 伺服驱动系统

作为 SINAMICS 驱动系列中的单轴驱动产品，SINAMICS V90 伺服驱动器和 SIMOTICS S-1FL6伺服电动机组成了性能优化、易于使用的伺服驱动系统。8 种驱动类型，7 种不同的电动机轴规格，功率范围从 0.05～7.0kW 以及单相 220V 和三相 380V 的供电系统，使其广泛用于各行各业，如定位、传送、收放卷等设备，同时该伺服系统可以通过在 TIA 博途软件中安装 HSP 的形式与 S7-1500T/TF 进行完美配合，实现丰富的运动控制功能。

4. SINAMICS G120 变频驱动系统

SINAMICS G120 通用型驱动器是 SINAMICS 驱动器系列的重要组成部分，采取模块化设计，具有安装高度友好和维护极其便利的特性。0.37～630kW 的大功率范围可满足各种调速应用的需求。

5. SIMATIC MICRO-DRIVE 安全超低电压伺服驱动系统

SIMATIC MICRO-DRIVE 是安全超低电压范围内（直流 24～48V）的伺服驱动系统，由 SIMATIC MICRO-DRIVE、灵活选用的电机以及所选产品合作伙伴的连接电缆组成，扩展了西门子伺服产品系列，可提供超低电压，实现面向未来的高效运动控制解决方案。适用于在生产制造、创新型领域中的精准定位功能，例如，在仓储小车以及高间隔货架运输系统，无人驾驶运输系统，医疗系统中的运输 MRT 检查台，放射影像应用中自动精确对齐设备。目前，有两种产品形式供选择：1）ET200SP 驱动模块型的 SIMATIC MICRO-DRIVE PDC 伺服驱动。2）独立型的 SIMATIC MICRO-DRIVE F-TM 伺服驱动。

1.2　软件结构、运动控制资源及选型工具

1.2.1　存储器

S7-1500T/TF 存储器结构如图 1-9 所示。

S7-1500T/TF 存储器主要由以下几部分组成：

1）工作存储器。工作存储器集成在 PLC 中，不能进行扩展，是掉电不保持存储器，相当于计算机的内存，断电后数据无法保存。在 PLC 中，工作存储器又划分为以下两个存储区域：

① 程序工作存储器：用于存储与运行系统相关的程序代码。

② 数据工作存储器：用于存储与运行系统相关的数据块。

2）装载存储器（外置存储卡）。S7-1500T/TF 使用 SIMATIC 存储卡作为程序存储器，

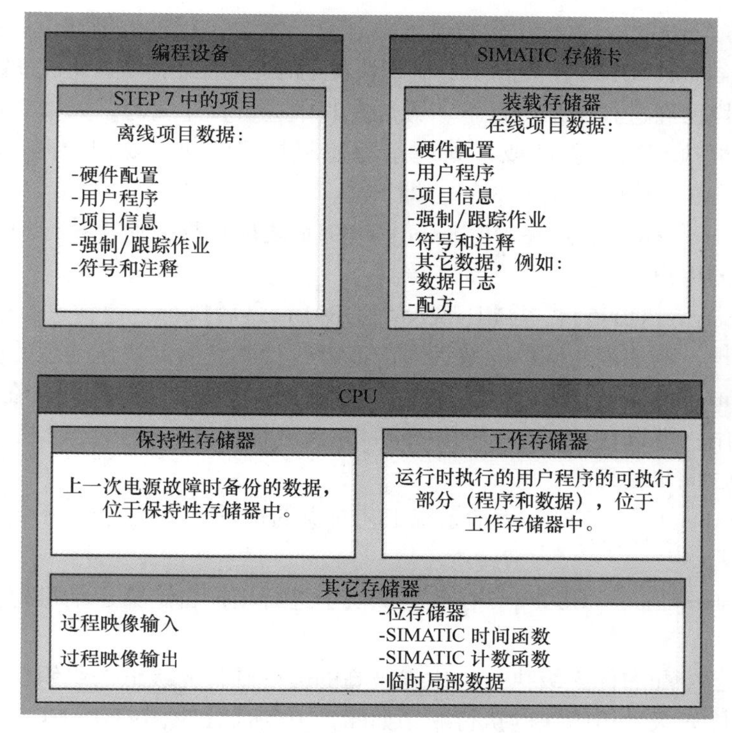

图 1-9　S7-1500T/TF 存储器结构

是掉电保持存储器，相当于计算机的硬盘，用于存储程序、数据块、工艺对象和硬件配置数据。计算机与 PLC 连接后将用户程序传输到 PLC，这就是将用户程序写入到 SIMATIC 存储卡（装载存储器）中。PLC 只有插入 SIMATIC 外置的存储卡后，才能操作使用。

3）保持性存储器。保持性存储器集成在 PLC 中，当 PLC 停止或电源故障后重新启动时，其数据值仍然保留。以下数据或对象可以定义为保持性数据：

- 全局数据块的变量。
- 函数块中背景数据块的变量。
- 位存储器（M 区）、定时器和计数器。
- 工艺对象中的变量（例如，绝对值编码器的调整值）无须定义始终具有保持性。

1.2.2　组织块

在 S7-1500T/TF 中，程序执行是依赖组织块（OB）的，组织块是 PLC 的操作系统与用户程序之间的接口，可以用于执行用户程序：

- 程序循环组织块［OB1］。
- 启动 PLC 时执行一次组织块［OB100］。
- 循环执行组织块［OB35］。
- 出错时执行组织块［OB80、OB82、OB83、OB86、OB121、OB122］等。
- 硬件中断时执行组织块［OB40］。

使用运动控制功能时，TIA 博途软件将自动在程序中增加组织块，可用于执行工艺对象计算和运动控制命令计算：

- MC-Servo［OB91］：执行位置控制器的计算，主要执行轴的闭环位置控制。
- MC-Interpolator［OB92］：响应其它组织块发送的运动控制命令、生成设定值和监视功能。

这两个组织块已经进行了加密保护，无法在其中进行程序编写。如果需要在运动控制之前或者之后快速地执行用户程序或者处理运动控制数据，则需要创建两个组织块 MC-PreServo［OB67］和 MC-PostServo［OB95］，即

- MC-PreServo［OB67］：在 MC-Servo［OB91］之前执行，通常执行编码器处理或者其它需要快速处理的用户程序。
- MC-PostServo［OB95］：在 MC-Servo［OB91］之后执行，通常进行输出的速度和控制字的自定义处理，例如液压阀的非线性对应或者执行其它需要快速处理的用户程序。
- MC-PreInterpolator［OB68］：实现运动控制命令的等时同步处理，在 MC-Interpolator［OB92］之前调用。可以在 OB68 中使用 MotionIn、测量输入、输出凸轮和凸轮轨迹等运动控制命令进行 IPO 同步处理。
- MC-LookAhead［OB97］：运动系统工艺对象的运动准备在此组织块中进行计算，不支持用户程序编写。
- MC-Transformation［OB98］：在此组织块中进行用户自定义运动机构坐标和轴设定值的变换。

组织块按照已分配的优先级执行，优先级高的会中断优先级低的组织块，运动控制组织块具有非常高的优先级。组织块的执行顺序如图 1-10 所示，图中①是 MC-PreServo［OB67］开始执行的时刻，在第一个应用周期中，MC-Servo［OB91］显示为 S1。②是 MC-PostServo［OB95］执行结束的时刻，然后会处理 MC-PreInterpolator［OB68］和 MC-Interpolator［OB92］，在第一个应用周期中，MC-Interpolator［OB92］显示为 I1。③表示处理 MC-LookAhead［OB97］，其处理过程在第一个应用循环被中断，在第二个应用循环继续。在处理完所有运动控制组织块后，才会进一步处理 Main［OB1］（④）。在第三个应用循环之前，Main［OB1］循环 n④完成，n+1⑤开始进行处理，直到第三个应用循环开始。由此可以看出，OB1 执行过程中，被运动控制组织块频繁中断，并且时间被延长。因此，如果在轴数很多或者 PLC 负荷很重的情况下，需要考虑增加 OB1 的监控时间，以避免超时停机（在 PLC 属性中设置监控时间长度）。降低通信负荷百分比（最低可达 15%），在 OB91 属性中增加循环因子系数或者延长运动控制的通信周期，可以有效降低运动控制的计算负荷。

1.2.3　运动功能框架

PLC 的内部运行系统包括：工艺对象、工艺数据块、S7-1500T/TF 运动控制内核、用户程序以及调用的运动控制命令等，如图 1-11 所示。

1）运动控制内核具有非常高的优先级，以等时的形式处理收到的运动控制命令以及进行位置和路径插补等计算。

2）工艺对象代表系统中的实体对象（如驱动器），以及辅助使用的虚拟轴或者仿真轴等。在用户程序中通过运动控制命令可以控制工艺对象的各个功能。在运动控制中，所有的操作都是围绕着工艺对象进行的。利用工艺对象可对运动进行开环和闭环控制，并反馈当前的状态信息（如实际位置、实际速度）。工艺对象的组态可以关联驱动器接口，设置运动控制的相关参数。所有和驱动器的数据交换均无需用户编程控制，工艺对象将根据用户命令自动进行数据处理。

3）在工艺数据块中存储组态数据，其包含了工艺对象的所有组态数据、设定值和实际值以及状态信息。TIA 博途软件将在创建工艺对象时自动创建工艺数据块，用户程序可以随时访问工艺数据块的数据。

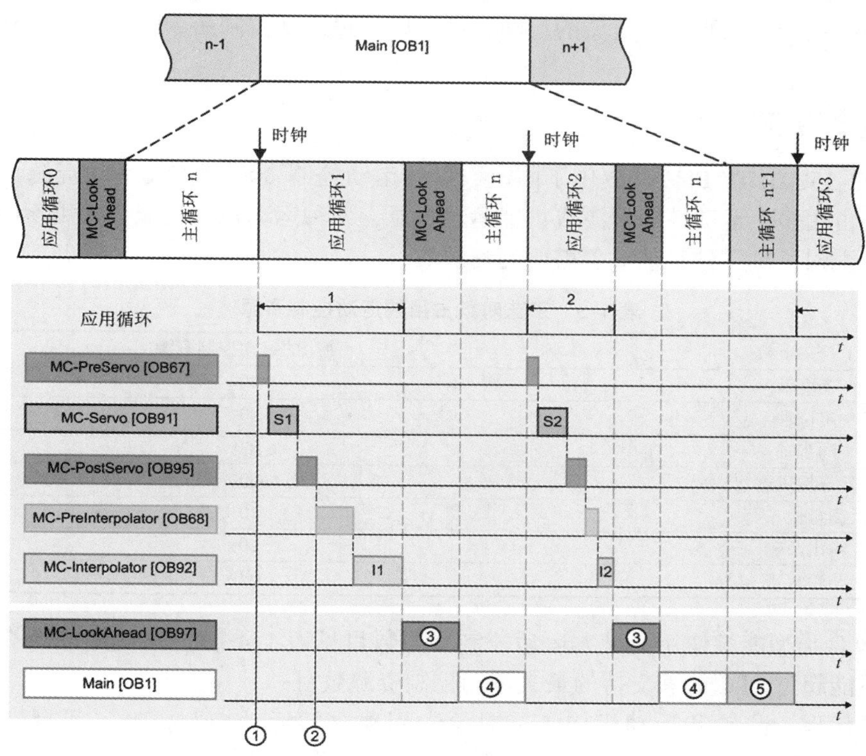

图 1-10　组织块的执行顺序

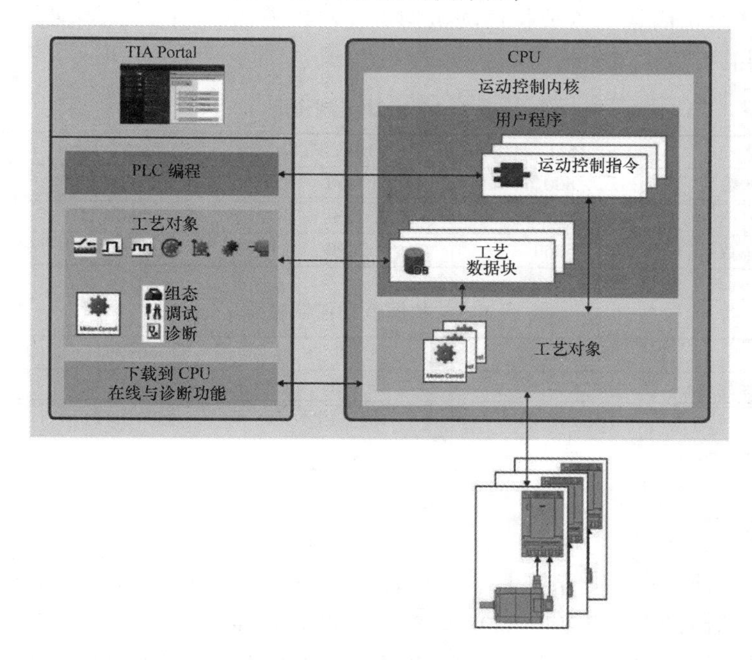

图 1-11　PLC 运动控制集成示意图

4）通过运动控制命令在工艺对象上执行所需的功能。运动控制命令和工艺对象数据块是工艺对象的编程和操作接口。

5）用户程序可以在循环组织块 OB1 或循环执行组织块 OB35 中调用。在用户程序中，可使用运动控制命令控制工艺对象的运动，也可以通过运动控制命令的输出参数跟踪运行中命令执行的状态。

1.2.4 运动资源

每个 S7-1500T/TF PLC 均提供了固定数量的运动控制资源及扩展运动资源，每个工艺对象均需要占用多个运动控制资源或扩展运动资源，各种运动控制功能会占用不同的资源数目。表 1-3 说明了每一种工艺对象需要的资源数目。

表 1-3 工艺对象占用的运动控制资源

工 艺 对 象	使用的运动控制资源
速度轴	40
定位轴	80
同步轴	160
外部编码器	80
测量输入	40
输出凸轮	20
凸轮轨迹	160

每种 PLC 类型能够使用的最大运动控制资源数目见表 1-4，用户使用的所有工艺对象资源总数不能超过 PLC 能够支持的最大运动控制资源数目。

引导轴代理、凸轮和运动机构工艺对象占用独立的运动控制资源（扩展运动控制资源）。引导轴代理占用 3 个扩展运动资源，凸轮工艺对象占用 2 个扩展运动资源，10K 凸轮工艺对象占用 20 个扩展运动资源，运动机构工艺对象占用 30 个扩展运动资源。不同的 PLC 类型提供了不同的扩展运动资源数目，见表 1-5。

表 1-4 运动控制资源

PLC 类型	S7-1511T/TF	S7-1515T/TF	S7-1516T/TF	S7-1517T/TF
最大运动控制资源数目	800	2400	6400	10240
PLC 类型	S7-1518T/TF	S7-1515SPT/TF	S7-1504D TF	S7-1507D TF
最大运动控制资源数目	15360	2400	2400	12800

表 1-5 扩展运动控制资源

PLC 类型	1511T/TF	1515T/TF	1516T/TF	1517T/TF
最大运动控制资源数目	40	120	192	256
PLC 类型	1518T/TF	1515SPT/	1504D TF	1507D TF
最大运动控制资源数目	512	120	120	420

1.2.5 选型工具

在项目开发之前，产品的选择是非常重要的。首先需要了解控制对象的工艺需求，方可进行控制器和驱动器的选择工作。TIA 选型工具（TIA Selection Tool）软件是西门子自动化产品的配置工具，能够方便、快速、准确地完成控制器及驱动等产品的选型配置工作。针对驱动系统的选型，支持 SINAMICS V90、SINAMICS S210、SINAMICS S120 等多种产品，并提供了典型机械系统供选择。以可视化的方式直观地呈现选型过程和系统关键数据，只需输入相应数据并确定运动过程，即可根据需求快速匹配驱动系统，大大减少了选型时间。

TIA 选型工具特点：

- 完整的自动化与驱动系统设计；
- 易于操作和使用；
- 集成了硬件和工艺背景信息；
- 自动生成设备清单、特性曲线、参数文件和配置图表。

通过表 1-6 举例说明使用 TIA 选型工具选择 SINAMICS V90 及 S7-1500T CPU 的步骤。

表 1-6　使用 TIA 选型工具进行配置选型的步骤

序号	描　　述
1	打开 TIA 选型工具后新建一个项目，选择“驱动技术”中“驱动器规格（>48…设置）使用集成在 TIA Selection Tool 中的 SIZER 设置” 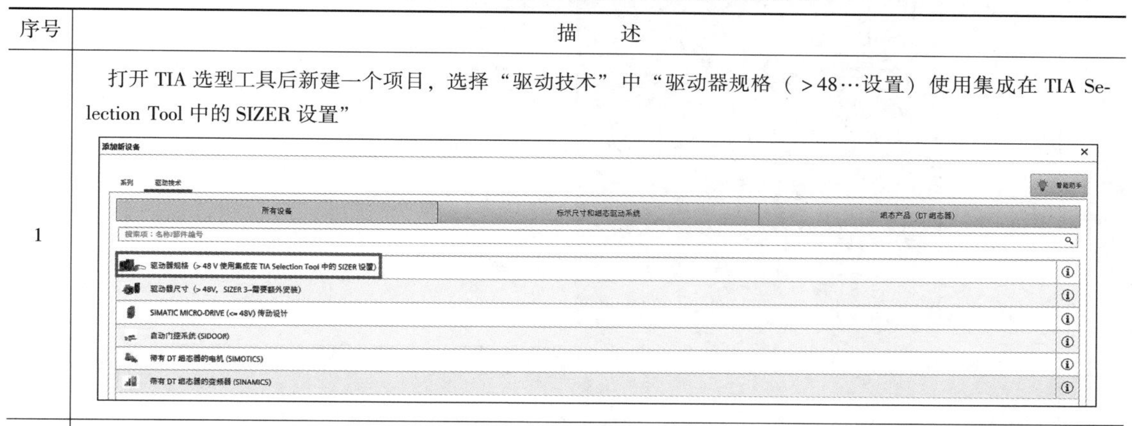
2	在“选择产品系列”中，对安装、电机、齿轮箱、工艺要求等进行设置 

（续）

<table>
<tr><th>序号</th><th>描　述</th></tr>
<tr><td>3</td><td>单击轴下面的“添加负载”，在弹出的界面中可以选择工艺中使用的机械模型（如果模型没有在 TIA 选型工具中涵盖，可以通过 NX 软件中的 MCD 模块定义自己的机械模型后导入），以滚珠丝杆为例

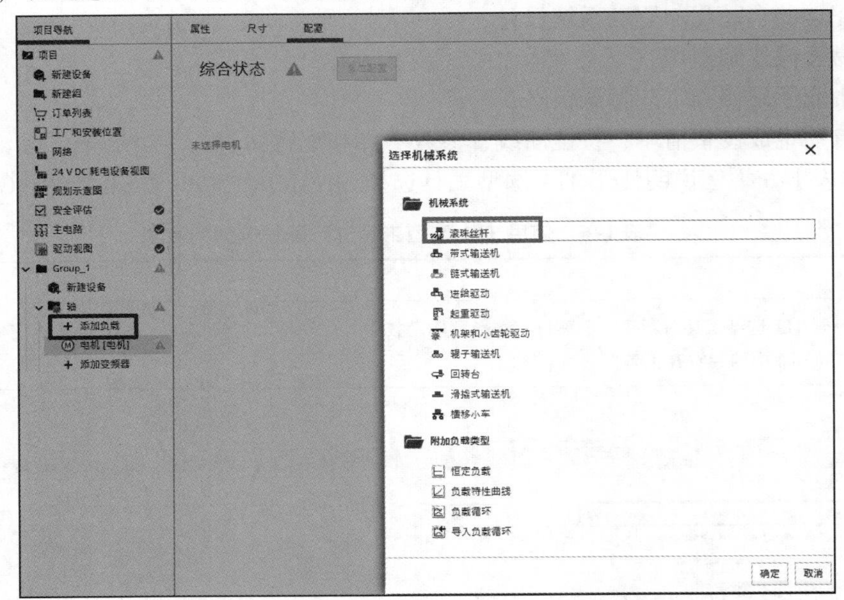
</td></tr>
<tr><td>4</td><td>输入机械参数，如丝杠长度、螺距参数、丝杠直径等机械信息，并且配置往返运动的行程距离、速度值、加减速度大小，完成机械部分的配置

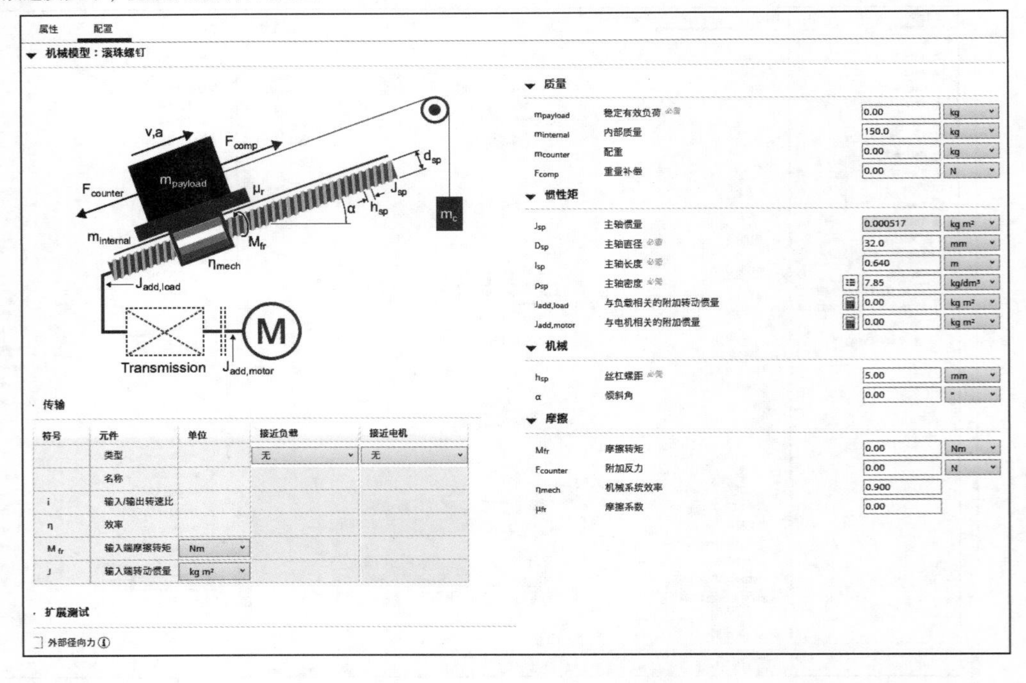
</td></tr>
</table>

（续）

序号	描　　述
4	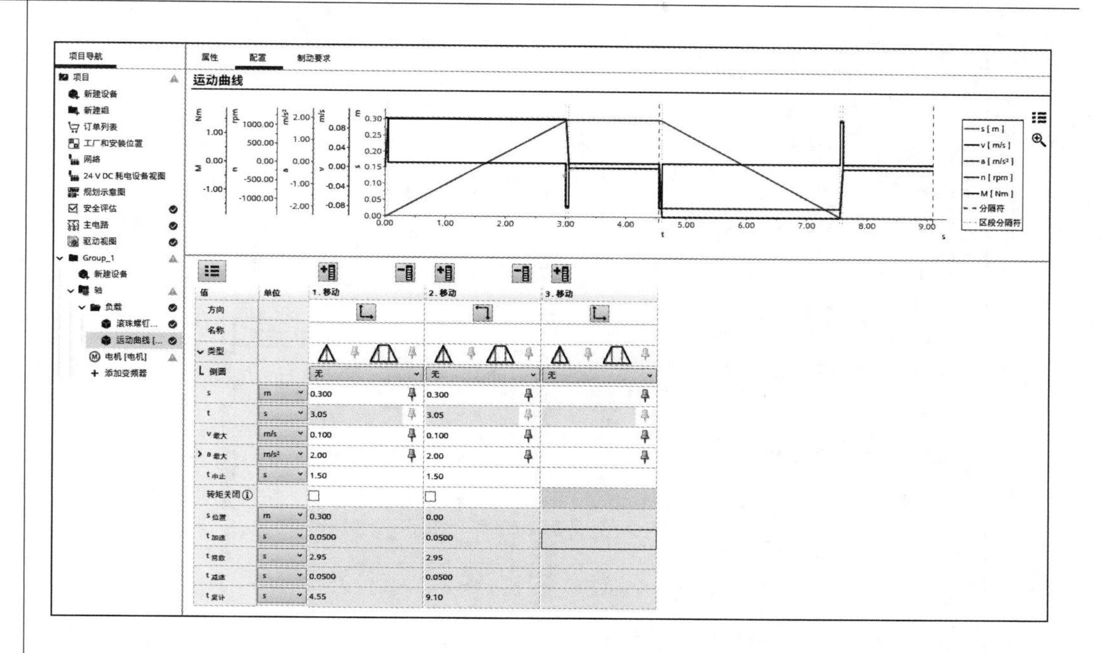
5	依次选择电机及驱动器 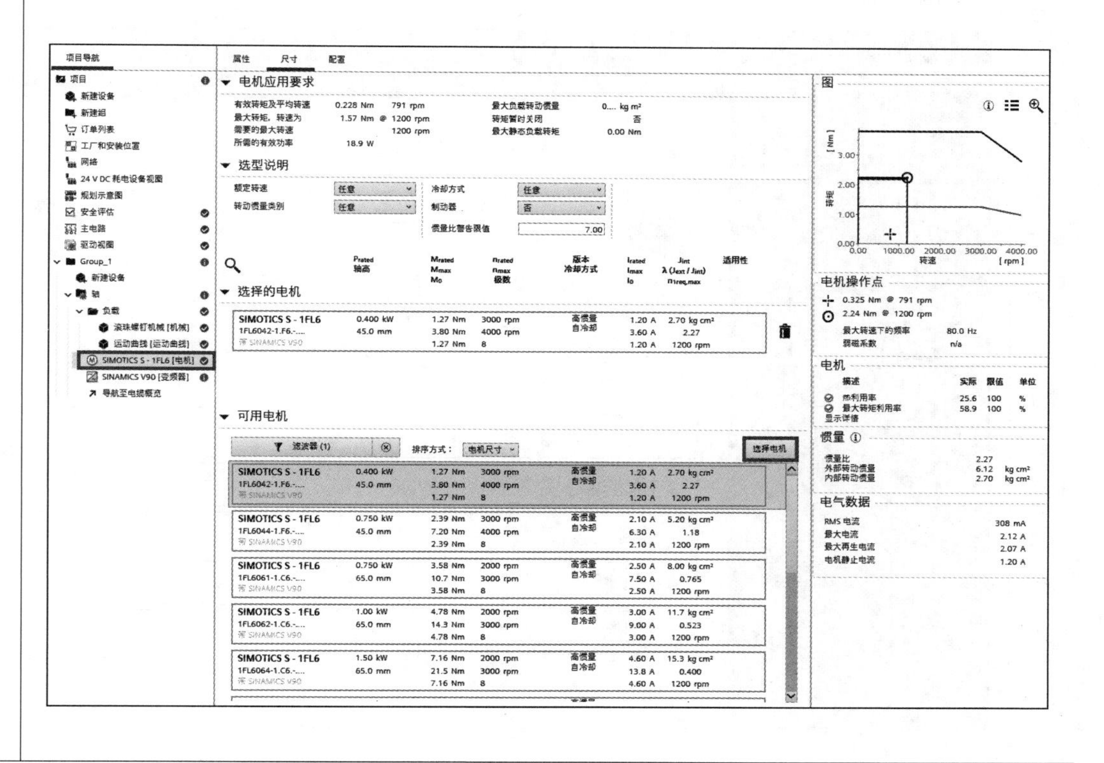

（续）

序号	描　　述

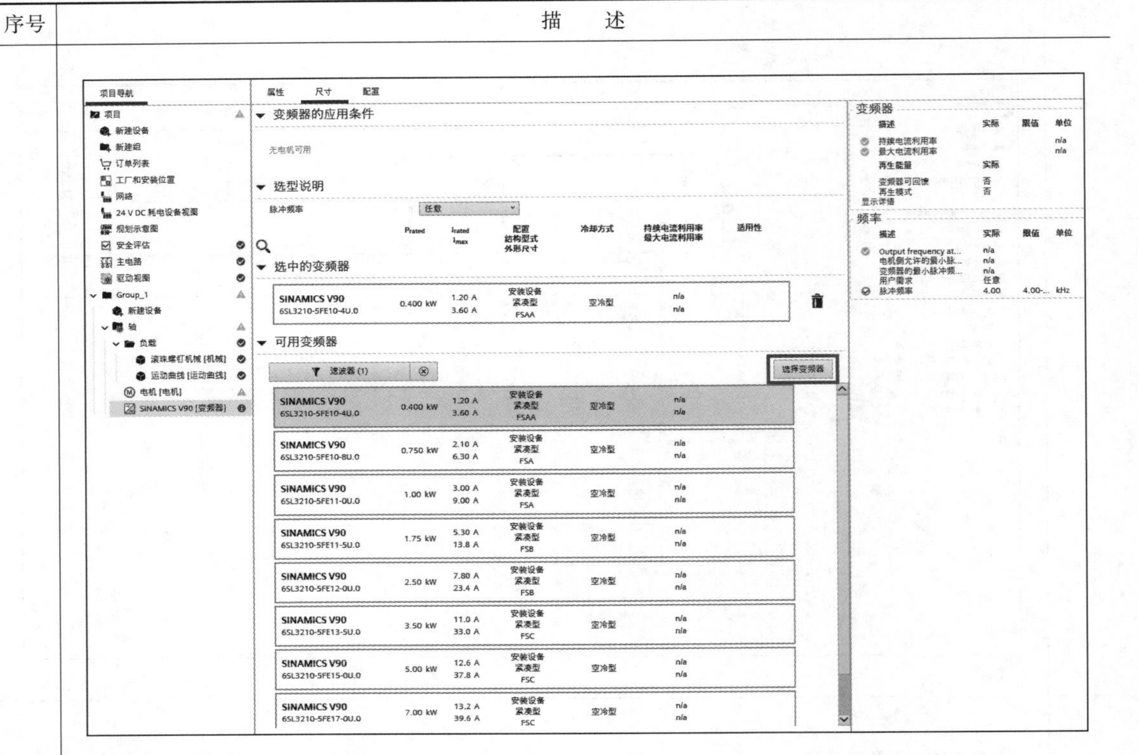

5　随后配置电机动力电缆及编码器电缆

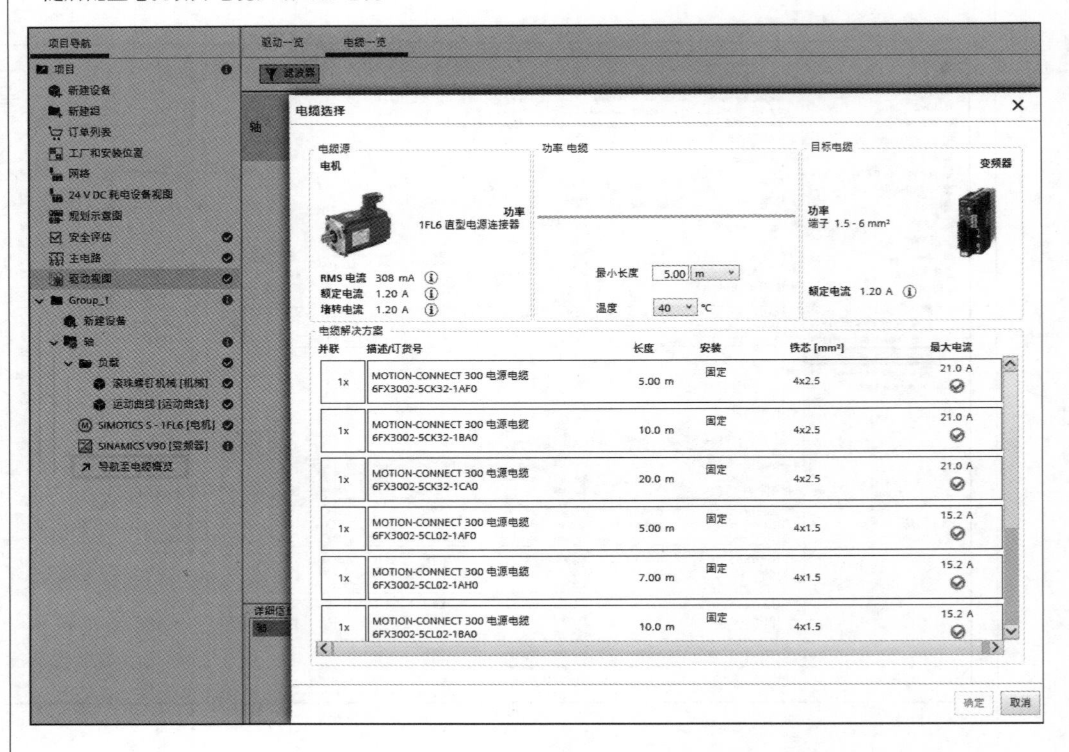

（续）

<table>
<tr><th>序号</th><th>描　述</th></tr>
<tr><td>6</td><td>控制器配置和选择界面如下图，可以在运动控制界面中左侧的“运动控制属性”中选择所需要的运动控制功能、运动控制周期、速度控制轴数、定位轴数、同步轴数等，在右侧“合适的 CPU”中显示可用的 CPU
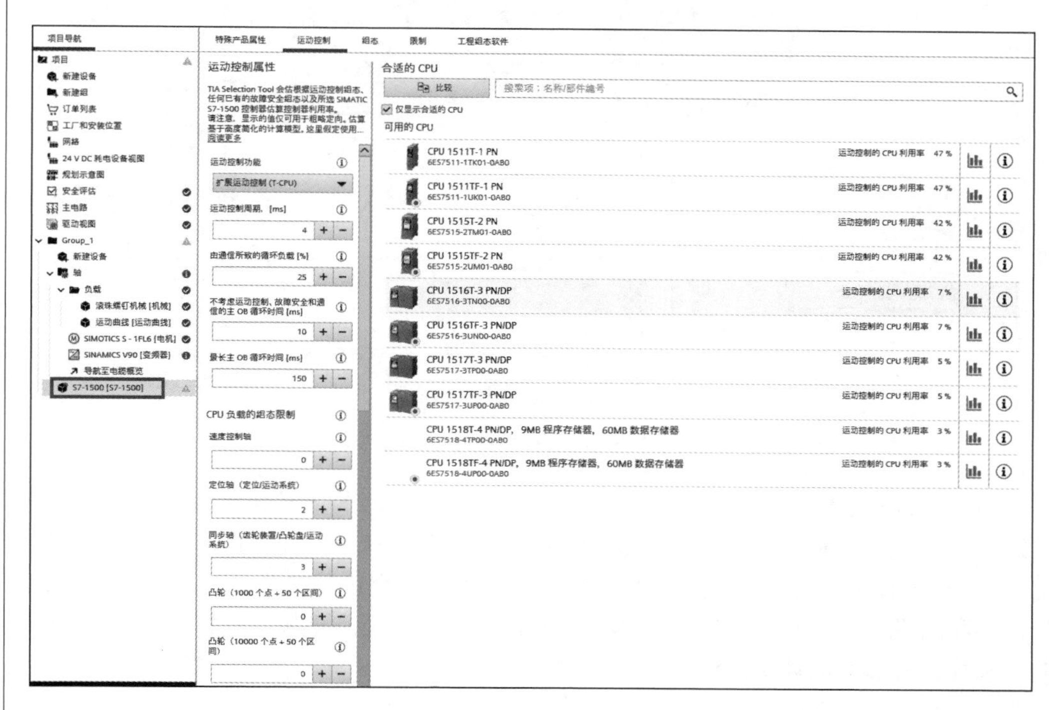

需注意：配置伺服计算周期时间，时间越长需要的 CPU 运动计算负荷越小，一般情况下运动控制的 CPU 负荷占比不应该超过 65% ~75%，否则包括通信在内的其它负荷可能会超过 100%</td></tr>
<tr><td>7</td><td>完成所有产品的选择后得到订单列表，可以导出使用
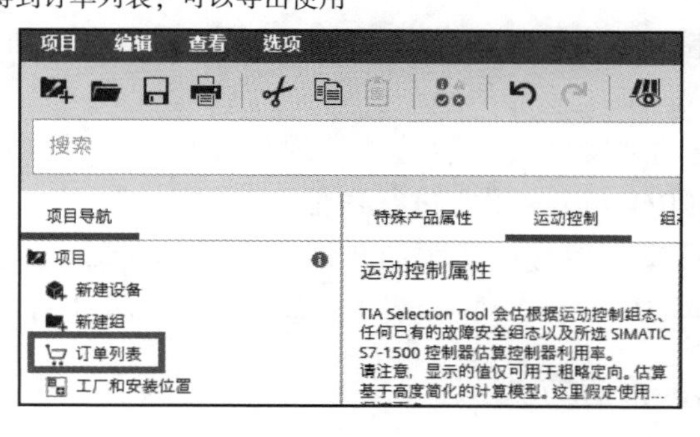
</td></tr>
</table>

SIZER 工具软件同样适合运动控制器的选型，利用此工具也可以方便地确认符合需求的产品，配置界面如图 1-12 所示。软件可以进行完整的驱动系统设计，包括选件和附件，易于操作和使用，集成了硬件和工艺背景信息，选型结束后可以自动生成设备清单、特性曲线、参数文件和配置图表。

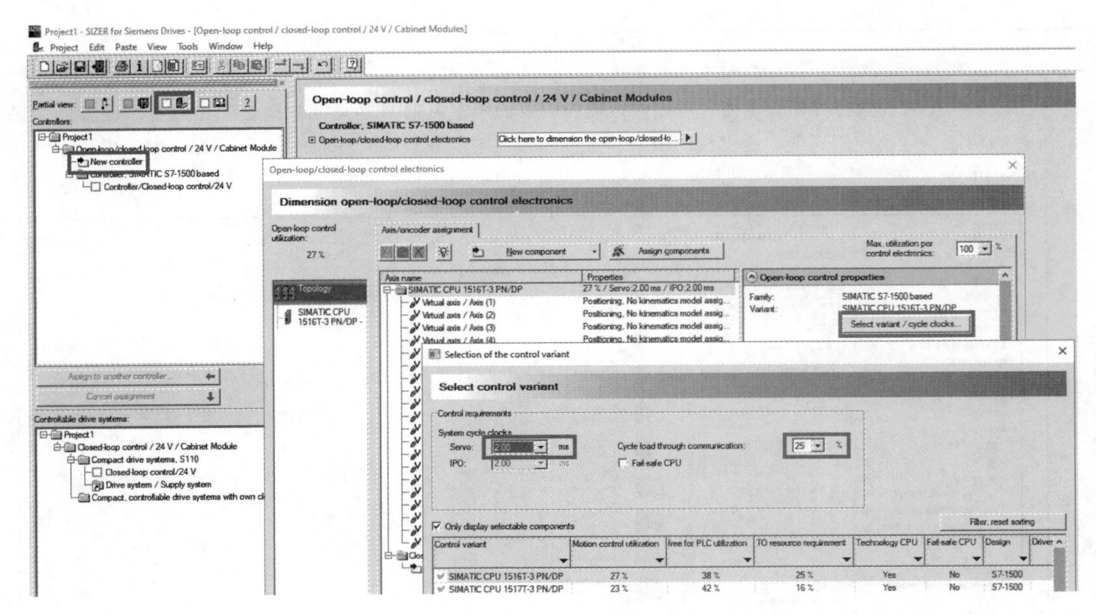

图 1-12　SIZER 配置界面

当然，选型工作不是靠一两款软件就能完成的，实际的情况会较为复杂，还需要丰富的实践经验，例如具体应用的动态要求所应达到的惯量比（动态响应要求越高则惯量比越低）、电动机和负载连接的刚度情况（刚度低会容易出现负载振荡）以及工艺所需的编码器分辨率和精度等，并且对系统的整体情况和需求应有清晰的把握，这样才能够保证设备选择的正确性，为后续的调试降低难度。

1.3　常用系统的控制结构

S7-1500T/TF 具有多种类型的接口，可以连接不同接口的驱动装置，以满足多种控制的需求。从整体来看，接口有两大类，即支持 PROFIdrive 通信驱动装置接口和模拟量/脉冲驱动装置接口。

1）PROFIdrive 驱动装置接口：通过数字通信接口（PROFINET 或 PROFIBUS）连接控制器，并通过标准的 PROFIdrive 报文进行通信。

2）模拟量/脉冲驱动装置接口：驱动装置通过模拟量输入接口或脉冲输入接口接收来自 PLC 的模拟量（如 -10 ~ +10V）或者 5V 差分、24V 脉冲信号作为速度设定值。

1.3.1　PROFIdrive 通信方式

PLC 与驱动器进行通信的基础为 PROFIdrive 行规（标准化驱动通信行规），通信的定义依赖于选择的报文类型。PROFIdrive 不依赖于具体的网络和硬件形式，只要驱动器支持 PROFIdrive 功能，就可以进行通信和组态，既可以使用 PROFINET IO，也可以使用 PROFIBUS DP。

S7-1500T/TF 通过集成的 PROFINET 接口连接支持 PROFIdrive 的驱动器、编码器等设备，如图 1-13 所示。

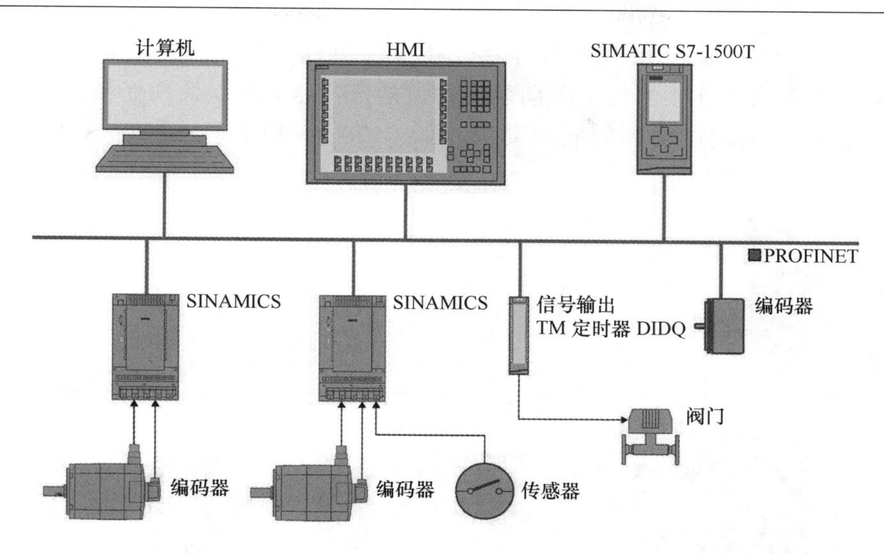

图 1-13 S7-1500T/TF 通过集成的 PROFINET 接口连接驱动器、编码器等设备

1.3.2 模拟量或者脉冲形式

带模拟量输入接口的驱动装置（如 -10 ~ +10V）可以接收来自 PLC 的速度设定值，带有脉冲接口的驱动装置可以通过 PLC 的 TM PTO（Pulse Train Output）脉冲模块进行控制，如图 1-14 所示。

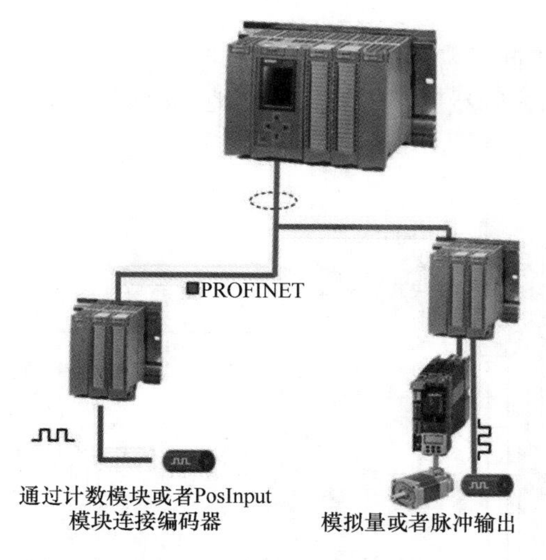

图 1-14 PLC 连接模拟量驱动或脉冲驱动

1.3.3 典型应用及配置方案

S7-1500T/TF 的应用领域非常广泛，目前已应用于许多领域；如包装机器、印刷机械、纺织机械、物料加工、轮胎生产机械、金属成型技术、玻璃加工机械、机械手和太阳能生产机械。

下面介绍几种典型的配置方案。

方案一：S7-1500T 通过 PROFINET 网络连接总线型驱动器

此种方案优先用于连接西门子驱动系统，包括 SINAMICS G 系列变频器、V 系列经济型伺服驱动器和 S 系列中高端伺服驱动器，如 G120、V90 PN、S210、S120，如图 1-15 所示。

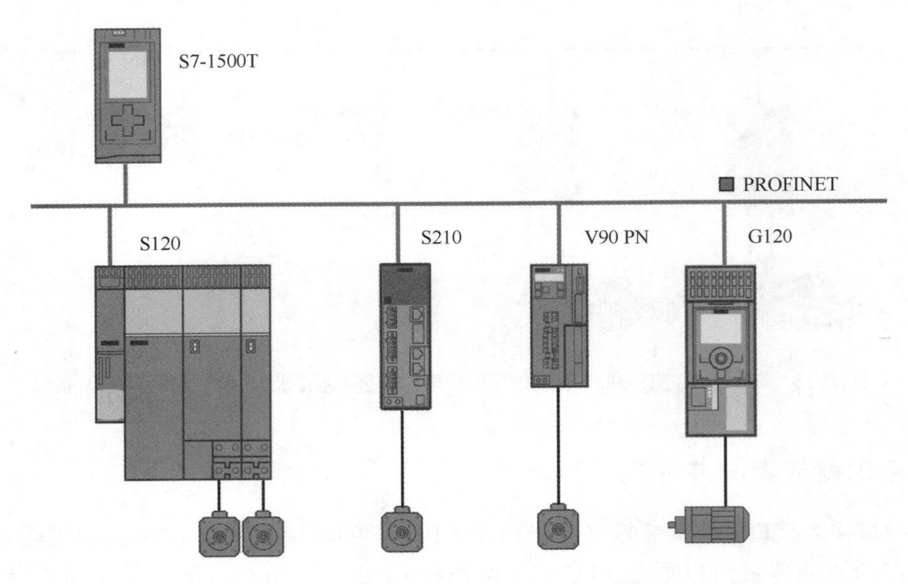

图 1-15　S7-1500T 通过 PROFINET 网络连接总线型驱动器

方案二：S7-1500T 通过工艺模块连接驱动器

此种方案使用脉冲和编码器接口模块，快速地集成第三方驱动系统，可采用中央式和分布式连接方式，如图 1-16 所示。

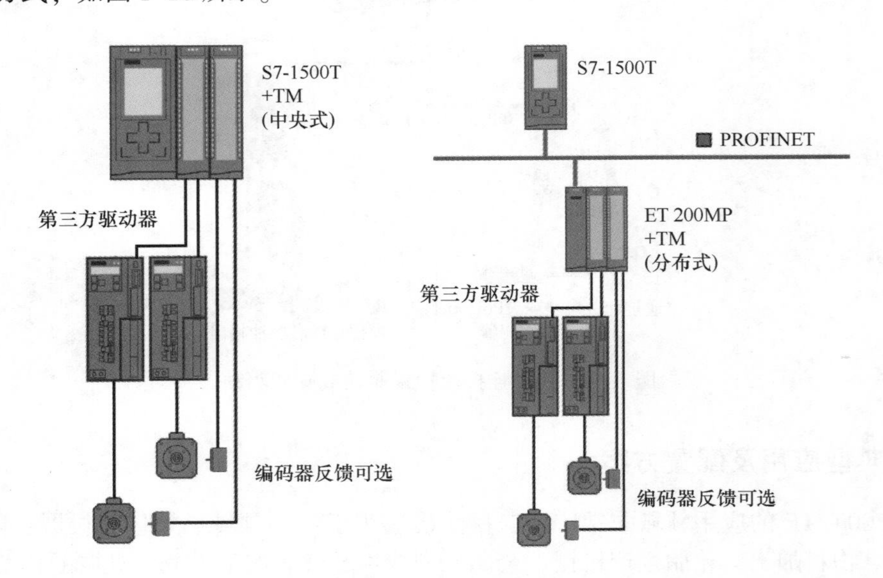

图 1-16　S7-1500T 通过工艺模块连接驱动器

方案三：S7-1500T 连接外部编码器

此种方案用于连接机器编码器，实现轴的全闭环控制或者为同步操作提供引导轴位置值，如图 1-17所示。

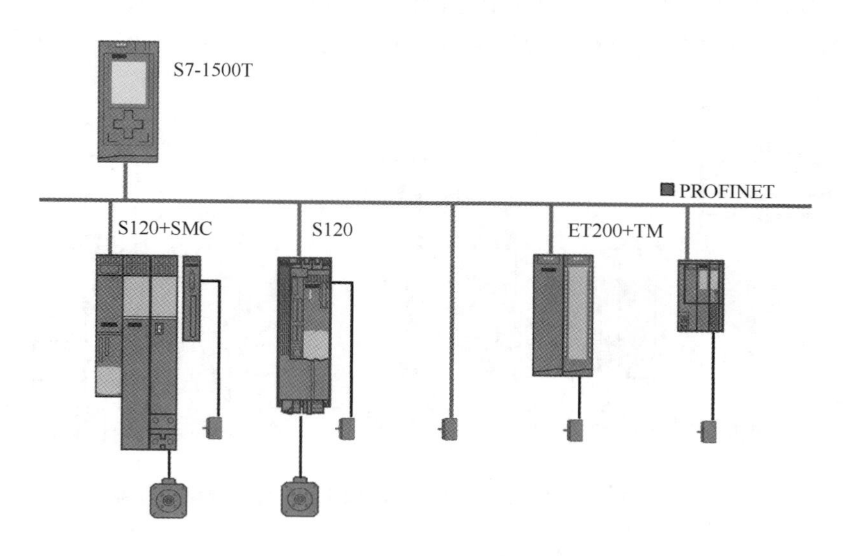

图 1-17　S7-1500T 连接外部编码器

方案四：S7-1500T 连接测量输入或输出凸轮

此种方案用于连接工艺模块或者使用驱动器中集成的高速输入、输出点，实现高速、高精度的位置测量和基于位置的开关控制，如图 1-18 所示，工艺模块既可以安装在分布式 ET200MP/ET200SP 上，也可以安装在 PLC 的主机架中。

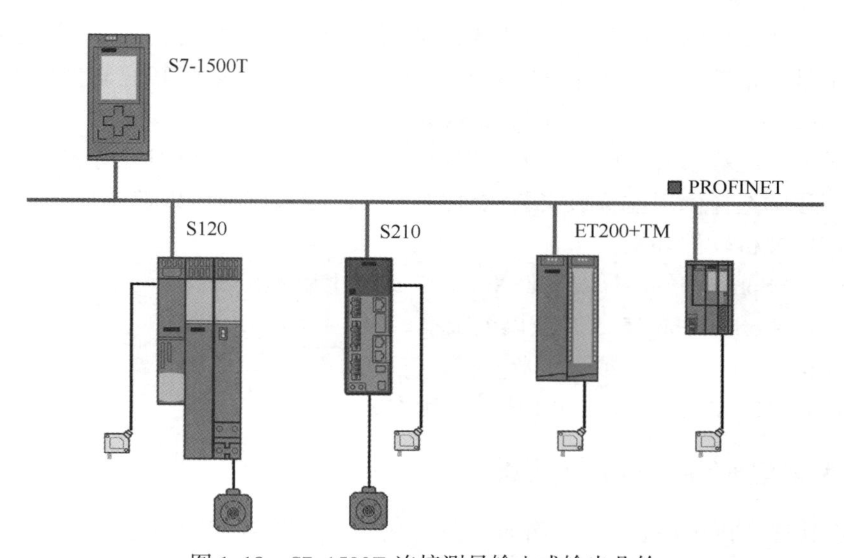

图 1-18　S7-1500T 连接测量输入或输出凸轮

方案五：SIMATIC 驱动型控制器通过 DRIVE-CLiQ 以及 PROFINET 网络连接总线型驱动器

SIMATIC 驱动型控制器 1504D TF 及 1507D TF，通过基于驱动器的设计扩展了 SIMATIC S7-1500 控制器的产品系列。此种方案优先用于连接西门子驱动系统 SINAMICS S120 及 SINAMICS S210，它主要应用于需要使用高动态响应的多驱动 SINAMICS S120 系统的场合，如图 1-19 所示。

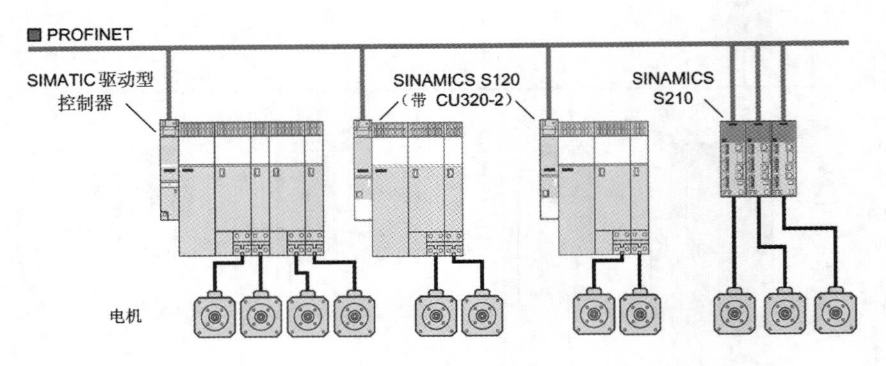

图 1-19　S7-1500 DT 通过 PROFINET 网络连接总线型驱动器

1.4　软件环境的准备及与设备的连接

1.4.1　TIA 博途软件

STEP 7（TIA 博途）工程组态软件用于组态、调试 SIMATIC 控制器S7-1200、S7-1500、S7-1500T/TF、S7-300/400 和各种软件控制器。

由于软件更新换代的速度较快，所以软件的兼容性是动态变化的，可以通过官方提供的兼容性检查工具网站确认需要安装的 STEP 7（TIA 博途）版本和其它软件的兼容性关系，网站地址为 http://www. siemens. com/kompatool。

从技术的发展趋势来看，虚拟化为工程师调试带来了很多安装和使用上的便利，越来越多的公司和工程师选择使用虚拟机安装软件进行 PLC 的调试，可以选择使用以下指定版本或更新版本的虚拟机软件环境：

1）VMware vSphere Hypervisor（ESXi）6. 7 或以上版本。

2）VMware Workstation 15. 5. 0 或以上版本。

3）VMware Player 15. 5. 0 或以上版本。

4）Microsoft Hyper-V Server 2019 或以上版本。

1.4.2　TIA 博途软件“Portal 视图”

TIA 博途软件“Portal 视图”是面向任务的视图，如图 1-20 所示，可以通过“Portal 视图”中左下角的视图按钮切换到“项目视图”，“Portal 视图”可快速确定要执行的操作并为当前任务调用相关的工具。

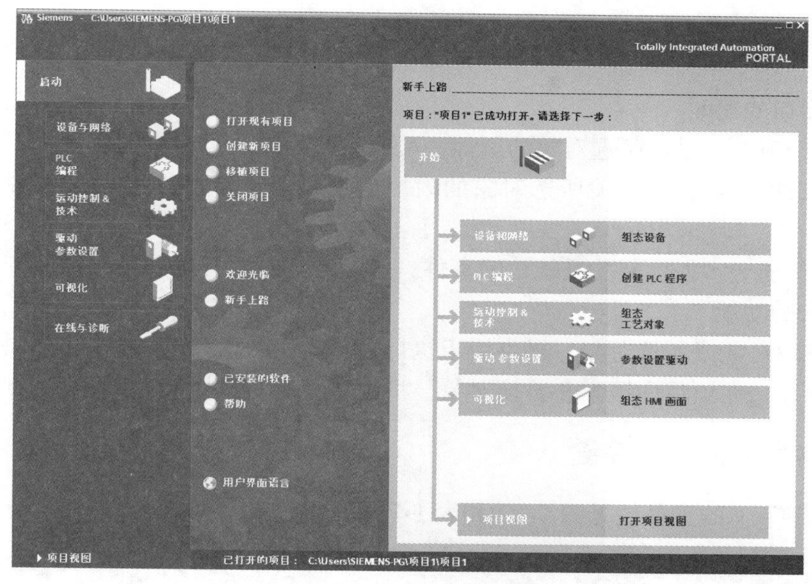

图 1-20　Portal 视图

1.4.3　TIA 博途软件“项目视图”

TIA 博途软件“项目视图”是项目各组件以及相关工作区和编辑器的视图，如图 1-21 所示。

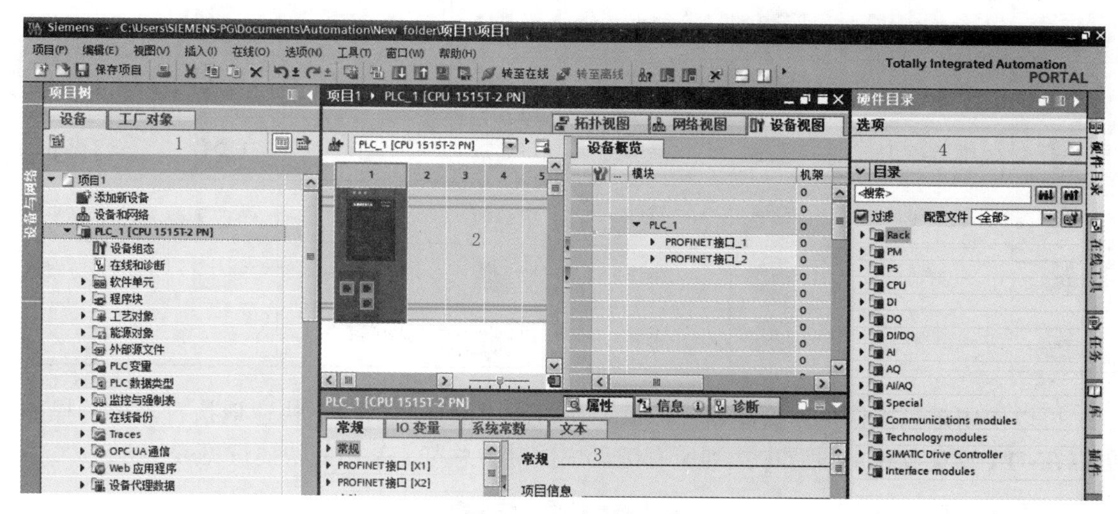

图 1-21　项目视图

1. 项目树的功能

使用项目树功能可以访问所有组件和项目数据，可在项目树中执行添加新组件、编辑现有组件以及扫描和修改现有组件的属性。

2. 工作区的功能

在工作区内可以显示要进行编辑的对象，可以打开若干个对象进行编辑，但通常每次在工作区中只能看到其中一个对象。在编辑器栏中，所有其它对象均在软件下方显示为选项卡。如果在执行某些任务时要同时查看两个对象，则可以水平或垂直方式平铺工作区，或浮动停靠工作区。

3. 巡视窗口的功能

“属性”选项卡：显示所选对象的属性，可以在此处更改可编辑的属性。

“信息”选项卡：显示有关所选对象的附加信息以及执行操作（例如编译）时发出的报警。

“诊断”选项卡：提供有关系统诊断事件，已组态消息事件以及连接诊断的信息。

4. 任务卡的功能

根据所编辑对象或所选对象，提供用于执行附加操作的任务卡，包括从库中或者从硬件目录中选择对象，在项目中搜索和替换对象，将预定义的对象拖入工作区等。

1.4.4　工具栏和常用快捷键

“项目视图”下的工具栏见图 1-22 和表 1-7。

图 1-22　“项目视图”下的工具栏

表 1-7　“项目视图”下的工具栏功能描述

序　号	描　述	序　号	描　述	序　号	描　述	序　号	描　述
1	新建项目	7	粘贴	13	上载	19	启动 PLC
2	打开项目	8	删除	14	启动仿真	20	停止 PLC
3	保存项目	9	撤销	15	启动运行系统	21	交叉引用
4	打印	10	重做	16	在线设备	22	水平拆分布局
5	剪切	11	编译	17	离线设备	23	垂直拆分布局
6	复制	12	下载	18	扫描在线设备		

可以使用键盘操作 TIA 博途软件，例如在不使用鼠标的情况下快速地执行需要的操作。可以在 TIA 博途软件的设置中找到所有键盘快捷键的总览，常用的快捷键见表 1-8。

表 1-8　常用的快捷键

快　捷　键	描　述	快　捷　键	描　述
Ctrl + 1	打开/关闭项目树	Ctrl + K	在线设备
Ctrl + 3	打开/关闭任务卡	Ctrl + L	下载设备
Ctrl + 5	打开/关闭巡视窗口	Ctrl + Shift + 2	修改操作变量数值
Ctrl + 7	打开“信息”选项卡	Ctrl + Shift + Q	停止 CPU
Ctrl + B	编译对象	Ctrl + F	打开带有搜索条件选择的搜索编辑器
Ctrl + F2	修改变量为 1	Ctrl + S	保存项目

（续）

快捷键	描述	快捷键	描述
F8	插入空功能框（LAD，FBD）	Ctrl + M	离线设备
F10	插入常闭触点（LAD，FBD）	Ctrl + Shift + I	编程时定义变量
Ctrl + 2	打开/关闭总览	Ctrl + Shift + E	启动 CPU
Ctrl + 4	打开/关闭详细视图	Ctrl + Shift + D	转到定义
Ctrl + 6	打开“属性”选项卡	Ctrl + Shif + T	重命名变量
Ctrl + 8	打开“诊断”选项卡	Ctrl + Shift + X	以另一个名称保存项目
Ctrl + D	在线设备编辑	F9	插入常开触（LAD，FBD）
Ctrl + F3	修改变量为0	F12	垂直排列工作窗口

1.4.5 仿真软件 PLCSIM/PLCSIM Advanced

随着机械设备的功能需求快速增加，对于项目优化、程序开发以及缩短程序调试时间的需求也在不断地增加。特别是在开发复杂的应用和综合性项目时，能够在设备安装前就对程序进行模拟运行测试及优化是十分必要的。西门子 PLC 仿真软件为程序的开发和实际应用提供了有效的支持，在硬件没有就绪的情况下，先使用仿真软件进行仿真调试，早期发现编程错误和优化程序段，以降低调试成本。

当前，基于 TIA 博途软件有两种类型的仿真软件，即 S7-PLCSIM 和 S7-PLCSIM Advanced。两者相比，PLCSIM Advanced 提供了 API，可以和 PLM NX 软件进行机电一体化概念设计下的联合虚拟调试，如图 1-23 所示。从版本 V15 开始，这两种虚拟软件可以在同一个计算机系统中并行安装。

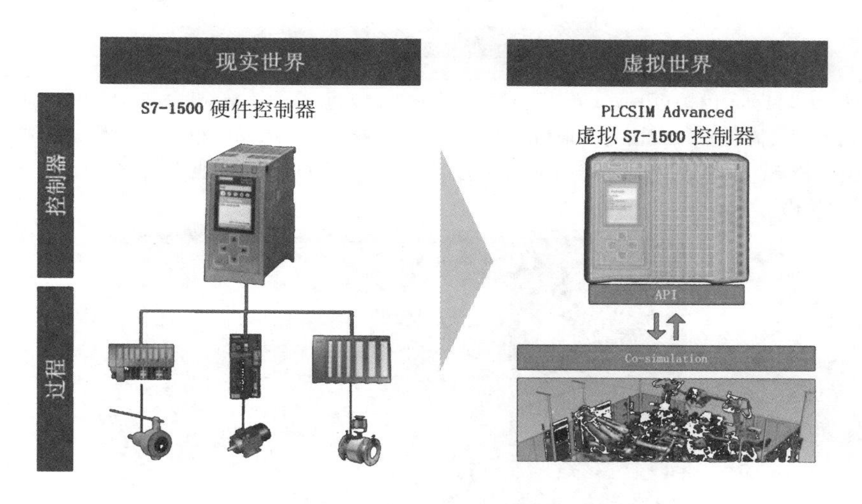

图 1-23 PLC 虚拟调试

1.4.6 PLCSIM 调试举例

以使用 PLCSIM 软件为例，不需要 S7-1500T 硬件，可对其进行基本的项目配置、下载以及虚拟调试。步骤见表 1-9。

表 1-9　S7-1500T 项目的配置、下载以及初步测试

序号	描　述
1	打开 TIA 博途软件后新建一个项目，填写项目名称及存储路径 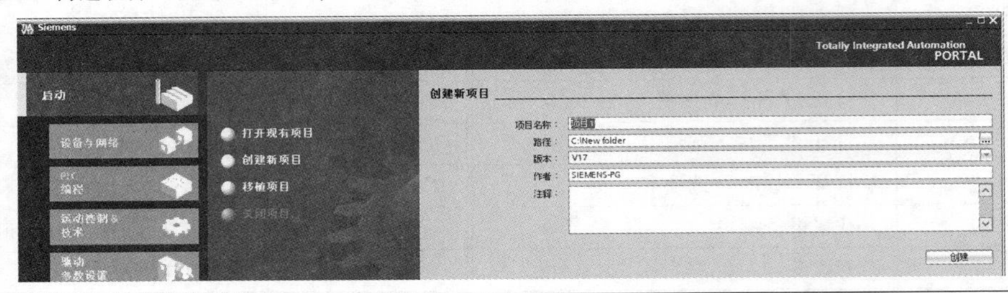
2	单击“添加新设备”添加 S7-1500T PLC，以 2.9 版本的 S7-1515T 为例 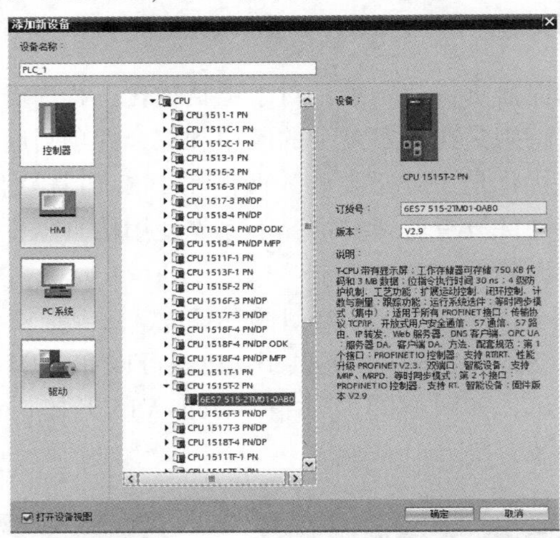
3	在 TIA 博途软件 V17 及以上版本中，可指定一个密码对 CPU 的组态数据进行保护，具体包括基于证书的 OPC UA 协议所需数据等。如果已采取相应措施保护 TIA 博途软件项目和 CPU 组态，防止未经授权的访问，则可以不使用密码。如果启用了“保护 TIA Portal 项目和 PLC 中的 PLC 组态数据安全”选项，单击下图中的“设置”定义密码 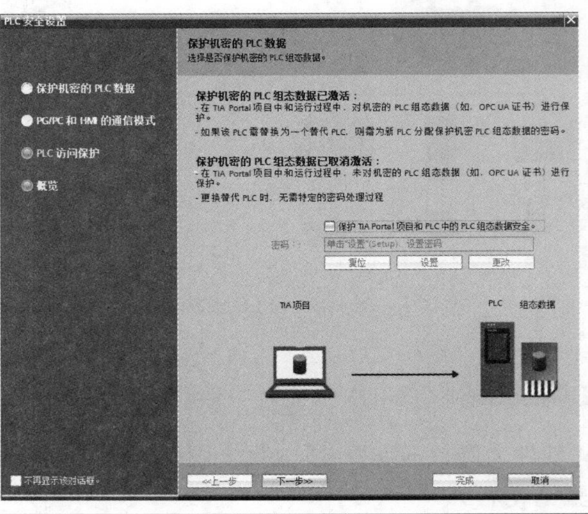

（续）

序号	描　述
4	在 TIA 博途 软件 V17 及以上版本中，可以激活“仅支持 PG/PC 和 HMI 安全通信”功能，系统会采用最高安全标准与 PG/PC 和 HMI 进行数据通信，但可能会导致通信性能降低。如果需要考虑兼容性或者性能，可以不激活此功能 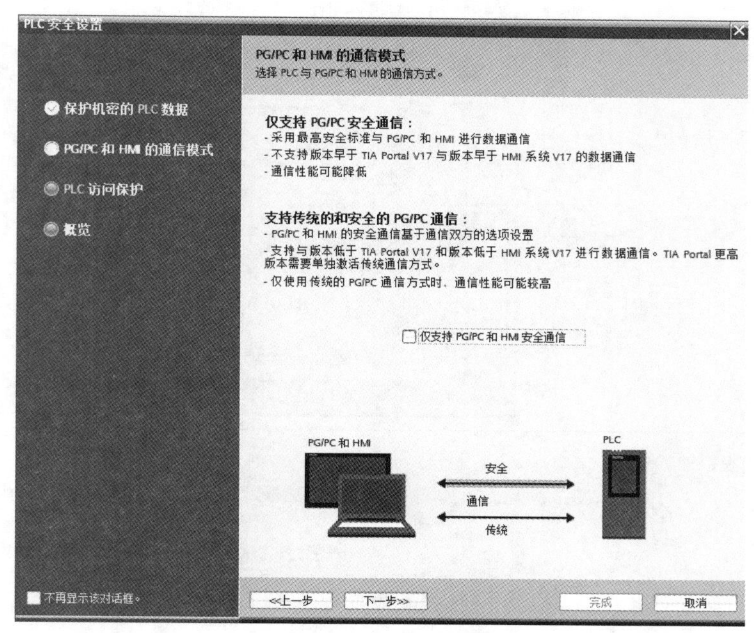
5	进行 PLC 访问保护的设置，设置 PLC 访问保护的等级和相关的密码，如果选择“完全访问权限（无任何保护）”选项，则无需设置密码 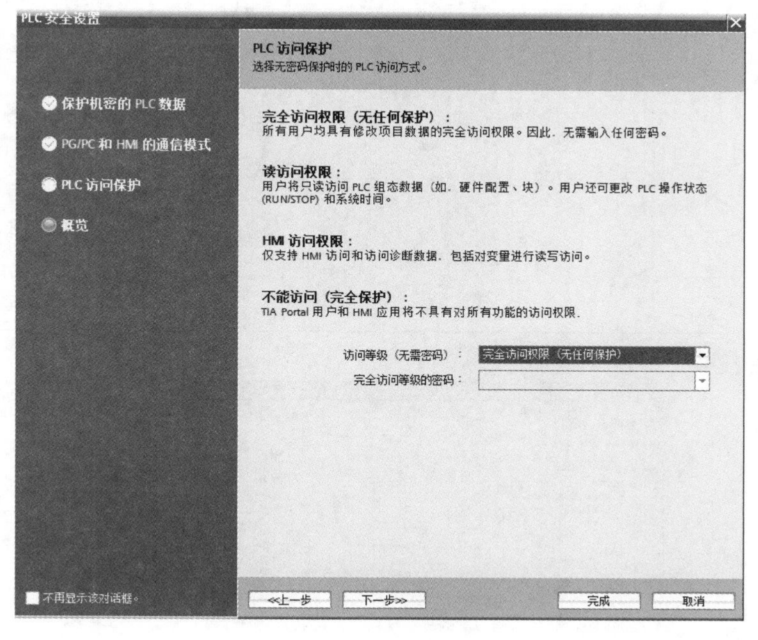

（续）

<table>
<tr><th>序号</th><th>描　　述</th></tr>
<tr><td>6</td><td>随后，在工艺对象文件夹下双击“新增对象”，插入一个位置轴
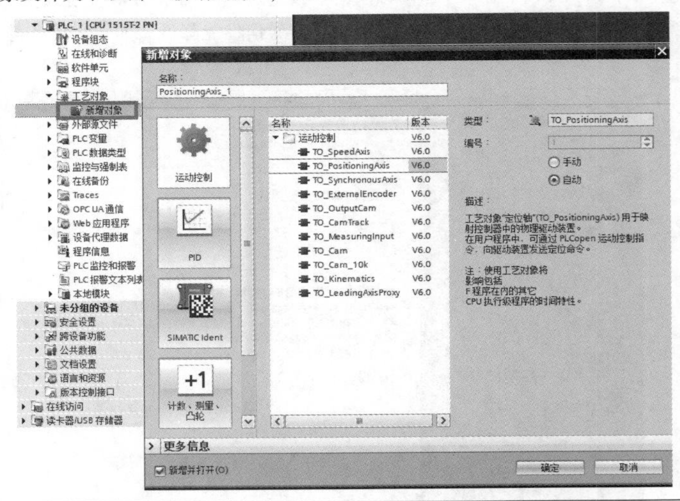
</td></tr>
<tr><td>7</td><td>选择“虚拟轴”选项
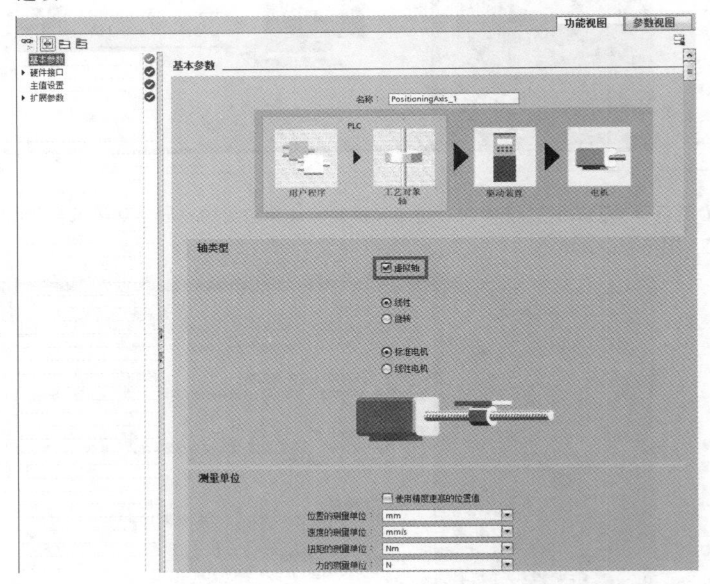
</td></tr>
<tr><td>8</td><td>项目编译完成无错误
属性　信息　诊断
常规　交叉引用　编译
显示所有消息
编译完成（错误：0；警告：2）
<table>
<tr><th>路径</th><th>描述</th><th>转至</th><th>?</th><th>错误</th><th>警告</th><th>时间</th></tr>
<tr><td>PLC_1</td><td></td><td>↗</td><td></td><td>0</td><td>2</td><td>14:58:19</td></tr>
<tr><td>硬件配置</td><td></td><td>↗</td><td></td><td>0</td><td>2</td><td>14:58:19</td></tr>
<tr><td>S7-1500/ET200MP station_1</td><td></td><td>↗</td><td></td><td>0</td><td>2</td><td>14:58:20</td></tr>
<tr><td>导轨_0</td><td></td><td>↗</td><td></td><td>0</td><td>2</td><td>14:58:20</td></tr>
<tr><td>PLC_1</td><td></td><td>↗</td><td></td><td>0</td><td>2</td><td>14:58:20</td></tr>
<tr><td>PLC_1</td><td></td><td>↗</td><td></td><td>0</td><td>1</td><td>14:58:20</td></tr>
<tr><td></td><td>PLC_1 不包含组态的保护等级</td><td>↗</td><td></td><td></td><td></td><td>14:58:20</td></tr>
<tr><td>CPU 显示_1</td><td></td><td>↗</td><td></td><td>0</td><td>1</td><td>14:58:20</td></tr>
<tr><td></td><td>该 S7-1500 CPU 显示屏不带任何密码保护。</td><td>↗</td><td></td><td></td><td></td><td>14:58:20</td></tr>
<tr><td>程序块</td><td></td><td>↗</td><td></td><td>0</td><td>0</td><td>14:58:23</td></tr>
<tr><td>工艺对象</td><td></td><td>↗</td><td></td><td>0</td><td>0</td><td>14:58:23</td></tr>
<tr><td>PositioningAxis_1 (DB1)</td><td>块已成功编译。</td><td>↗</td><td></td><td></td><td></td><td>14:58:23</td></tr>
<tr><td></td><td>编译完成（错误：0；警告：2）</td><td></td><td></td><td></td><td></td><td>14:58:24</td></tr>
</table></td></tr>
</table>

（续）

<table>
<tr><th>序号</th><th>描　　述</th></tr>
<tr><td>9</td><td>通过工具栏按钮打开 PLCSIM 软件，应注意在项目的属性（通过项目树，在项目名称上单击鼠标右键可以查看）的“保护”设置中激活“块编译时支持仿真”
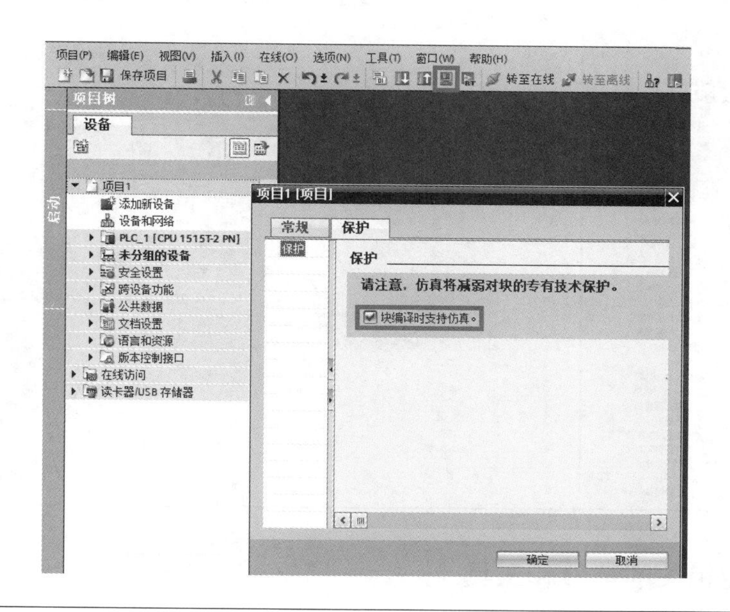
</td></tr>
<tr><td>10</td><td>下载程序。PG/PC 接口默认为“PLCSIM”，在“接口/子网的连接”处选择“X1”后，单击“下载”按钮
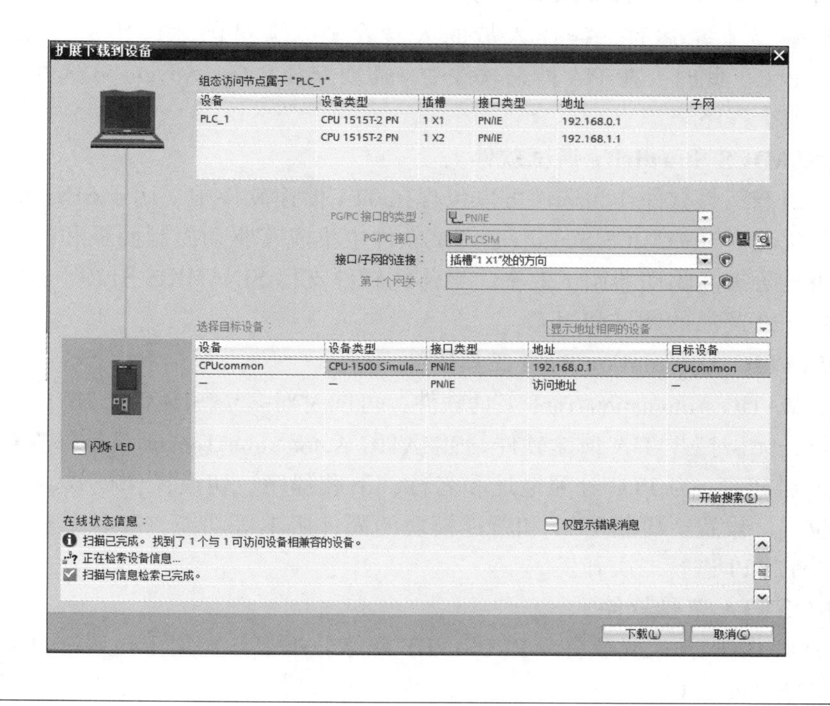
</td></tr>
</table>

（续）

序号	描　述
11	切换 PLCSIM 到运行状态 RUN 后，就可以使用 TIA 博途软件中的控制面板，测试虚拟轴的运行，此项目可以用于后续的编程和测试 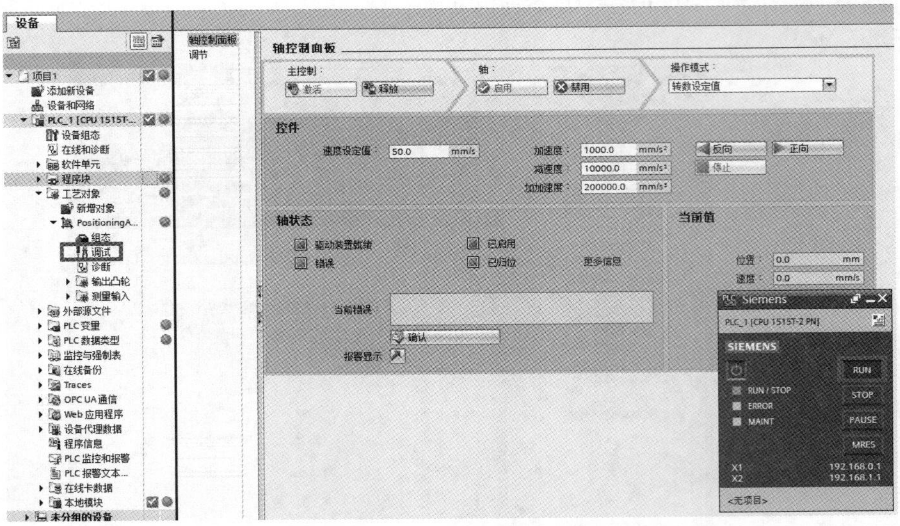

1.4.7 其他相关的选件和工具

除 STEP 7（TIA 博途软件）软件之外，还有一些选件和工具软件可以使用。

1. STEP 7 Safety Advanced 调试软件

为确保设备安全运行、操作人员的人身安全，满足国际通用的安全标准，应选择 S7-1500 TF PLC。此时，在 TIA 博途软件中，需要安装 Safety Advanced 选件包，用于编写 F-PLC 的相关安全程序。

2. SINAMICS Startdrive 调试软件

此工程组态工具软件作为选件可以包含在 TIA 博途软件中，用于 SINAMICS 驱动装置的轻松调试与优化。SINAMICS Startdrive 调试软件中集成有驱动控制面板和各种功能强大的诊断功能，可显著提高驱动器调试效率。当前此软件支持 SINAMICS S120、SINAMICS S210 和 SINAMICS G120 产品的调试和组态。

3. SIMATIC Automation Tool 工具软件

通过 SIMATIC Automation Tool 工具软件，可同时对多个 SIMATIC S7 站点进行系统调试和维护操作，无需打开 TIA 博途软件。SIMATIC Automation Tool 工具软件支持以下功能：扫描网络、识别 PLC、为 PLC 分配地址和名称、下载程序、切换操作模式、读取 PLC 诊断缓冲区、复位出厂设置、更新 PLC 和所连模块的固件版本等功能，并且此软件提供 SDK，可以基于软件的 API 进行二次开发。

4. PRONETA 工具软件

西门子 PRONETA 工具软件（PROFINET 网络分析服务）用于在调试过程中快速分析工厂网络的具体状况，具有以下两个核心功能：拓扑总览、设置 PROFINET IO 设备的 IP 地址和设备名称，PRONETA 工具为绿色免安装软件，使用十分便利。

5. SIMATIC NET 软件

OPC（开放式过程通信）是通用的通信接口，特别适合不同的厂商设备间通信。OPC 的基本原理是 OPC 客户端应用程序可通过一个统一的标准，以开放的形式与多个供应商接口 OPC 服务器实现通信。SIMATIC NET 软件是西门子 OPC 服务器软件，可以通过此软件方便地与 PLC 内部的数据进行通信。随着当前技术的发展，新一代的 OPC UA 技术迅速地发展和普及，客户可以不通过 SIMATIC NET 软件，而是直接通过 PLC 内部集成的 OPC UA 服务器和客户机功能交换数据。

6. 西门子工业在线支持网站（SIOS）

可以在西门子工业在线支持网站（https://support. industry. siemens. com）上获取产品和技术的应用程序、示例、技术文档、软件更新和常见问题解答。在本书中涉及的网址结尾的数字均可以在 SIOS 网站中用于搜索使用，如图 1-24 所示，输入网址结尾的数字可以直接跳转到对应的网页中，以 TIA 博途软件为例，其网址链接为 https://support. industry. siemens. com/cs/ww/en/view/109784440，在网页右上方输入 109784440 后即可跳转到对应的下载页面：

图 1-24　通过链接 ID 号进行搜索

第 2 章　SIMATIC S7-1500T/TF 高级运动控制器与驱动的通信

2.1　PROFIdrive 通信

S7-1500T/TF PLC 和驱动的通信是以 PROFIdrive 行规为基础的，PROFIdrive 行规由 PROFIBUS 和 PROFINET 国际组织（PI）定义。它定义了 PROFIBUS 和 PROFINET 连接驱动设备的通信特性和访问驱动器数据的方法，支持的驱动设备涵盖了从简单变频器到高性能伺服控制器。

PROFIdrive 基本理念为保持简单，因此 PROFIdrive 仅定义驱动接口，并且和具体的驱动技术功能分离。通过这一理念定义的模型、功能和性能，对于驱动层面的影响非常小。由于其定义在应用层，因此不受使用何种总线系统（PROFIBUS 或者 PROFINET）的影响。对于用户来说，只要通信报文的类型相同，无论什么型号的设备，其通信的交换数据含义和功能都是相同的。

使用 PROFIdrive 行规，意味着可以降低工厂和系统规划及工程实施的成本。通过统一的报文规约定义，相同控制指令下各种驱动器具有相同的响应。

配合 PROFIdrive 行规，通过使用标准的程序块和通信接口，用户可以明显地减少编程和组态的成本，提高了在市场上的成功机会。

2.1.1　应用类别

驱动器集成到自动化系统中，选择何种报文类型及功能设置取决于需要执行的驱动任务。为了使 PROFIdrive 行规涵盖从简单变频器到高动态同步多轴系统的应用，定义了以下 6 种应用类别来涵盖大多数的驱动应用场合。

1 类：速度控制。典型应用为控制水泵和风扇的简易变频器。

2 类：具有工艺功能的标准驱动器。工艺功能通过驱动控制器之间的通信实现，例如：设定值的级联、物料连续运行的卷取机驱动和转速同步等。

3 类：定位控制。由驱动器本身执行简单的定位工作，例如：拧紧或松开瓶盖，或在薄膜切割机上执行刀片的定位等。为了降低 PLC 的运算负荷，配合西门子驱动器的基本定位功能（EPOS）和 111 报文，可以方便地基于驱动器实现定位控制。在 SIMATIC S7-1500T/TF 高级运动控制器（简称 S7-1500T/TF）中可以使用工艺对象“BasicPosControl”或选件包中的“SinaPos”命令进行控制。详细内容可以参考第 9.3 节内容。

4 类：运动控制 PLC 结合伺服系统进行运动控制。PLC 配合支持 DSC“动态伺服控制”功能的驱动器一起进行位置控制，通常应用在机器人和高速运动控制中。

5 类：运动控制 PLC 结合伺服系统进行运动控制。位置控制仅在驱动器上执行，与类别 4 不同的是驱动器仅接收位置设定值，通过带有 DSC 的应用类别 4 可以实现和类别 5 相同的动态特性。

6 类：分布式的集成运动控制的驱动器用于运动控制。在驱动器之间进行通信，驱动器中集成了分布式运动控制工艺的功能。

对于 S7-1500T/TF 的 PLC，最常用的应用是类别 4，其专门针对高动态、高复杂度运动控制任务。应用类别 4 和 DSC（Dynamic Servo Control，动态伺服控制）功能可以大大提高位置环的动态响应和稳定性，如图 2-1 所示。在驱动器内位置环计算周期和速度环计算周期相同（SINAMICS S210 中为 62.5μs），大大提高了位置控制的动态特性。

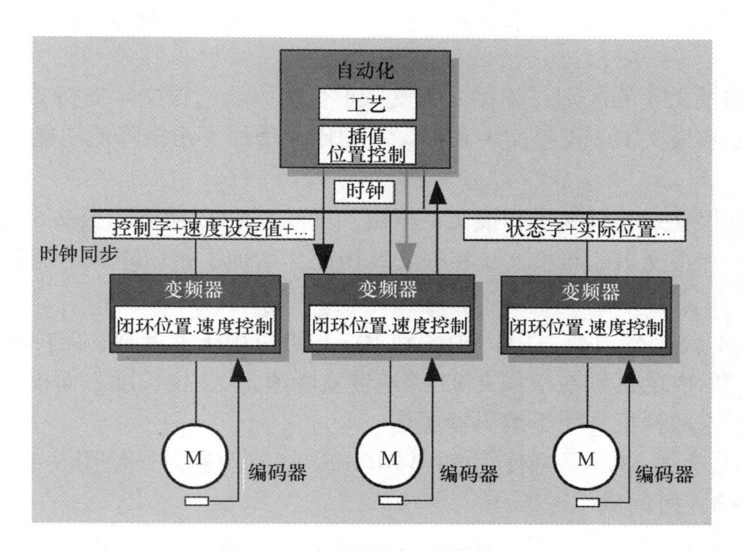

图 2-1　应用类别 4 的结构图

使用类别 4，为了实现伺服驱动器和运动控制 PLC 的位置实际值和设定值相同，需要保证伺服驱动器和运动控制 PLC 的数据同步刷新，因此必须激活基于 PROFIBUS DP 或者 PROFINET IO 通信的等时同步功能。

2.1.2　常用报文

PROFIdrive 行规定义了多种类型的报文，这些报文用于循环数据交换，在固定的周期间隔内发送控制字、速度设定值或者实际值等数据。可以根据实际的应用或者工艺对象进行报文的选择，常用报文见表 2-1。

表 2-1　报文类型

<table>
<tr><th colspan="3">工 艺 对 象</th><th>可能的 PROFIdrive 报文</th></tr>
<tr><td colspan="3">速度轴</td><td>• 1、2
• 3、4、5、6、102、103、105、106（未对实际编码器值进行评估）</td></tr>
<tr><td rowspan="3">定位轴/同步轴</td><td colspan="2">一个驱动装置报文中的设定值和实际编码器值</td><td>3、4、5、6、102、103、105、106</td></tr>
<tr><td rowspan="2">单独的设定值和实际编码器值</td><td>驱动装置报文中的设定值</td><td>1、2、3、4、5、6、102、103、105、106</td></tr>
<tr><td>报文的实际值</td><td>81、83</td></tr>
<tr><td colspan="3">外部编码器</td><td>81、83</td></tr>
</table>

（续）

工 艺 对 象	可能的 PROFIdrive 报文
速度轴/定位轴/同步轴进行扭矩控制	750
测量输入（通过 SINAMICS 中央测头功能进行测量）	391、392、393

以上报文的不同点说明如下：

1）报文 1 和报文 2 均用于速度控制，但是报文 1 的速度值为 16 位长度，报文 2 的速度值为 32 位长度。

2）报文 3 和报文 4 的区别在于报文 3 支持 1 个编码器，报文 4 支持 2 个编码器。

3）报文 102 和报文 103 与报文 3 和报文 4 相比，增加了扭矩降低功能，报文 103 支持 2 个编码器。

4）报文 5 和报文 6 与报文 3 和报文 4 相比，增加了 DSC 功能，报文 6 支持 2 个编码器。

5）报文 105 和报文 106 与报文 5 和报文 6 相比，增加了扭矩降低功能，报文 106 支持 2 个编码器。

6）报文 3、4、5、6、102、103、105 和 106 均可以用于速度轴、定位轴和同步轴控制。

7）报文 81 和 83 的区别在于报文 83 的速度实际值是 32 位长度，而报文 81 的速度实际值是 16 位长度，这两种报文用于编码器通信。

8）报文 391、392、393 是当使用 SINAMICS S120 驱动器时，使用其中央测头功能进行测量，可以获取输入时间戳。

9）报文 750 适用于扭矩控制，可以发送电动机的扭矩设定值和限幅值，并且接收实时的电动机扭矩值。

对于 SINAMICS V90 PN、S210 或者 S120 驱动器，均优先推荐使用报文 105 与 PLC 进行通信。

2.2 PROFINET 通信

在机械制造业中，分布式机器概念和机电一体化方案是未来发展方向，因此加强了对驱动网络功能的要求。更多数量的驱动器，更短的扫描周期，以及相应的 IT 网络功能显得越来越重要。PROFIBUS DP 和以太网是成熟并且成功的两种网络方案，而 PROFINET IO 正是结合了这两种网络的优点，吸取了 PROFIBUS DP 的多年成功经验，并将其与以太网的概念相结合，以实现等时实时操作。

PROFIBUS DP 是一个半双工的 RS485 网络通信，同一时刻只能有一个节点有“发送”的权限。而 PROFINET IO 是一个全双工以太网通信，基于以太网中的交换技术，网络中的所有节点都可以同时“发送”和“接收”数据。于是，PROFINET 网络的效率大大提高，可以多个节点同时发送数据，当前 PROFINET 的通信速度是 100Mbit/s，随着基础技术 TSN（Time-Sensitive Networking）的进一步发展，PROFINET 带宽也将扩展到更高的层次，组态和配置会更为简单。

虽然 PROFINET 与 PROFIBUS 在通信原理上有所不同，但从工程角度上看两者使用相同的界面和外观，分布式 IO 的工程组态与传统 PROFIBUS 所使用的工具和方法相似。

S7-1500T/TF 的 PROFINET 接口支持多种网络拓扑结构，例如总线型、星形、冗余环网。

如果有设备组成冗余环网的要求，可以使用以下两种形式：1）介质冗余协议（MRP）介质冗余可以提高网络和设备的可用性。环形拓扑结构（冗余的传输路径）保证了当一个传输路径失效后另一个传输路径可用。2）介质路径规划冗余（MRPD）MRP 的扩展功能“介质路径规划冗余”（MRPD），可以实现更短更新时间的介质冗余，此功能需要与 IRT 一起使用。为了实现介质冗余情况下的更短的更新时间，在环中的 PROFINET 设备会在两个方向发送数据。设备也会从两个环端口接收数据，无需环网重构时间。通过在环形拓扑中使用 MRPD 对无扰动介质冗余进行组态来实现高可用性。

2.2.1 PROFINET IO 系统

一个 PROFINET IO 系统包括 IO 控制器（IO Controller）和分配给它的 IO 设备（IO Device 或 I-Device），如图 2-2 所示。

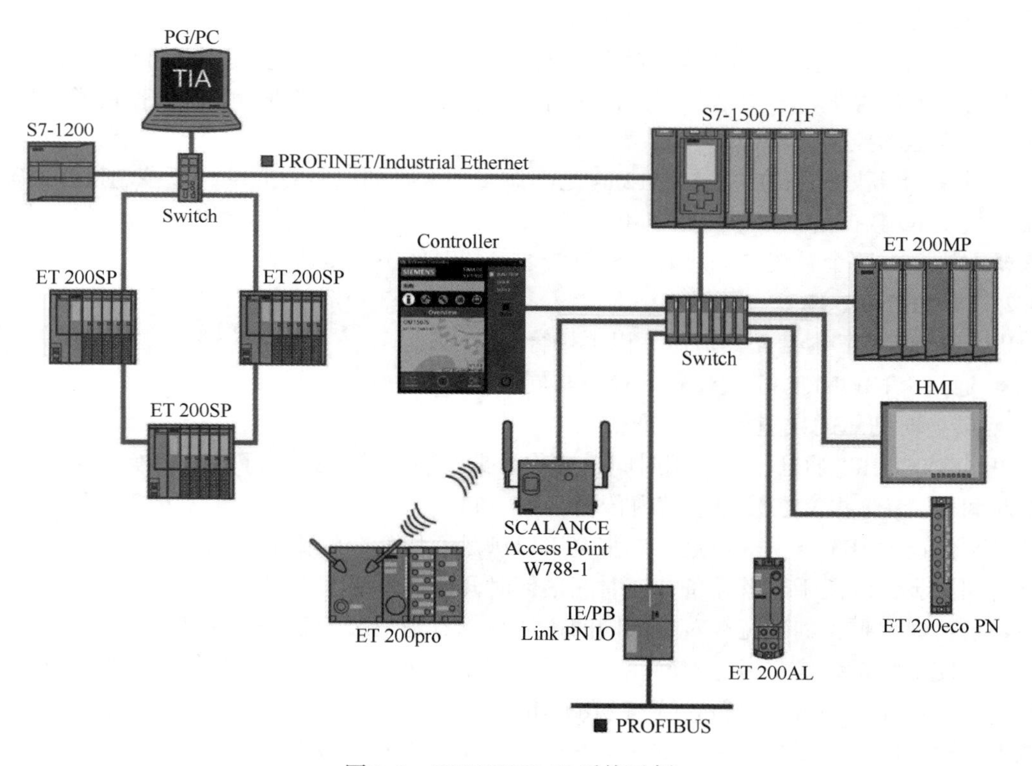

图 2-2 PROFINET IO 系统示例

1. IO 控制器（IO Controller）

PROFINET IO 控制器与 PROFIBUS DP 主站的功能相同，比如自带 PROFINET 接口的 S7-1500T/TF 是一个 IO 控制器，它可以与分配给它的 I/O 设备（比如 SINAMICS S120）周期性地交换数据。

2. IO 设备（IO Device 或 I-Device）

现场的分布式设备都可以称为 IO 设备，比如 I/O 组件（ET200SP PN 或 ET200MP

PN）或驱动设备（比如 CU320-2 PN 或者 V90 PN），它的功能与 PROFIBUS DP 从站类似，当使用控制器作为其它控制器的 IO 设备时，该控制器使用的是 I-Device 功能。

2.2.2 PROFINET IO 的 RT 和 IRT

PROFINET 是基于以太网标准开发的，这意味着所有基于以太网的标准协议（如 HTTP、FTP、TCP、UDP 等）都可以在 PROFINET 网络上并行传输。PROFINET 还提供两种协议（传输模式）以满足自动化场合的需求，即带 RT 功能的 PROFINET IO 和带 IRT 功能的 PROFINET IO，这两种传输模式专门为传送现场 IO 数据的周期性通信而设计。需要注意的是带 RT 和 IRT 的 PROFINET IO 通信是基于 MAC 地址进行的，这意味着跨不同网段（经过路由器）的 RT 或 IRT 通信是不可能的。

1. PROFINET RT

PROFINET RT 通信使用按优先次序排列的报文（IEEE 802.1P），这种机制在 IP 语音已有应用。PROFINET RT 报文的优先级比 IT 报文优先级更高，这能保证自动化应用中的实时属性，比如应用在标准的分布式 IO 通信上。

PROFINET RT 通信适用于没有特殊性能和等时要求的场合，它使用标准的以太网芯片，不需要特殊的硬件支持。但是其不支持任何同步机制，因此不能进行等时数据传送，也不适用于高精度运动控制的场合。

RT 数据更新时间可在 0.25 ~ 512ms 之间调整，选择的更新时间取决于控制过程的需求、设备数量及 IO 数据的数量。考虑到 PROFINET 比其它现场总线具有更出色的性能，总线周期大幅缩短，在整个系统的响应时间中总线通信的时间不再是瓶颈。

2. PROFINET IRT

PROFINET IRT 通信尤其适用于以下场合：

- 通过 PROFINET IO 实现轴的控制与同步。
- 转换时间短的快速等时 IO 通信。

PROFINET IRT 通信，其使用时间槽或称为带宽预留的方式进行数据交换，这意味着有两个时间槽。IRT 报文在第一个槽内传输，RT 和其它报文在第二个槽内传输。在这种方式下，必须保证为 IRT 数据保留足够的带宽，以满足通信负荷的要求。IRT 需要所有设备必须进行时间同步，以便于所有设备知道时间槽何时开始。

除了要保留足够的带宽，对于不同的拓扑结构，还需要组建一个周期性报文的时间表，这样可以使工程系统确定每一根网线上所需的带宽，在软件中组态拓扑结构后带宽计算这个工作由 TIA 博途软件自动进行。这与 PROFIBUS 中的等时操作行为一样，基于 IRT 通信可以使能等时设备内要同步的应用（如 S7-1500T/TF 的位置控制器和插补器），这是进行运动闭环控制的一个必要条件。

PROFINET IRT 通信需要一个比以太网高一级的时间槽。IRT 消息帧在专用的预留时间槽内发送。这种方式需要将 IRT 通信中所有的设备建立同步域。一个同步域是一组同步于同一个时钟周期的 PROFINET 设备，同步主站设置发送时钟，同步从站与同步主站的时钟同步，一个同步域只能有一个同步主站。通过网络的同步操作，在 RT 通信中可能会出现的通信时间抖动也被大大降低。所有的 IRT 设备时间被同步到一个公用的同步主站上。IRT 通信概览如图 2-3 所示。

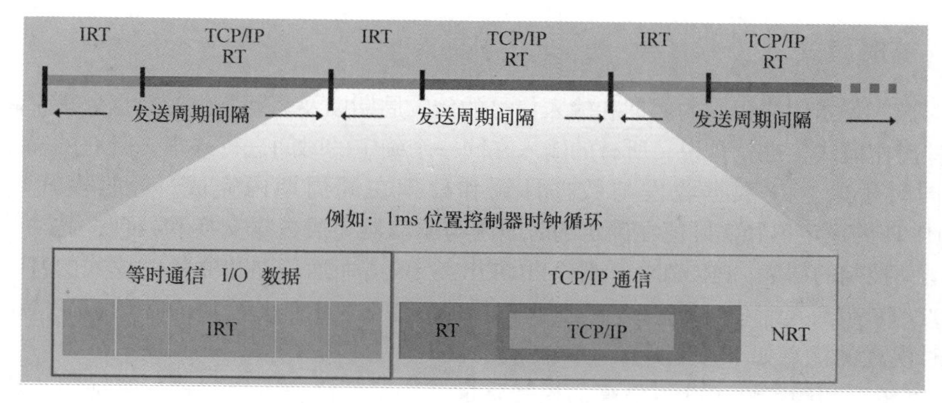

图 2-3　IRT 通信概览

PROFINET IRT 通信报文根据拓扑的距离进行时序安排，可以将数据传送效率进一步提高。对于 PROFINET IRT 通信，发送时钟可以设置在 125μs ~ 4ms 之间。

一个典型的发送时钟是 1 ~ 2ms，但是也可以设置为 125μs ~ 4ms 之间的其它值，设备所支持的发送时钟可以在产品样本中查到。

3. 发送时钟与更新时间

在 PROFINET 系统中需要区分两个时钟周期，即发送时钟和更新时间。发送时钟是周期性通信的基本循环时钟，更新时间指示了在哪个周期设备中数据发生更新。

在 PROFINET RT 或者 IRT 通信中，发送时钟是交换数据可能的最小时间间隔。所以，发送时钟对应了最短可能的更新时间。在这个时间内，IRT 数据和非 IRT 数据都传输，一个同步域内的所有设备都以相同的发送时钟工作。

每一个 IO 设备的更新时间可以单独配置，即指定数据交换的时间间隔，最短更新时间取决于 IO 控制器的最短发送时钟。更新时间的设置如图 2-4 所示。

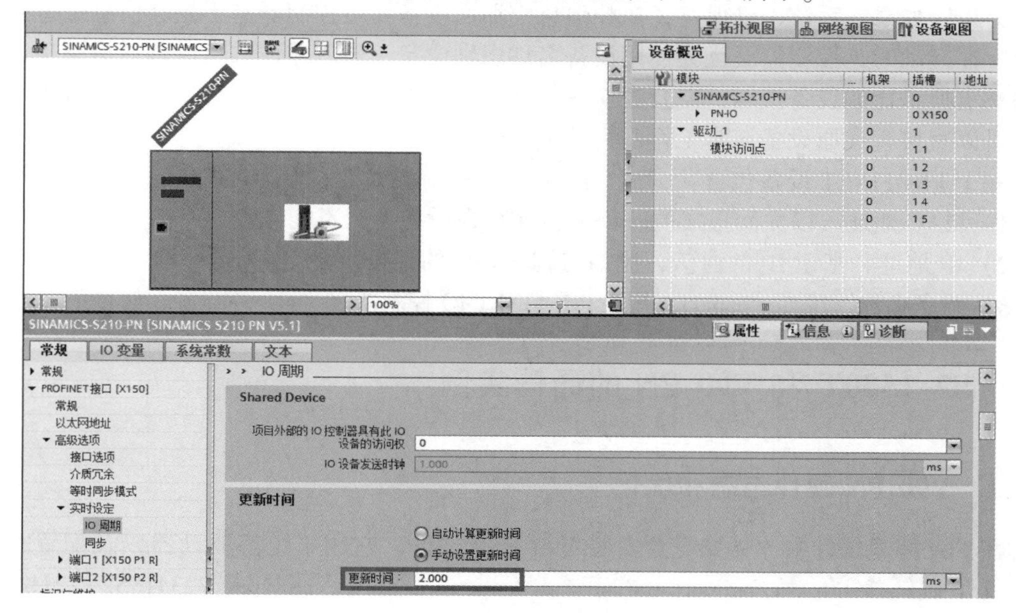

图 2-4　更新时间的设置

2.2.3 等时模式

等时模式是指用户程序的周期和输入信号的传输周期以及驱动器中的数据处理都将同步进行的一种操作模式，也就是说，所有的输入在同一个确定的时间进行采集，所有的输出在确定的时间同时生效，IO 数据收发与数据计算和处理在同周期内完成。等时模式可以确保 S7-1500T/TF的设定值和实际值在确定的时间内与驱动器完成数据交换和处理，此功能可以大大提高运动控制的精度。PROFINET 或者 PROFIBUS DP 等时通信是建立等时模式的基础，因此 S7-1500T/TF 激活等时模式功能时，必须基于 PROFINET IRT 或者 PROFIBUS DP 等时功能。

等时模式的优点如下：

1）高精度和确定性可获得最高的控制质量，从而可精确地控制轴，时钟同步将过程响应时间发生波动的可能性降至最低。

2）通过预留带宽可实现最短响应时间和最高确定性，可用于满足高性能要求的应用（例如，印刷设备中的同步控制/定位控制，包装机中的颜色标记识别）。

3）命令执行和状态反馈的同步，可以实现各轴的高精度同步运动。

需要注意的是，PROFINET IRT 通信需要在 TIA 博途软件中组态通信的网络拓扑结构，组态的拓扑结构必须和实际的网络连接顺序一致。如果在网络中使用交换机作为伺服驱动器和 PLC 的连接，则必须使用支持 PROFINET IRT 的交换机。

2.2.4 IO 设备的地址

与 PROFIBUS 设置 DP 地址拨码不同，PROFINET 使用设备名称来识别 PROFINET 设备。网络中设备名称必须是唯一的，并且必须分配与程序中组态一致的设备名称。

在调试阶段，每一个 PROFINET 设备都要分配一个名称，这个名称会保存在断电保持数据区中，这个过程称为节点初始化。

另外，如果在系统中已保存了拓扑信息，那么设备会被控制器基于拓扑信息进行自动初始化。在起动时，控制器会优先使用设备名称识别设备，然后对该站点进行通信连接。如果设备被更换，比如设备损坏，需要替换一个新设备，如果它的订货号与之前的设备相同，那么它可以直接替代原设备正常工作，无须进行其它修改。

一个 PROFINET 设备包含：

1）MAC 地址。以太网报文的一部分，保存在设备上，不能修改。

2）IP 地址。基于 IP 的通信，比如与调试软件的连接。

3）设备名称（Device name）。用在 PROFINET IO 控制器起动时识别设备，必须正确地分配。

2.3 S7-1500T 和 V90 PN 的通信实例

2.3.1 V90 PN 硬件组态和优化

在 TIA 博途软件中，首先需要安装 V90 HSP 文件，它用于组态驱动器以及配置相关的参数（下载链接 https://support.industry.siemens.com/cs/ww/en/view/72341852）。TIA 博途项目中的 PLC 硬件组态、V90 PN 驱动器配置及优化步骤见表 2-2。

表 2-2　TIA 博途软件项目中的 PLC 硬件组态、V90 PN 驱动器配置及优化步骤

序号	说　明
1	创建一个新的项目，项目名称为 S7-1500TV90，如下图所示 创建新项目 项目名称：S7-1500TV90 路径：C:\\ 版本：V17 作者：SIEMENS-PG 注释： 创建
2	添加 S7-1500T 到项目中，使用的 PLC 为 S7-1511T，版本选 V2.9 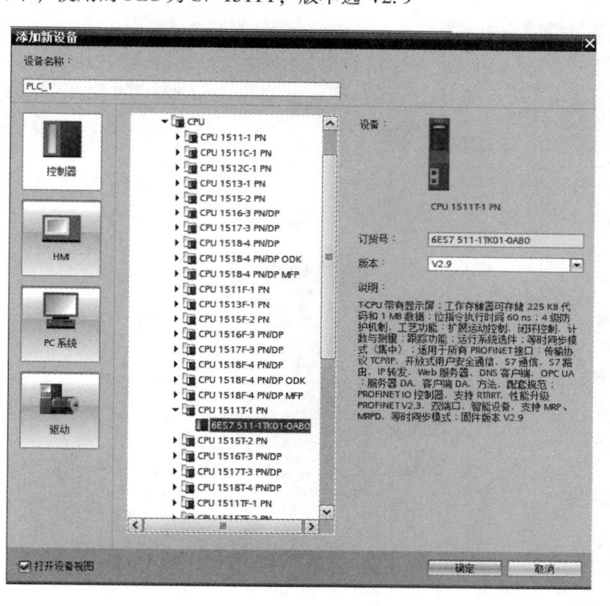
3	在“网络视图”中，将“驱动器和起动器->SINAMICS V90 PN”文件夹中的 V90 PN 驱动器拖到网络中。注意：添加的产品型号及版本号应和实际使用的一致，此处使用的产品为 6SL3210-5FB10-1UF0，之后设置通信接口的 IP 地址 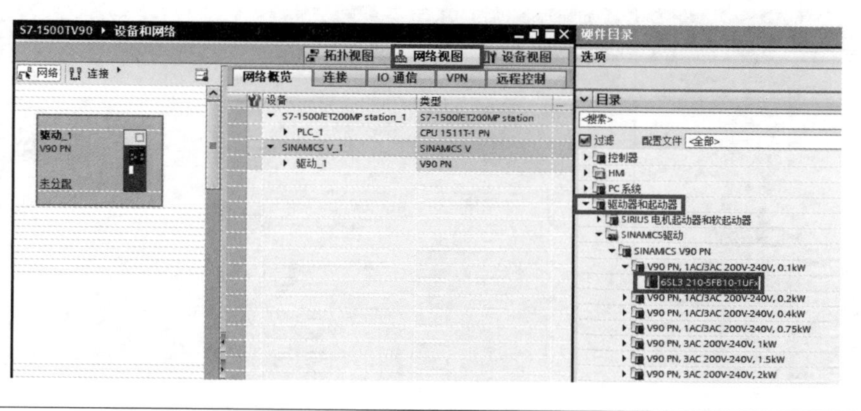

（续）

序号	说　明
4	通过 TIA 博途软件中的“在线访问和诊断”，搜索到组态的 V90 PN，并给它“分配 IP 地址” 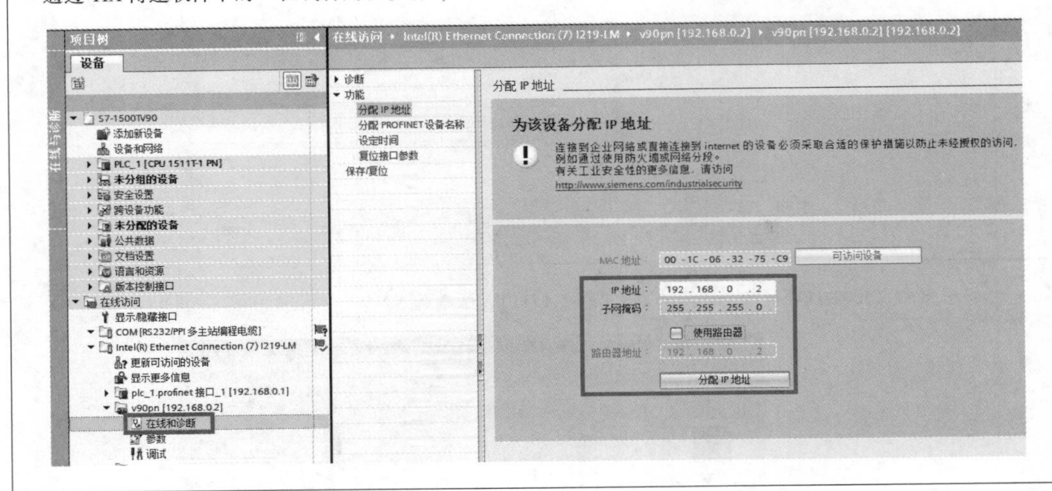
5	右键单击下图中的“驱动_1”，并且选择“转至在线”，在线连接 V90 PN 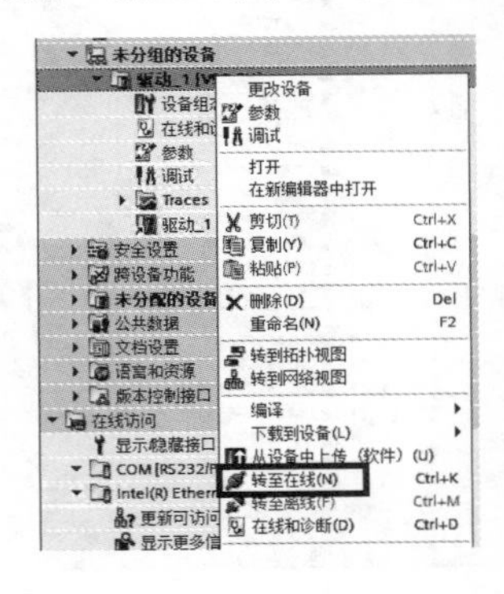
6	随后，使用 TIA 博途软件集成的控制面板测试 V90 PN 的电动机运行。应注意，如果使用的电动机不是默认的型号，应在参数中修改实际使用的电动机类型，并且下载后再继续进行测试 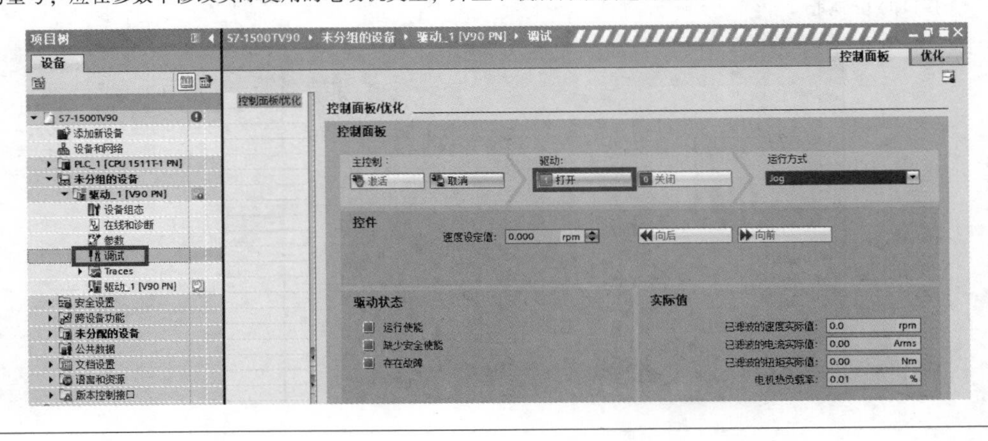

（续）

序号	说　　明
7	切换面板到V90优化界面，并且选择激活控制权，填写用于优化测试的移动距离，可以为360°或者720°（具体的距离根据实际的设备进行设置，如果距离很短，则导致测试不准确，如果距离过长则可能超出设备运行范围或者导致过高的测试速度）。单击“启动优化”按钮进行驱动的一键优化工作，通过此功能，利用很短的测试信号可以使控制器参数正确地匹配当前机械系统。应注意，一键优化虽然是优化伺服电动机的首选，但不太适合具有极高负载惯量以及摩擦力和负载阻力占比非常高的机械系统。如果需要调整优化动态特性，可以调整优化的动态系数（默认值为18），数值越大速度环的响应越快，同时也更有可能导致机械系统的振动。在扩展设置中，可以选择激活“扭矩前馈”功能，有效地提高速度环的动态响应 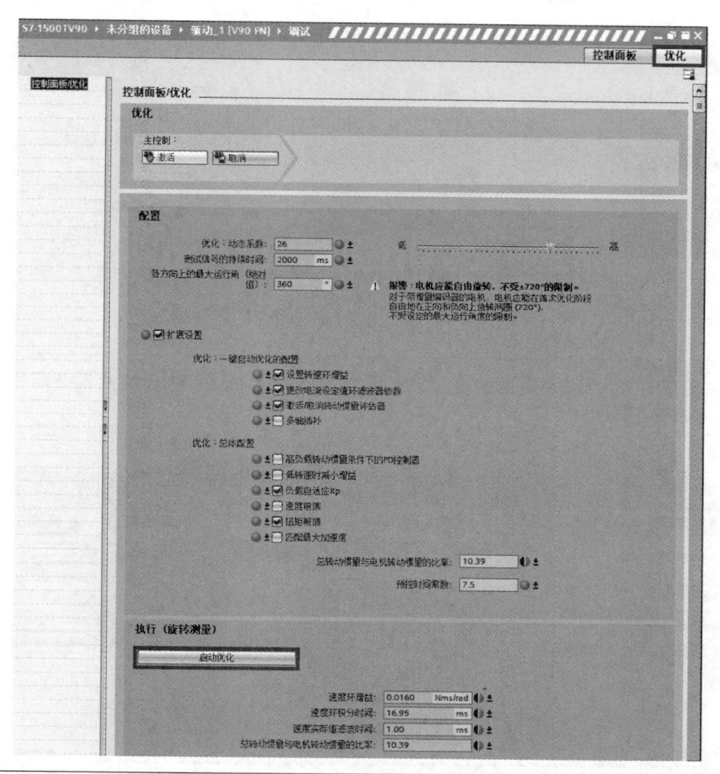
8	经过以上操作后，还需要将优化好的参数保存到驱动器和离线的计算机项目中，单击界面中下方的 保存 按钮，在驱动器中保存参数。随后可以单击 取消 放弃控制权，然后选择“驱动_1 [V90 PN]”单击“上载”按钮，在项目中保存参数 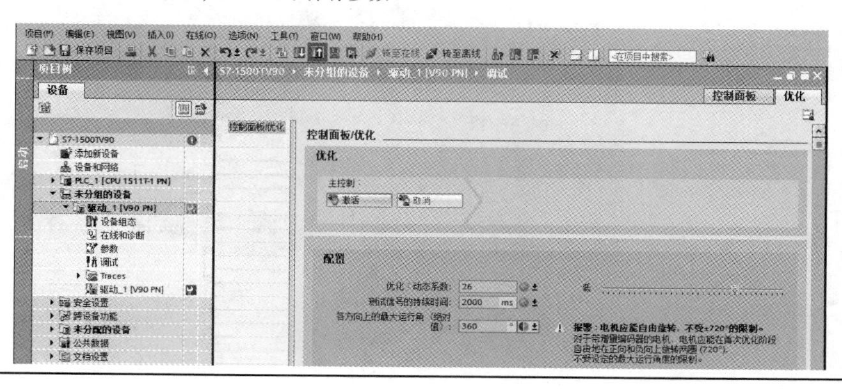

2.3.2　S7-1500T 与 V90 PN 通信配置和轴配置实例

完成硬件组态和电动机的速度控制器优化之后，需要进行 TIA 博途软件项目中的网络配置及定位轴配置，将 V90 PN 驱动装置关联到定位轴，步骤见表 2-3。

表 2-3　网络配置及定位轴配置步骤

序号	说　明
1	在网络视图中，单击 V90 PN 的“未分配”，选择“PLC_1. PROFINET 接口_1”与 PLC 进行网络连接 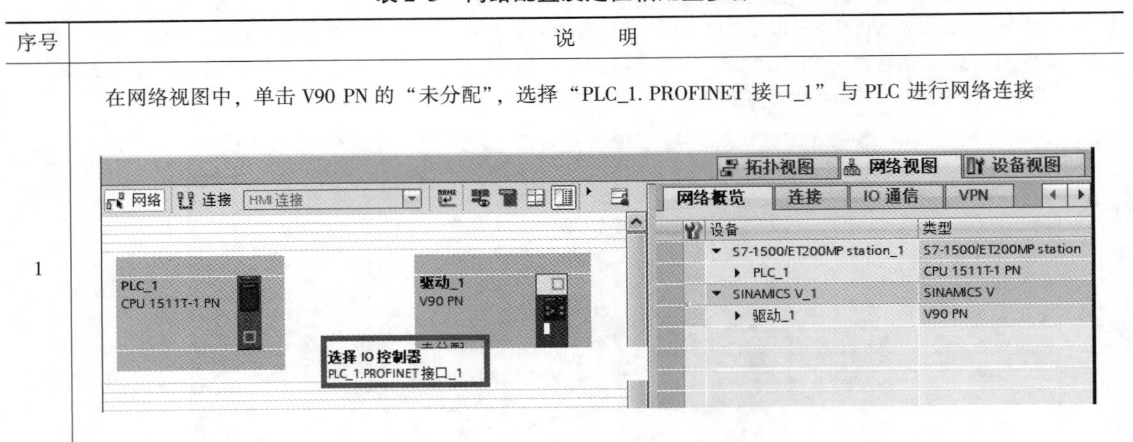
2	创建 S7 - 1500T 与 V90 PN 的网络连接后，设置 V90 PN 设备的 IP 地址及设备名称和设置 S7 - 1500T 的 IP 地址 

（续）

序号	说　明
2	拓扑视图　网络视图　设备视图 网络　连接　HMI 连接 IO 系统：PLC_1.PROFINET IO-System (100) PLC_1 CPU 1511T-1 PN 驱动_1 V90 PN PLC_1 PLC_1.PROFINET IO-Syste... 100% 网络概览　连接　IO 通信　VPN 设备　类型 S7-1500/ET200MP station_1　S7-1500/ET200MP... PLC_1　CPU 1511T-1 PN SINAMICS V_1　SINAMICS V 驱动_1　V90 PN PROFINET 接口 [IE1] 属性　信息　诊断 常规　IO 变量　系统常数　文本 常规 以太网地址 循环数据交换 高级选项 以太网地址 接口连接到 子网：PN/IE_1 添加新子网 Internet 协议版本 4 (IPv4) 在项目中设置 IP 地址 IP 地址：192 . 168 . 0 . 2 子网掩码：255 . 255 . 255 . 0 同步路由器设置与 IO 控制器 使用路由器 路由器地址：0 . 0 . 0 . 0 在设备中直接设定 IP 地址 PROFINET 自动生成 PROFINET 设备名称 PROFINET 设备名称：v90pn 转换的名称：v90pn 设备编号：1
3	在 V90 PN 设备上单击鼠标右键，选择“分配设备名称”，为 V90 PN 分配设备名称 驱动_1 V90 PN PLC_1 PLC_1.PROFINET IO-Syste... 设备组态 更改设备 参数 调试 剪切(T)　Ctrl+X 复制(Y)　Ctrl+C 粘贴(P)　Ctrl+V 删除(D)　Del 重命名(N)　F2 转到拓扑视图 下载到设备(L) 从设备中上传（软件）(U) 转至在线(N)　Ctrl+K 转至离线(F)　Ctrl+M 在线和诊断(D)　Ctrl+D 分配设备名称 更新并显示强制的操作数 显示目录　Ctrl+Shift+C 属性　Alt+Enter

（续）

序号	说　明
4	在拓扑视图中，配置通信的接口连接，本例为 PLC 的端口 2 连接 V90 PN 的端口 1，如下图所示。注意：项目中配置的拓扑必须和实际连接的一致！ 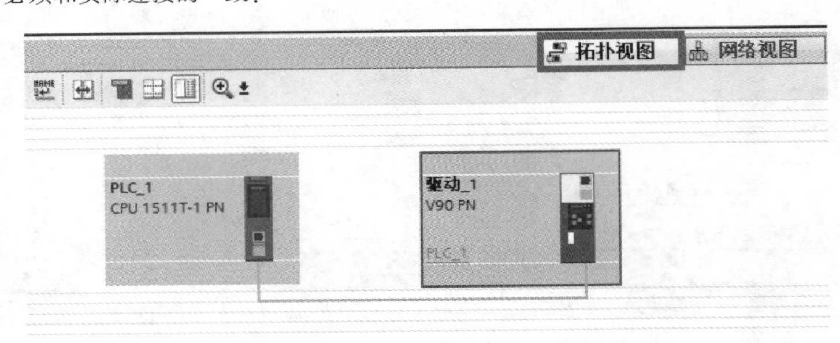
5	在网络视图中，配置 PRPFINET IRT 通信，如下图所示。注意：V90 PN 的通信时间最短为 2ms 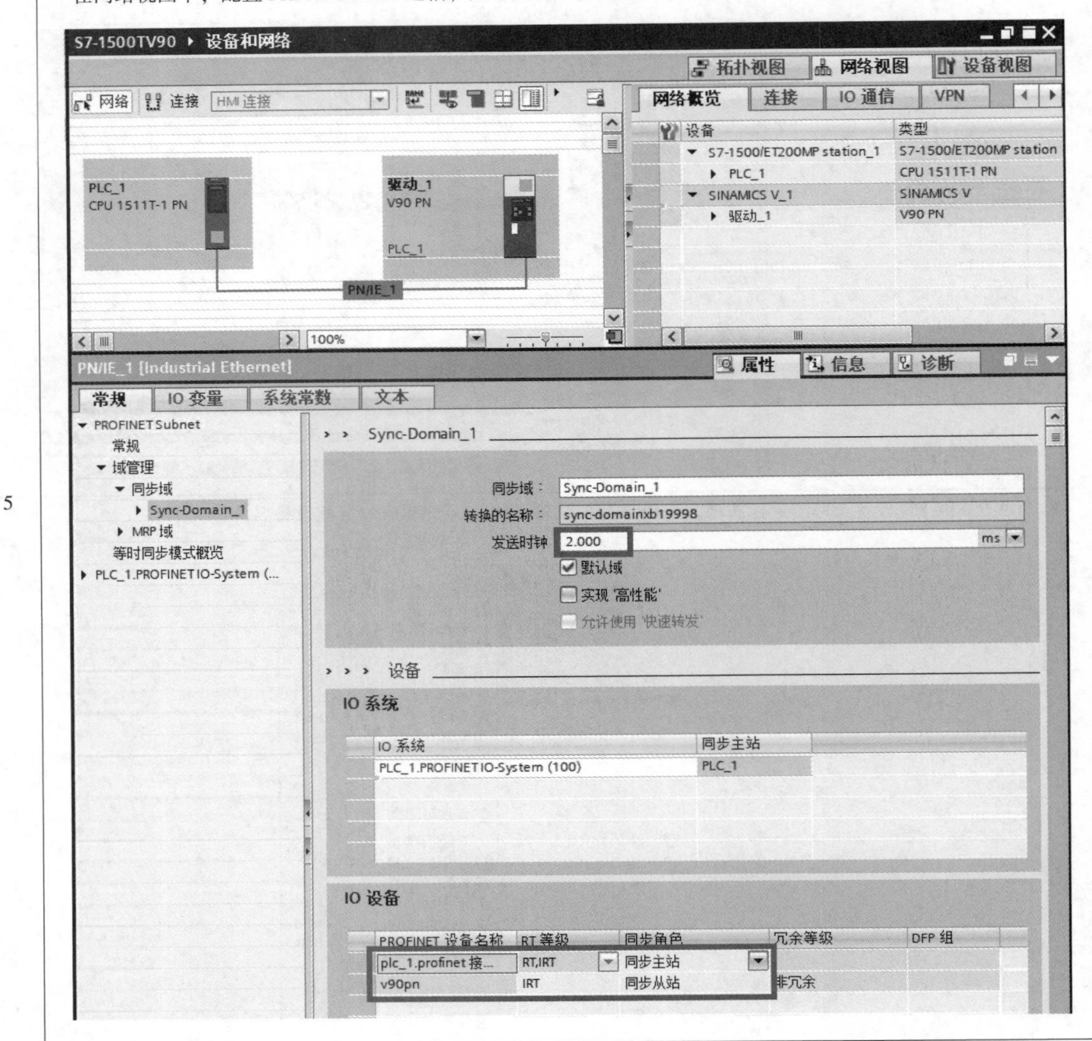

（续）

<table>
<tr><th>序号</th><th>说　明</th></tr>
<tr><td>6</td><td>通过双击项目树中的“新增对象”，添加新工艺对象，选择“TO_PositioningAxis”
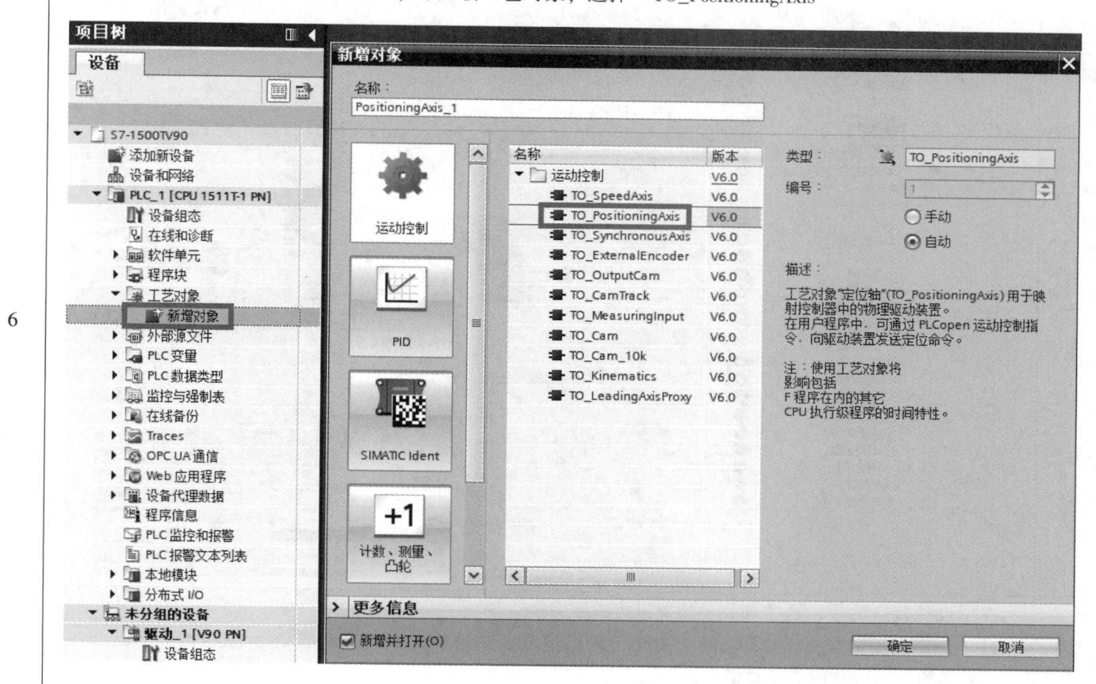</td></tr>
<tr><td>7</td><td>在硬件接口中，选择 V90 PN 的报文，默认为西门子报文 105
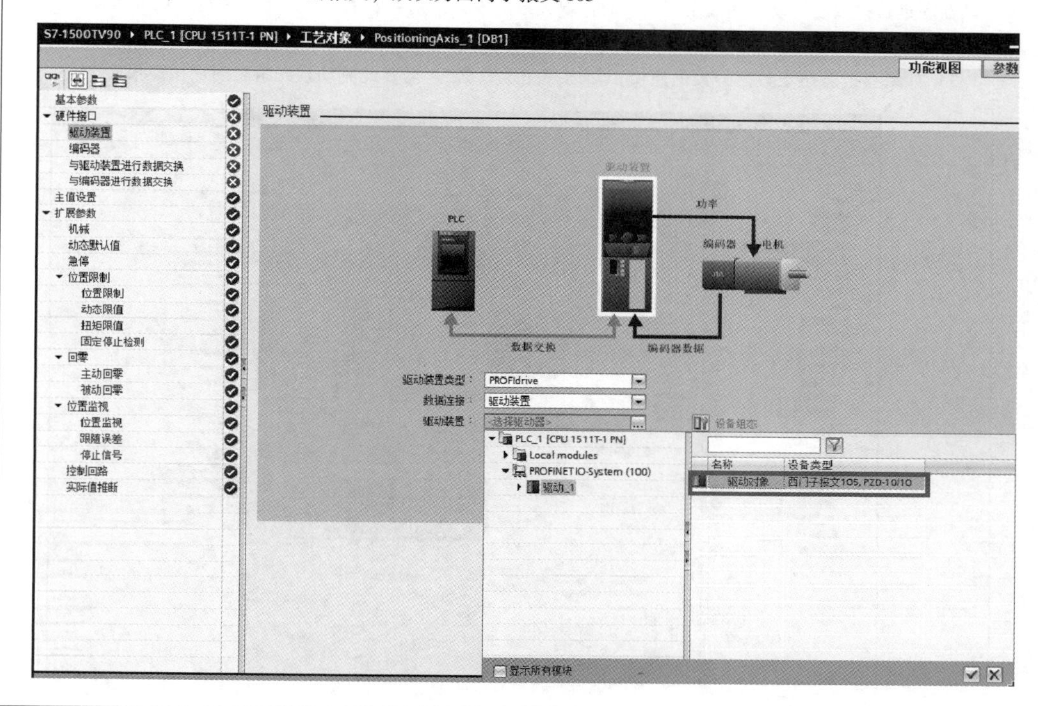</td></tr>
</table>

（续）

序号	说　明
8	在“编码器”配置界面中，根据实际购买的 V90 PN 电动机编码器类型进行选择，如果是增量编码器则选择“增量”；如果是绝对值编码器，则建议选择“循环绝对编码器”选项（此选项支持编码器溢出记忆） 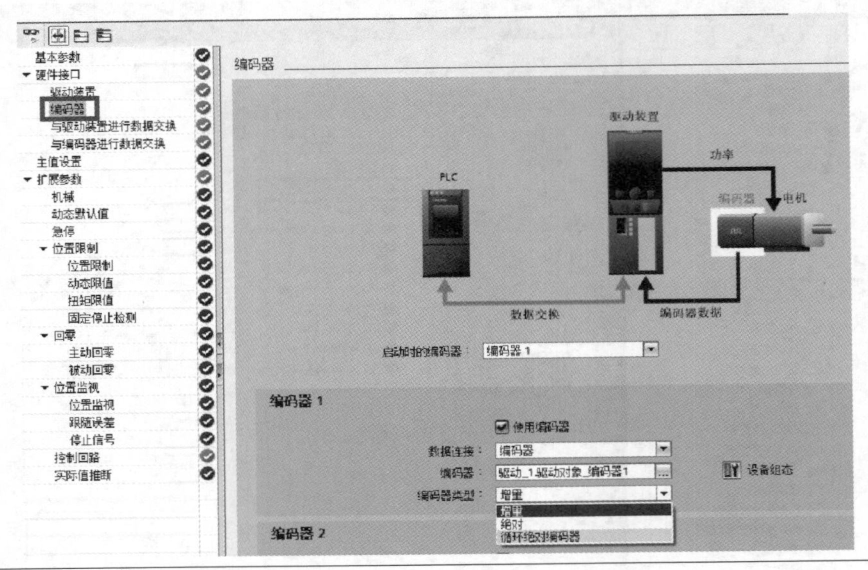
9	在“硬件接口”中，选“与驱动装置进行数据交换”选项 1）“组态过程中自动应用驱动值（离线）”，当完成了驱动装置组态（例如使用 SINAMICS Startdrive 软件），工艺对象可以离线获取驱动装置参数 2）“运行时自动应用驱动值（在线）”，可以实现驱动装置参数的自动获取，如果不希望在启动时 PLC 与驱动器间进行参数的自动传递或出现启动时读取失败的现象，则需要手动指定驱动装置参数或者使用“组态过程中自动应用驱动值（离线）”，不勾选“运行时自动应用驱动值（在线）”选项 3）如果要组态扭矩数据的数据连接，勾选“扭矩数据”。需要此驱动预先组态附加扭矩报文 750 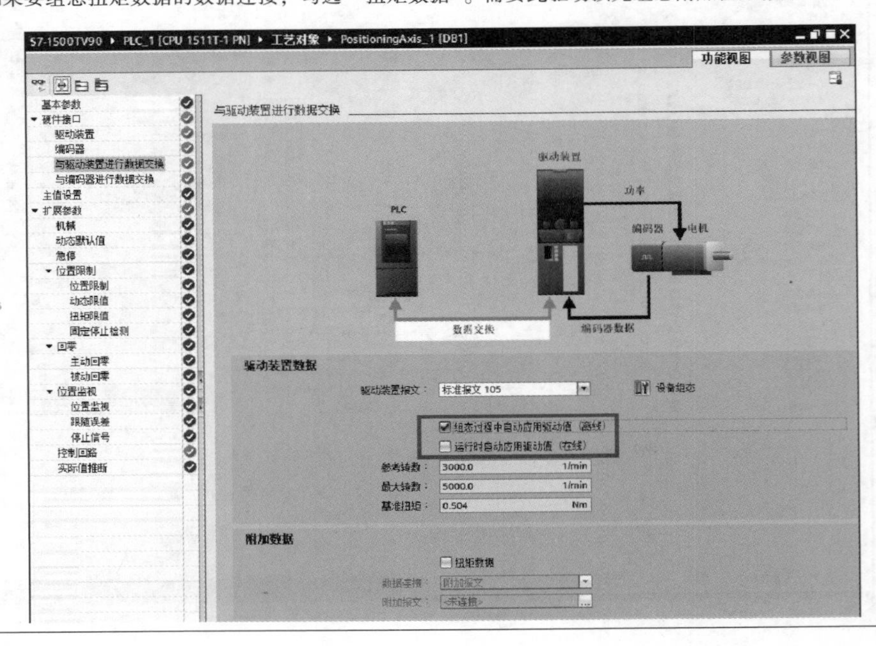

（续）

序号	说　　明
9	在“硬件接口”中，选“与编码器进行数据交换”选项 1）“通过驱动装置报文的实际转数 NACT_B 计算实际速度”，对低精度编码器，采用这种计算方式比在 PLC 的伺服周期内实际值微分得到的实际速度更精确 2）“组态过程中自动应用编码器器值（离线）”，当完成了驱动装置组态（例如使用 SINAMICS Startdrive 软件），工艺对象可以离线获取编码器参数 3）勾选“运行过程中自动应用编码器值（在线）”则 PLC 在启动时会自动读取驱动器的参数，如果不需要此功能或者出现启动时读取失败的现象，则需要手动指定编码器参数或者“组态过程中自动应用编码器器值（离线）”，不勾选此选项 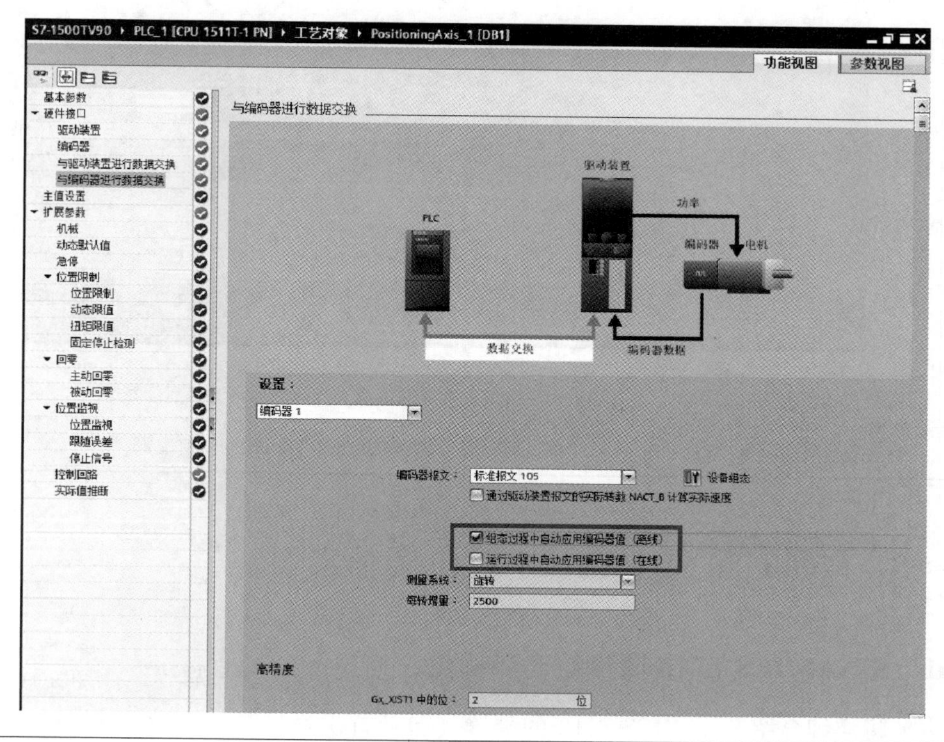
10	右键单击程序块中的“MC_Servo［OB91］”，打开 OB91 组织块属性界面 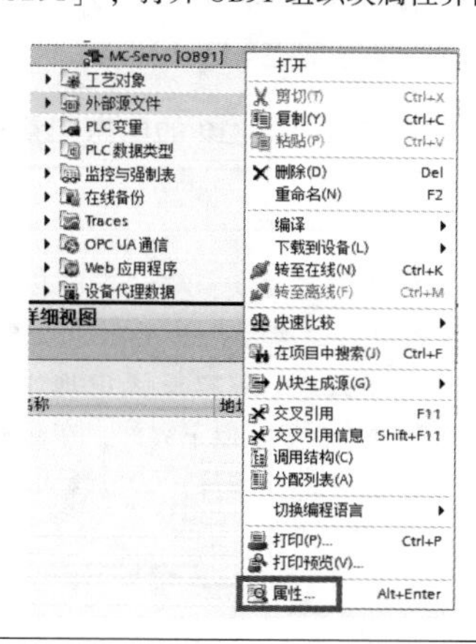

（续）

序号	说　明
11	在 OB91 组织块属性中单击“周期”，在“周期”中选择“同步到总线”选项，并为“发送时钟的来源”选择“PROFINET IO – System（100）” 注意：如果使用的 CPU 性能偏低或者轴数较多时，则需要考虑将因子参数调高，以降低 CPU 的负荷 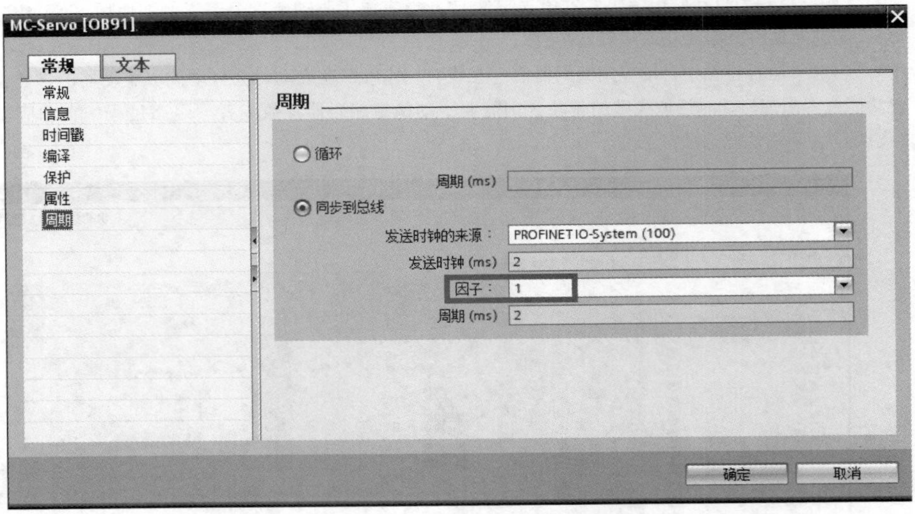
12	用户可以根据实际的需要，选择和填写后续配置的界面信息，具体内容请参考后续章节
13	保存编译并且下载项目到 S7 – 1500T 中，即完成了 S7 – 1500T 和 V90PN 的通信配置

2.4　S7-1500T 和 SINAMICS S210 通信实例

2.4.1　SINAMICS S210 硬件组态和优化

本节将详细介绍 SINAMICS S210 的配置（包括首次通过 Web 服务器设置），SINAMICS S210 也支持通过 TIA 博途下的 Startdrive 软件进行配置，此处以 Web 服务器为例。SINAMICS S210 的组态配置和优化步骤见表 2-4。

表 2-4　SINAMICS S210 的组态配置和优化步骤

序号	说　明
1	要完全访问驱动器的全部功能，用户必须需要以“Administrator”登录。登录之前，需要设置密码，将计算机的以太网接口和 SINAMICS S210 的 X127 接口连接，SINAMICS S210 上电，插入网线后 10min 内通过网络浏览器设置密码。在浏览器中，输入 X127 的 IP 地址，X127 默认 IP 地址为 169.254.11.22 仅当 SINAMICS S210 处于初始状态时才会显示以下界面，在此画面中设置首次密码应规范，以防止未经授权的用户操作。设置密码的规则：①至少 8 个字符；②包含大写和小写字母；③数字和特殊字符（例如：!% + ...）

（续）

<table>
<tr><th>序号</th><th>说　　明</th></tr>
<tr><td>1</td><td>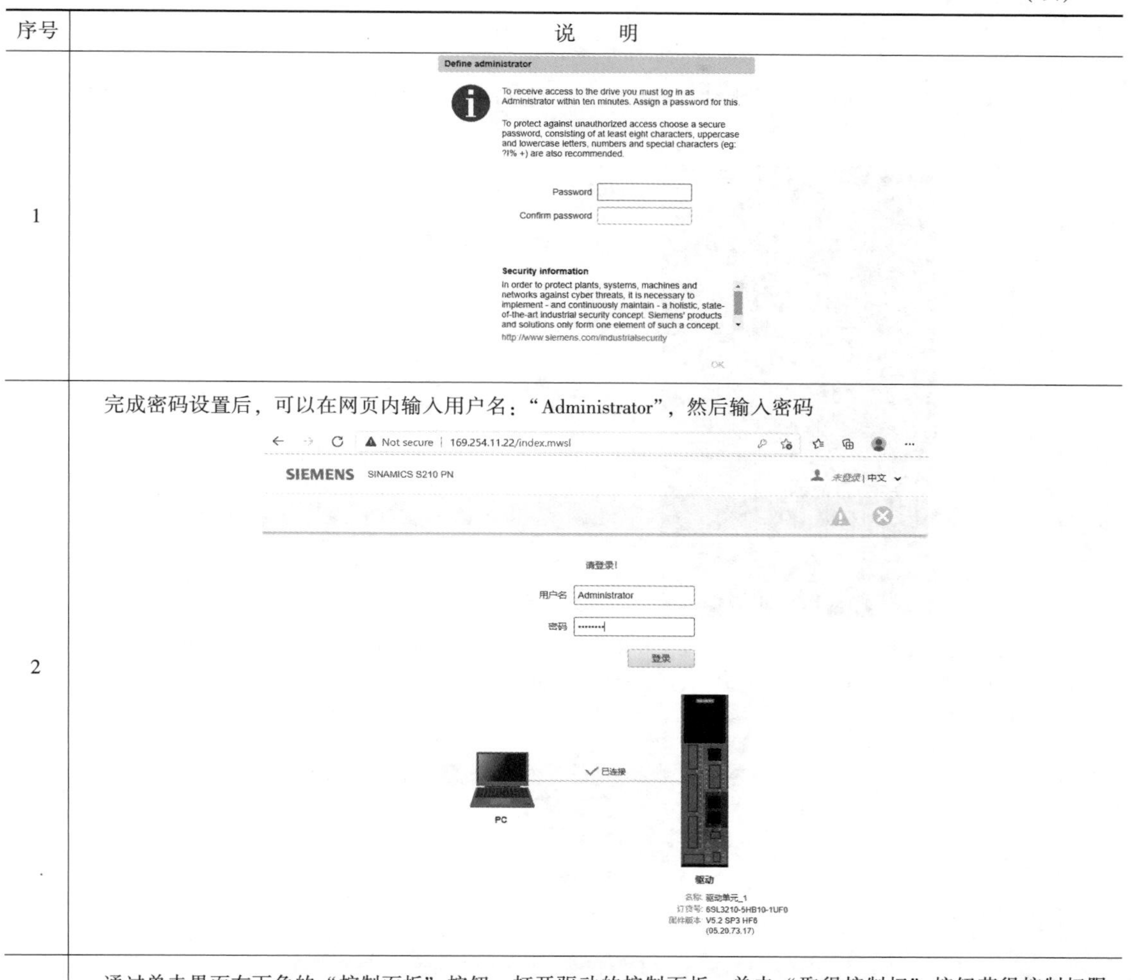
</td></tr>
<tr><td>2</td><td>完成密码设置后，可以在网页内输入用户名：“Administrator”，然后输入密码</td></tr>
<tr><td>3</td><td>通过单击界面右下角的“控制面板”按钮，打开驱动的控制面板。单击“取得控制权”按钮获得控制权限后，输入设置速度控制驱动正转/反转，以测试电动机和驱动器是否正常
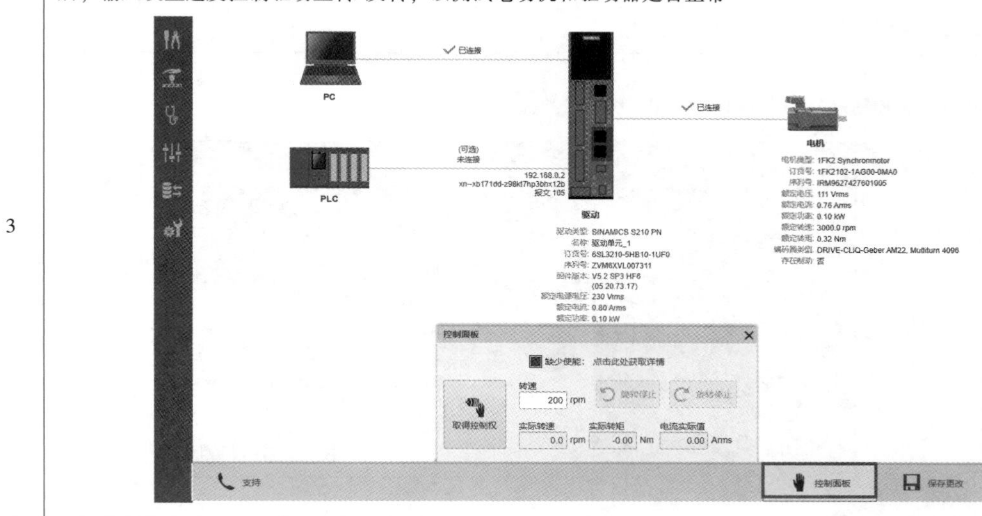
</td></tr>
</table>

（续）

<table>
<tr><th>序号</th><th>说　明</th></tr>
<tr><td>4</td><td>

通过“一键优化”功能，可实现 SINAMICS S210 速度控制器的自动优化。在导航菜单中，选择“调试”中的“优化”选项

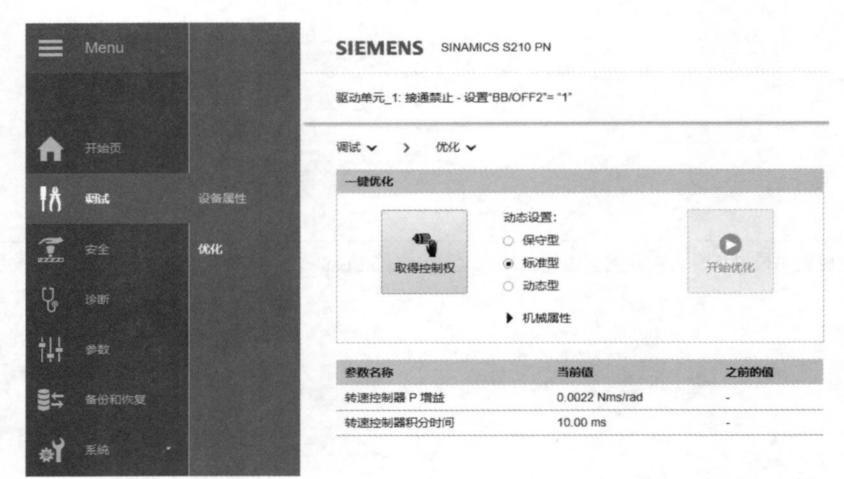

在优化级别上可选择“保守型”“标准型”和“动态型”三种级别，对应于电动机的速度环控制增益逐步增强，选择“标准型”或者“动态型”级别会同时激活扭矩前馈功能

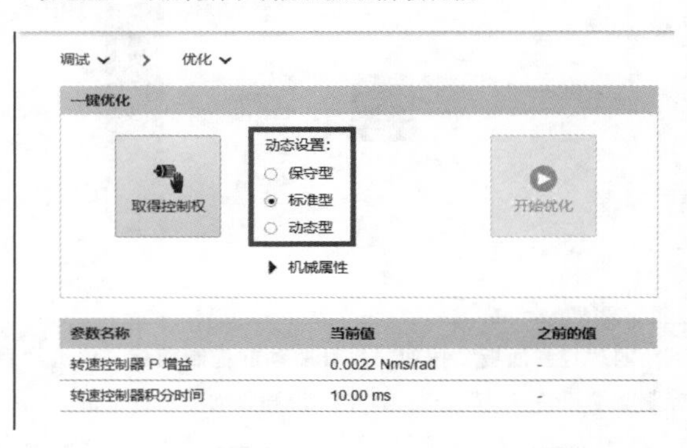

</td></tr>
<tr><td>5</td><td>

单击“取得控制权”获取控制权，单击“确认”按钮以确认

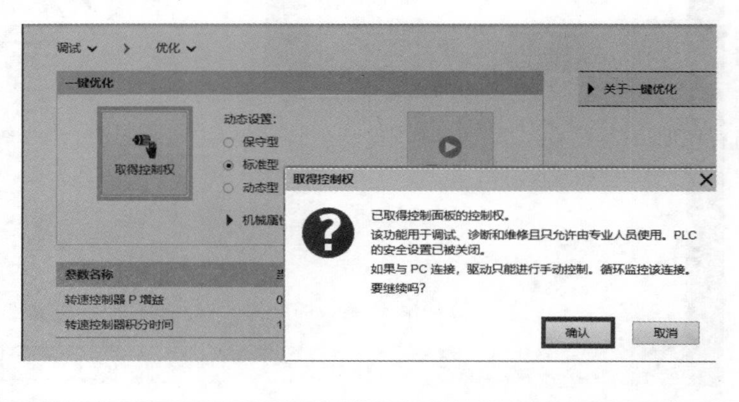

</td></tr>
</table>

（续）

序号	说　　明
6	单击“开始优化”按钮，开始优化  会弹出关于电动机轴允许旋转角度的界面，输入允许的最大的优化距离（例如 360°） 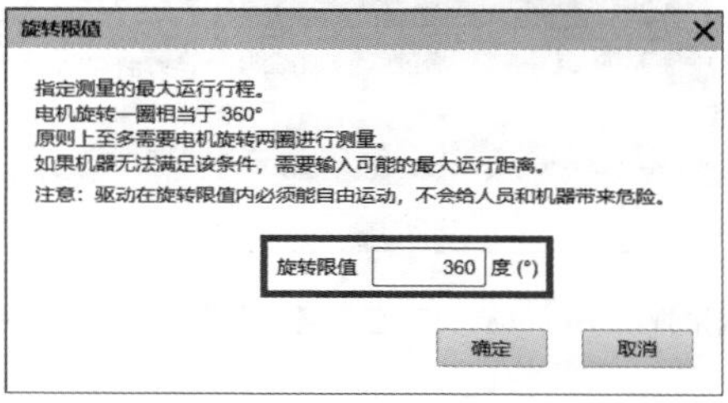 注意：角度设置至少应超过 60°，才能够获得有意义的控制器参数
7	优化结束后，出现优化的数据，除了界面显示的速度环增益和积分时间参数外，在 SINAMICS S210 参数列表中，优化后的 r5276 参数对应于工艺对象控制回路中位置环的最大增益值（注意单位换算，参数使用时需要乘以 16.66 进行转换，通常还需乘以 0.5 后使用），r5277 参数适合在工艺对象控制回路中“速度控制回路替代时间”中使用 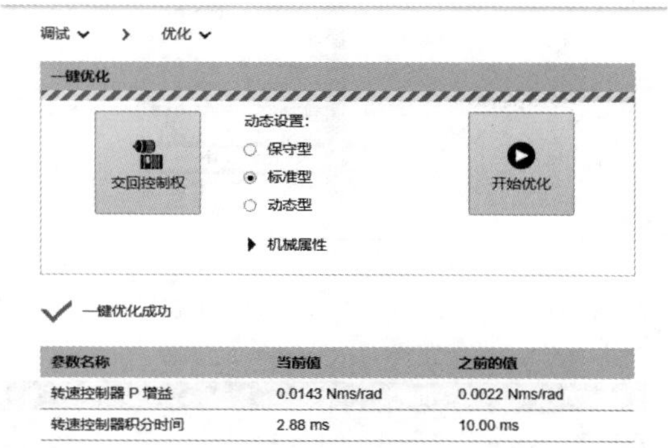
8	单击“交回控制权”按钮，放弃控制权后，再单击界面右下角的“保存”按钮以存储参数 

2.4.2　S7-1500T 与 SINAMICS S210 通信配置和轴配置实例

在 TIA 博途软件项目中，S7-1500T 与 SINAMICS S210 的通信配置及轴配置的步骤见表 2-5。

表 2-5　TIA 博途软件项目中 S7-1500T 与 SINAMICS S210 的通信配置及轴配置步骤

步骤	描　述
1	如果 TIA 博途软件版本较低，硬件目录中没有 SINAMICS S210 硬件，则需要从下述网址下载 SINAMICS S210 的 GSD 文件（https://support.industry.siemens.com/cs/ww/en/view/109752524 在 TIA 博途软件中安装 SINAMICS S210 的 GSD 文件 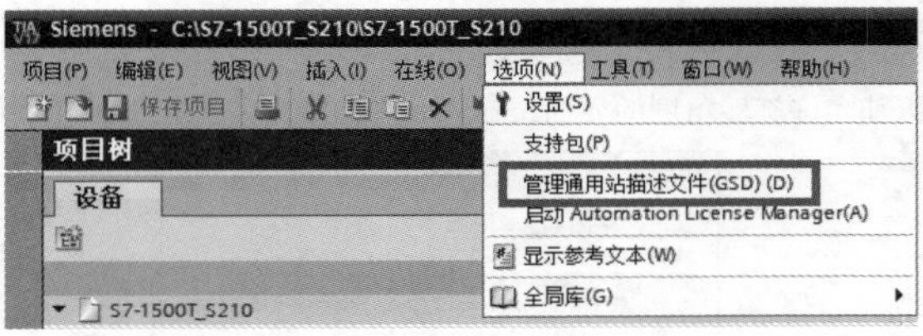 Siemens - C:\S7-1500T_S210\S7-1500T_S210 项目(P) 编辑(E) 视图(V) 插入(I) 在线(O) 选项(N) 工具(T) 窗口(W) 帮助(H) 保存项目 项目树 设备 S7-1500T_S210 设置(S) 支持包(P) 管理通用站描述文件(GSD)(D) 启动 Automation License Manager(A) 显示参考文本(W) 全局库(G)
2	安装 GSD 文件后，在网络视图中可以从“其它现场设备”中选择 SINAMICS S210 PN 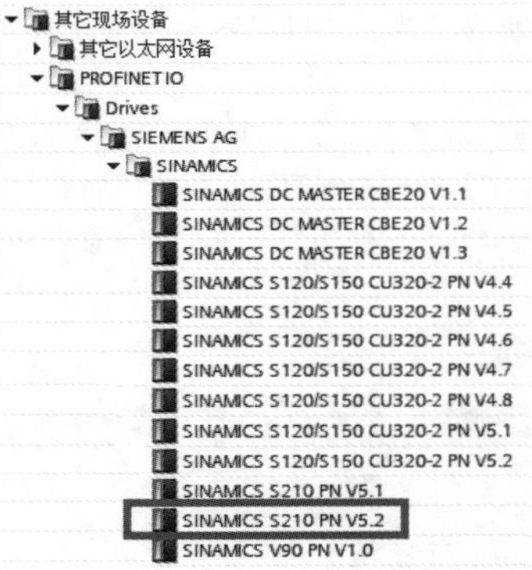 其它现场设备 其它以太网设备 PROFINET IO Drives SIEMENS AG SINAMICS SINAMICS DC MASTER CBE20 V1.1 SINAMICS DC MASTER CBE20 V1.2 SINAMICS DC MASTER CBE20 V1.3 SINAMICS S120/S150 CU320-2 PN V4.4 SINAMICS S120/S150 CU320-2 PN V4.5 SINAMICS S120/S150 CU320-2 PN V4.6 SINAMICS S120/S150 CU320-2 PN V4.7 SINAMICS S120/S150 CU320-2 PN V4.8 SINAMICS S120/S150 CU320-2 PN V5.1 SINAMICS S120/S150 CU320-2 PN V5.2 SINAMICS S210 PN V5.1 SINAMICS S210 PN V5.2 SINAMICS V90 PN V1.0
3	在网络视图中，单击“未分配”，选择“PLC_1. PROFINET 接口_1”，建立与 PLC 的网络连接 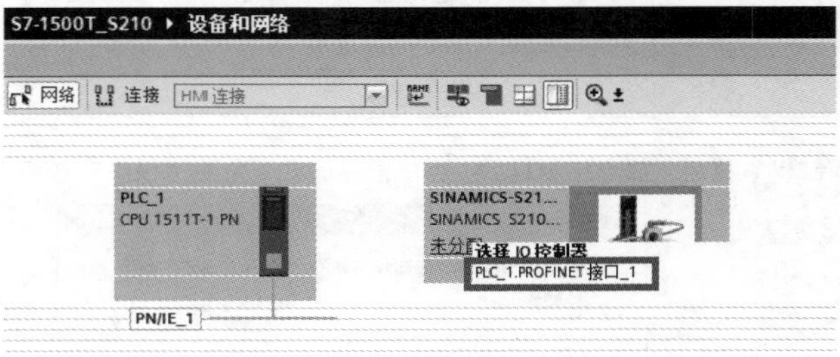 S7-1500T_S210 ▸ 设备和网络 网络 连接 HMI 连接 PLC_1 CPU 1511T-1 PN SINAMICS-S21... SINAMICS S210... 未分配 选择 IO 控制器 PLC_1.PROFINET 接口_1 PN/IE_1

（续）

步骤	描　　述
4	设置 SINAMICS S210 的 IP 地址和设备名称 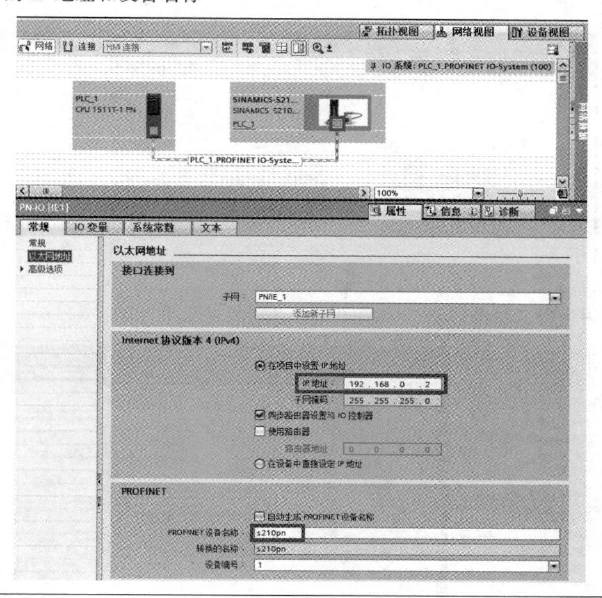
5	在 SINAMICS S210 上单击鼠标右键，选择“分配设备名称”为 SINAMICS S210 驱动器分配设备名称 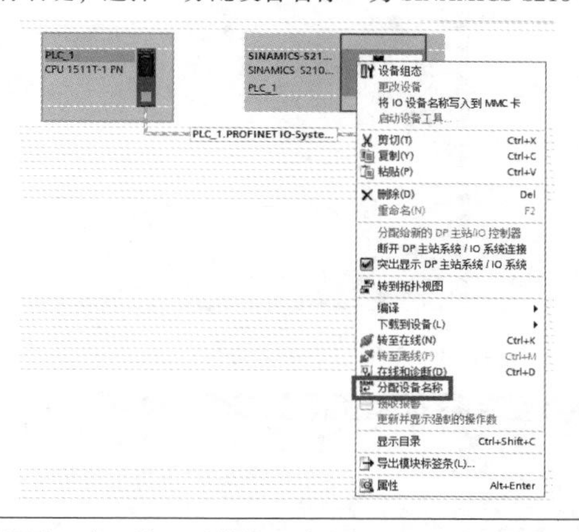
6	在 SINAMICS S210 的“设备视图”中，从“子模块”中选择“西门子报文 105，PZD－10/10”，为驱动配置通信报文 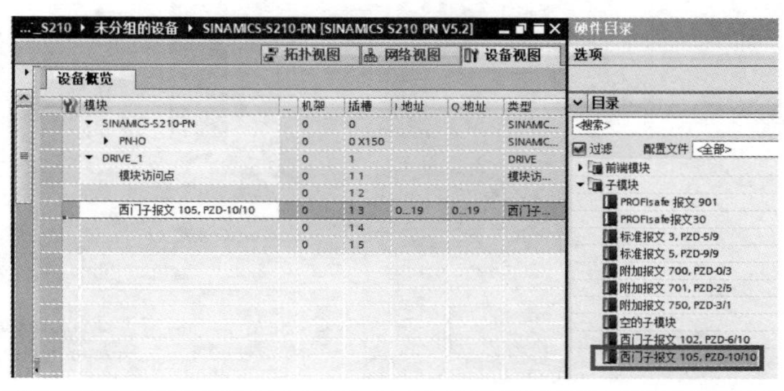

（续）

步骤	描　述
7	在“拓扑视图”中，配置网络拓扑，如下图所示。注意：在项目中，配置的网络拓扑必须和实际连线一致 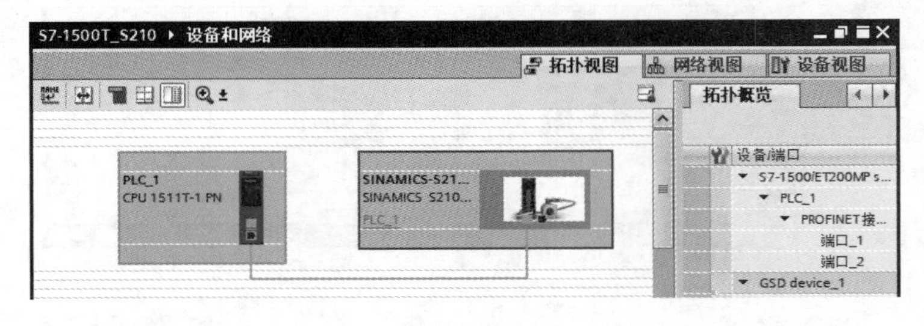
8	通过双击项目树中的“新增对象”，添加新的工艺对象，选择“TO_PositioningAxis” 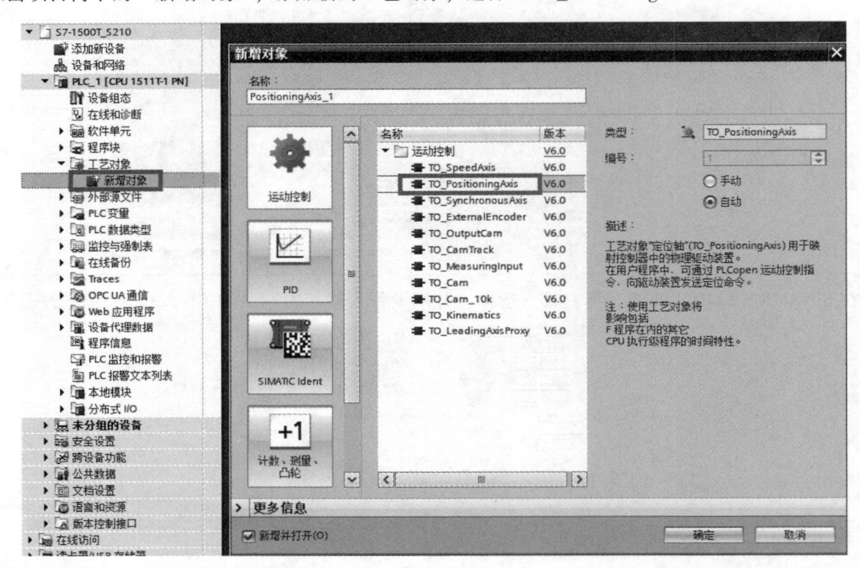
9	在轴的“硬件接口”中，选择 SINAMICS S210 驱动装置 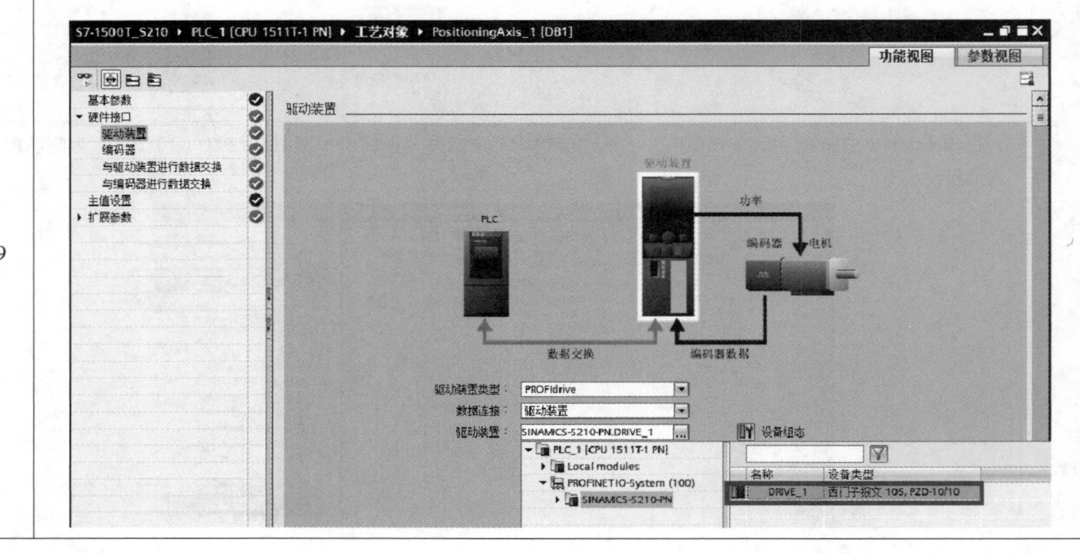

（续）

<table>
<tr><th>步骤</th><th>描　　述</th></tr>
<tr><td>10</td><td>
在“编码器”配置界面中，根据实际购买的 SINAMICS S210 电动机编码器类型进行选择。增量编码器，则选择“增量”；绝对值编码器，则选择“循环绝对编码器”选项（此选项支持编码器溢出记忆）

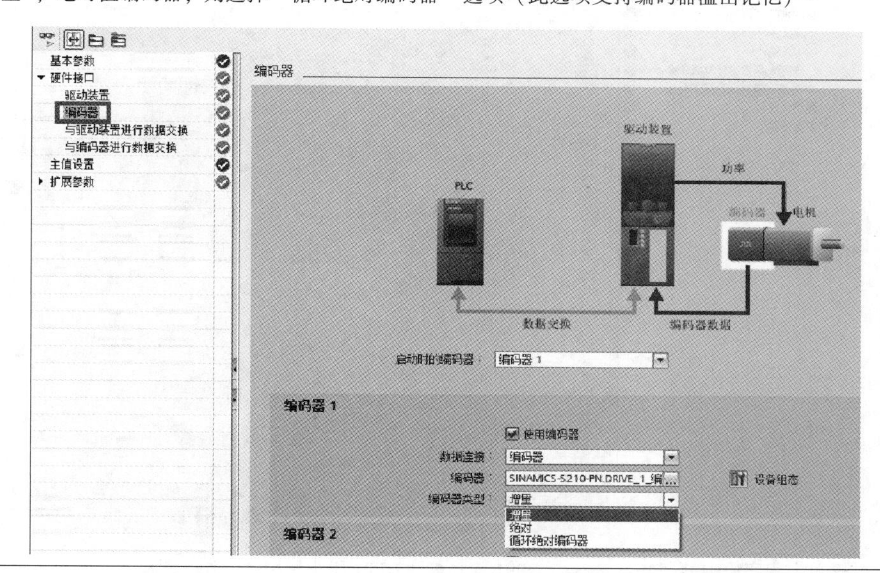

</td></tr>
<tr><td>11</td><td>
在“硬件接口”中，选择“与驱动装置进行数据交换”选项，勾选“运行时自动应用驱动值（在线）”可实现自动从驱动器中获取电动机参数。如果不希望在启动时，PLC 与驱动器间进行参数的自动传递，或者出现启动时读取失败的现象，则需要手动指定驱动器参数，并且不勾选“运行时自动应用驱动值（在线）”选项

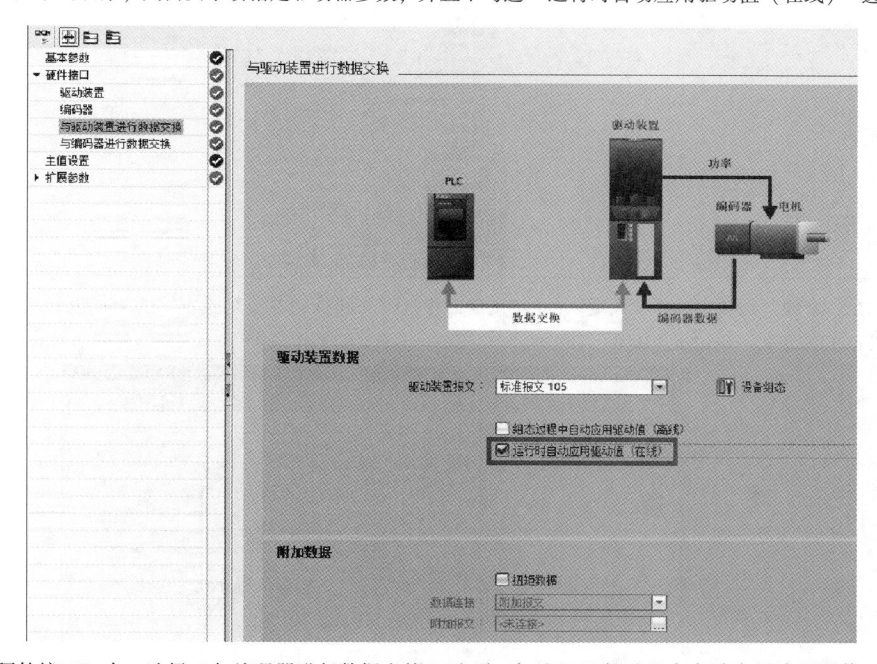

在“硬件接口”中，选择“与编码器进行数据交换”选项，勾选“运行过程中自动应用编码器值（在线）”功能，则 PLC 在启动时会自动读取编码器的参数。如果不需要此功能或者出现启动时读取失败的现象，则需要手动指定编码器参数，不勾选此选项
</td></tr>
</table>

（续）

步骤	描　　述
11	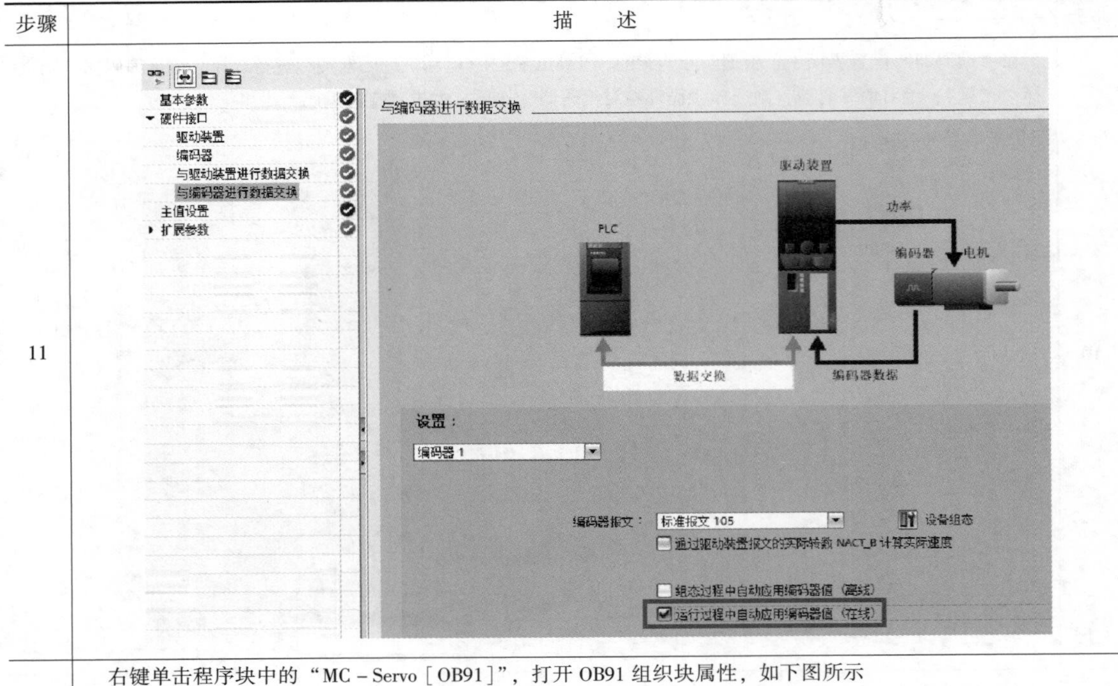
12	右键单击程序块中的“MC－Servo［OB91］”，打开 OB91 组织块属性，如下图所示 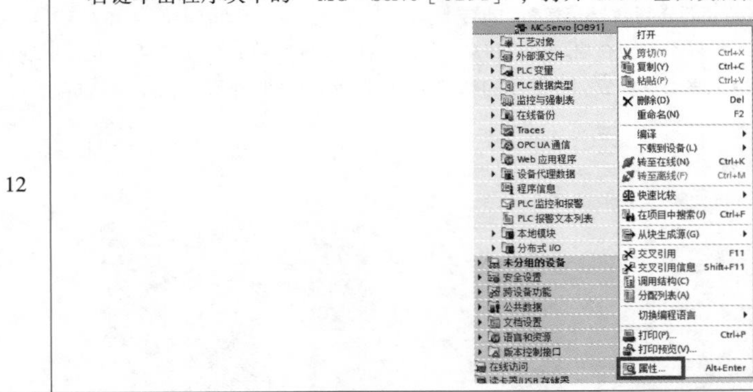
13	在“常规”选项中选择“周期”，在“周期”中选择“同步到总线”选项，并为“发送时钟的来源”选择“PROFINET IO－System（100）” 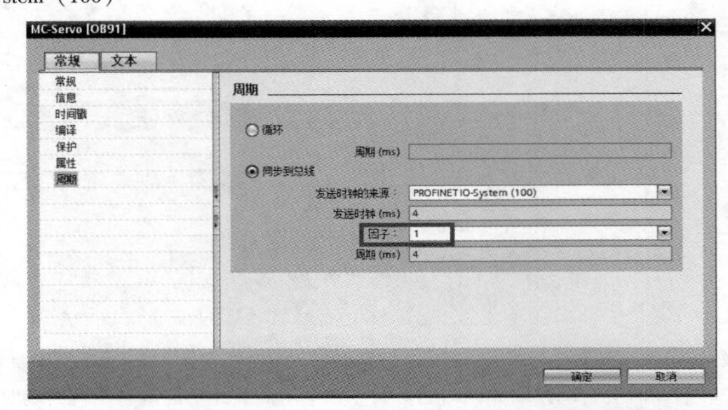 注意：如果使用的 CPU 性能偏低或者轴数较多，则需要考虑将因子参数调高，以降低 CPU 的负荷

（续）

步骤	描　述
14	用户可以根据实际的需要选择和填写后续信息，具体内容请参考后续章节内容
15	保存编译项目并且下载到 S7－1500T 中，即完成了 S7－1500T 和 SINAMICS S210 的项目配置

2.5　S7-1500T 和 SINAMICS S120 驱动器（基于 Startdrive 软件）通信实例

2.5.1　SINAMICS S120 驱动器硬件组态和优化

SINAMICS S120 驱动器的配置及调试可以使用 STARTER/SCOUT 软件，也可以使用 TIA 博途软件 Startdrive。通过 TIA 博途软件 Startdrive 可以提高项目的集成度并且降低调试的难度，因此使用 TIA 博途软件 Startdrive 进行 SINAMICS S120 驱动器的配置以及优化，见表 2-6。

表 2-6　配置和优化 SINAMICS S120 驱动器通信步骤

步骤	说　明
1	双击"添加新设备"，单击"驱动"图标，选择 SINAMICS S120 驱动器的控制单元"CU320－2 PN"，并且选择使用的 CF 卡版本  添加新设备 设备名称： 驱动设备_1 控制器 HMI PC 系统 驱动 驱动器和起动器 SINAMICS驱动 SINAMICS G110M SINAMICS G120 SINAMICS G120C SINAMICS G115D SINAMICS G120D SINAMICS G120P SINAMICS G130 SINAMICS G150 SINAMICS MV SINAMICS S120 控制单元 CU310-2 PN CU320-2 PN CU320-2 DP SINAMICS S120 Integrated. 适... SINAMICS S150 SINAMICS S210 设备： CU320-2 PN 订货号：6SL3040-1MA01-0Axx 版本：5.2.3 说明： 控制单元 CU320-2 PROFINET。 DRIVE-CLiQ 端口的数量：4。 数字量输入： 12 个可编程的（零电位）。 8 个可编程的双向（数字量输入/输出）。 打开设备视图 确定　取消
2	如果已经建立了驱动与 PLC 的网络连接，则无法自动配置驱动装置，所以应该先配置驱动器后再与 PLC 进行网络连接 1）首先双击添加的驱动单元，进入到"设备视图"

（续）

步骤	说明
2	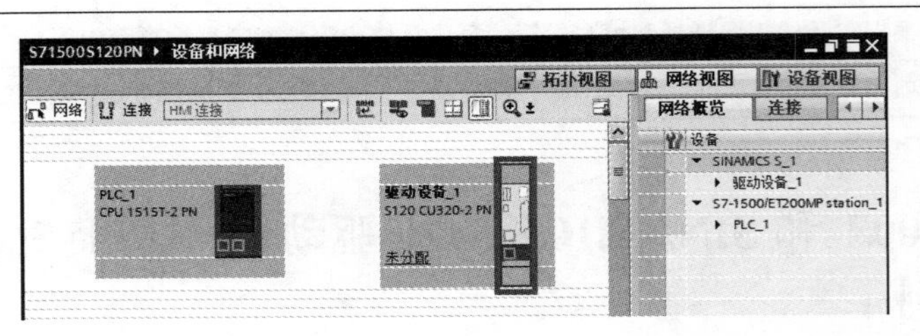 2）在控制单元上单击鼠标右键，选择“设备配置检测”，此功能可以自动读取SINAMICS S120带DRIVE-CLiQ接口的设备信息和电动机型号（需要SINAMICS S120设备已经上电，并且完成DRIVE-CLiQ接线） 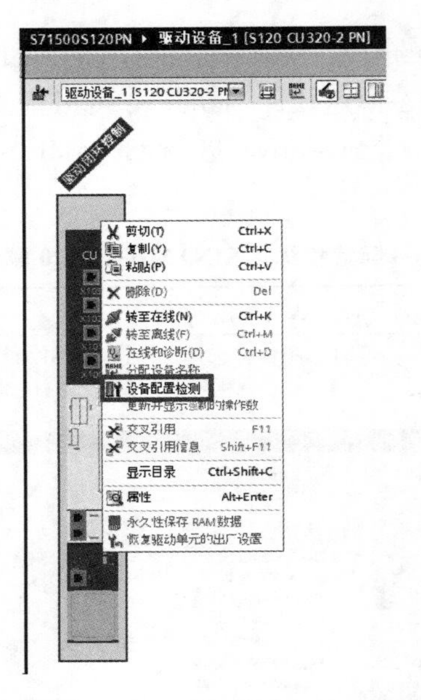 3）选择“高动态（伺服）”类型，之后单击“创建”按钮，进行设备读取 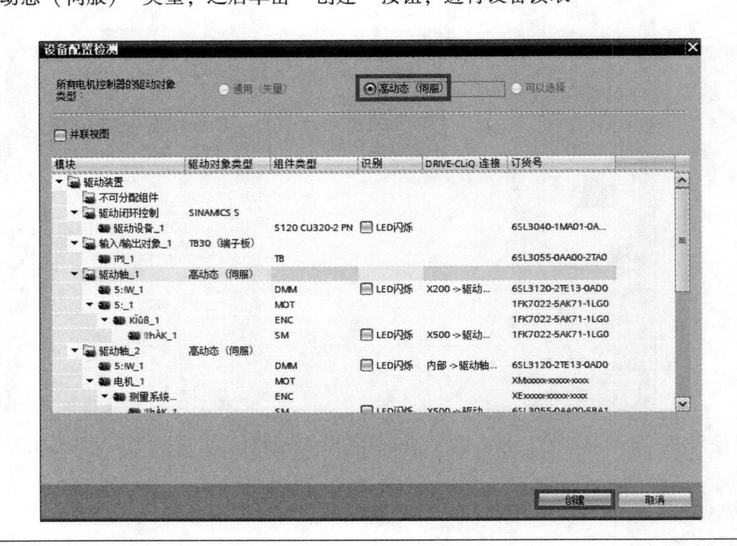

（续）

步骤	说　明
3	如果使用的是没有 DRIVE - CLiQ 接口的电动机，则需要手动配置此电动机，以驱动轴_2 为例 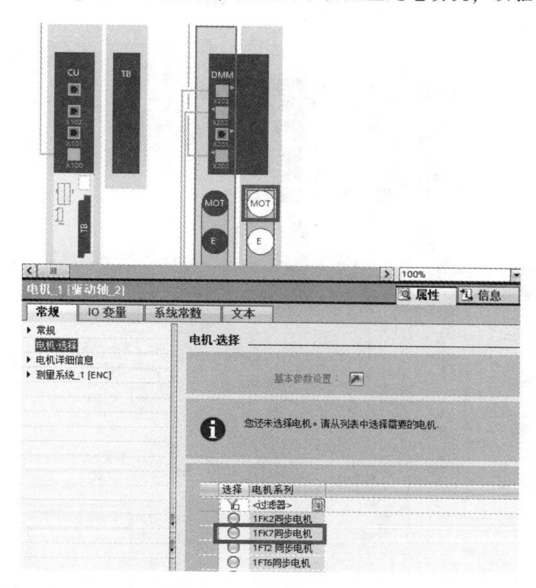 根据实际使用的电动机订货信息进行选择，或者手动输入电动机数据 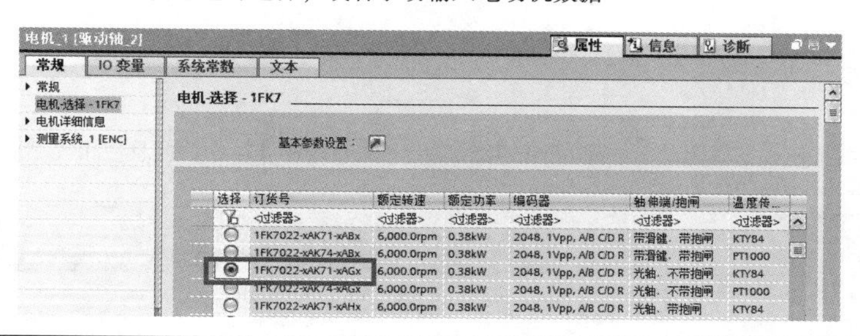
4	为驱动配置整流单元运行信号，选择整流模块的 r863.0 或者临时测试设置为 1，但务必保证整流模块已经启动，再启动电动机模块，启动整流模块可以使用选件包中的“SinaInfeed”程序块 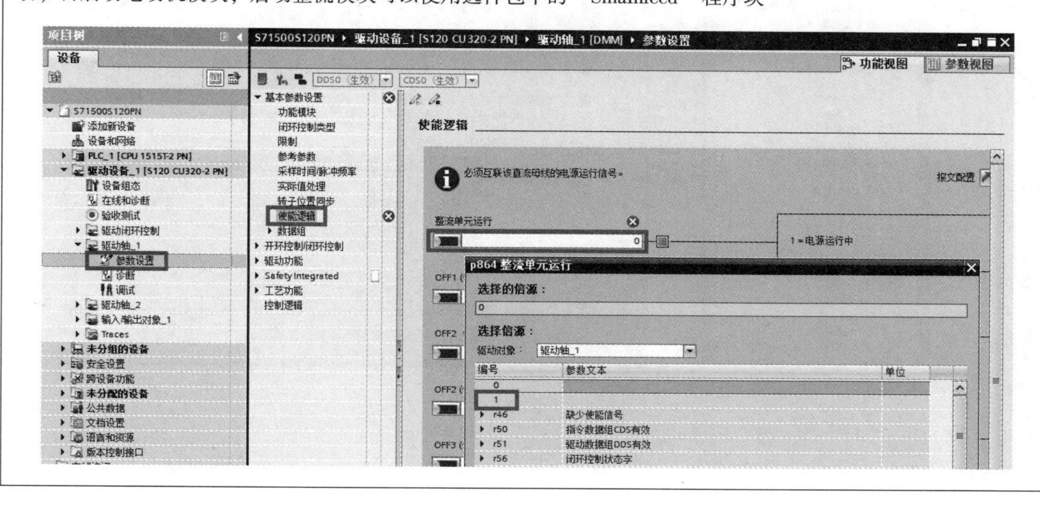

（续）

<table>
<tr><th>步骤</th><th>说　明</th></tr>
<tr><td>5</td><td>配置驱动对象的通信报文，示例中配置了两个驱动对象

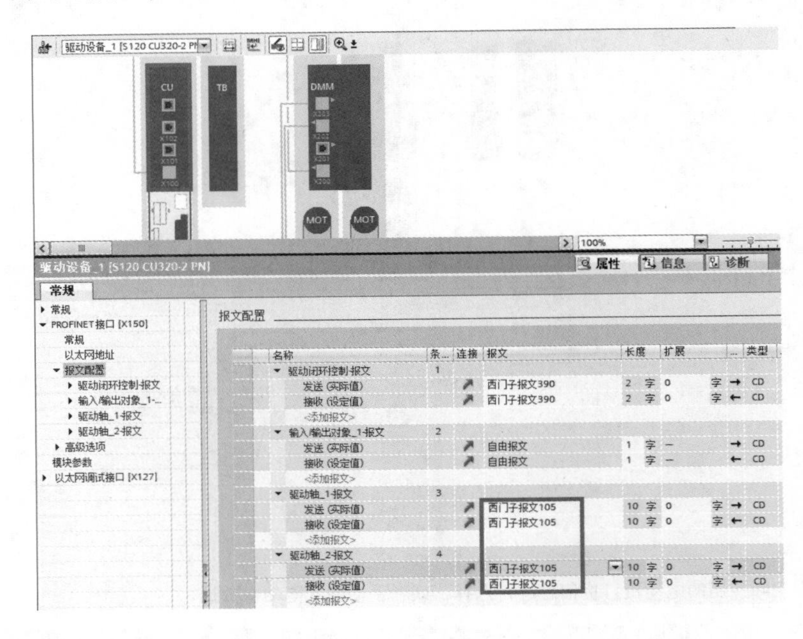

</td></tr>
<tr><td>6</td><td>单击下载按钮，下载驱动参数到 SINAMICS S120 “驱动设备_1” 中，并且使用控制面板进行电动机运行测试

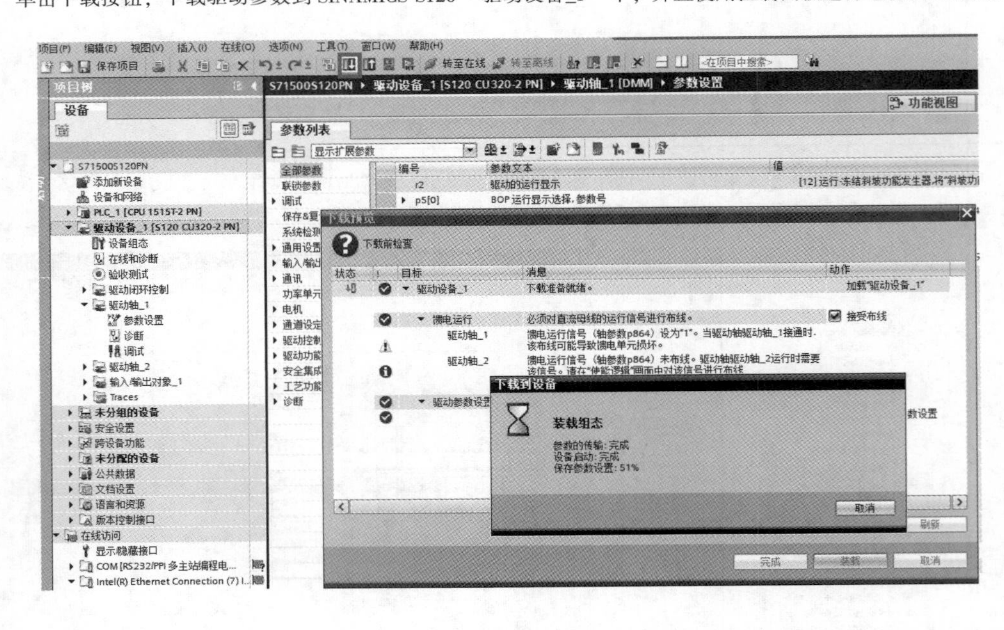

</td></tr>
</table>

（续）

<table>
<tr><th>步骤</th><th>说　　明</th></tr>
<tr><td>7</td><td>
根据需要可以修改“驱动设备_1”中的“驱动轴_1”相关的功能以及参数设置

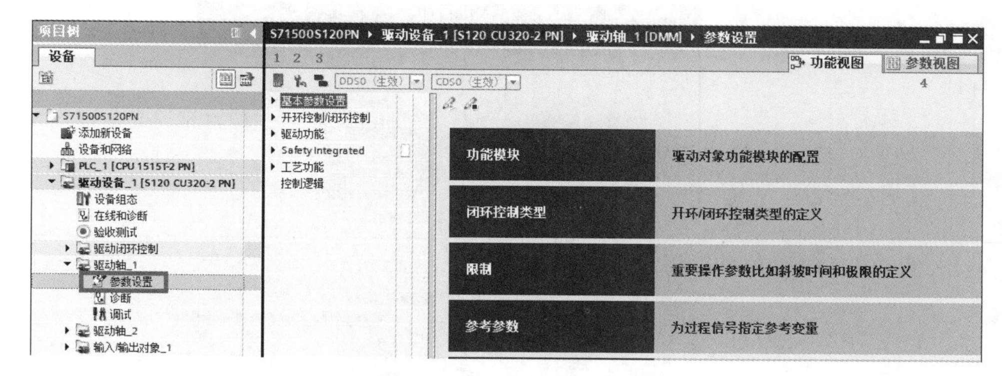

1）存储当前的参数到存储卡中，软件与设备在线连接后才可以使用此功能
2）对设备进行恢复出厂设置
3）显示所有断开的 BICO 互联关系
4）可以通过软件右上角的“参数视图”按钮，显示全部的驱动参数，默认视图为功能视图，常用的操作和功能均以图形化的方式显示
</td></tr>
<tr><td>8</td><td>
如果需要提高速度控制效果，可以通过一键优化界面进行速度控制器的优化，优化的目标等级分别为保守、标准、动态，也可以直接指定动态响应系数。如果机械的刚度较高，惯量比值较低，并且需要动态性能较高则可以选择动态，反之选择保守或者标准，也可以指定动态响应系数。如果使用的是第三方伺服电动机，在进行优化之前，需要输入电动机的参数并且执行静态测量、磁极位置辨识和编码器校准操作，对于某些电动机需要适当调整电流环增益参数 p1715 和测试不同的磁极位置辨识方法 p1980，以确保成功完成辨识

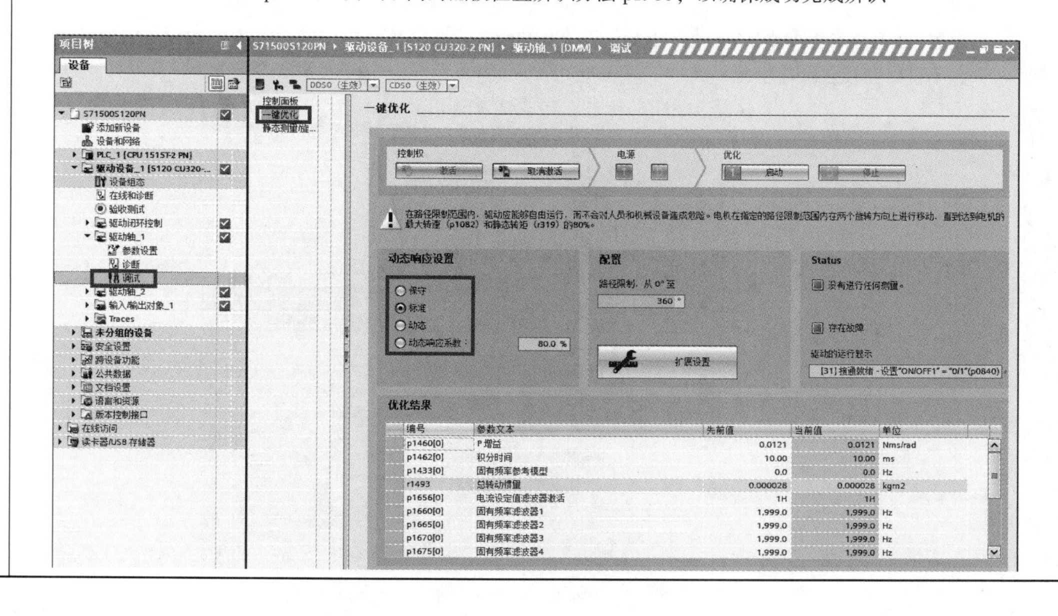

</td></tr>
</table>

2.5.2　S7-1500T 与 SINAMICS S120 通信配置和轴配置实例

组态 S7-1500T 和 SINAMICS S120 通信的步骤和轴配置步骤见表 2-7。

表 2-7　S7-1500T 和 SINAMICS S120 通信配置和轴配置

步骤	说　明
1	驱动运行测试正常后，在网络视图中进行 1515T 与 SINAMICS S120 的网络连接
2	设置 PLC 网络接口的 IP 地址 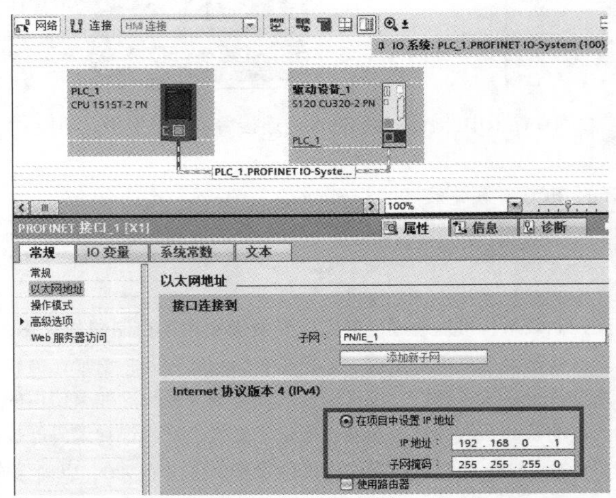 设置 SINAMICS S120 网络接口的 IP 地址及 PROFINET 设备名称，应注意：IP 地址和设备名称应在网络中唯一，不可以和其它设备冲突 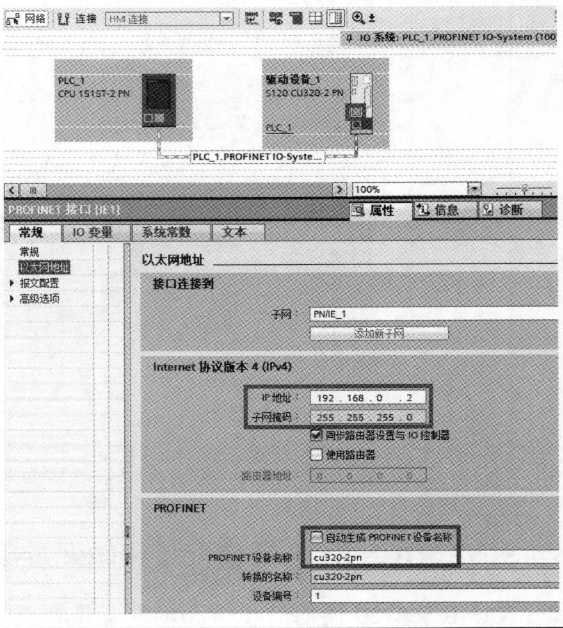

（续）

<table>
<tr><th>步骤</th><th>说　明</th></tr>
<tr><td>3</td><td>
通过右键单击 SINAMICS S120，选择“分配设备名称”为 SINAMICS S120 设备分配设备名称，只有组态的设备名称和实际的设备名称一致才可以进行 PROFINET 通信

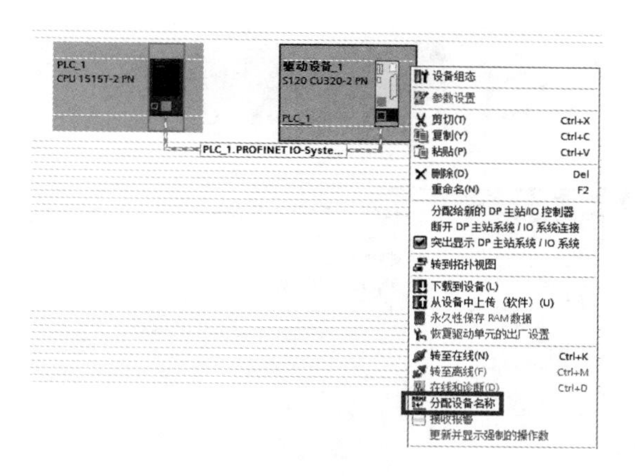

找到需要通信的 SINAMICS S120 设备并且选择对应的名称，单击“分配名称”按钮

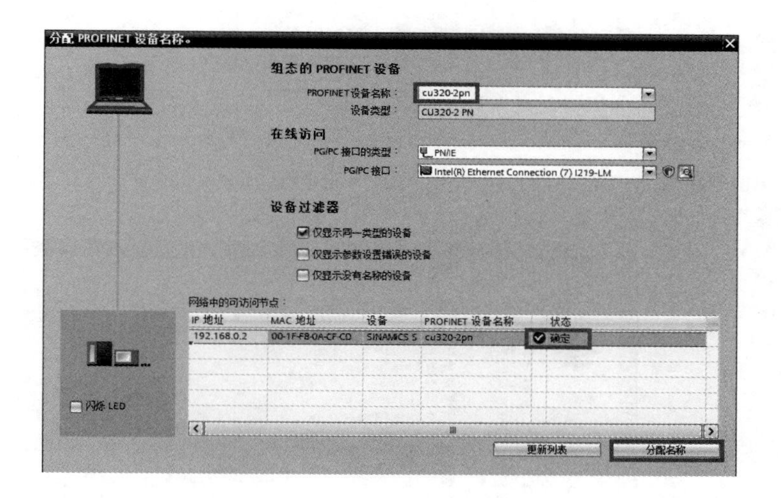

</td></tr>
<tr><td>4</td><td>
在“拓扑视图”中，配置网络拓扑连接
注意：在项目中，配置的拓扑应和实际的物理连线一致

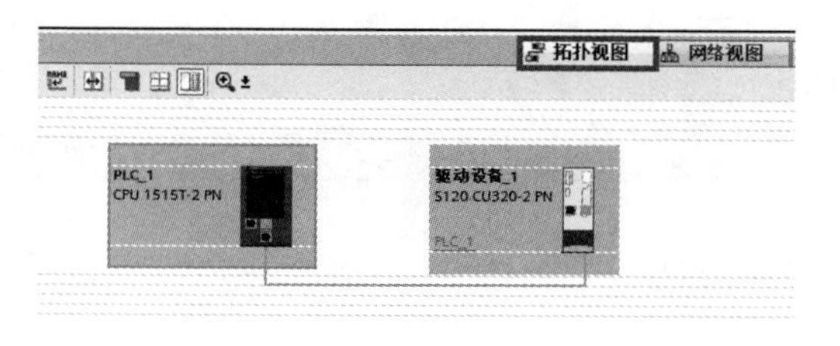

</td></tr>
</table>

（续）

<table>
<tr><th>步骤</th><th>说　明</th></tr>
<tr><td>5</td><td>

设置 SINAMICS S120 的 PN 接口，工作在等时同步模式

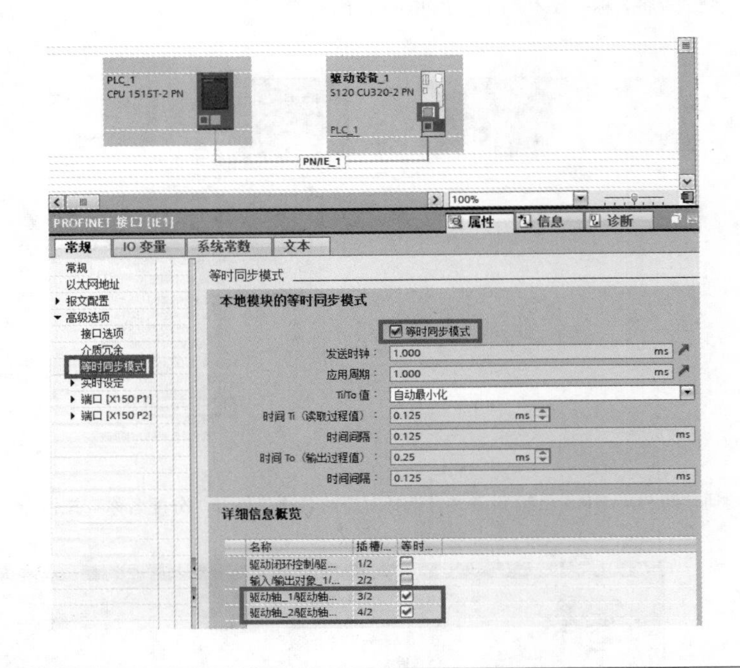

</td></tr>
<tr><td>6</td><td>

通过双击项目树中的“新增对象”，添加新的工艺对象“TO_PositioningAxis”

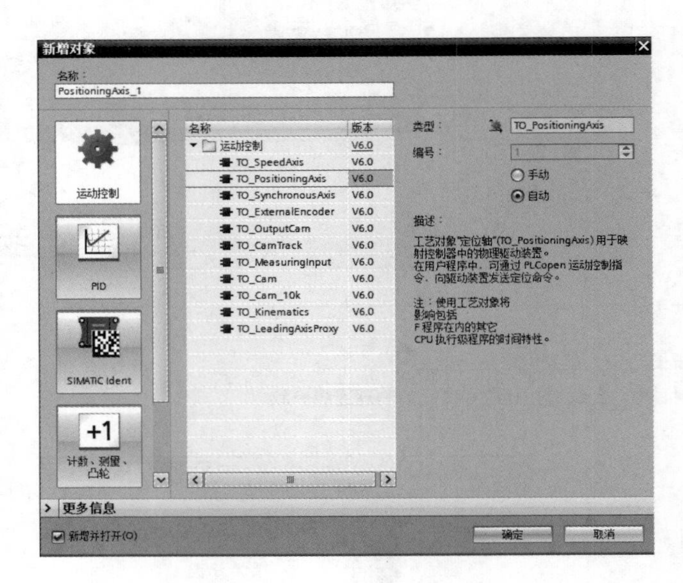

在“硬件接口”中关联使用的驱动轴，之后的驱动及编码器的配置方法与 SINAMICS S210 驱动器相同，在此不再赘述

</td></tr>
</table>

（续）

步骤	说　明
6	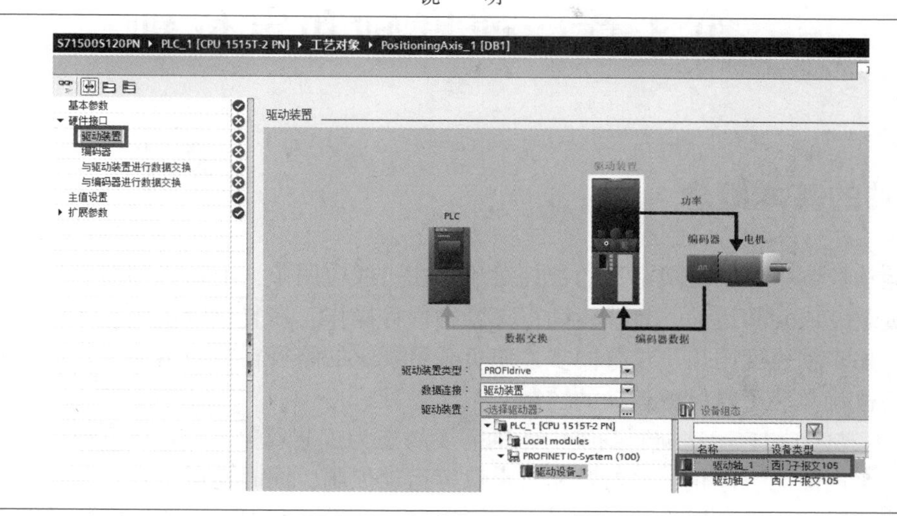
7	在PLC的程序块中，右键选择“OB91”的属性，在“周期”标签中选中“同步到总线”并选择“PROFINET IO - system（100）”网络 注意：如果CPU的运动计算负荷过大或者轴数目较多，可以适当地加大因子的数目，以降低负荷 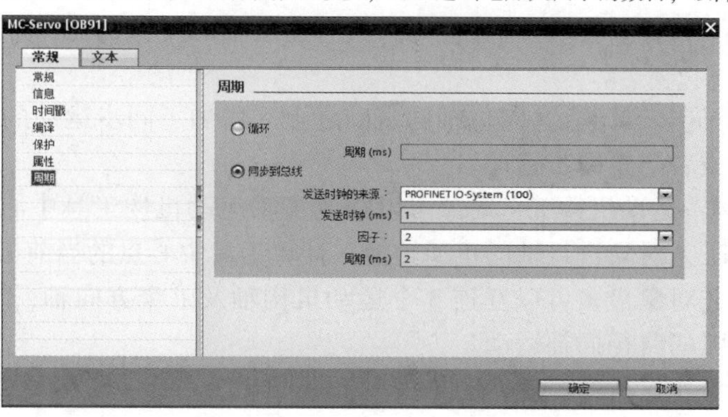
8	下载配置项目后，使用控制面板测试轴的运行。如果轴运行正常，则可以进行运动程序的编写和后续的“调试”工作 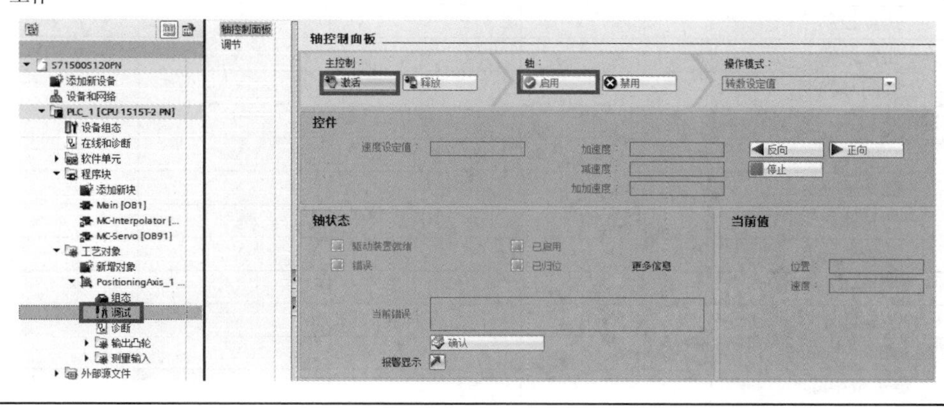

第3章　速度轴和定位轴

3.1　轴的基本概念

在运动控制中，轴是最常见的被控对象。在一般应用中，电动机轴与机械负载连接，可以带动负载完成旋转运动、直线运动、夹紧物件等操作。在复杂应用中，还可以实现多轴协调动作，如多轴速度同步、位置同步，使负载沿规定的路径在空间运动等。如果实现了对轴的控制，也就实现了对机械运动的控制。

在S7-1500T/TF运动控制系统中，轴需要组态为工艺对象（TO）。可通过控制命令操作工艺对象实现使能、停止、绝对及相对定位等运动控制，同时还可以对工艺对象的状态进行监控。工艺对象是以数据块的形式出现，可通过工艺对象数据块设置轴参数并获得轴的运行状态。在组态过程中，可定义下述4种主要工艺对象：

1）速度轴：对轴进行速度控制，在不需要考虑轴的位置时使用。

2）定位轴：对轴进行闭环位置控制，具有速度轴的所有功能，并且可以将轴移动到程序指定的位置。

3）同步轴：同步轴建立在定位轴的基础之上，增加了同步运动的功能，即可以与其它轴进行齿轮同步或者凸轮同步运动。

4）运动机构：运动机构工艺对象可以控制多轴运动机构工具中心点（TCP）的运动轨迹，并且通过此工艺对象进行轴的正逆转换，计算工具中心点的当前值和各关节电机的给定值。运动机构工艺对象最多可以互连3个运动机构轴及1个方向轴，实现在2D/3D坐标系统中的直线、圆弧的路径插补运动。

主要工艺对象所支持的控制功能见表3-1。

表3-1　主要工艺对象所支持的控制功能列表

功　　能	速度轴	定位轴	同步轴	运动机构
速度控制	√	√	√	
扭矩限幅	√	√	√	
位置闭环控制		√	√	
固定挡块检测（夹紧）		√	√	
回零		√	√	
测量输入		√	√	
凸轮输出		√	√	
凸轮轨迹		√	√	
齿轮同步			√	
凸轮同步			√	
跨PLC同步操作			√	
传送带跟踪				√
路径插补				√

3.1.1 速度轴

速度轴工艺对象可根据程序指定的速度设定值控制电动机以指定的速度运行。S7-1500T/TF 可通过 PROFIdrive 报文或模拟量设定值接口为每个速度轴关联一个驱动装置。速度轴的运动控制都在速度模式下进行。速度轴的单位为“每单位时间的转数”。速度轴工艺对象的基本操作原理如图 3-1 所示。

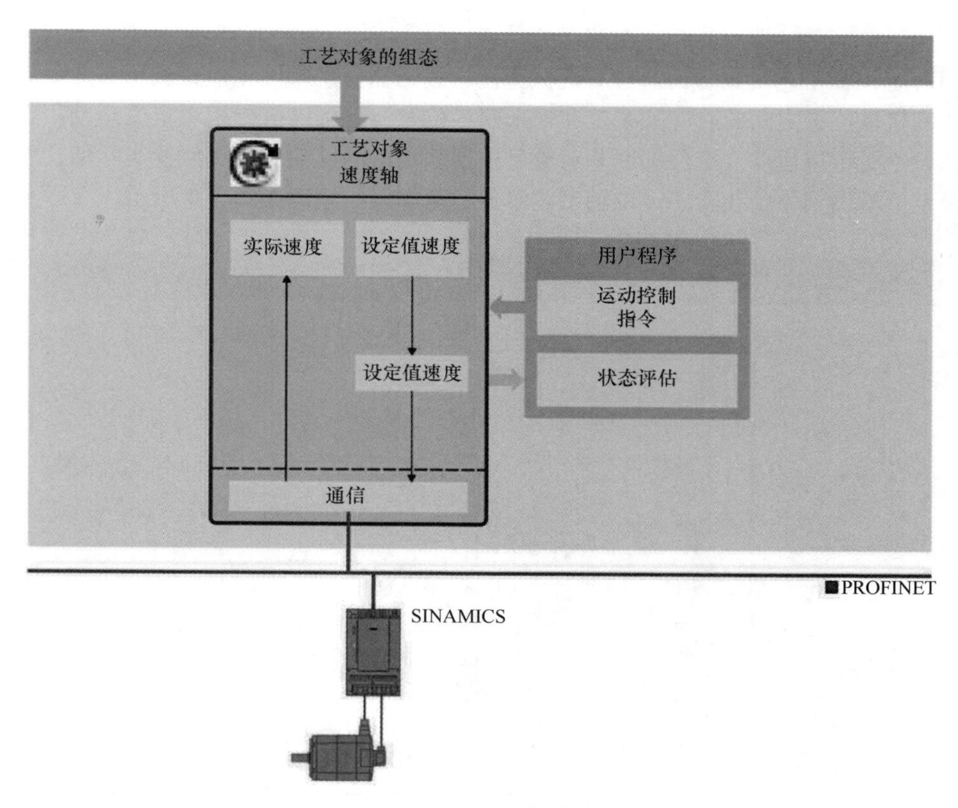

图 3-1 速度轴工艺对象的基本操作原理

3.1.2 定位轴

根据负载机械的运动类型划分，定位轴可组态为线性轴或旋转轴。

1）线性轴：轴的位置以直线数值进行衡量，例如毫米（mm），如图 3-2 所示。

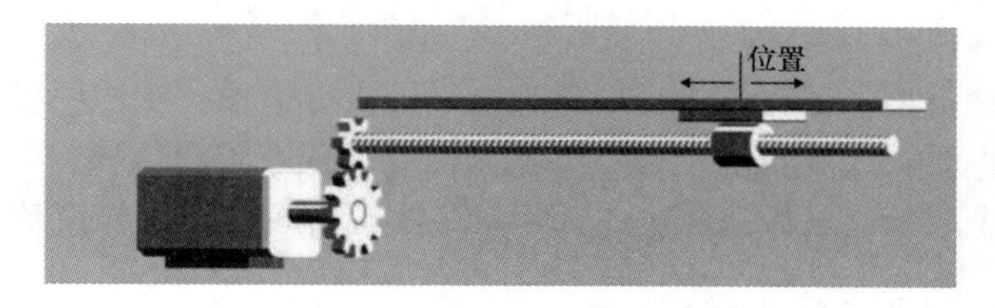

图 3-2 线性轴机械示例

2）旋转轴：轴的位置以角度值进行衡量，例如度（°），如图 3-3 所示。

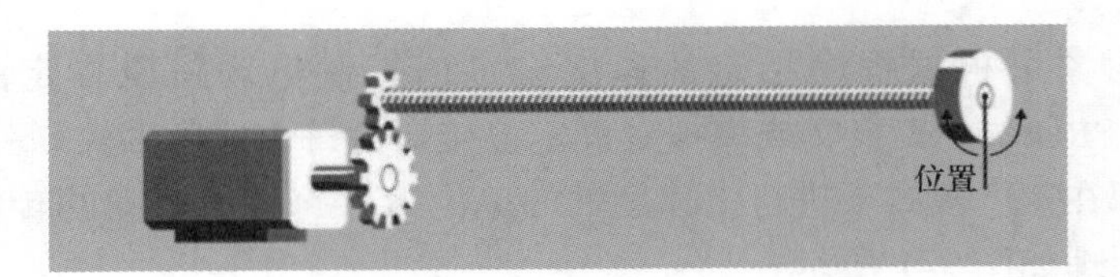

图 3-3　旋转轴机械示例

在组态定位轴工艺对象时，通过对机械特性、编码器信息及回零模式进行参数设置，创建编码器值和机械位置之间的对应关系。在轴未回零位时，只可以执行相对定位运动；在轴回零后，可执行绝对定位运动。定位轴工艺对象可根据编码器的反馈，计算位置实际值，并将相应的速度设定值输出到驱动装置。定位轴工艺对象的基本操作原理如图 3-4 所示。

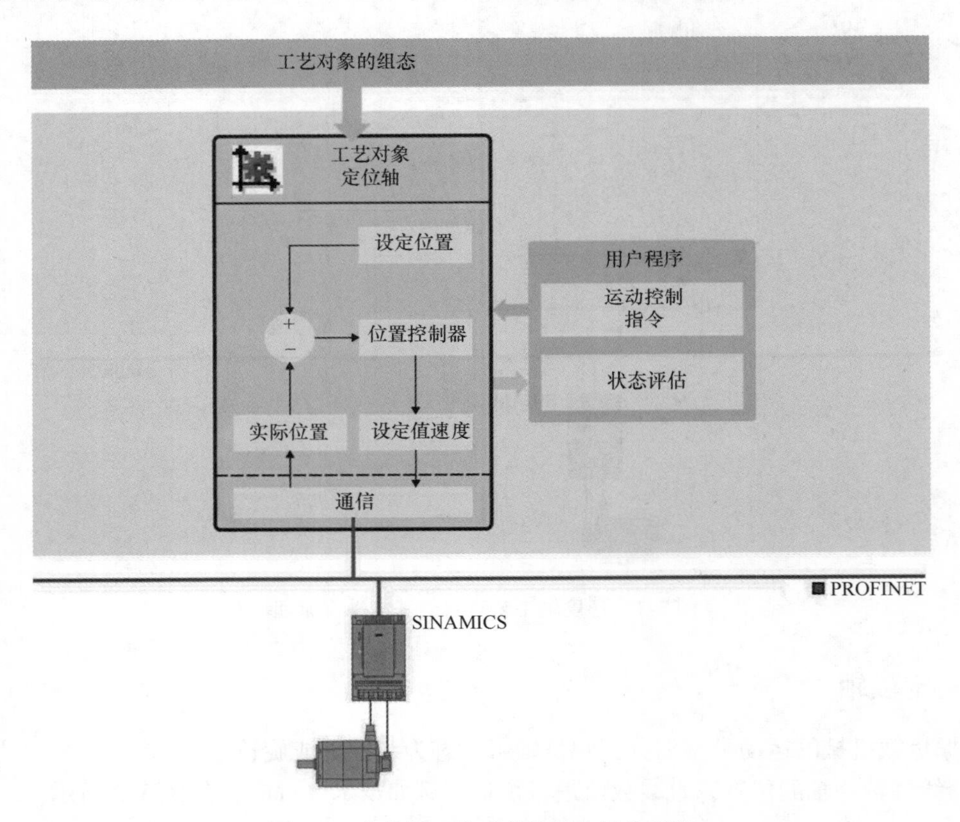

图 3-4　定位轴工艺对象的基本操作原理

根据使用的驱动类型，还可以将轴划分为电气轴或虚拟轴，在轴的组态过程中可以进行类型选择。无论是直线轴或旋转轴，都可以定义模数（模态轴功能），模态轴是通过定义模态范围，即指定一个起始值及模态长度，随后轴的实际位置在模态长度范围内重复运行。

3.1.3　创建轴以及轴的基本参数

在 TIA 博途软件项目的工艺对象中，双击“新增对象”创建轴工艺对象，可以在名称中定义轴的名称，如图 3-5 所示。

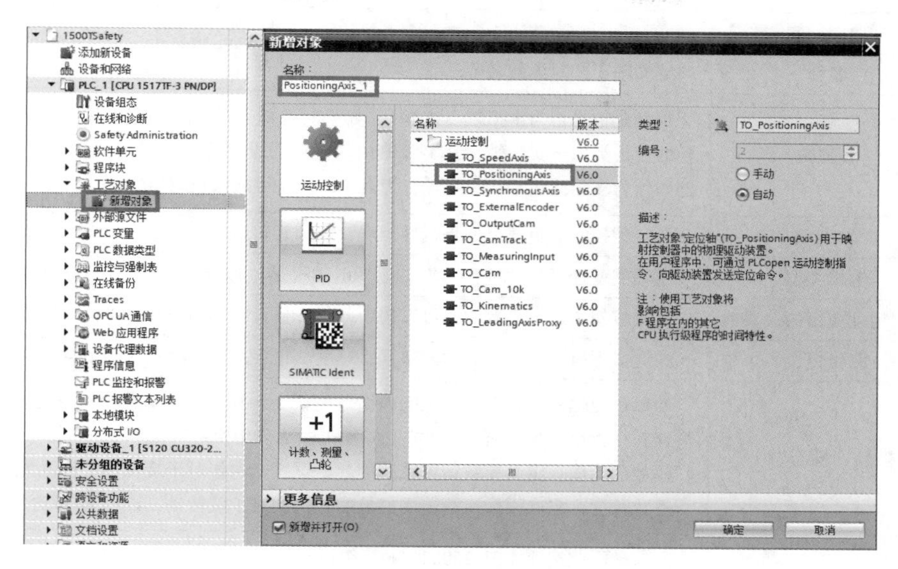

图 3-5 创建轴工艺对象并填写名称

之后，设置轴的基本参数，如图 3-6 所示。

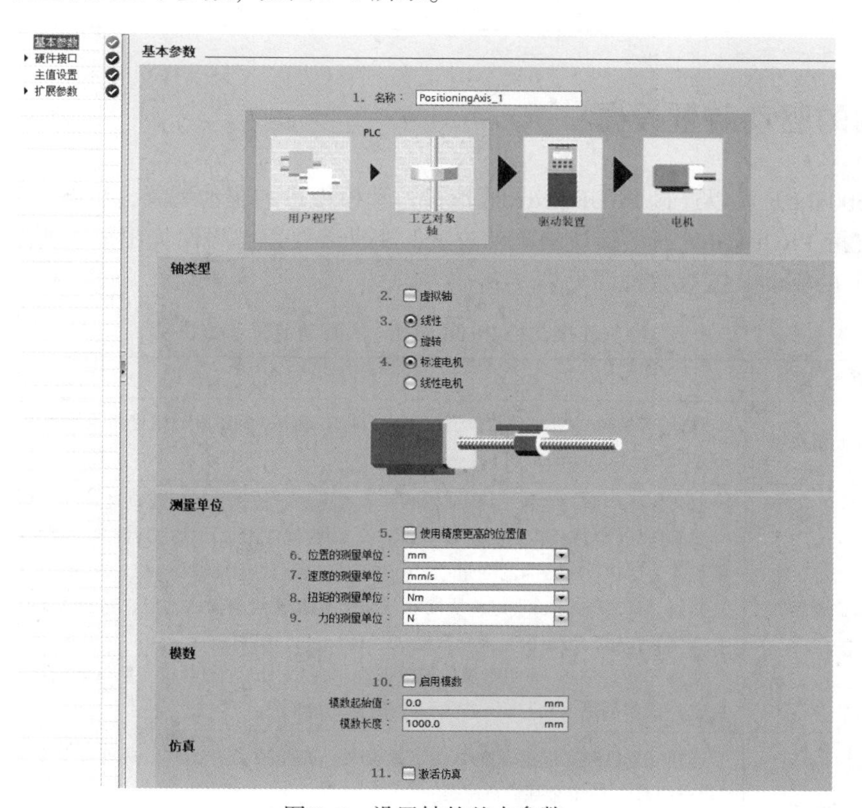

图 3-6 设置轴的基本参数

以定位轴为例，轴的基本参数说明见表 3-2。

表 3-2　轴的基本参数说明

序号	功　能	说　明
1	名称	定义轴工艺对象的名称
2	虚拟轴	定义此轴是否为虚拟轴（虚轴），如果勾选此选项则无须组态硬件接口参数，虚拟轴的行为类似于实际轴，其实际值由延迟后的设定值产生。虚拟轴通常作为辅助轴，例如作为多个同步轴的引导轴，为多个跟随轴生成主设定值
3	轴类型	设定轴控制的负载类型是线性运动，或是旋转运动
4	电机类型	当轴类型选择为“线性”时，选择电动机是“标准电机”还是“线性电机”
5	使用精度更高的位置值	位置值使用六个小数位，可以选中此复选框，以满足更高数值精度的需求
6~9	测量单位	在选择下拉列表中，为轴的位置、速度、扭矩及力选择相应的测量单位
10	模数（模态轴）	如果要使轴的位置在一个区间内循环更新（例如，对于负载为一个旋转圆盘，位置值在 0°~360°之间循环），则需选择复选框“启用模数” 模数起始值：定义模数运算范围的起始位置，例如对于旋转轴，设置为 0° 模数长度：定义模数运算范围的长度，例如对于旋转轴，设置为 360°
11	仿真	如果激活此选项，S7-1500T/TF 高级运动控制器无须使用驱动装置就可以在 PLC 中使用速度轴、定位轴和同步轴的所有功能，运行时类似于虚拟轴。但与虚拟轴不同的是，仿真功能主要用在连接的驱动装置当前无法使用或者未就绪，但需要进行轴测试时才使用。当驱动装置可以使用时，取消仿真功能

3.2　轴的驱动装置设置

S7-1500T/TF 可以连接 PROFIdrive 通信接口和模拟量的驱动装置，组态方法如下。

1）支持 PROFIdrive 通信接口的驱动装置，驱动装置组态界面如图 3-7 所示。连接支持 PROFIdrive 的驱动装置参数说明见表 3-3。

表 3-3　连接支持 PROFIdrive 的驱动装置参数说明

序号	功　能	说　明
1	驱动装置类型	选择 PROFIdrive，驱动装置通过 PROFINET 或 PROFIBUS 通信连接至控制器，通过 PROFIdrive 报文进行驱动的控制
2	数据连接	如果选择“驱动装置”，编码器数据和速度给定值直接通过驱动装置报文交互获取 如果选择“数据块”，则需要将驱动的 IO 数据在组织块中进行处理。数据块中需要包含数据类型为“PD_TELx”的变量（x 对应于报文编号，比如 PD_TEL3 或者 PD_TEL105） 使用“MC_PreServo”组织块读取与驱动装置通信的输入地址，进行编码器数值处理或者滤波等操作后，把结果写入到数据块“TELx_In”的对应变量 使用“MC_PostServo”组织块把数据块“TELx_Out”的对应变量（如输出控制字或者速度给定）操作后写入到与驱动装置通信的输出地址
3	驱动装置	选择一个已经完成组态的驱动装置报文。选择某个 PROFIdrive 驱动装置之后，可以单击“设备组态”按钮对其进行组态 如果没有 PROFIdrive 驱动装置可供选择，则需要切换至网络视图中，添加一个 PROFIdrive 驱动装置并且完成报文配置后，再进行此处的参数设置

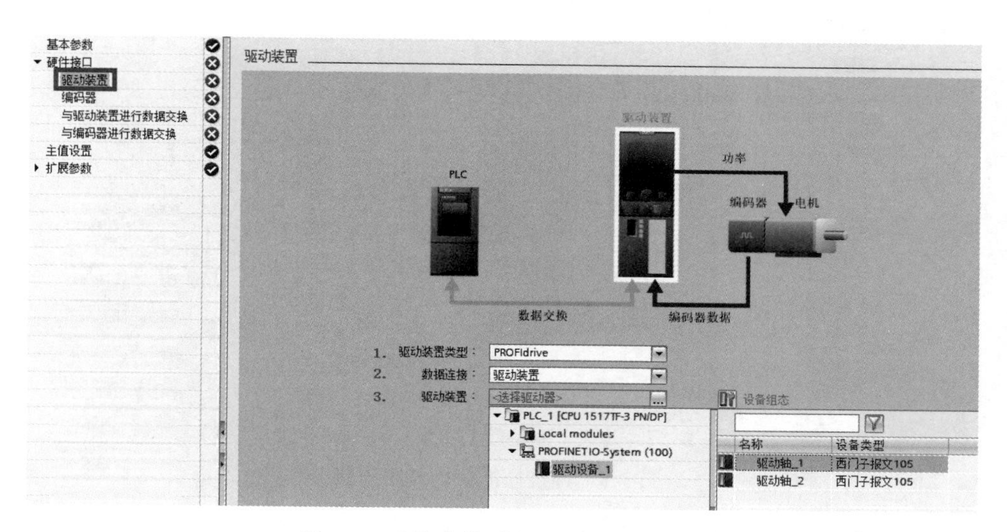

图 3-7　连接支持 PROFIdrive 的驱动器

2）模拟量接口驱动器。连接模拟量接口驱动器的组态界面如图 3-8 所示，连接模拟量接口驱动器组态参数说明见表 3-4。

表 3-4　连接模拟量接口驱动器组态参数说明

序号	功　能	说　明
1	驱动装置类型	选择“连接模拟量驱动装置”，通过模拟量输出通道（例如，－10V ～＋10V）发送速度设定值到驱动装置
2	模拟量输出	选择用于连接驱动装置的 PLC 模拟量输出变量。选择某个模拟量输出之前，必须保证模拟量输出模块已经添加至设备组态中，并且已经定义了模拟量输出 IO 地址的 PLC 变量名称
3、4	激活启用输出	选择用于使能驱动装置的数字量输出 PLC 变量。借助启用输出可以使能或禁用驱动装置。选择输出之前，必须保证数字量输出模块已经添加至设备组态中并且已经定义了数字量输出 IO 地址的 PLC 变量名称 注意：如果不使用“激活启用输出功能”，在部分系统上可能会因错误响应或监控功能报警而无法立即禁用驱动装置，驱动装置的受控停止没有保证
5、6	启用就绪输入	选择数字量输入的 PLC 变量。驱动装置通过该变量向工艺对象报告驱动当前是否处于运行就绪状态。变量为 TRUE 后，轴才可以使能 选择输入之前，必须保证数字量输入模块已经添加至设备组态中，并且已经定义了数字量输入 IO 地址的 PLC 变量名称 对于已使能的轴，如果就绪输入信号消失，轴显示错误被禁用

在组态轴的“硬件接口→与驱动装置进行数据交换”界面中，可以组态驱动数据的交换信息，这些信息必须与实际的驱动参数相匹配，如图 3-9 所示。与驱动装置进行数据交换参数说明见表 3-5。

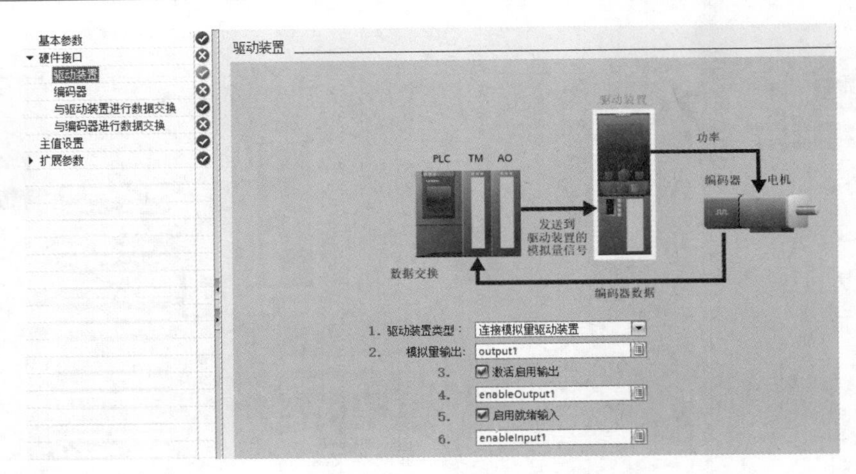

图 3-8 连接模拟量接口驱动器

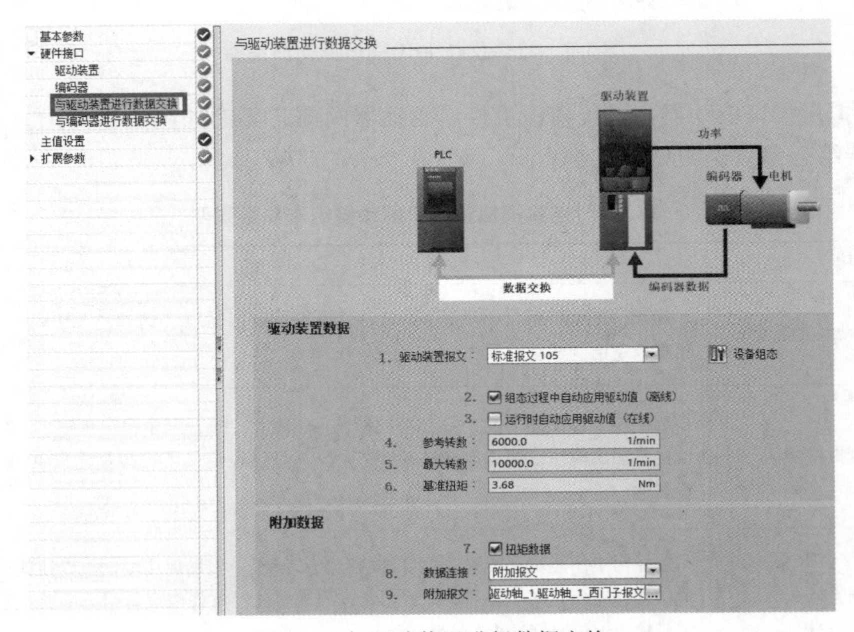

图 3-9 与驱动装置进行数据交换

表 3-5 与驱动装置进行数据交换参数说明

序号	功 能	说 明
1	驱动装置报文	选择与驱动使用的相同报文类型
2	组态过程中自动应用驱动值（离线）	如果完成了驱动装置组态（例如使用 SINAMICS Startdrive 软件），则可以在离线模式下将驱动装置“参考速度”“最大速度”和“基准扭矩”的离线值传输到项目中工艺对象的组态中
3	运行时自动应用驱动值（在线）	对工艺对象进行（重新）初始化或（重新）启动驱动装置和 CPU 后，系统将通过总线自动传送 SINAMICS 驱动装置的“参考速度”“最大速度”和“基准扭矩”参数。在控制器中，可通过工艺对象的变量值“<TO>. StatusDrive. AdaptionState” =2 确定参数是否传送成功

（续）

序号	功　能	说　明
4	参考转速	根据驱动装置的参考转速参数（p2000）填写驱动装置的参考速度。在与驱动装置通信过程中，发送的速度值为参考转速的百分比值，范围为 -200% ~200%
5	最大转速	填写电动机的最大速度值（p1082）
6	基准扭矩	根据驱动装置的参考扭矩参数（p2003），填写驱动装置的扭矩
7 ~9	附加数据	要组态扭矩数据的数据连接，需选中“扭矩数据”复选框。扭矩数据需要驱动装置已组态附加报文 750 或者创建包含“PD_TEL750”数据类型的数据块，利用此附加报文可以控制电动机扭矩的限幅值，提供附加扭矩给定以及实时获取电动机的扭矩数据

3.3　轴及编码器机械参数的设置

当使用轴工艺对象控制一个驱动时，需要在轴工艺对象的组态界面中对系统使用的编码器数据、减速比、丝杠螺距等机械数据进行设置。

3.3.1　测量编码器数据的设置

对于位置控制，定位轴或同步轴需要通过编码器反馈获取轴的实际位置值。编码器可以通过 PROFIdrive 报文（例如标准报文 3 或者西门子报文 105）发送至 PLC 或者通过 TM（工艺模块）连接到 PLC 中。在组态轴的“硬件接口→编码器”组态界面中，对编码器的连接方式进行组态，如图 3-10 所示。编码器组态参数说明见表 3-6。

表 3-6　编码器组态参数说明

序号	功　能	说　明
1	启动时的编码器	由于 S7-1500T/TF 最多支持 4 个编码器，需要在此处选择使用的默认编码器，可以使用“MC_SetSensor”命令动态切换闭环控制使用的编码器，命令默认支持位置值的自动无扰对齐功能，避免切换编码器时出现反馈的阶跃变化
2	使用编码器	确定是否组态和使用编码器
3	数据连接	如果选择“编码器”，编码器数据通过驱动装置报文直接获得。如果选择“数据块”，则需要在数据块中准备编码器数据，通常在数据块中编码器数值的操作处理应在 OB67“MC-PreServo”中进行
4	编码器	选择编码器的连接方式： 1）连接至驱动装置，此种方式为 PROFIdrive 方式连接 2）工艺模块（TM）连接的编码器 3）PROFINET/PROFIBUS 上的 PROFIdrive 编码器，即编码器通过自身的通信接口连接到 PLC
5	编码器类型	可选择“增量、绝对还是循环绝对编码器”类型，如果是绝对值编码器并且存在超出绝对值编码器的测量范围的可能性时，需要选择“循环绝对编码器”

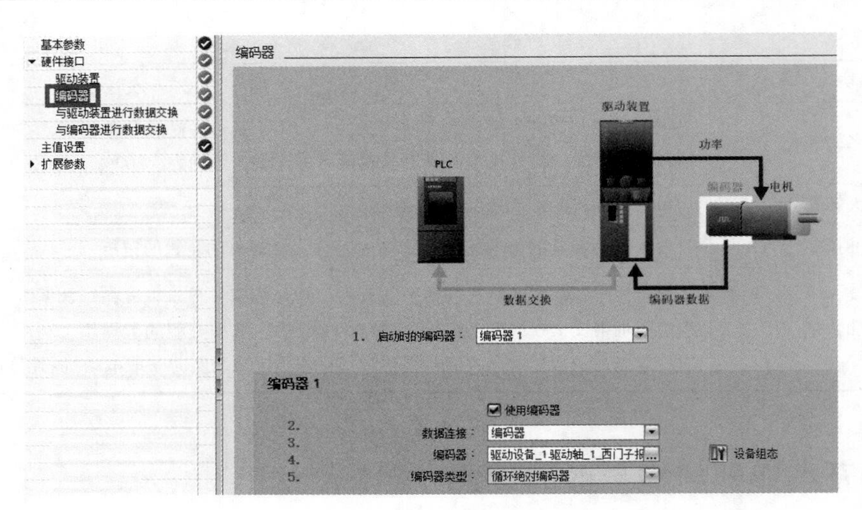

图 3-10 测量编码器组态

在组态轴的“硬件接口→与编码器进行数据交换”界面中，可以组态编码器数据的交换信息，这些信息必须与实际的编码器参数相匹配，如图 3-11 所示。编码器数据交换组态参数说明见表 3-7。

表 3-7 编码器数据交换组态参数说明

序号	功 能	说 明
1	设置对象	选择需要设置的编码器对象
2	编码器报文	选择当前使用的编码器报文，例如工艺模块（TM）选择 83，S120 的伺服控制可以选择西门子报文 105，此处需要根据实际情况进行选择
3	通过驱动装置报文的实际转数 NIST_B 计算实际速度	如果使用低精度编码器，可以勾选此复选框，通过驱动装置报文的实际速率 NIST_B 来计算实际速度。对于低精度编码器，通过 PROFIdrive 报文中的实际速度 NIST_B 来计算实际速度，比通过伺服周期内实际位置变化进行的微分计算更精确
4	组态过程中自动应用编码器值（离线）	如果完成了编码器组态（例如使用 SINAMICS Startdrive 软件），则可以在离线模式下将编码器参数的离线值传输到工艺对象的组态中
5	运行过程中自动应用编码器值（在线）	对工艺对象进行初始化或启动驱动装置和 CPU 后，系统将通过总线自动传送 SINAMICS 驱动装置中电动机编码器的参数。在控制器中，可通过工艺对象的变量值“<TO>. StatusSensor [1.. 4]. AdaptionState” =2 确定参数是否传送成功
6	测量系统	选择编码器的类型是线性还是旋转型编码器
7 ~ 8	每转增量转数	输入编码器每一转可以读取出的步数（脉冲数或者增量数），如果是绝对值编码器还需要输入绝对值编码器的圈数
9 ~ 10	高精度	高精度（细分）功能为读取到的编码器信息进行细分，例如输出正弦信号和余弦信号的编码器。使用细分功能（通常细分为 2048 点，即 2 的 11 次方）对于信号进行细化，从而增加控制的精准程度，即驱动装置提供的增量编码器和绝对值编码器数据都经过了移位操作，其移位的位数需要在工艺对象中进行组态，从而保证工艺对象数据与驱动装置内部的编码器准确的对应： 1）组态增量实际值中高精度的预留位数（Gn_XIST1），对应 SINAMICS 驱动装置的参数 r979 [3] 2）组态绝对值移位数据位数（Gn_XIST2），对应 SINAMICS 驱动装置的参数 r979 [4]

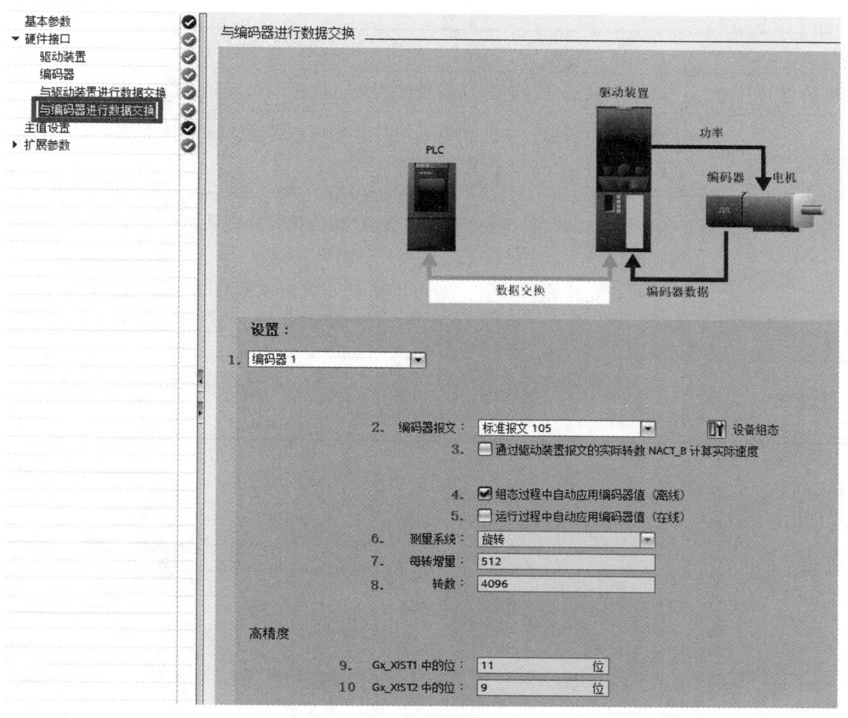

图 3-11　设置编码器数据交换

3.3.2　机械参数的设置

当使用轴工艺对象控制运动时，需要对减速比、丝杠螺距等机械数据进行设置。在组态轴的“扩展参数→机械”界面中进行组态，如图 3-12 所示。组态参数说明见表 3-8。

表 3-8　轴的机械参数设置说明

序号	功　　能	说　　明
1	设置对象	编码器
2	编码器安装类型	在下拉列表中，选择编码器安装在机械机构上的类型。该组态随着轴类型和编码器安装位置的不同而变化 1）在电动机轴上：编码器连接在电动机轴上，电动机和编码器构成一个整体 2）在负载侧：编码器使用机械方式连接至负载侧 3）外部测量系统：外部测量系统提供负载运动的位置值，对于此种模式需要设置编码器每旋转一圈外部测量系统所记录的距离
3	反向编码器的方向	选择该复选框，对编码器的实际值进行反向。如果编码器和电动机运行时的方向相反，可以通过此选项对编码器的数值取反。在初次使用出现“飞车”现象时，应该检查编码器方向，若反馈的方向和运动方向想反，可以通过此参数进行调整
4 ~ 7	间隙补偿	由于机械存在轴间隙、变速箱间隙等情况，当电动机开始反转到负载实际反向运动时，电动机需要旋转一定角度。高精度机器（例如 CNC 铣削）需要补偿反向间隙，以满足加工精度的要求。激活间隙补偿功能后，反向运动开始阶段，轴的实际机械位置不变，但电动机旋转了一定角度。可以设置间隙大小和间隙补偿的速度。绝对回原点方向参数是指进行绝对值编码器校正时轴所处的位置，用来确定反向间隙何时进行补偿

（续）

序号	功　能	说　明
8	反向驱动装置的方向	选择该复选框，对驱动装置的旋转方向修改为反向
9	负载齿轮 - 电机转数	负载齿轮的齿轮比使用电动机转数和负载转数之间的比值来指定，在此处输入整数电动机转数
10	负载齿轮 - 负载转数	负载齿轮的齿轮比使用电动机转数和负载转数之间的比值来指定，在此处输入整数负载转数 如果齿轮比非整数值，则可以通过同时将电动机转数和负载转数乘以相同的系数来适配
11	丝杠螺距	组态负载随丝杠旋转一圈而移动的距离，此参数和齿轮比的准确程度决定后续的运动控制精度，应仔细核对并且正确填写

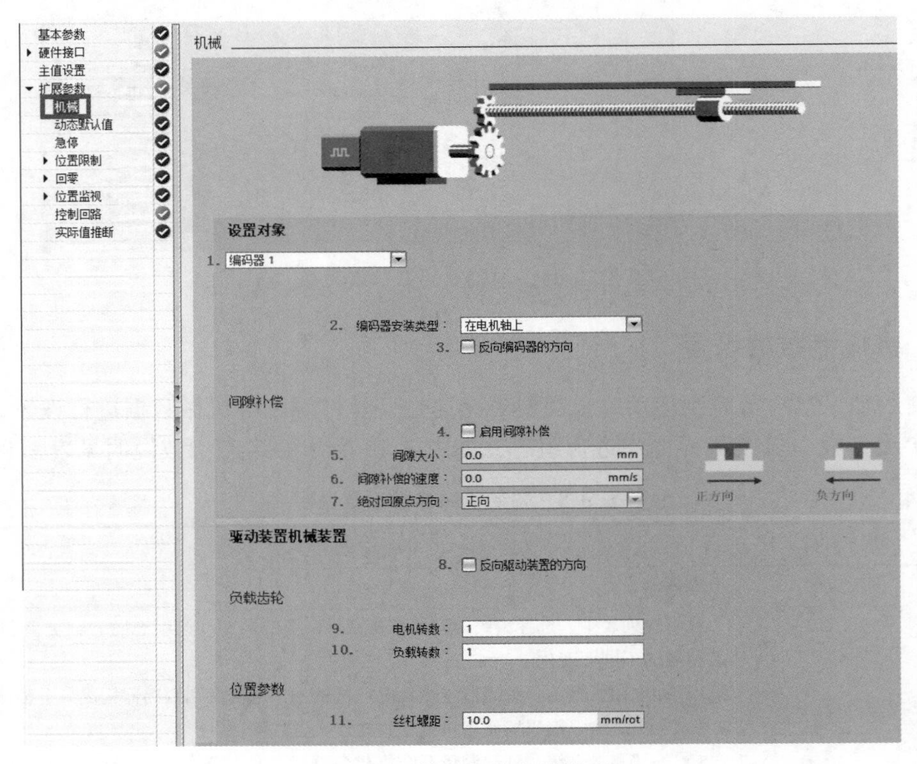

图 3-12　轴的机械参数设置

3.4　动态默认值

在运动控制命令中，如果参数“速度”（Velocity）、“加速度”（Acceleration）、“减速度”（Deceleration）或“加加速度”（Jerk）指定的值小于 0 时，将采用组态的动态默认值参数。这些默认值在组态轴的“扩展参数→动态默认值”界面中进行设置，如图 3-13 所示。轴的动态默认值参数说明见表 3-9。

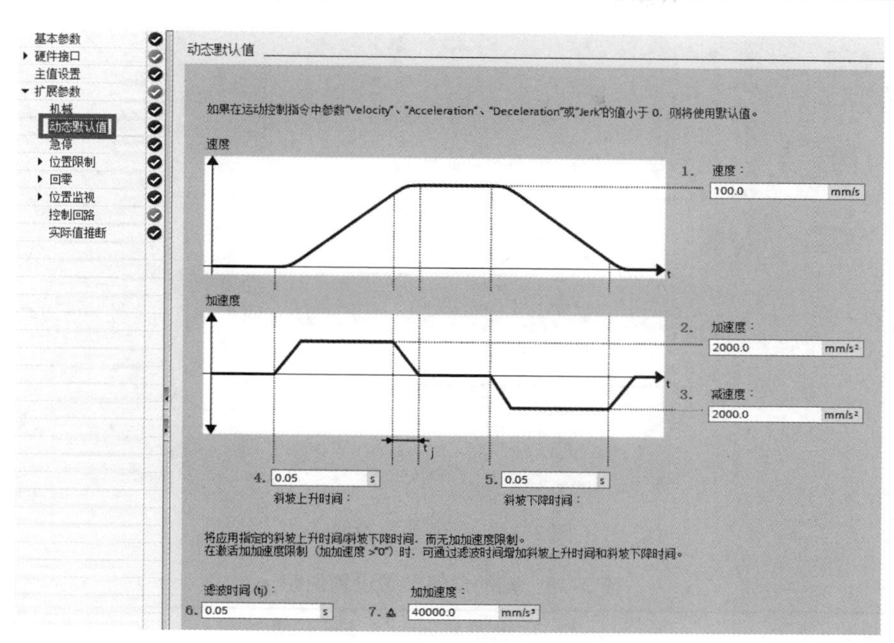

图 3-13　动态默认值的设置

表 3-9　轴的动态默认值参数说明

序号	功　　能	说　　明
1	速度	定义轴的速度默认值
2、4	加速度和斜坡上升时间	在“斜坡上升时间”或“加速度”框中，设置所需要的加速度默认值。斜坡上升时间＝速度/加速度。设置数值时应考虑电动机的扭矩大小以及负载的惯量值
3、5	减速度和斜坡下降时间	在“斜坡下降时间”或“减速度”框中，设置所需要的减速度默认值。斜坡下降时间＝速度/减速度。设置数值时应考虑电动机的扭矩大小以及负载的惯量值
6、7	滤波时间和加加速度	可以在“滤波时间”框中输入加加速度限制，也可以在“加加速度”（Jerk）框中输入，数值0表示加加速度被禁用。组态中显示的已组态滤波时间仅适用于加速度斜坡。如果加速度值和减速度值不同，则根据加速斜坡的加加速度计算。加速滤波时间和加加速度之间的关系为：取整时间＝加速度/加加速度；减速滤波时间和加加速度之间的关系为：取整时间＝减速度/加加速度 在运动控制中，Jerk（加减速度变化幅值）起到十分重要的作用，此参数可以有效地抑制机械振动和运动的冲击。因此，需要在实际调试中设置合理的数值，如果Jerk设置过低会导致定位时间过长影响生产效率，反之则容易出现定位超调、机械振动以及噪声等现象

3.5　急停

在“扩展参数→急停”界面中可以组态轴的急停减速度，当轴出现错误并且错误响应为通过急停斜坡功能进行停止时，或者“MC_Power”命令的输入参数“StopMode”＝0并且“Enable”输入参数变为FALSE时，则使用该组态减速度将轴制动至停止状态，设置界面如图3-14所示。轴的急停参数设置说明见表3-10。

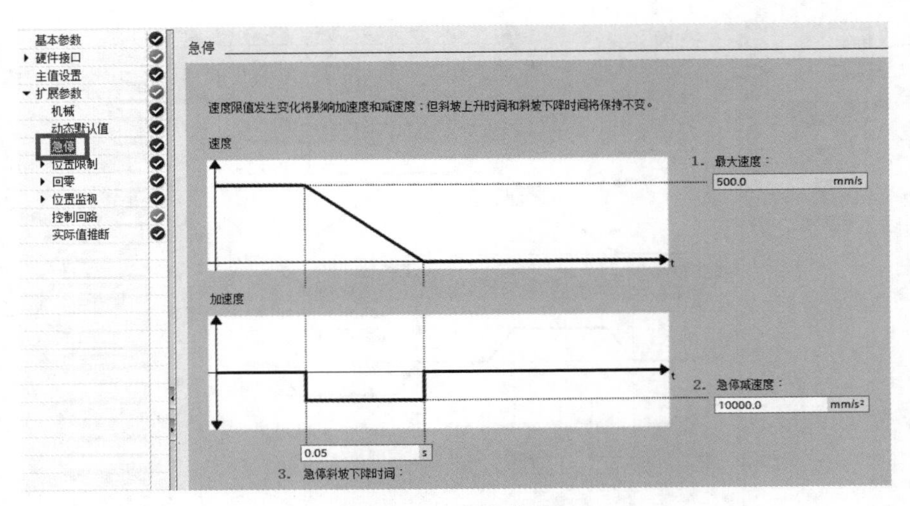

图 3-14　急停参数设置

表 3-10　轴的急停参数设置说明

序号	功　能	说　明
1	最大速度	急停减速度的设置与已经组态的最大轴速度有关，在此处设置轴的最大速度。轴的最大速度发生改变时，急停减速度的值也会改变
2、3	急停减速度和急停斜坡下降时间	在“急停减速度”或“急停斜坡下降时间”框中，设置急停减速度。急停减速时间和急停减速度之间的关系为：急停减速时间 = 最大速度/急停减速度

3.6　位置限制的设置

3.6.1　位置限制

为了保证人身和设备的安全，很多情况下轴的运动速度和位置需要限制在允许的范围内，这种限制可以通过硬件限位、软件限位、软件限速等方式实现。在组态轴的“扩展参数→位置限制→位置限制”选项中，可以组态轴的硬件限位开关和软件限位范围，如图 3-15 所示。轴的位置限制组态参数说明见表 3-11。

表 3-11　轴的位置限制组态参数说明

序号	功　能	说　明
1	启用硬限位开关	该复选框可激活负向和正向硬限位开关的功能 负向硬限位开关位于数值减少的运动方向，正向硬限位开关位于数值增加的运动方向。启用硬限位开关后，一旦触发硬限位开关，驱动装置使用在驱动装置中组态的制动斜坡停止（OFF3 停止方式），工艺对象报告故障。当确认故障后，可以反向移动该轴
2	输入负向/正向硬限位开关	在这些设置框中，选择用于负向和正向硬限位开关数字量输入的 PLC 变量。在选择前必须保证设备组态中已经添加了数字量输入模块，并且已经定义了数字量输入的 PLC 变量名称。注意：如果要提高硬限位开关响应速度，需要检查输入模块滤波时间参数，还可以在输入模块的“I/O 地址”设置中，“组织块”参数选择“MC – Servo”

（续）

序号	功　能	说　明
3	选择负向/正向硬限位开关的电平	在这些设置框中，选择硬限位开关的触发信号电平： 1）“低电平”，限位开关没有到达时，信号为高电平（TRUE），变为低电平（FALSE）表示限位到达 2）“高电平”，限位开关没有到达时，信号为低电平（FALSE），变为高电平（TRUE）表示限位到达
4	启用软限位开关	选中该复选框将激活软限位开关 激活软限位开关后，当轴的运动到达软限位开关的位置后将停止，工艺对象报告故障。当确认故障之后，可以反向移动该轴。注意：此设置仅支持回零后的轴使用
5	负向/正向软限位开关的位置	设置负向和正向软限位开关的位置值，轴在此区域内运行

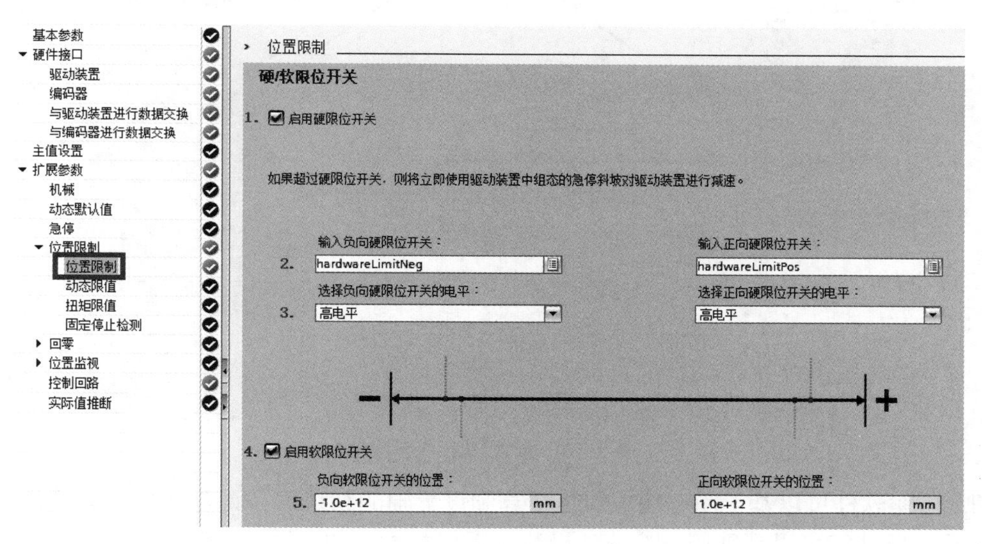

图3-15　位置限制的设置

3.6.2　动态限制

组态轴时，在“扩展参数→位置限制→动态限值”设置窗口中，为轴设置速度、加速度、减速度和加加速度等的最大限制值，如图3-16所示。轴的动态限制值设置说明见表3-12。

表3-12　轴的动态限制值设置说明

序号	功　能	说　明
1	最大速度	定义轴的最大允许速度
2、4	最大加速度和斜坡上升时间	在“斜坡上升时间“或“最大加速度”框中，设置允许的最大加速度。斜坡上升时间 = 最大转速/加速度
3、5	最大减速度和斜坡下降时间	在“斜坡下降时间“或“最大减速度”框中，设置允许的最大减速度。斜坡下降时间 = 最大转速/减速度

（续）

序号	功　能	说　明
6、7	滤波时间和加加速度	1）在“加加速度”框中，设置所需的加加速度即 Jerk 参数数值。值 0 表示加加速度不受限制 2）在“滤波时间”框中，为加速度斜坡设置所需的滤波时间，加速滤波时间和加加速度之间的关系为：取整时间 = 加速度/加加速度；减速滤波时间和加加速度之间的关系为：取整时间 = 减速度/加加速度

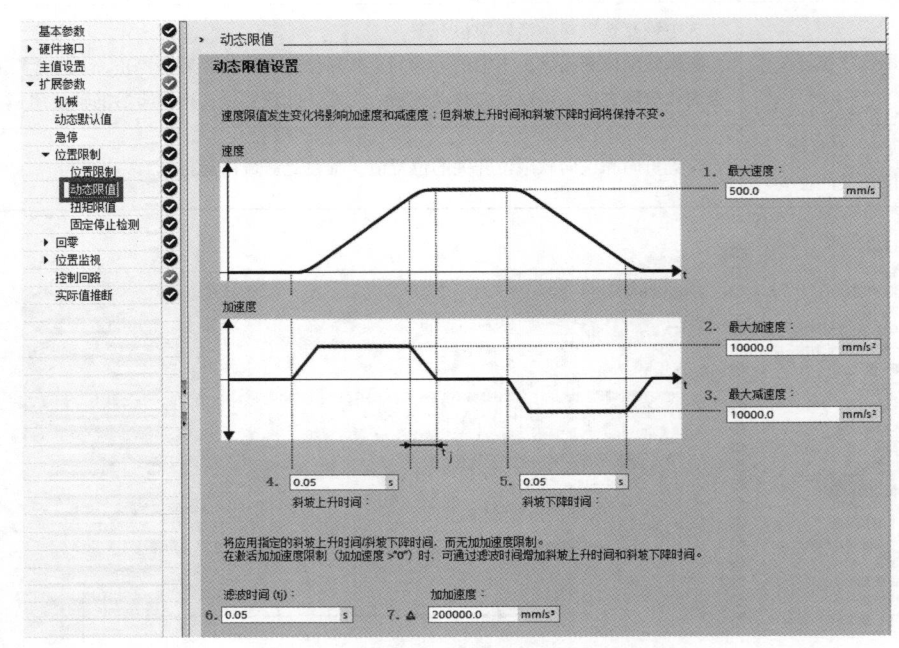

图 3-16　设置轴的动态限值

TIA 博途软件可以基于动态响应限值计算和设置轴的默认值，计算结果会影响组态对话框的参数，此功能可以帮助用户快速地设置一系列参数，如图 3-17 所示。

3.6.3　扭矩限制

在实际应用中，有时需要对电动机的扭矩进行限制，比如张力控制的应用。在使用扭矩限制命令前，需要在轴组态的“扩展参数→位置限制→扭矩限值”界面中设置相关的参数，如图 3-18 所示。轴的扭矩限制参数设置说明见表 3-13。

表 3-13　轴的扭矩限制参数设置说明

序号	功　能	说　明
1	有效	定义扭矩限制在负载侧还是在电动机侧。如果在电动机侧则指定的单位是 N · m；如果是负载侧指定的数值单位为 N，并且需要考虑螺距、齿轮比等换算关系
2	扭矩限值	定义扭矩限值的默认值，当扭矩限幅命令中的扭矩给定小于 0 时，采用此默认值
3	禁用或保持位置监测	设置扭矩限幅激活后是否保留位置监控功能。在很多情况下，扭矩限幅会导致定位位置无法到达，如果保留位置监测功能可能触发相关报警

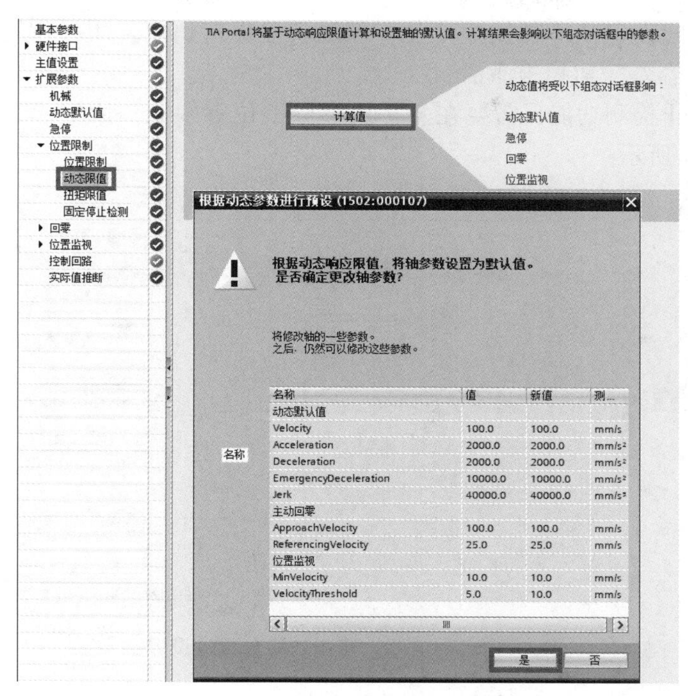

图 3-17　基于动态响应限制值计算轴的默认值

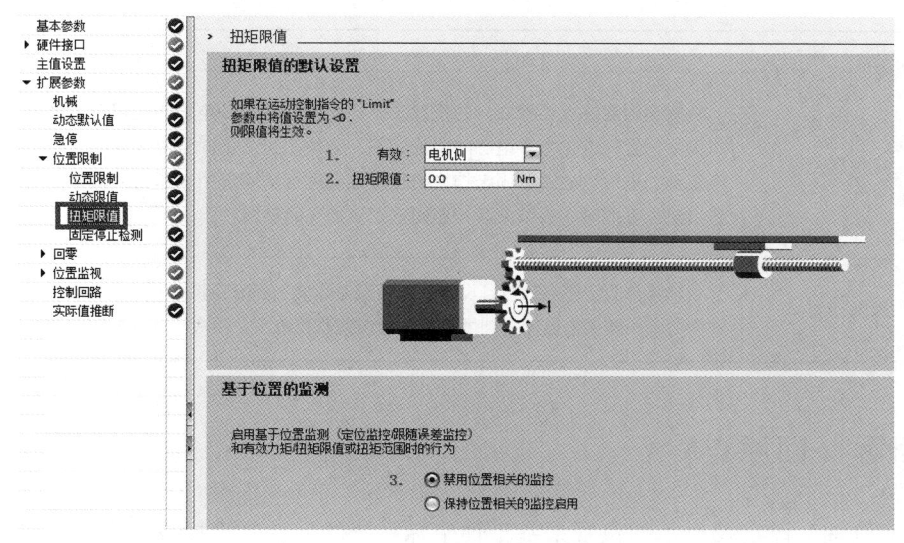

图 3-18　轴的扭矩限制参数的设置

3.6.4　固定停止检测

固定停止检测功能可以使电动机以设定的扭矩运行到一个固定点，而不报告故障信息。该功能可应用于以固定的扭矩拧紧螺钉、在抓取中以指定的扭矩夹紧工件等工况。其检测的依据是负载在运动时因存在机械阻挡而无法继续运行，此时位置设定值还在继续增加，当超出了在固定停止检测中设置的跟随误差范围时，则表明达到固定停止挡块或者已经完成了夹紧动作，在夹紧期间设定值不再发生变化，跟随误差保持恒定。闭环位置控制保持激活状态，组态的“定位容差”监控被激活。

要激活固定停止检测功能，需要在“扩展参数→位置限制→固定停止检测”中设置相关参数，如图3-19所示。

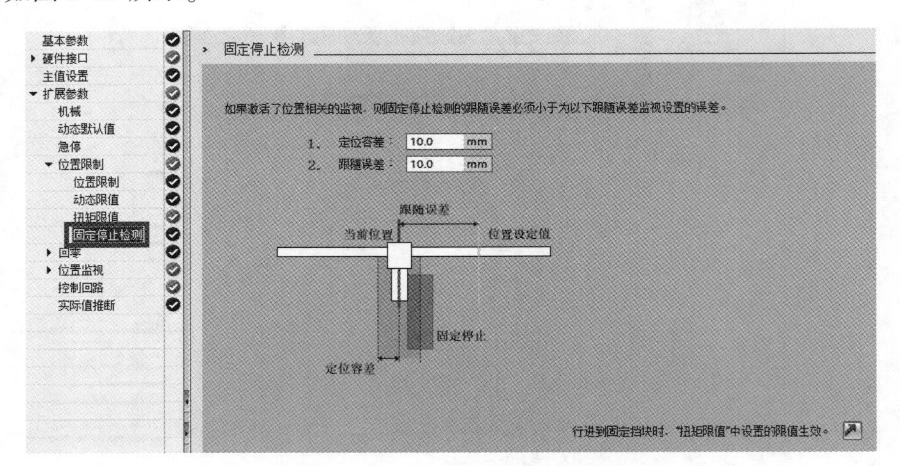

图3-19 固定停止检测功能参数的设置

轴的固定停止检测功能参数的设置说明见表3-14。

表3-14 轴的固定停止检测功能参数的设置说明

序号	功 能	说 明
1	定位容差	检测到固定终点挡板之后的位置公差，此值需要明显小于跟随误差。如果激活夹紧期间实际位置的变化大于组态的定位容差，会被认为终止固定停止检测，随后触发报警并停止轴。也可以通过沿固定挡块的相反方向进行从固定挡块返回的操作，在返回方向上超出定位容差时，将结束运行至固定挡块的夹紧功能
2	跟随误差	当轴移至固定终点挡板且设定的跟随误差数值达到时，将达到固定停止检测状态，如果轴激活了跟随误差监控，则组态的跟随误差监控范围必须大于此处的固定挡块的跟随误差

3.7 回零（回原点）

对于定位轴，设定及显示的位置是基于轴坐标系统的。轴的坐标系统必须与实际的机械坐标相一致。在进行绝对定位时，轴的坐标零点必须是已知的，轴的零点标定与电动机的位置反馈所使用的编码器类型相关。电动机轴上的编码器通常可分为绝对值编码器及增量编码器两种类型。对于绝对值编码器，仅需要进行一次绝对值编码器校正即可；对于增量编码器，由于断电后位置无法保持，因此每次设备上电后，必须通过执行主动回零运动确定轴的机械零点坐标。对于增量编码器有通过编码器的零脉冲、外部回零开关、零点开关+编码器的零脉冲3种主动回零模式。除了主动回零之外，还有被动回零（运动中通过经过回零开关校正位置）、直接回零（设置当前位置为零或者其它数值）。

用户可根据实际需要选择适当的回零模式，通过回零命令“MC_Home”的“Mode”参数进行设置，见表3-15，并在轴组态时“工艺对象→组态→扩展参数→回零”界面中，设置回零需要的相关参数。

表3-15　编码器类型与“MC_Home”的输入参数“Mode”的对应关系

操作模式	带增量编码器的定位轴/同步轴	带绝对编码器的定位轴/同步轴	外部增量编码器	外部绝对编码器
主动回零（“Mode”＝3、5）	√	—	—	—
被动回零（“Mode”＝2、8、10）	√	—	√	—
设置位置实际值（“Mode”＝0）	√	√	√	√
设置位置实际值相对偏移（“Mode”＝1）	√	√	√	√
设置位置设定值（“Mode”＝11）设置位置设定值的相对偏移（“Mode”＝12）	√	√	√	√
绝对编码器调整（“Mode”＝6、7）	—	√	—	√

回零的前提条件：

1）“Mode”=2、3、5、8、10时，要求工艺对象已启用，即已经调用了“MC_Power”命令启动轴。

2）“Mode”=6、7、8、11、12时，要求实际编码器的值有效（<TO>.StatusSensor[n].State=2），即编码器当前没有故障并且通信正常。

3）“Mode”=0、1、6、7时，要求轴处于位置控制的模式。

3.7.1　主动回零

通过使用命令“MC_Home”（“Mode”=3或5）将按组态的主动回零模式执行回零运动。当“Mode”=3时，零点位置由命令参数“Position”指定；当“Mode”=5时，零点位置由轴组态参数指定。

可选择下述回零模式：

1）通过编码器零脉冲进行主动回零。此种回零模式用于系统中没有外部零点接近开关并且运行在编码器圆周范围内的情况下，例如：轴在行程范围内编码器只有一个零脉冲信号，回零命令可以使轴运行至编码器的零脉冲标记处作为零点坐标。

2）通过编码器零脉冲和外部零点开关进行主动回零。此种回零模式通过检测外部零点开关和编码器的零脉冲标记进行回零，回零的精度最高。

3）通过数字量输入（外部零点开关）进行主动回零。只用数字量输入（外部零点开关）用作回零点标记，这种回零的精度低。如果使用较低的回零点速度和支持等时模式的输入模块，可以提高其回零精度。此外，还需注意数字量输入中的滤波时间不可设置过长。

轴的主动回零组态界面如图 3-20 所示。轴的主动回零组态参数说明见表 3-16。

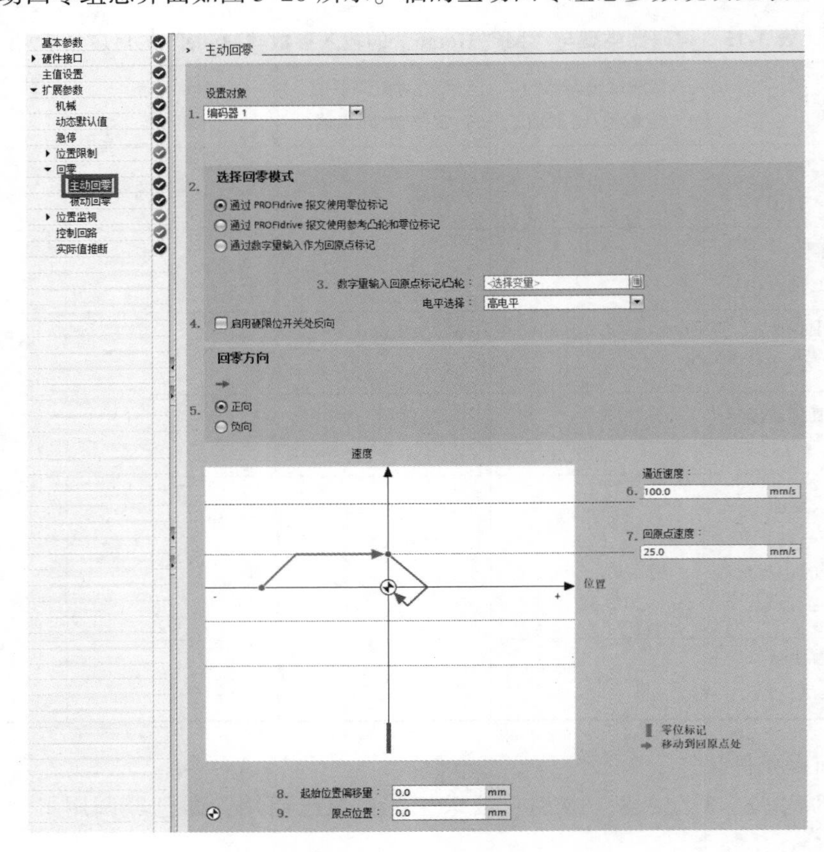

图 3-20 轴的主动回零组态界面

表 3-16 轴的主动回零组态参数说明

序号	功 能	说 明
1	设置对象	选择需要设置的编码器对象
2	选择回零模式	可以选择以下 3 种回零模式： 1）通过 PROFIdrive 报文使用零位标记 这里的 PROFIdrive 是指编码器和 PLC 互相交换的数据以及状态字、控制字符合 PROFIdrive 的规约，比如使用 PROFIdrive 3 号或者西门子 105 号报文 2）通过 PROFIdrive 报文使用参考凸轮和零位标记 3）通过数字量输入作为回原点标记
3	数字量输入回原点标记凸轮	1）选择用于零点开关的数字量输入的 PLC 变量，该变量将作为回零点标记（参考凸轮） 在选择前，必须保证数字量输入模块已经添加至设备组态中，且已经定义了数字量输入的 PLC 变量名称 2）在电平选择框中，可选择信号生效是高电平有效还是低电平有效

（续）

序号	功　　能	说　　明
4	启用硬限位开关处反向	选中该复选框，可将硬件限位开关用作回零时的反向凸轮 当轴在主动回零点期间，并运行到达硬件限位开关后，将以组态的最大减速度减速，然后反向运行 如果未启用该功能，则主动回零点期间轴到达硬件限位开关处之后，驱动装置将被禁用且以驱动装置内组态的斜坡下降时间停止
5	逼近方向和回零方向	1）选择用于回零点的运动逼近方向 2）选择逼近其回零点标记的方向 选择后会出现相应的回零点过程的图示，以便于理解
6	逼近速度	在输入框中，设置回原点时寻找回原点开关所使用的速度。使用同样的速度移动到已组态的起始位置偏移量
7	回原点速度	在该输入框中，指定轴寻找编码器零脉冲或者回原点标记使用的速度
8	起始位置偏移量	当原点信号位置与所需要的轴起始位置不同时，在该输入框中输入二者位置的偏移量，轴以逼近速度运行此位置偏移量后停止，轴的位置值为原点位置
9	原点位置	轴回原点后的原点位置坐标值 执行运动控制命令“MC_Home”且“Mode”=5时，使用此处组态的原点位置作为原点位置

3.7.2　被动回零

被动回零（“MC_Home”的“Mode”=2，8，10）是指在运动时回零，执行被动回零命令不会执行任何回零运动，通过其它运动命令运行轴，当轴检测到零点信号后发出回零完成状态信号，完成回零，被动回零过程不会中止当前的运动。在运动命令中的位置控制模式下，才可以使用被动回零。“Mode”=2、8时，回零位置由命令参数“Position”指定，使用“Mode”=2时回零完成状态不复位，使用“Mode”=8时回零完成状态会被复位；直至被动回零成功后再次置位回零完成状态；使用“Mode”=10回零位置由轴组态中的设置决定，此模式也会在被动回零过程中复位回零完成状态。可以使用“Mode”=9来中止被动回零过程。

通过组态可选择下述回零模式：

1）使用编码器零位标记和回零开关进行被动回零。

2）使用编码器零位标记进行被动回零。

3）使用数字量输入进行被动回零。

被动回零的设置如图3-21，被动回零组态参数说明见表3-17。

表3-17　被动回零组态参数说明

序号	功　　能	说　　明
1	设置对象	选择需要设置的编码器对象
2	选择回零模式	1）通过PROFIdrive报文使用零位标记 2）通过PROFIdrive报文使用参考凸轮和零位标记 3）通过数字量输入作为回原点标记

（续）

序号	功　能	说　明
3	数字量输入回原点标记/凸轮	选择数字量输入的 PLC 变量，该变量将作为回零标记（参考凸轮） 注意：在选择前，必须保证数字量输入模块已经添加至设备组态中，并且已经定义了数字量输入的 PLC 变量名称
4	回零方向	选择逼近回零标记的运动方向
5	原点位置	组态原点位置的绝对坐标。执行运动控制命令“MC_Home”且 Mode = 10 时，使用此处组态的原点位置

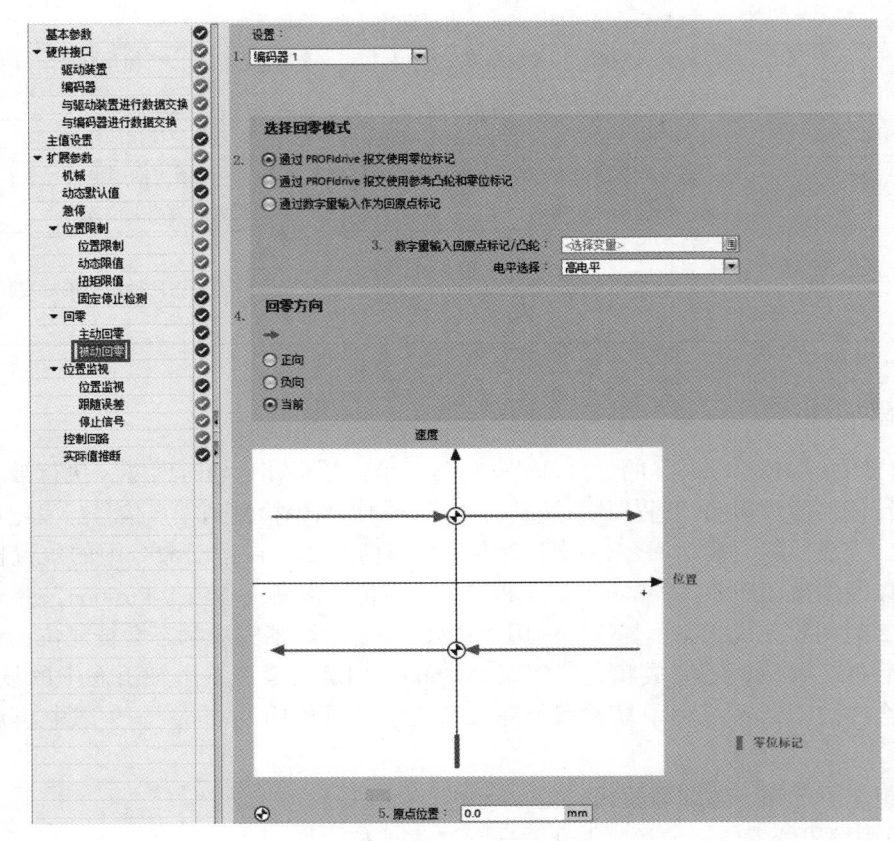

图 3-21　被动回零参数组态

3.7.3　直接回零（设置原点位置）

直接回零被称为设置原点位置，在定位轴/同步轴或外部编码器工艺对象静止或者运动时，均可以通过“MC_Home”命令进行轴位置值的绝对设置或相对设置，命令立即生效，当前正在执行的运动不会停止。

1）设置位置实际值

设置位置实际值的操作步骤如下：

① 在运动控制命令“MC_Home”的“Position”参数中输入绝对位置。

② 调用运动控制命令“MC_Home”，其中“Mode”=0。

命令执行完成后，轴的位置实际值为“Position”参数中的值，轴的位置设定值同步调整保证跟随误差不变。

2）设置位置实际值相对偏移的操作步骤如下：

① 在运动控制命令“MC_Home”的“Position”参数中输入相对位置。

② 调用运动控制命令“MC_Home”，其中“Mode”=1。

命令执行完成后，将轴的实际位置值设定为当前位置加上“Position”参数中的值，轴的位置设定值同步调整保证跟随误差不变。

3）设置位置设定值：以绝对的方式设置轴的位置设定值，操作步骤如下：①在运动控制命令“MC_Home”的“Position”参数中输入位置设定值。②调用运动控制命令“MC_Home”，其中“Mode”=11。

命令执行完成后，轴的位置设定值等于“Position”参数值，轴的位置实际值同步调整保证跟随误差不变。

4）设置位置设定值：相对偏移以相对的方式设置轴的位置设定值，操作步骤如下：①在运动控制命令“MC_Home”的“Position”参数中输入相对位置设定值。②调用运动控制命令“MC_Home”，其中“Mode”=12。

命令执行完成后，轴的位置设定值为当前设定值加上“Position”参数值，轴的位置实际值同步调整保证跟随误差不变。

3.7.4　绝对值编码器校正

绝对值编码器校正的功能用于绝对值编码器的零点校正，当调试轴时，必须进行一次绝对值编码器的校正操作。在进行绝对值编码器校正时，将在 PLC 中存储绝对值编码器的偏移量。需要注意的是，如果使用单圈绝对值编码器并且在设备断电后编码器移动超过半圈，则上电后的位置值将无法正确显示。

根据所组态的模式，可通过“MC_Home”命令对轴或编码器的位置进行绝对设置或相对设置。

1）“Mode”=7（绝对位置），回零命令执行完成后，将轴的位置设定为“Position”参数中的值。

2）“Mode”=6（相对位置），回零命令执行完成后，将轴的位置设定为当前位置加上“Position”参数中的值。

3.7.5　回原点状态位的复位

对于增量式编码器，在下列情况中会复位轴的“已回原点”状态，轴运动前必须对工艺对象重新回原点。

1）传感器系统出错/编码器故障。

2）使用回原点命令“MC_Home”，设置“Mode”=3、5，启动主动回原点（回原点过程成功完成后，重新设置“已回原点”状态）。

3）使用回原点命令“MC_Home”，设置“Mode”=8、10，启动被动回原点（回原点过程成功完成后，重新设置“已回原点”状态）。

4）更换 PLC。

5）更换 SIMATIC 存储卡。

6）关闭电源。

7）存储器复位。

8）修改编码器组态。

9）重新启动工艺对象，例如通过命令“MC_Reset”的参数“Restart”= TRUE 执行工艺对象的重启。

10）将 PLC 恢复为出厂设置。

对于绝对值编码器，在下列情况中，将复位“已回零”状态，必须对工艺对象重新回零。

1）传感器系统出错/编码器故障。

2）更换 PLC。

3）修改编码器组态。

4）将 PLC 恢复为出厂设置。

5）将不同的项目传送到控制器。

6）当驱动器、编码器没有和 PLC 建立通信时过早地使用“MC_Power”命令，会导致工艺对象编码器故障报警并且复位“已回原点”状态。

3.8　轴的位置监视功能

在定位轴/同步轴工艺对象中，可以设置多种监控功能。如果违反监视条件，将输出工艺报警，工艺对象将根据报警类型进行响应。监控功能如下：

1）位置监视。实际定位值必须在位置设定值到达目标后的指定时间内到达定位窗口，且在该定位窗口停留超过最短停留时间。

2）跟随误差监视。根据位置设定值和位置实际值的偏差即跟随误差进行监视，跟随误差与运行的速度有关，速度越高跟随误差越大。

3）停止信号监视。根据组态的速度监控窗口判断轴的停止。

1. 位置监视

在“位置监视”组态窗口中，组态用于监视目标位置的参数，如图 3-22 所示。位置监视参数的设置说明见表 3-18。

表 3-18　位置监视参数的设置说明

序号	功　能	说　明
1、4	定位窗口	在该输入框中，设置定位窗口的大小。如果轴位置设定值到达目标后，轴的位置实际值已经位于该窗口内并且超出了最短停留时间，则认为“到达”该位置
2	容差时间	在该输入框中，设置定位容差时间。当位置设定值到达目标位置后，启动计时，在定位容差时间内，位置实际值必须达到定位窗口
3	定位窗口中的最短停留时间	在该输入框中，设置最短停留时间 当前位置值必须位于定位窗口中且至少保持“最短停留时间”，随后工艺数据块的 <TO>. StatusWord. X6（Done）标志位置置位，完成定位运动。为了避免长时间的信号延迟，可以根据高动态的运动需要，适当缩短此输入框设置的数值任何一个条件不满足，轴都会停止且显示定位报警

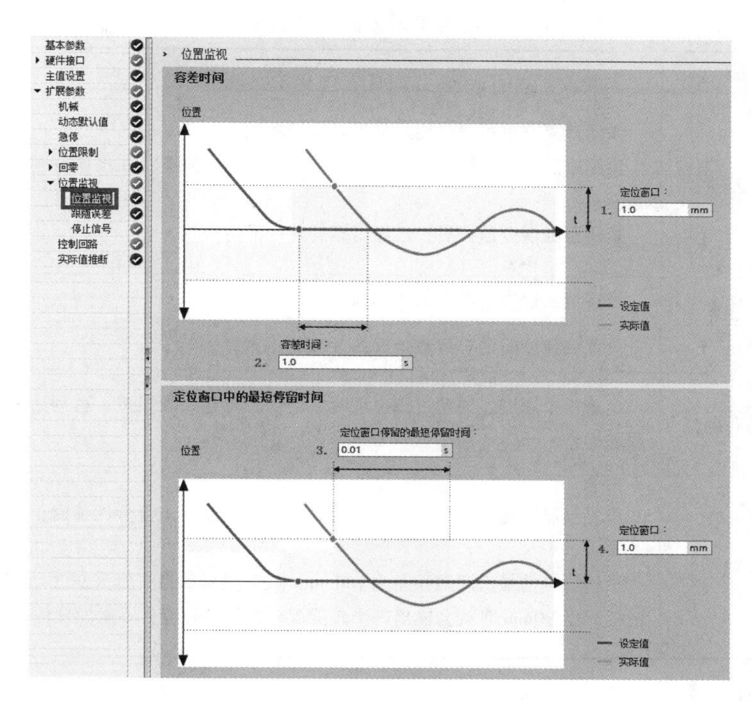

图 3-22　位置监视的设置界面

2. 跟随误差监控

在“跟随误差”组态窗口中，组态轴的实际位置与位置设定值之间的容许偏差。跟随误差错误窗口在高于动态调整速度限值后随速度成比例增长，设置界面如图 3-23 所示。实际跟随误差的大小和位置控制的增益值成反比关系，并且和位置控制周期成正比关系。随着运行速度的增加，跟随误差的数值也会相应地增加，这是运动控制系统必然产生的现象。如果激活了速度预控功能并且使用 DSC，则位置跟随误差会大大降低。跟随误差监控参数的设置说明见表 3-19。

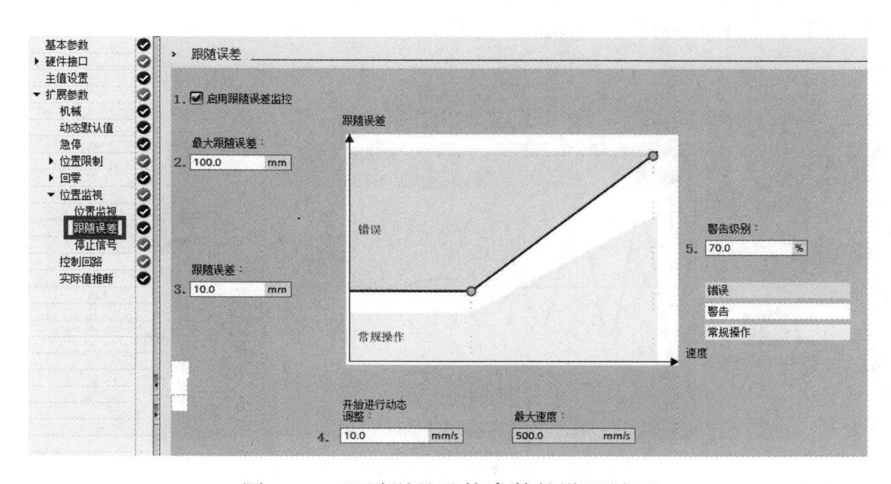

图 3-23　跟随误差监控参数的设置界面

表3-19　跟随误差监控参数的设置说明

序号	功　　能	说　　明
1	启用跟随误差监控	激活该复选框可以启用跟随误差监控功能 启用跟随误差监控后，当进入误差范围内轴会停止；在报警范围中，则会显示一个报警消息 禁用跟随误差监控后，已经组态的监控值将失效
2	最大跟随误差	设置最大速度时容许的跟随误差
3	跟随误差	设置低速度时的容许跟随误差（无动态调整）
4	开始进行动态调整	组态一个速度，当超过该速度时，会动态调整跟随误差，直到达到最大速度时的最大跟随误差
5	警告级别	设置当前跟随误差限值的一个百分比值，当超过该百分比值时，将会输出一个跟随误差警告 示例：当前最大跟随误差为100mm，警告级别如果设置为90%。那么当前的跟随误差的值大于90mm时就会输出一个跟随误差警告，该警告不触发任何轴的响应动作

3. 停止信号监视

在“停止信号”监视设置窗口中，设置停止检测的标准，当实际速度到达停止窗口并且停留在窗口内超过最短停留时间，轴的停止标志 < TO >. StatusWord. X7 （Standstill） 置位，如图3-24所示。“停止信号”监视参数设置说明见表3-20。

表3-20　“停止信号”监视参数的设置说明

序号	功　　能	说　　明
1	停止窗口	设置判断轴停止的速度窗口。当轴的速度进入到窗口内，开始判断轴停止
2	停止窗口中的最短停留时间	设置停止窗口中的最短停留时间。轴的速度必须位于停止窗口内且持续指定的时间。如果这两个条件均满足，则输出轴的停止信号

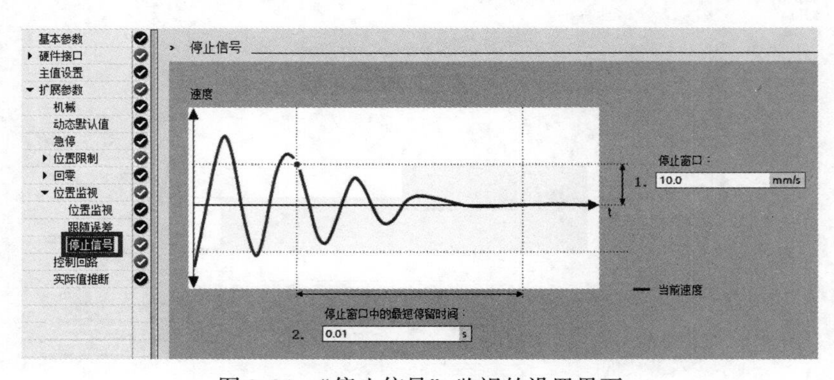

图3-24　“停止信号”监视的设置界面

3.9 轴的控制回路

3.9.1 动态伺服控制功能

动态伺服控制（Dynamic Servo Control，DSC）是通过特定的报文在驱动器中进行位置环的控制，并且增加更快速的设定值插补，利用快速计算的驱动器速度控制时钟，提高定位质量和性能的控制方法。定位轴/同步轴的位置控制器本身是一个具有速度预控的闭环比例控制器。如果驱动装置支持动态伺服控制功能，并且激活了支持 DSC 的报文，例如西门子 105 报文，则可激活驱动装置中的闭环位置控制器，实现高效的位置控制。

如图 3-25 所示，这种功能特别适合高动态和复杂运动等最重要的伺服控制任务。图中①为运动控制插补器，②为配合速度预控使用的速度控制回路替代时间平衡滤波器，③为控制器与驱动器之间的通信。

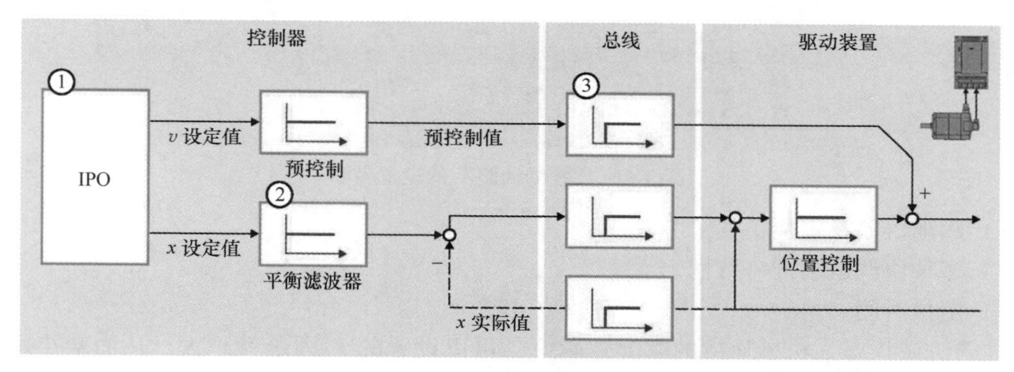

图 3-25　带 DSC 时的闭环位置控制结构

如果没有 DSC 功能，由于较长的位置控制周期会导致速度给定值出现阶跃变化，从而导致扭矩或电流出现较大的脉动。激活了 DSC 功能，由于位置环计算移动到驱动器中，其计算周期大大缩短，使扭矩或者电流的脉动变小。

使用 DSC 功能时的优势非常明显：

1）位置控制器位于速度控制环路周期（如 62.5μs，或者 125μs），周期越短，系统的控制性能则会大大地提高。

2）具有更高的位置控制器增益因子 K_v，因此使具有高动态性能的驱动器能够更快地跟随设定值的变化。

3）抗干扰能力强，对于机械刚性系统可以快速地抑制扰动。

4）可以在 PLC 侧通过设置较长的位置运动控制周期，减少运动控制器的负荷。

若要使用 DSC 功能，应满足如下条件：

1）DSC 功能只能支持以下 PROFIdrive 报文：标准报文 5 或 6 以及西门子报文 105 或 106。

2）运动控制器和驱动器均支持此功能，例如使用 S7-1500T/TF 和 V90 PN 或者 S120/S210 驱动器。

3）需要激活 PROFINET IRT 或者 PROFIBUS 等时功能。

3.9.2 控制回路

速度控制器是在伺服驱动器中进行参数设置和优化的，在轴的“控制回路”组态界面中，可以设置位置控制回路的增益 K_v，如图 3-26 所示。K_v因子会影响到下述控制性能：

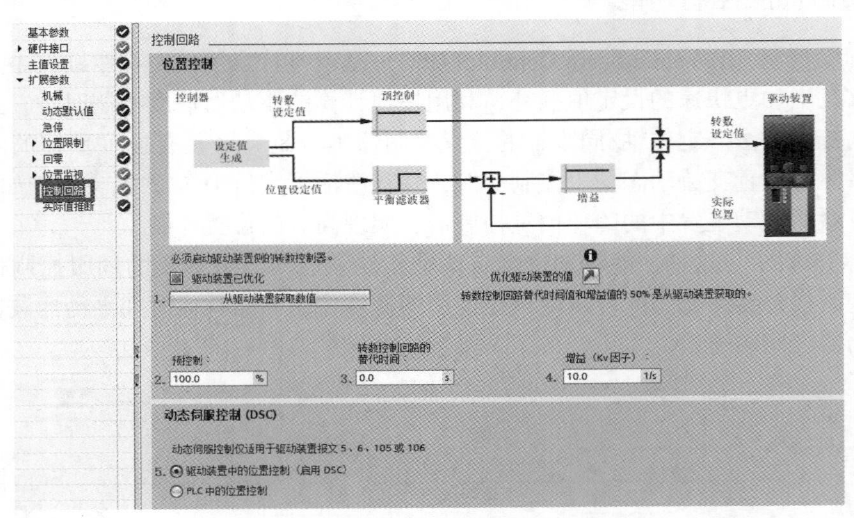

图 3-26 “控制回路”的设置界面

1）跟随误差及定位精度。

2）多种协调运动的一致性。

3）定位时间。

轴的机械状态（机械连接的刚度）越好，可以设置的 K_v因子就越大，从而减小跟随误差，获得更大的动态响应。

除了 K_v的设置外，还可以在此界面中设置驱动器的“速度预控”及“速度控制回路的替代时间”，以优化轴的位置控制性能，“控制回路”参数的设置说明见表 3-21。

表 3-21 “控制回路”参数的设置说明

序号	功　能	说　明
1	从驱动装置获取数值	“增益（K_v 因子）”“转速控制回路的替代时间”采用来自驱动装置的优化结果值。优化完成通过“驱动装置已优化”指示灯标识。根据 Startdrive 在线还是离线连接驱动装置的不同，传输不同的值：－Startdrive 离线：传输驱动装置的离线值；－Startdrive 在线：传输驱动装置的在线值
2	预控制	在此框中，设置位置控制回路的速度预控百分比。预控就是速度给定独立于位置环的比例控制器，直接通过插补器计算实时给出，也就是速度给定直接发送到驱动，可以提高控制的响应，减少跟随误差，此参数通常设置为 100%
3	转速控制回路的替代时间	此参数可用于设置平衡滤波器的时间常量（速度环等效时间），用于避免速度预控和位置控制器同时生效产生超调，通过对位置控制器的设定值进行一定时间的延迟，当预控速度生效后再进行位置控制器的调节，从而实现平稳的定位。对于西门子 SINAMICS S120 或者 SINAMICS S210 驱动装置，当激活了 DSC 和速度前馈后，此时间参数可以通过一键优化后的 r5277 参数读取

（续）

序号	功 能	说 明
4	增益（K_v 因子）	设置控制回路的比例增益 K_v，对于西门子 SINAMICS S120 和 SINAMICS S210 驱动装置，当激活了 DSC，可以达到的最大增益值可以采用来自驱动装置优化结果值的 50%（r5276 * 16.66 * 0.5）
5	动态伺服控制	对于位置控制轴（定位轴/同步轴），定位闭环控制既可以在 PLC 内，也可以在驱动装置内。如果驱动支持 DSC，建议优先选择"驱动装置中的位置控制（已启用 DSC）"，动态伺服控制（DSC）仅适用于标准报文 5、6、西门子报文 105、106

在进行位置控制回路的参数设置之前，需要首先考虑速度环的设置和条件，因为速度环是位置调节回路的内环，其处于驱动器内部，速度环调节回路的特性会决定最终的位置控制回路的特性。因此，位于伺服驱动器的速度环调节是十分重要的，大多数情况下运动控制系统的调试工作是从速度环调节调试开始的。近些年来，伺服驱动器具有越来越丰富的功能，特别是各种伺服驱动器的自动优化功能，为速度环调试带来了很多便利。但是一定情况下的手动优化也是不可避免的。简单地说，速度环的特性或者说速度环调节和如下的因素相关，需要在设计或者调试之初予以充分的考虑。

1）速度环主要有两个调试目标，一个是速度实际值需要快速、准确地跟随给定值变化（基准响应特性）；另一个是速度控制过程中，负载变化或外力的干扰下快速恢复的能力（抗扰动特性）。

2）基准响应特性主要取决于速度环延迟时间总和，即速度环与电流环的运算和采样周期、滤波环节带来的延迟时间。电流环周期作为内环，其执行的快慢直接影响速度环和位置环的基准响应特性。

3）干扰响应特性主要指负载转矩变化引起的扰动对速度的影响，扰动偏差与速度环中的延迟时间和总转动惯量相关。延迟时间越长系统的抗扰动越差，而总惯量越大抗扰动的性能越强。

4）速度环为比例积分控制器，其比例系数与总转动惯量成正比，其积分时间由系统的延迟时间决定。需要注意的是从机械系统来看，负载和电动机之间存在的弹性连接或者说柔性连接，这将导致速度环在较大的比例系数以及较小的积分时间作用下发生剧烈振荡。因此，比例系数和积分时间直接受到机械系统的影响。为了提高系统的响应，需要在设计之初考虑降低负载转动惯量和提高机械连接刚度。

位置环调节回路的给定信号是经过插补后的位置设定值（基准量）与编码器反馈进行比较，由此形成速度环的设定值。位置环使用的是比例控制，由于单纯依赖比例计算形成速度较慢，必须等待位置设定值和位置实际值之间形成较大的距离才能形成相应的速度给定，因此可以利用速度预先控制值（速度预控）的方式提高系统的响应，直接产生速度给定值，并且缩短跟随误差。简要地说，通常使用的位置控制器是一个带有速度预控制的比例控制器，如图 3-26 中控制回路中的位置控制所示。

对于数字控制系统，采样和运算周期越短系统可以达到的增益越高，如果使用的驱动装置支持动态伺服控制（DSC）功能，则可以使用驱动装置中的闭环位置控制器，驱动装置中的位置控制器与高速的速度控制周期一起计算，从而获得优异的位置控制的特性。

影响位置环的因素比较多，应注意以下几点：

1）位置环的增益决定了系统的跟随误差（基准响应特性）和抗扰动的能力。增益越大的系统跟随误差越小并且在干扰作用下能够更快速的恢复。

2）位置环增益的上限通常受限于使用的机械结构。电动机转矩传递的路径中所涉及的机械连接需要具有足够的连接刚性，如机械连接中存在较大的间隙或者弹性，则会容易导致机械系统在很低的频率下发生振荡，同时负载与电动机之间存在较大的惯量比也会限制位置环和速度环所能够达到的增益数值。伺服控制系统其能够达到的性能瓶颈与机械系统的特性、电动机负载惯量比以及系统的编码器反馈精度和分辨率密切相关。

3）在位置环调节过程中，如果达到电动机的转矩极限值，系统将处于非线性的区间，这会引起位置实际值产生较大的偏差，比如在停止时发生明显的超调现象。此时需要通过更缓和的位置给定曲线加以避免，比如可以把加减速度限制在电动机最大的加减速度能力（电动机转矩）之内，或者通过限制 Jerk 参数（加加速度）使位置环的动态偏差及系统启停时的振动变小。

可以充分地利用 TIA 博途软件，在轴的优化面板中进行位置环的测试，通过测试分析和检查运动系统的基准响应特性。

3.10 运动控制基本命令编程

3.10.1 运动控制命令和时序

轴的运动控制命令符合 PLCopen 标准（V2.0），在进行 PLC 运动控制编程之前，需要对运动命令的通用特点有一定的了解。

1. 输入参数（“Execute”“Enable” 和动态响应参数）

1）“Execute” 输入参数。通过上升沿启动命令，随后的下降沿不取消该命令的执行。当修改命令中的输入参数后，需要使用 “Execute” 的上升沿重新触发后方可生效。

2）“Enable” 输入参数。为 TRUE 时启动命令，每次执行命令时都会传送更改后的参数值。下降沿会结束命令的执行。

3）“速度、加减速度” 等动态参数。当设置小于 0 时，使用轴组态界面中设置的默认数值，大于 0 时使用命令中输入的数值。

2. 输出参数（“Busy”“Done”“Error”“Active” 和 “Command Aborted”）

一般情况下，命令正在处理 “Busy”，完成 “Done” 或者出错 “Error” 的输出信号，同时只出现一个，如果命令在运动控制中处于激活状态，则 “Active” 为 “TRUE”，如果命令被其它命令取消，则 “Command Aborted” 参数会为 “TRUE”。应注意的是，如果输入的参数 “Execute” 为 FASLE 的情况下，“Done”“Error” 或者 “CommandAborted” 输出信号仅持续一个循环周期，如果编程时需要读取输出参数状态则必须考虑这种情况。

3. 命令的替代（超驰响应）

在一些情况下，某些运动命令可以被其它运动命令所替代，这种替代关系也称为超驰响应，常用的超驰关系可以参考附录章节 10.4。在编写命令衔接程序时，务必要了解当前使用的命令是否和之前的命令有超驰响应关系。比如在没有建立同步的情况下，同步命令不能通过 MC_Halt 等命令来替代，因此需要单独取消同步关系后再进行后续操作。当命令被替代后，命令输出参数 “CommandAborted” 变为 TRUE。

图 3-27 以两个 MC_MoveVelocity 命令为例进行说明，可以看出在命令激活后可以通过

触发另一个命令实现命令的替代。

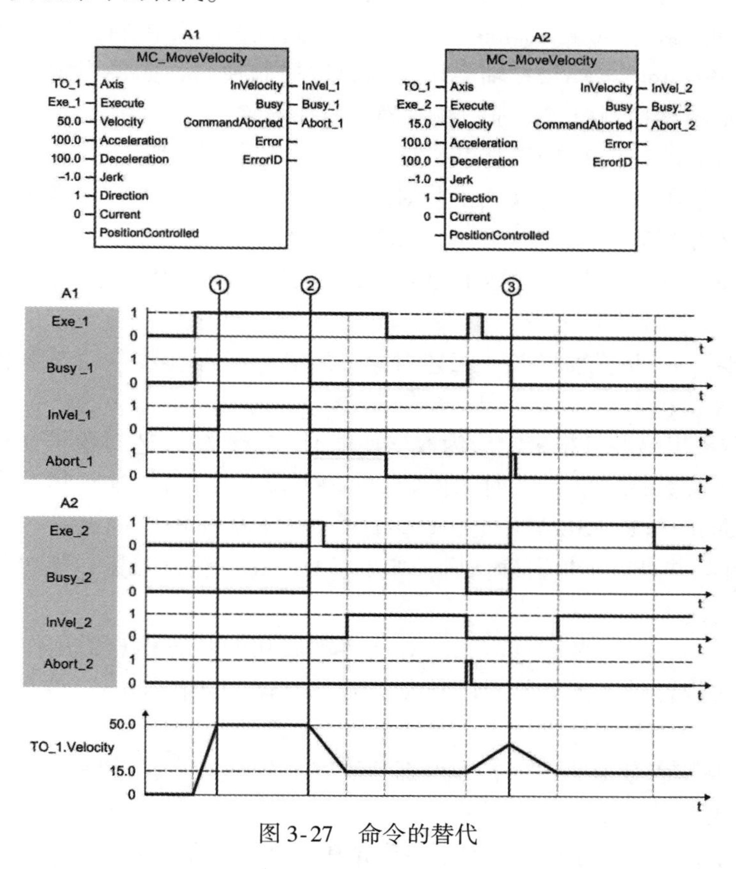

图 3-27　命令的替代

在图 3-27 中，“MC_MoveVelocity”（A1）通过“Exe_1”启动，在时间①处，“InVel_1”发出信号，指示已经达到速度设定值 50.0。在时间②处，A1 被另一个“MC_MoveVelocity”（A2）超驰，“Abort_1”发出中止信号。当达到新的速度设定值 15.0 时，“InVel_2”发出信号，之后轴将以恒定速度 15.0 继续移动。命令的替代可以重复执行，如图 3-27 时间③处所示。

4. 背景数据块

由于每一个运动命令都是由程序块 FB 编写的，因此在调用时需要为其分配背景数据块，在程序块 FB 中调用运动命令时，建议使用多重背景数据块功能。应注意的是，命令的背景数据块不可以重复使用，这是初次使用者容易犯的错误。

3.10.2　轴的使能与停止命令

在对轴进行任何操作之前，都应对轴进行使能操作，同时根据工艺需要还可以对轴进行停止操作，在此分别对相关的控制命令“MC_POWER”及“MC_Halt”介绍如下。

1. “MC_POWER”轴的启动、停止命令

使用运动控制命令“MC_POWER”可启动或停止速度轴、定位轴、同步轴和外部编码器工艺对象，它是轴运行的必要条件。

1）工艺对象可以通过输入参数“Enable”= TRUE 命令来启动。

- “StartMode”= 1 时，启动位置闭环控制。

● “StartMode” =0 时，不启动位置闭环控制，轴将采用速度控制模式。如果使用其它位置控制命令，如“MC_MoveAbsolute”，则会切换到位置闭环控制；如果进行速度控制时命令参数“PositionControl” = FALSE 轴会切换到速度控制模式，如果当定位完成后，需要移动工件则需要激活速度控制模式以避免触发静态监控报警。

2）通过“Enable” = FALSE 停止工艺对象。

● “StopMode” =0 时，轴将以“工艺对象→组态→扩展参数→急停斜坡”中组态的急停减速度制动到停止状态。

● “StopMode” =1 时，输出设定值为 0，轴将根据驱动装置中的 p1135 参数指定的斜坡时间停止（OFF3 快速停止）。

● “StopMode” =2 时，轴将以“工艺对象→组态→扩展参数→动态限制”中组态的最大减速度制动到停止状态。

3）当工艺对象出错并且报警响应为取消使能时，会导致工艺对象被禁用，轴将根据驱动装置中的 p1135 参数指定的斜坡时间停止（OFF3 快速停止）。这种情况下，由于工艺对象不是通过“Enable” = FALSE 禁用的，所以命令中“StopMode”的设置不起作用。

4）故障已排除并进行了报警确认后，如果“Enable”输入参数依然置位，工艺对象将被再次启动。

5）可以从“Status”参数中读取工艺对象启动成功的状态信息，用作编程时检查工艺对象的状态，也可以通过工艺对象的数据块“StatusDrive. InOperation”变量获取工艺对象的启动状态信息。

6）“StartMode”参数对于速度轴和外部编码器工艺对象无效。“StopMode”参数对于外部编码器对象无效。

在实际应用中，如果希望启动轴时不出现异常报警（如在 PLC 与驱动的通信还没有建立起来就启动轴等），在编程时应考虑将驱动和编码器的状态字作为启动命令“MC_POWER”的联锁信号，如图 3-28 所示。

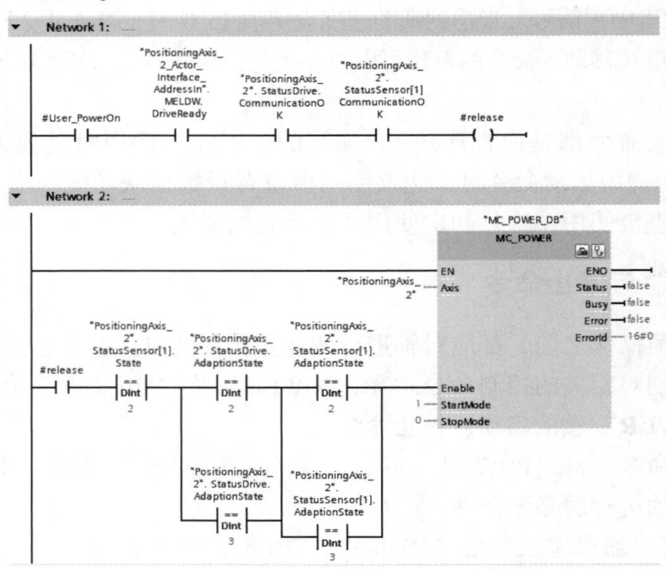

图 3-28　“MC_POWER”命令使用举例

2. “MC_HALT” 轴暂停命令

使用运动控制命令“MC_HALT”可以将速度轴、定位轴和同步轴制动至停止状态，通过参数“Jerk”和“Deceleration”定义制动运行的动态行为，编程示例如图3-29所示。

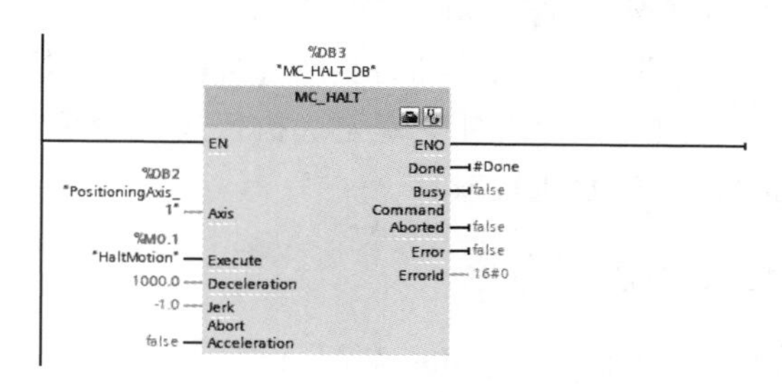

图3-29　“MC_HALT”命令使用举例

1）通过参数“Execute”的上升沿，停止轴的运动，停止运动的减速度和减减速度由输入参数决定，被“MC_HALT”中断的命令其输出参数“CommandAborted”会变为TRUE。

2）如果设置“AbortAcceleration”= FALSE，当命令执行时，如果此时轴正在加速，则轴从当前的加速度值开始逐步减小，加速度减到零之后才开始减速过程；如果设置“AbortAcceleration”= TRUE，则立即设置当前轴的加速度为零并且立即开始减速。

3）轴的停止状态可以通过轴数据块中StatusWord.X7（“Standstill”）位显示，命令成功执行的状态也可以通过命令的输出参数“Done”获得。

3. “MC_STOP” 轴停止并阻止新命令

使用“MC_STOP”运动控制命令，轴将制动停止并保持使能，此时阻止工艺对象进行新的运动命令，编程示例如图3-30所示。

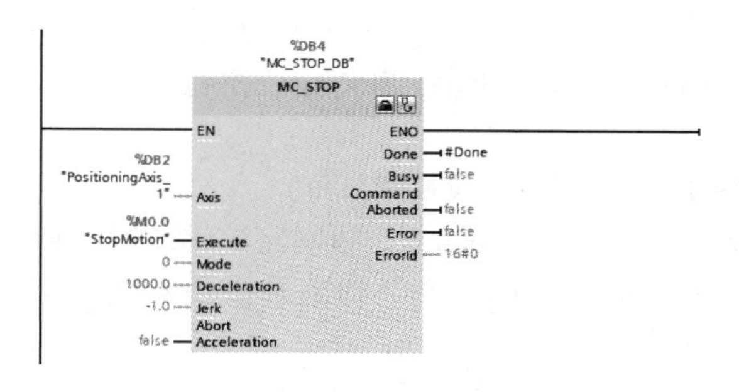

图3-30　“MC_STOP”命令使用举例

1）停止位置由停止斜坡决定。可以使用“Mode”参数定义三种模式：

- “Mode” = 0：动态响应取决于所组态的急停斜坡。
- “Mode” = 2：动态响应取决于工艺对象的最大动态值。
- “Mode” = 3：动态响应由“MC_STOP”命令的参数“Jerk”和“Deceleration”确定。

2）停止响应的优先级：“Mode” = 0 > “Mode” = 2 > “Mode” = 3

3）“MC_STOP”可以由“MC_POWER”的“Enable”参数 = FALSE中止。MC_STOP”不会中止仿真同步操作功能。

4）通过“MC_STOP”停止轴，即将某个轴减速至停止状态，可以按如下步骤操作：

● 设置参数“Mode”“Deceleration”“Jerk”为需要的数值，“AbortAcceleration” = FALSE 时，从当前加速度开始逐步减小；反之加速度设置为 0.0，立即开始减速。

● 参数“Execute”的上升沿开始“MC_STOP”命令的执行。

● 轴的停止状态通过轴数据块中 StatusWord. X7（Standstill）位显示。

● 只要“Execute” = TRUE，工艺对象就无法执行运动命令，通过轴数据块中 StatusWord2. X0（STOPCommand）可读取此状态。

3.10.3　速度轴和定位轴的控制命令

对于速度轴和定位轴可以使用“MC_MoveVelocity”“MC_MoveRelative”“MC_MoveAbsolute”和“MC_MoveSuperimposed”几个运动控制命令进行轴的调速、相对定位、绝对定位和叠加定位控制。

1. “MC_MoveVelocity”（调速命令）

“MC_MoveVelocity”命令可匀速移动速度轴、定位轴和同步轴，通过命令中的参数“Velocity”“Jerk”“Acceleration”和“Deceleration”定义运动控制的动态行为。

使用此命令编程时，可在参数“Velocity”中指定轴的移动速度，通过“Execute”的上升沿触发速度控制。通过“PositionControlled”输入参数进行速度控制或者位置控制方式的切换，如果此参数为 TRUE，则激活位置环；如果为 FALSE，则关闭位置环。应注意输入参数“Direction”决定运动方向，=0 时方向由“Velocity”决定，=1 时正向运动，=2 时负向运动。“Current”参数 = TRUE 时，“Velocity”和“Direction”无效，保持当前速度运动。输出参数“InVelocity” = TRUE 表示速度设定值到达。

2. “MC_MoveRelative”（相对定位控制命令）

使用运动控制命令“MC_MoveRelative”，可对定位轴或同步轴进行相对定位控制，轴不需要回零点。通过“Execute”的上升沿触发相对定位控制，在参数“Distance”中指定相对定位的距离。

3. “MC_MoveAbsolute”（绝对定位控制命令）

使用运动控制命令“MC_MoveAbsolute”，可对定位轴或同步轴进行绝对定位控制，轴在定位控制前需要回零点。通过“Execute”的上升沿触发绝对定位控制，在参数“Distance”中指定绝对目标位置。

4. “MC_MoveSuperimposed”（叠加定位命令）

使用运动控制命令“MC_MoveSuperimposed”，可以启动叠加到当前运动上的相对定位运动。通过“Execute”的上升沿触发叠加定位控制，在参数“Distance”中指定叠加定位的距离，动态响应值会添加到原有运动中。轴总的运动动态响应是原有运动动态响应与叠加运动动态响应之和，应注意的是参数“VelocityDiff”是指相对于当前速度的最大偏差，如果当前速度是 10.0，参数“VelocityDiff”设置为 20.0，根据叠加运动给定的位置方向和当前运动方向是否相同来决定合成速度，方向相同时速度为 30.0，方向相反时速度为 -10.0。

编程示例：

使用 1 个相对定位和 1 个叠加定位控制命令的运动控制时序如图 3-31 所示。

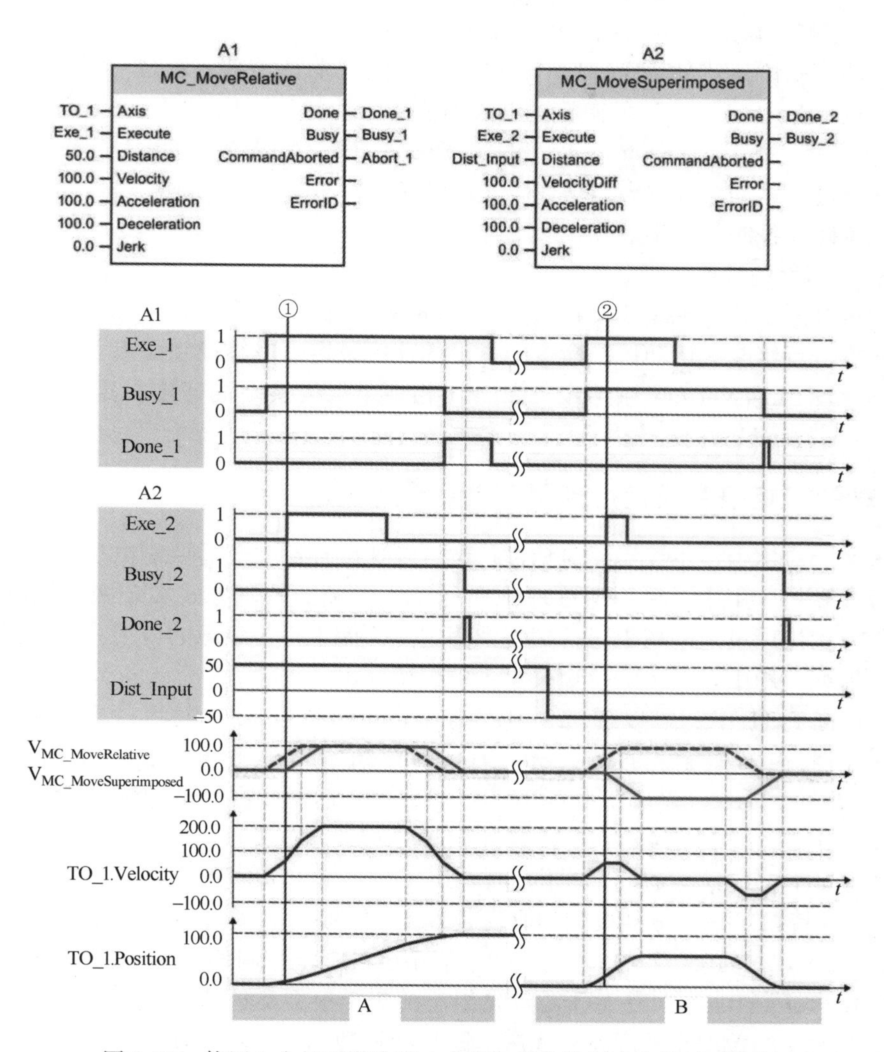

图3-31　使用1个相对定位和1个叠加定位控制命令的运动控制

运动控制时序说明见表3-22。

表3-22　运动控制时序说明

区域A	使用“Exe_1”，起动了距离为50.0的相对定位控制。在时间①处使用“Exe_2”，起动了距离为50.0的叠加定位控制。轴移动的距离为两个命令的位置值总和，即50+50=100.0。当轴达到目标位置后，将通过“Done_2”发出信号，在叠加过程中，移动的速度是两个命令速度值总和，即100+100=200.0
区域B	使用“Exe_1”，起动了距离为50.0的相对定位控制。在时间②处使用“Exe_2”，起动了距离为-50.0的叠加定位控制。轴将反向移动，移动的距离为两个命令的位置值总和，即50.0-50.0=0.0。当轴达到目标位置后，将通过“Done_2”发出信号，在叠加过程中，移动的速度是两个命令速度值总和，即100-100=0.0

5. “MC_MoveJog”（轴的点动控制命令）

使用运动控制命令“MC_MoveJog”，可在点动模式下移动轴。通过“JogForward”正向移动轴，通过“JogBackward”负向移动轴。当前的运动状态可以通过“Busy”“InVelocity”和“Error”显示。如果“JogForward”和“JogBackward”都设置为 TRUE，轴将以之前设置的有效减速度进行制动，并输出错误代码 16#8007（方向指定不正确）。“PositionControlled”参数决定位置闭环控制是否生效。

6. 运行时速度的修改

可以通过修改工艺对象变量 <TO>. Override. Velocity（有效范围为 0. 0% ~200. 0%）对运行时的速度进行修改，运动控制命令中指定的速度设定值或轴控制面板上的速度设定值与变量 <TO>. Override. Velocity 中给定的百分比相乘结果为实际的速度设定值，更改后立即生效。

3. 10. 4　轴的扭矩限制及运行到固定挡块命令

在许多实际应用中，不仅需要对轴进行位置及速度控制，还需要对电动机的扭矩进行限制，如在收放卷的应用中，采用速度环饱和加扭矩限幅的控制方式实现张力控制。除此之外，还有使电动机以设定的扭矩运行到一个固定点，而不报告故障的应用，如以固定的扭矩拧紧螺钉、抓取应用中以指定的扭矩夹紧工件等待。

在 S7-1500T/TF 中，可以通过“MC_TorqueLimiting”命令激活，并指定力矩/扭矩限制和固定挡块检测功能；通过“MC_TorqueAdditive”命令为工艺对象的驱动装置指定一个附加扭矩，通过“MC_TorqueRange”命令为工艺对象的驱动装置指定扭矩的上、下限值。

“MC_TorqueLimiting”命令仅用于通过 PROFIBUS/PROFINET 总线连接、支持 PROFIdrive 规约，且支持扭矩减少标准报文的驱动装置。驱动装置必须使用 10x 标准报文，如报文 101、102、103、104、105 及 106，此功能不能用于模拟量控制的驱动器。“MC_TorqueAdditive”和“MC_TorqueRange”是基于驱动器组态的 750 报文实现的，只有组态配置了 750 报文并且在工艺对象的数据交换配置界面激活附加扭矩数据，才可以使用。

1. 使用“MC_TorqueLimiting”命令实现轴的扭矩限制功能

在使用扭矩限制命令前，在轴的组态界面“扩展参数→位置限制→扭矩限值”中，设置相关的参数，详细配置及说明请参看第 3. 6. 3 扭矩限制相关章节。

在轴组态中，组态力/扭矩限制是在电动机侧还是负载侧，通常组态为电动机侧比较容易计算（单位为电动机扭矩 N · m）。命令“MC_TorqueLimiting”可激活并指定力矩/扭矩限制值。该命令可用于速度轴、定位轴及同步轴，应注意：在使用该命令前必须已正确组态了工艺对象和驱动装置的基准扭矩。

设置命令的输入参数“Mode”=0，可以在参数“Limit”中实时修改扭矩限制值；命令输出参数“InLimitation”为 TRUE 时，表示驱动装置运行在力/扭矩限制的条件下。如果激活力矩/扭矩限制的同时位置闭环控制生效，当限制的力矩/扭矩较低时会导致位置设定值持续增加，此时取消限制命令就会出现轴快速移动以跟随设定值的现象。可以通过设置“MC_POWER”的“StartMode”参数 =0 或者通过“MC_Jog”“MC_MoveVelocity”的“PositionControl”参数 =FALSE 关闭位置闭环控制以避免发生此现象。

2. 使用“MC_TorqueLimiting”命令实现轴的固定停止检测功能

在激活轴的固定停止检测功能前，应在轴的组态界面“扩展参数→位置限制→固定停止检测”中设置相关参数，详细配置及说明请参看第3.6.4固定停止检测相关章节。

命令“MC_TorqueLimiting”可激活“运动到固定挡块”功能，该命令可用于定位轴及同步轴，应注意：在使用该命令前必须已正确组态了工艺对象和驱动装置的基准扭矩，以确保设定的扭矩和驱动中一致。

设置命令的输入参数“Mode”=1，可以在参数“Limit”中实时修改扭矩限幅值；命令输出参数“InLimitation”为TRUE时，表示驱动装置运行在力/扭矩限制的条件下，“InClamping”为TRUE时表示驱动装置运行在“运动到固定挡块”的条件下。

3. 使用“MC_TorqueAdditive”命令实现驱动的附加扭矩给定

通过“MC_TorqueAdditive”命令，可以为工艺对象的驱动装置指定一个附加扭矩，该命令可用于速度轴、定位轴及同步轴。附加扭矩数据将通过报文750进行传递，报文750适用于S120驱动V5.1及更高版本、V90 PN驱动V1.3及更高版本或S210驱动。

在参数“Value”中指定附加扭矩设定值，可实时修改附加扭矩给定值。

4. 使用“MC_TorqueRange”命令实现驱动的扭矩上下限设置

通过“MC_TorqueRange”命令，可以为工艺对象的驱动装置指定一个上、下限扭矩，可实时修改扭矩的上、下限。在“UpperLimit”中指定扭矩的上限，在“LowerLimit”中指定扭矩的下限。该命令可用于速度轴、定位轴及同步轴，扭矩数据将通过报文750进行传递。

如果扭矩上限和下限功能有效，默认情况下将禁用以下监视和限制：

- 跟随误差监视
- 定位和停止监视的时间限制

3.10.5　“MC_SETAXISSTW”设置PROFIdrive报文控制字命令

使用“MC_SETAXISSTW”命令，可以控制PROFIdrive报文的控制字1（STW1）和控制字2（STW2）中的指定位，可以直接控制工艺对象未使用的位，见表3-23。被控位将保持有效，直到“MC_SETAXISSTW”复位、工艺对象重启或CPU从“RUN”切换到“STOP”。

表3-23　PROFIdrive报文控制字

控制字1（STW1）	功　能	控制字2（STW2）	功　能
位9	使能扩展停止和退回	位0、1、2、10	DDS驱动数据组切换
位11	斜坡函数发生器激活	位4	旁路斜坡函数发生器
位12	无条件打开抱闸	位6	速度控制器积分禁止
位14	闭环速度和转矩切换	位7	轴旁路
		位8	运行到固定停止点

“MC_SETAXISSTW”命令通过STW1BitMask或者STW2BitMask来确定控制哪个位，其数值由STW1或者STW2指定，例如控制电动机抱闸动作，即控制字1的第12位无条件打

开或者关闭抱闸，如图 3-32 所示。

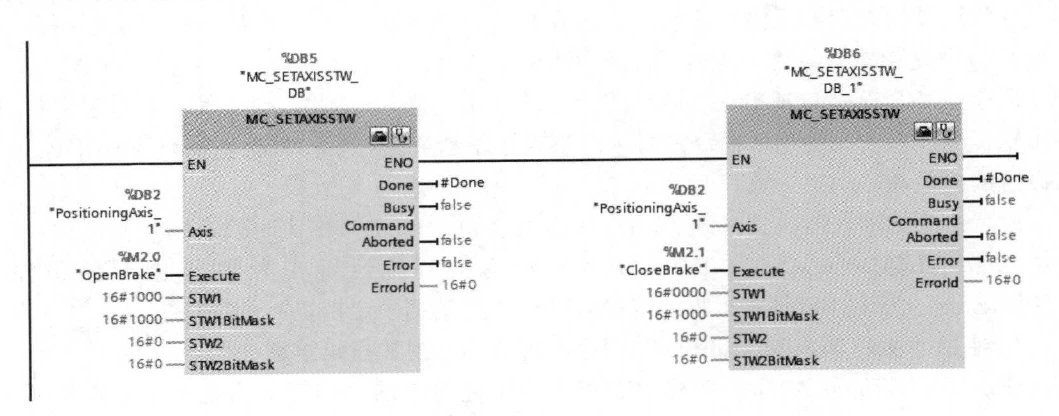

图 3-32　控制抱闸

● 打开抱闸：设置控制字 1 的位 12，参数 STW1 和 STW1BitMask 写入 16#1000（2 进制为 2#1 0000 0000 0000）。

● 关闭抱闸：复位控制字 1 的位 12，参数 STW1 写入 16#0000，参数 STW1BitMask 写入 16#1000。

3.10.6　"MC_WRITEPARAMETER" 更改工艺对象的指定参数命令

通过 "MC_WRITEPARAMETER" 命令可以在运行时更改工艺对象的选定参数。如果发生断电、存储器复位或工艺对象重启，更改后的参数值将复位为初始值。当前仅支持修改参数 "启用/禁用硬限位开关"（PositionLimits_HW. Active）。

应用场景一：在两个硬限位开关都处于激活状态时进行轴退回

使用运动控制命令 "MC_WRITEPARAMETER"，通过输入参数 "Value" （"ParameterNumber" =1000）为 FALSE，暂时禁用硬限位开关，如图 3-33 所示。

应用场景二：在超过硬限位开关范围外的固定挡块处回原点

1）使用运动控制指令 "MC_TorqueLimiting" 激活固定挡块检测。

2）使用 "MC_WRITEPARAMETER" 禁用硬限位开关。

3）使用定位命令将轴移动到固定挡块处。

4）当轴到达固定挡块后，使用 "MC_Home" 执行直接回原点（"Mode" =0）操作。

5）使用定位命令控制轴回到硬限位开关之间的工作区域，再通过 "MC_WriteParameter" 激活硬限位开关。

6）使用 "MC_TorqueLimiting" 禁用固定挡块检测，完成固定挡块回原点功能。

3.10.7　指定运动设定值（MotionIn）命令

"MC_MotionInVelocity" 和 "MC_MotionInPosition" 命令可以使系统不计算运动曲线，在应用周期中，运动曲线上的每个设定值（运动矢量）都使用 "MotionIn" 指定，命令可在 OB68 "MC-PreInterpolator" 组织块中调用。这允许使用其它方式独立计算运动曲线，用户负责确保设定值的准确性，轴可以直接循环使用已计算好的运动设定值。

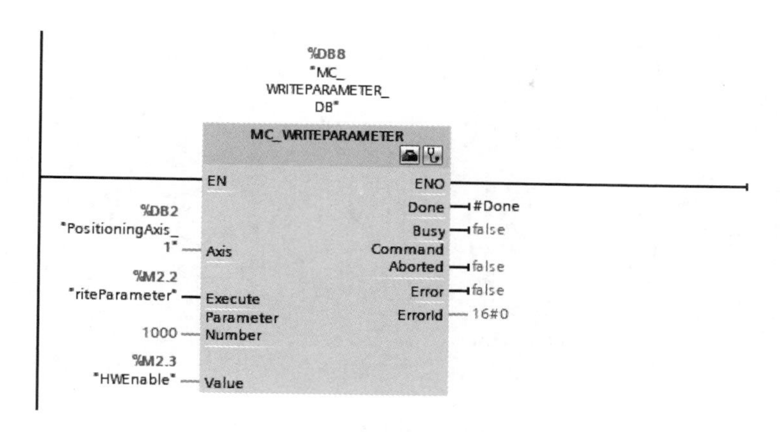

图 3-33 修改硬件限位开关是否生效

- “MC_MotionInVelocity” 为轴的速度和加速度指定运动设定值，动态限制此时无效。参数 “Velocity” 用于指定所需速度，参数 “Acceleration” 用于指定所需的加速度。当参数 “Enable” = TRUE 且指定 “Velocity” 参数的值时，速度设定值和加速度设定值有效。
- “MC_MotionInPosition” 为轴的位置、速度和加速度指定运动设定值。参数 “Position” 用于指定设定位置，参数 “Velocity” 用于指定速度设定值，参数 “Acceleration” 用于指定加速度设定值。当速度预控制被激活时，速度设定值用作预控制值。当参数 “Enable” = TRUE 且指定 “Position” 和 “Velocity” 参数的值时，位置设定值、速度设定值和加速度设定值有效。

3.11 工艺对象报警的查询与处理

如果工艺对象发生故障或报警（如碰撞到硬件限位开关等）都会触发工艺对象报警。不同的工艺对象报警有不同的报警响应，例如：警告并且继续运动、报警并且停止运动以及报警并且 TO 需要重新启动等。

要想及时、有效地排查故障，就需要知道详细的故障信息，下面介绍几种故障查询的方法。

1. 通过 TIA 博途软件查看故障信息

在工艺对象的调试或诊断界面中，可以查看到工艺对象的故障状态及信息，如图 3-34 所示。

在线连接 PLC 后，在 PLC 上单击右键，选择 “接收报警”，如图 3-35 所示。

随后，可以在 “诊断” 的 “报警显示” 中查看到故障报警信息，如图 3-36 所示。

2. 通过用户程序检查工艺对象的故障状态

可以通过工艺对象数据块中的变量 <TO>. ErrorDetail. Number、变量 <TO>. StatusWord. X1、变量 <TO>. ErrorWord 以及变量 <TO>. WarningWord 得到故障状态及错误代码。编程时，通常以变量 <TO>. StatusWord. %X1 作为工艺对象报警的标志位，如图 3-37 所示。

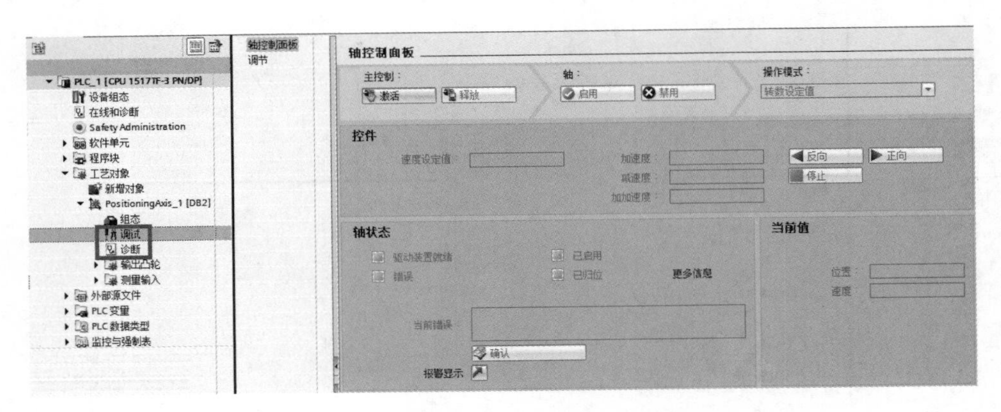

图 3-34　通过 TIA 博途软件查看故障信息

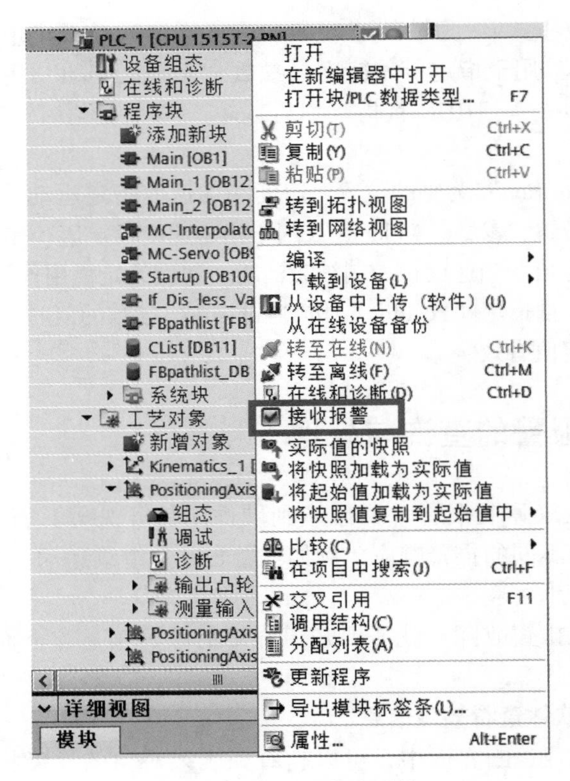

图 3-35　选择“接收报警”

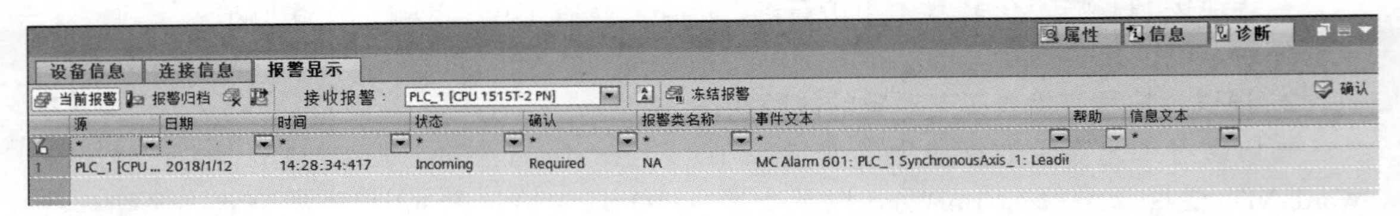

图 3-36　报警信息显示

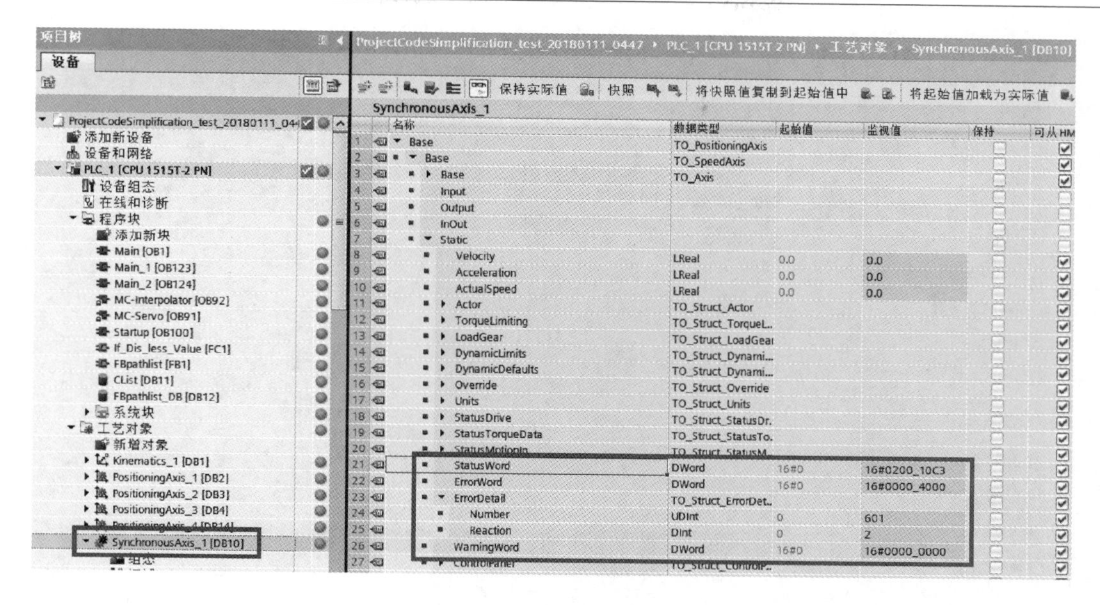

图 3-37　工艺对象报警状态

在命令的输出参数上也可以获取运行命令时的出错信息，如图 3-38 所示。

3. 通过 PLC 显示屏查看故障信息

现场操作人员还可以通过 PLC 的显示屏查看故障信息，如图 3-39 所示。

4. 通过 Web 服务器查看故障信息

在没有安装 TIA 博途软件的情况下，也可以通过 Web 服务器查看已组态工艺对象的状态、错误、工艺报警。无须额外工程组态，使维护工作变得更简单，运动控制诊断如图 3-40所示。此功能需要在 PLC 的组态界面中选择激活 Web 服务器。

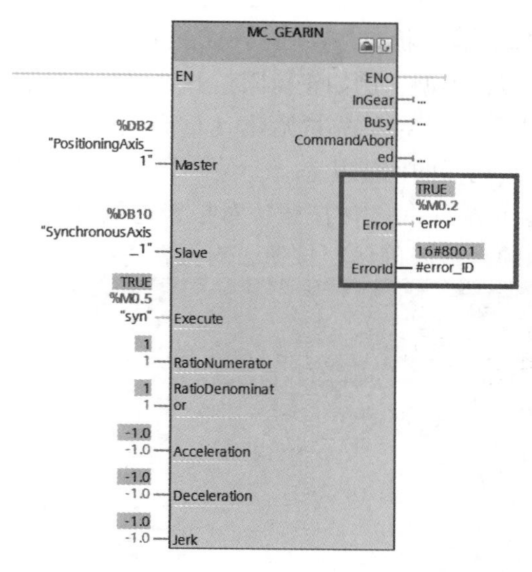

图 3-38　命令输出参数的报警状态

图 3-39　通过 PLC 的显示屏可以查看故障信息

通过单击“消息”标签，可以看到报警信息显示，如图 3-41 所示。

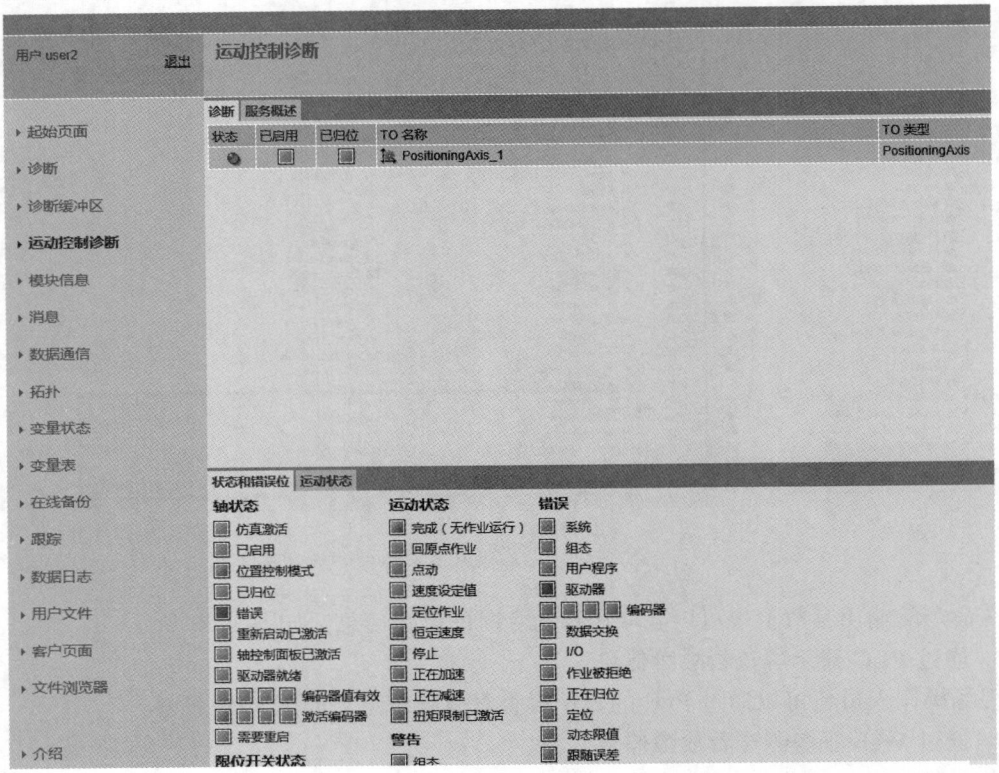

图 3-40　运动控制诊断

工艺对象报警的处理：

通过命令“MC_Reset”可以对能在用户程序中确认的所有工艺报警进行确认，报警确认后将复位工艺数据块中的“Error”和“Warning”状态位。

应注意：对于需要重新启动工艺对象的报警类型，例如正负限位开关同时激活，需要设置“MC_Reset”命令的“Restart”= TRUE 进行工艺对象的初始化（重启），并且对报警进行确认。重新启动工艺对象后将会复位增量编码器的回零状态。

当然，也可以通过 TIA 博途软件报警显示界面的“确认”按钮，对报警进行确认，或者通过组态了报警显示控件的触摸屏报警界面中的“故障确认”按钮，对报警进行确认。

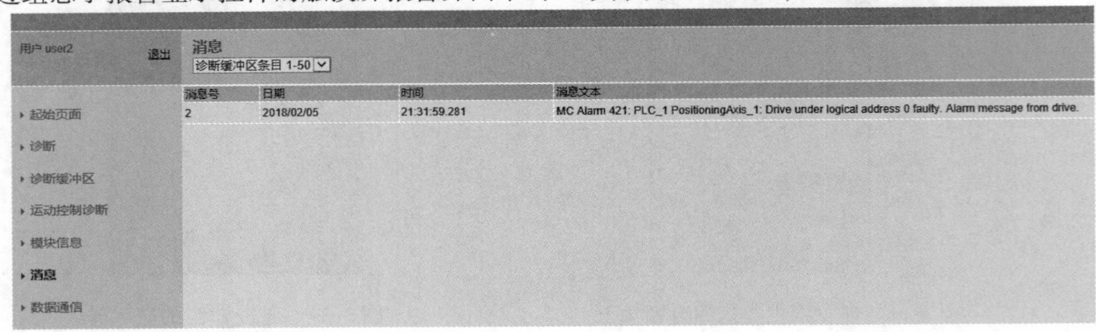

图 3-41　报警信息显示

3.12　使用 Trace 功能跟踪记录工艺对象的状态

对于 S7-1500T/TF PLC，可以使用 Trace（跟踪）功能跟踪记录工艺对象中的变量数值用于后续的分析。例如，用 Trace 轴工艺对象的实际位置值、速度实际值监控轴的运行状态，使用 Trace 过程示意如图 3-42 所示。

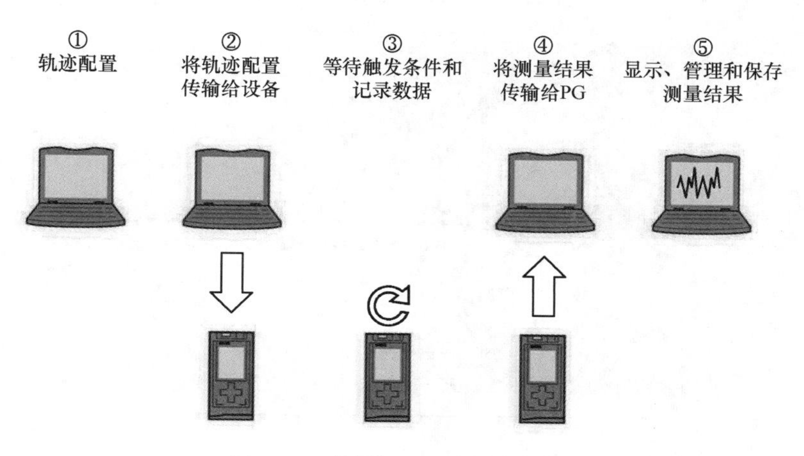

图 3-42　使用 Trace 过程的示意

Trace 数据保存在设备上，在需要时可由工程系统读出，永久保存。因此，Trace 功能适合监视高动态的过程。再次激活 Trace 时，之前 Trace 的数值将会被覆盖。Trace 功能的使用说明见表 3-24。

表 3-24　Trace 的使用说明

步骤	说　明
1	双击 Traces 文件夹中的“添加新轨迹”条目，在新增 Trace 中的“信号”界面添加需要监控的信号对象，并且可以定义信号的显示颜色 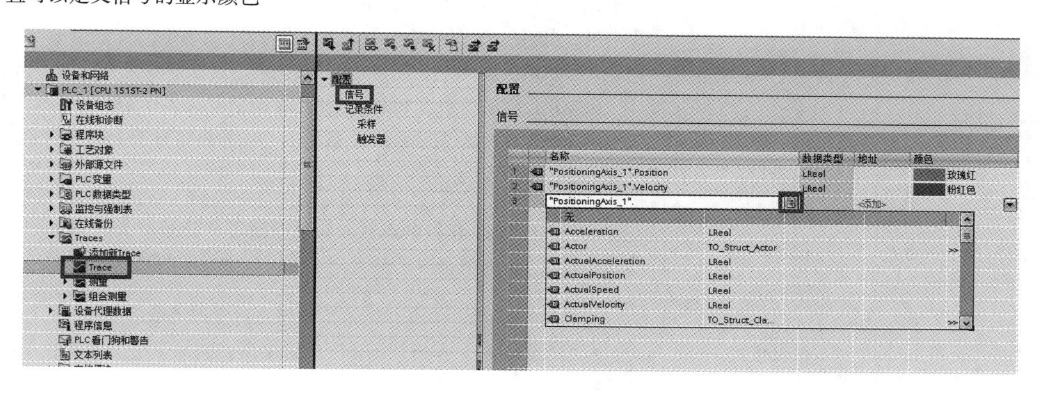

（续）

步骤	说　　明
2	在“记录条件”界面中，配置 Trace 工作的方式和触发条件

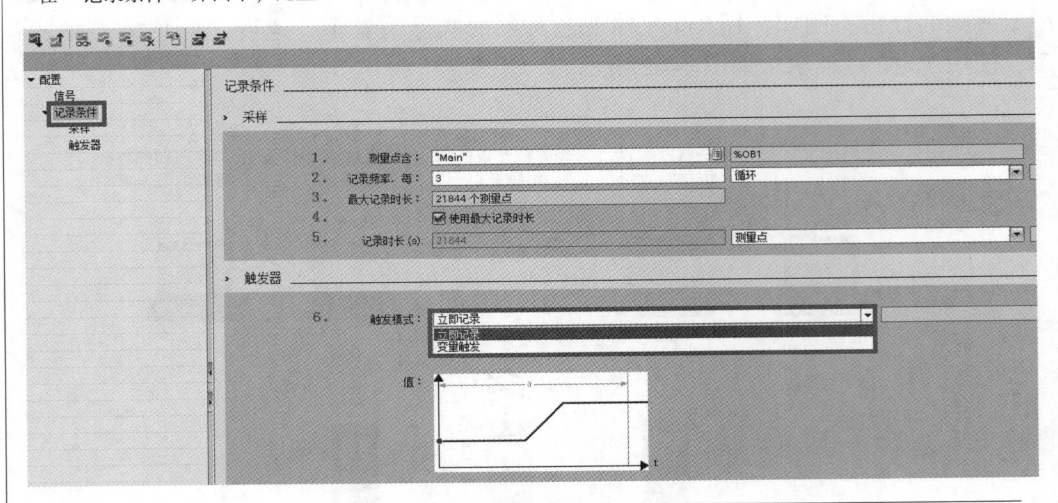

序号	功　　能	说　　明
1	测量点（周期）	定义信号采集的周期，本示例为通过 OB1 循环记录，支持 OB 块如下： ● 程序循环-OB 1 ● 日期时间中断-OB 1x ● 延迟中断-OB 2x ● 循环中断-OB 3x ● 同步处理周期-OB 6x ● MC-Servo-OB 91 ● MC-Interpolator-OB 92 在处理完用户程序后，在 OB 的结尾处记录所测量的数值
2	记录频率	定义此 Trace 每隔几次测量点周期进行一次信号记录，根据信号的特点，可以适当增加记录频率
3	最大记录时长	显示此 PLC 支持多少个记录的测量点，此数据和添加的信号条目数目以及 PLC 类型相关。以 S7-1516T 为例： ● DWORD 数据类型的 PLC 变量的 16 个信号最多有 3854 个测量点 ● BOOL 数据类型的 PLC 变量的 16 个信号最多有 21844 个测量点 ● BOOL 数据类型的 PLC 变量的 1 个信号最多有 58250 个测量点
4	使用最大记录时长	定义是否使用最大的能力进行 Trace 记录
5	记录时长	此处显示本 Trace 配置的点数，如果激活了“记录时长 = 最大记录时长”复选框，输入值会被“最大记录时长”中显示的数值覆盖
6	触发模式	●“立即记录”。单击“记录”按钮之后立即记录信号 ●“变量触发”。单击“记录”按钮之后，满足了已配置的触发条件就开始记录

（续）

步骤 3

使用变量触发模式如下图所示。变量触发模式功能说明见下表

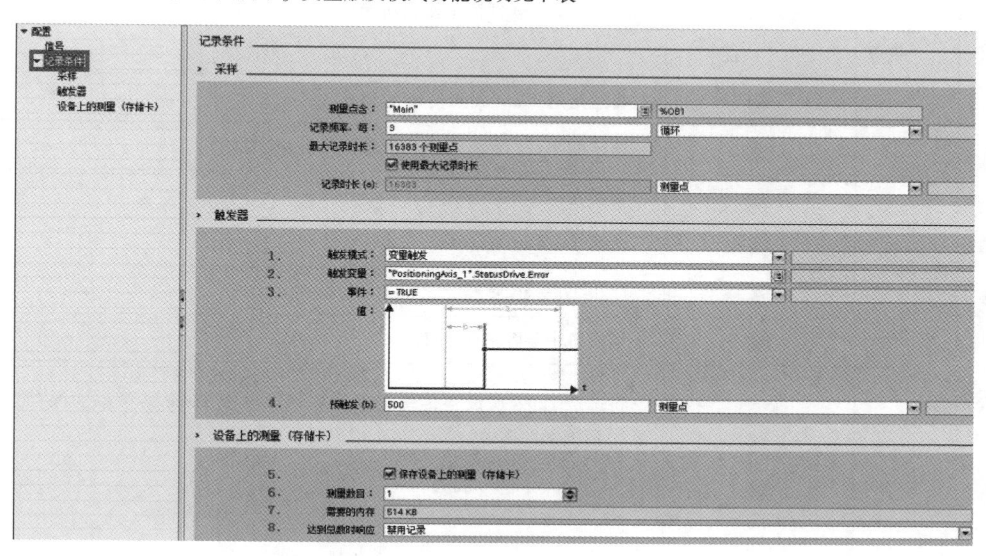

序号	功　　能	说　　明
1	触发模式	选择“变量触发”时，一旦激活了已设置的 Trace，并满足了已配置的变量触发条件，就开始记录
2	触发变量	指定用于触发记录的变量信号。不论“记录频率”的设置如何，每个周期检查一次触发条件
3	事件	设置在此触发变量上的事件，根据触发变量的数据类型选择相应的事件
4	预触发	定义在满足实际触发条件之前记录的测量点数量，可以获取事件发生前的状态信息
5	保存设备上的测量（存储卡）	勾选后，可以将 Trace 的结果保存到存储卡中
6	测量数目	保存的 Trace 数目，数量越多占用的空间越大
7	需要的内存	显示 Trace 占用的存储卡空间大小
8	达到总数时的响应	可以选择禁用记录或者覆盖之前的记录，如果选择覆盖则需要注意存储卡写入的寿命，应避免频繁地写入

步骤 4

软件菜单按钮的说明

s7-1500t ▸ PLC_1 [CPU 1515T-2 PN] ▸ Traces ▸ Trace
1 2 3 4 5 6 7 8 9
状态：记录
Trace [安装的轨迹]
2016/9/5 13:15:26.063
PositioningAxis_1.Position (mm)

（续）

步骤	说　　明
4	软件菜单按钮功能表（见下表）

软件菜单按钮功能表

序号	功　　能	说　　明
1		将选定的 Trace 配置传输至 PLC
2		选定的 Trace 配置从 PLC 上载至计算机项目中
3		切换在线和离线显示
4		激活 Trace 记录
5		停止 Trace 记录
6		从设备中删除选定的 Trace
7		将选定 Trace 从设备传输至项目中，即将该 Trace 结果添加保存到“测量”系统文件夹中： Traces 添加新Trace Trace 测量 Trace
8		导出 Trace 配置至扩展名为“*. ttcfgx”的文件
9		将 Trace 结果导出至计算机，文件的扩展名为“*. ttrecx”或“*. csv”

除了以上按钮外，还支持“自动重复记录”功能（自动重复记录 . png，即完成一次记录后，自动再次激活记录，完成记录后刷新曲线的显示，类似于示波器的显示效果。）

步骤	说　　明
5	用户界面-Trace 曲线选项卡说明（见下图）

用户界面-Trace 曲线选项卡说明

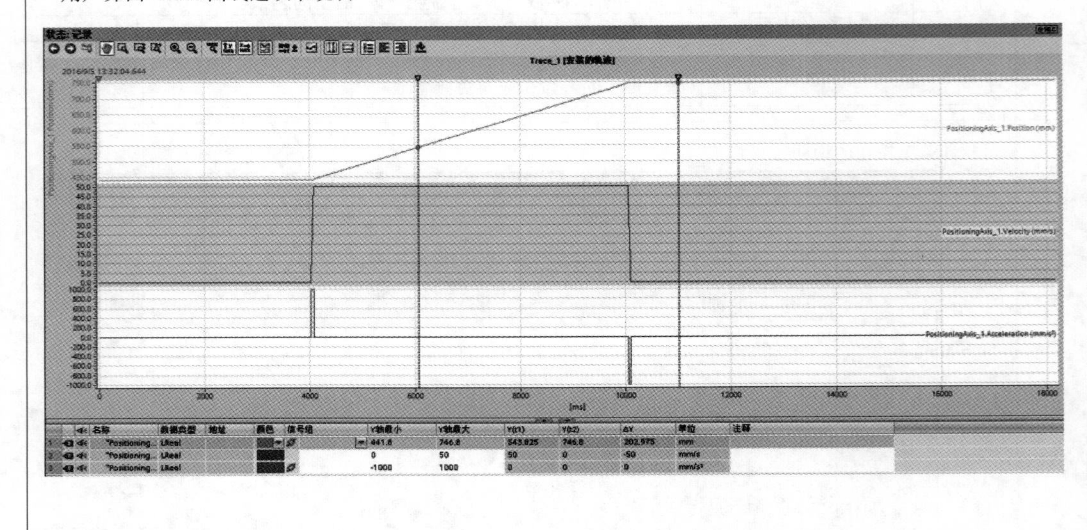

（续）

<table>
<tr><th>步骤</th><th>说　　明</th></tr>
<tr><td>5</td><td>

Trace 曲线选项卡功能表

序号	功　　能	说　　明
1		撤销上次执行的缩放功能
2		重做上次撤销的缩放功能
3		使用当前视图为 Trace 的标准视图
4		按下鼠标按钮，移动显示曲线
5		显示根据所选范围进行比例缩放
6		按下鼠标按钮，选择垂直范围。根据所选范围进行比例缩放
7		按下鼠标按钮，选择水平范围。根据所选范围进行比例缩放
8		按比例缩放可用数据的显示屏，从而显示完整时间范围和所有数值
9		放大显示。每次按下该按钮，曲线显示变得更大
10		缩小显示。每次按下该按钮，曲线显示变得更小
11		自动按比例缩放，从而在当前显示的时间范围内显示所有数值
12		轨迹排列，依次向下排列信号而不重叠
13		时间轴的单位转换，时间和循环之间的单位切换
14		显示测量点，测量点在曲线上显示为小圈
15		显示垂直测量光标，可通过鼠标移动两个测量光标的垂直位置。在信号表中显示相关测量值和两个测量光标的位置差
16		显示水平测量光标，两个测量光标的水平位置可以用鼠标移动
17		在曲线图中显示或隐藏图例
18		在曲线图中左侧显示图例
19		在曲线图中右侧显示图例
20		在各个背景色之间进行切换

</td></tr>
</table>

（续）

<table>
<tr><th>步骤</th><th>说　明</th></tr>
<tr><td>6</td><td>“测量”界面说明：通过软件菜单，可以将 Trace 的结果保存到“测量”中，随后可以离线观察曲线上的数值
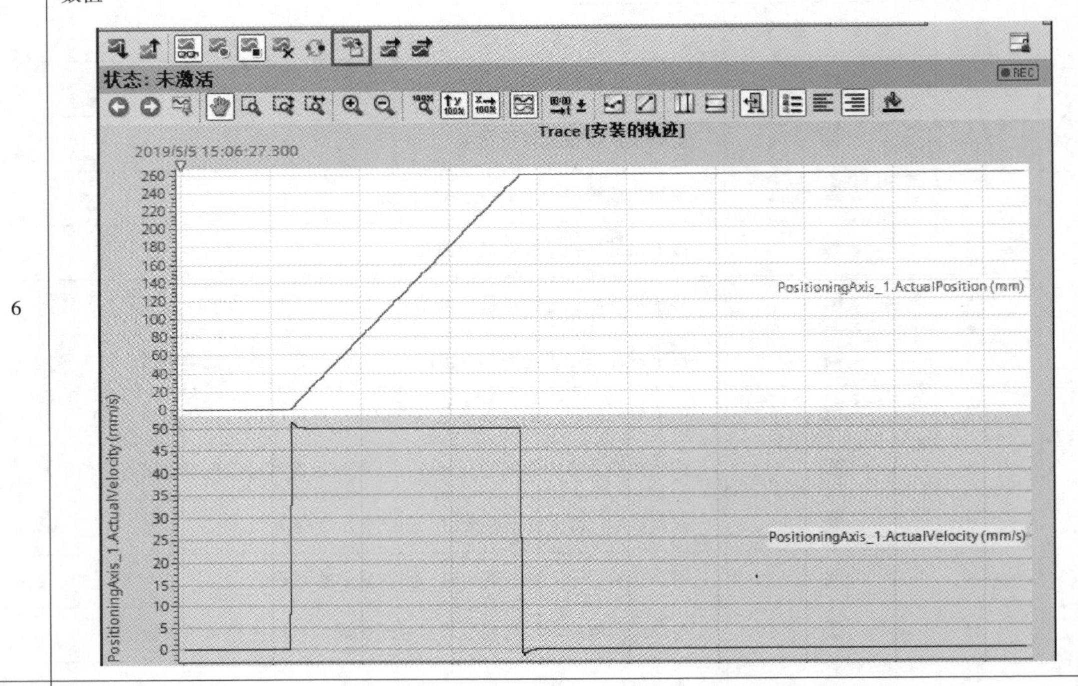
</td></tr>
<tr><td>7</td><td>组合测量功能：为了实现不同的 Trace 结果的比对，可以通过“组合测量”功能来实现，即选择已经保存的 Trace 结果，并且将结果结合显示在同一个界面中，为了显示在相同的坐标系中，可以选择对应的曲线偏移和校准方法
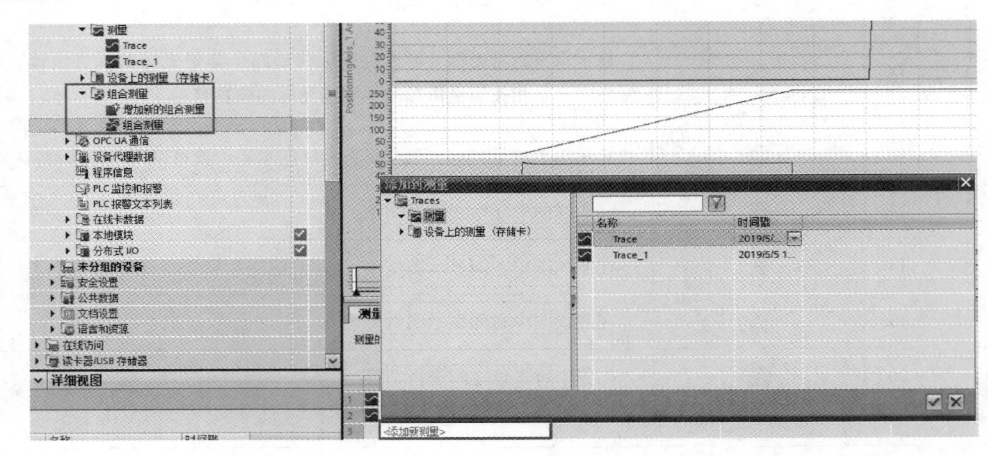
</td></tr>
<tr><td>8</td><td>除了基本的数据记录之外，使用 Trace 中的公式功能对于信号分析十分有帮助。在公式中可以包含数学函数以及数字和信号。使用公式编辑器可方便地创建公式。当前除支持基本的加、减、乘、除之外，还支持积分、微分、滤波以及均方根等运算</td></tr>
</table>

3.13　练习1：S7-1500T速度及定位控制项目的创建和组态

1）实现的任务：生产线传送带的速度控制及搬运设备的定位控制，工况如图3-43所示。

2）在项目中，需要创建的工艺对象见表3-25。

表3-25　项目中需要创建的工艺对象

序号	工艺对象	说　明
1	Convery_SpeedAxis	传送带配置为速度轴工艺对象，进行速度控制
2	PickWorkpiece_PositionAxis	搬运设备配置为位置轴工艺对象，进行抓取及摆放工件，两个绝对定位控制

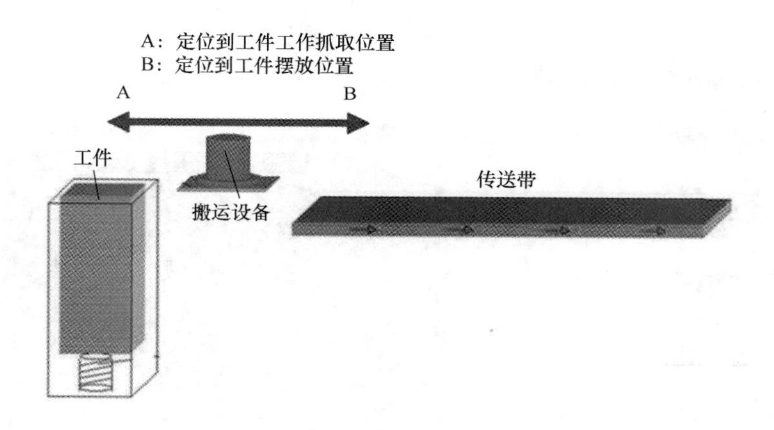

图3-43　生产线传送带及搬运设备

3）项目编程见表3-26。

表3-26　项目编程

序号	描　述
1	创建一个IO变量表，分别定义IO变量表如下： Power_All：I0.0（使能速度轴及定位轴） Reset_All：I0.1（复位速度轴及定位轴故障） Home：I0.2（定位轴回零点） MoveAbsolute：I0.3（工件抓取位置A及摆放位置B的定位控制） MoveVelocity：I0.5（传送带运行） StopConvery：I0.6（停止传送带） StopPickWorkpiece：I0.7（停止搬运设备） JogForwardPickWorkpiece：I1.0（正向点动搬运设备） JogBackwardPickWorkpiece：I1.1（反向点动搬运设备）

（续）

序号	描　　述
2	创建一个 FB1 功能块，在 FB1 中编写轴的使能程序： 1）编写传送带轴的使能程序，从“运动控制”文件夹中，选择“MC_Power”并拖到程序段 1 中  弹出为命令创建背景数据块的界面，在此界面中选择“DB 多重实例”并输入数据块名称： 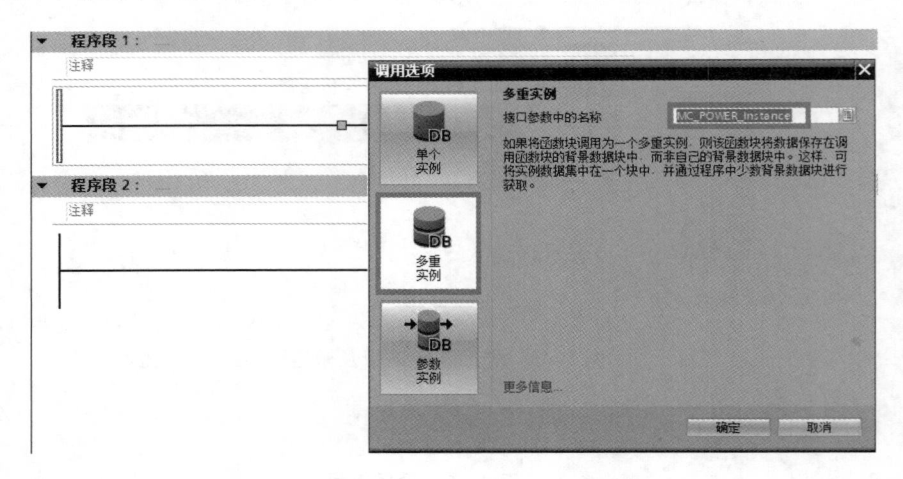 2）为命令的输入/输出参数赋值 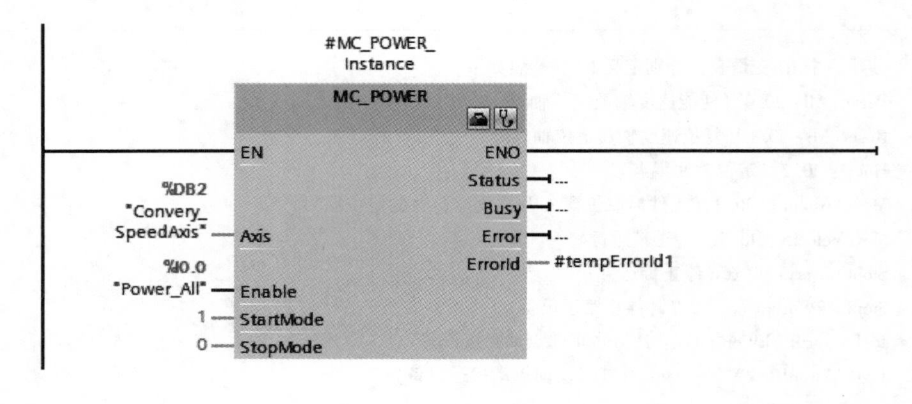

（续）

序号	描　述
2	同理，编写搬运定位轴的使能程序： #MC_POWER_ Instance_1 MC_POWER EN　ENO Status Busy %DB3 "PickWorkpiece_ PositionAxis" — Axis　Error ErrorId — #tempErrorId2 %I0.0 "Power_All" — Enable 1 — StartMode 0 — StopMode 3）当两个轴使能后，点亮使能状态指示灯 #MC_POWER_ Instance.Status　#MC_POWER_ Instance_1. Status　%Q0.0 "PowerOn_all"
3	编写轴的故障复位程序 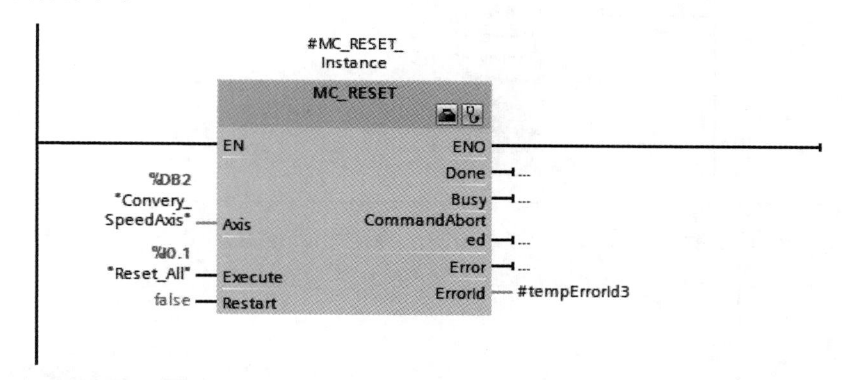 **程序段 5：** 故障复位轴 PickWorkpiece_PositionAxis 注释 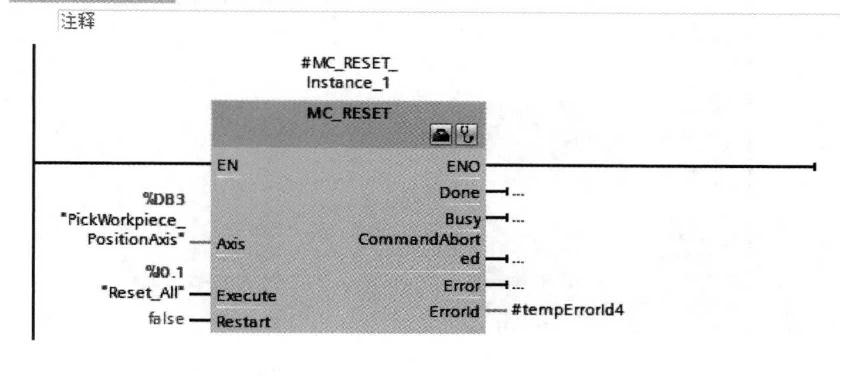

（续）

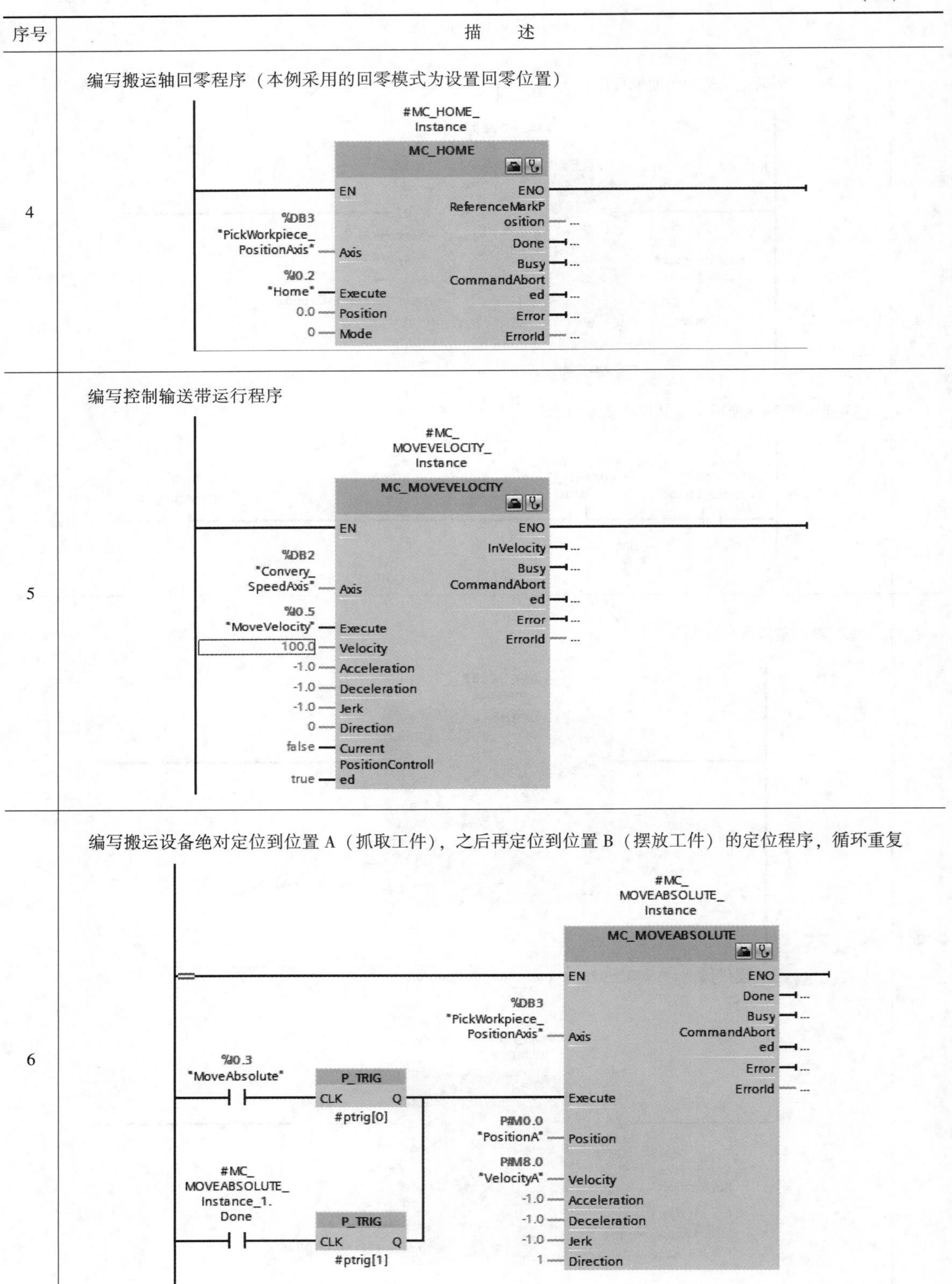

序号	描　　述
4	编写搬运轴回零程序（本例采用的回零模式为设置回零位置）
5	编写控制输送带运行程序
6	编写搬运设备绝对定位到位置 A（抓取工件），之后再定位到位置 B（摆放工件）的定位程序，循环重复

（续）

序号	描　述
6	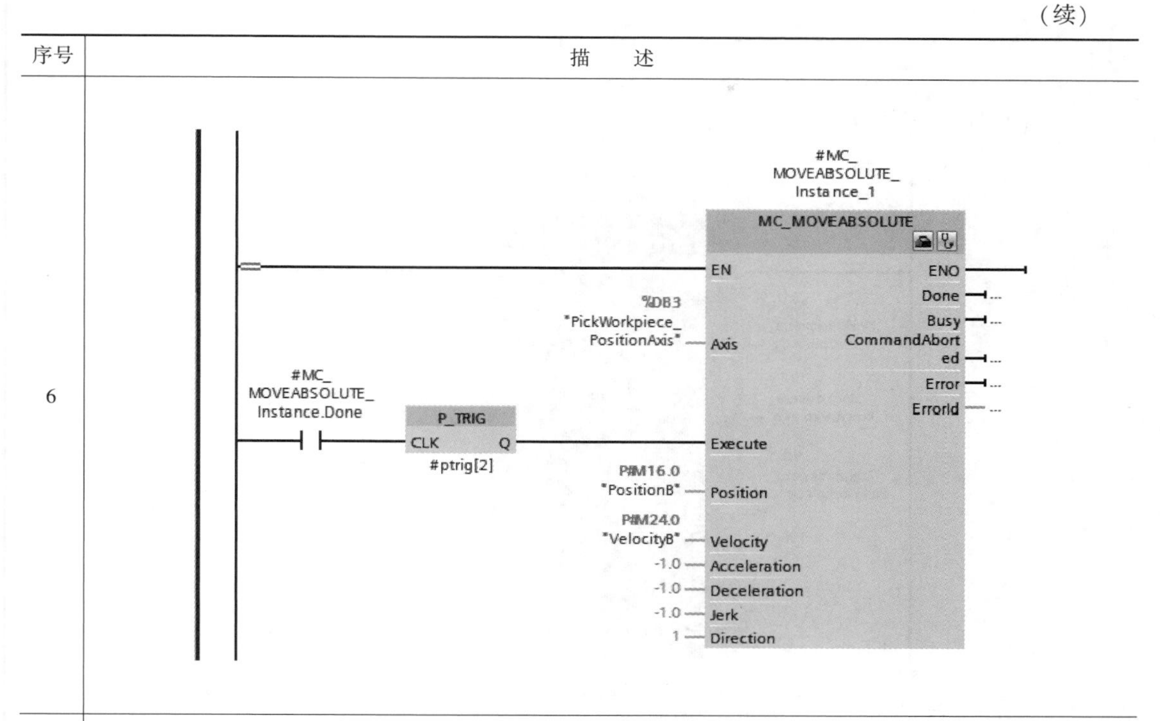
7	编写传送带及搬运设备的停止程序 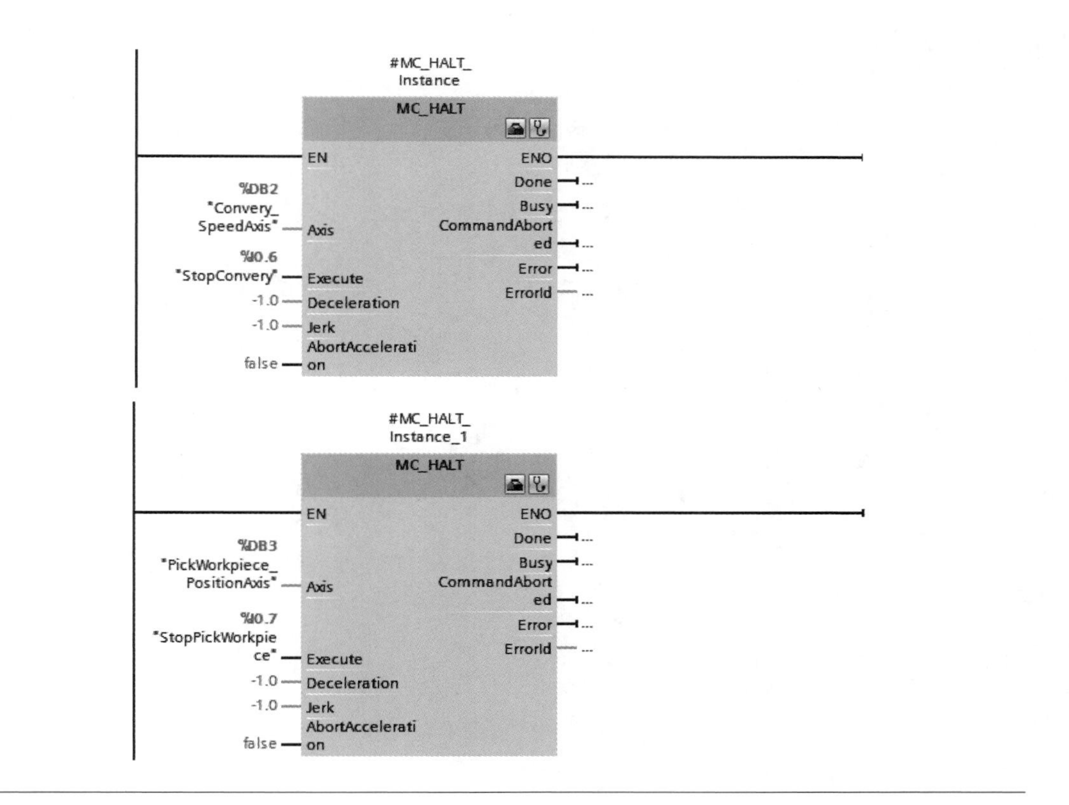

（续）

<table>
<tr><th>序号</th><th>描　　述</th></tr>
<tr><td>8</td><td>

在手动模式中，可以编写搬运设备的点动控制程序

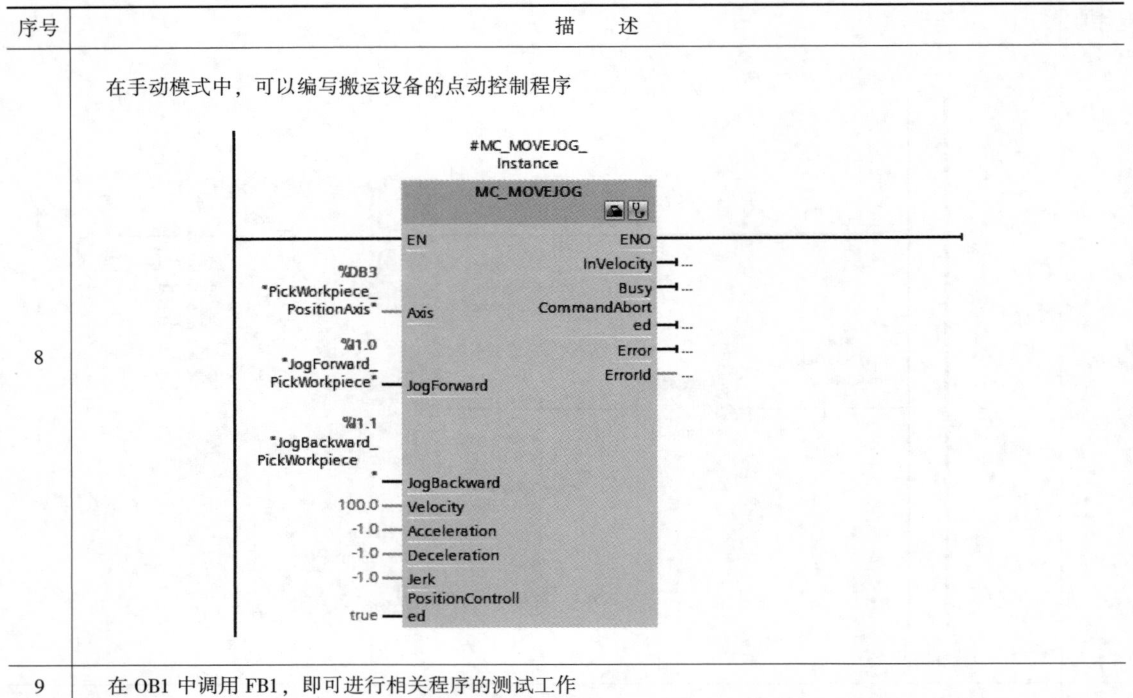

</td></tr>
<tr><td>9</td><td>在 OB1 中调用 FB1，即可进行相关程序的测试工作</td></tr>
</table>

第4章 同 步 轴

在自动化工程中，同步运动越来越突显其重要的作用。随着闭环高速位置控制系统的发展，机械解决方案已经被不同的电气解决方案所替代。S7-1500T/TF 高级运动控制器（简称 S7-1500T/TF）的同步工艺对象功能使“电子控制”替代了“刚性机械连接”，为生产机械提供了更高柔性、更为友好和便于维护的解决方案。

S7-1500T/TF 的同步运行功能由同步对象提供，同步运行关系至少包含一个引导轴（主轴）和一个跟随轴（从轴）。引导轴可以是一个位置轴或者外部编码器工艺对象，跟随轴的位置和速度给定值由引导轴产生的物理量（含位置、速度和加速度）经过同步对象的计算处理后赋值给跟随轴，从而实现同步运行。

通过齿轮（Gear）同步功能可完成引导轴与跟随轴间的线性传递函数功能，与机械中的齿轮功能相同，指定的齿轮比用于引导轴与跟随轴间的线性位置关系，如图 4-1所示。

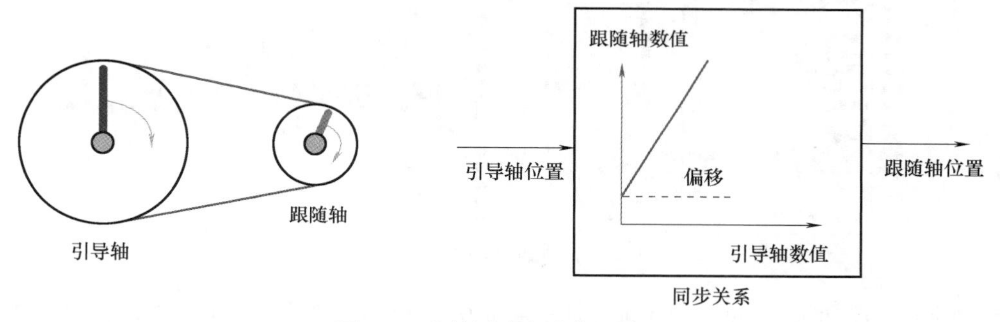

图 4-1　齿轮同步主从值的关系

通过凸轮（Cam）同步功能完成引导轴与跟随轴间的非线性传递函数功能，主从之间的位置关系如图 4-2 所示，非线性函数可以是多项式形式或者正弦等形式。

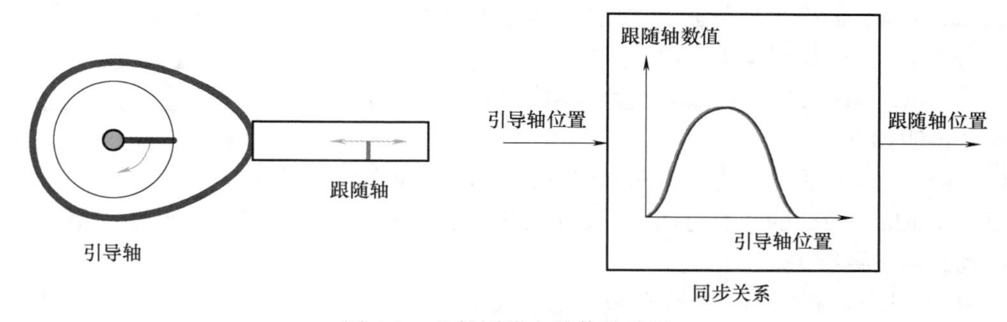

图 4-2　凸轮同步主从值的关系

使用同步命令使引导轴与跟随轴同步运行。同步分为 4 个阶段：等待同步（跟随轴等待开始建立同步运动的条件满足）、建立同步（跟随轴根据指定的方式与引导轴建立同步关系）、同步运行（跟随轴与引导轴同步运动）和结束同步（通过其它指令替代同步运动）。

应注意，在已经开始建立同步和同步运行阶段，跟随轴组态的动态限制无效，驱动器的最大速度作为跟随轴的动态限制。如果此时引导轴进行回零操作或者进行快速的位置或者速度调整，跟随轴可能会达到驱动器的最大速度。

4.1 齿轮同步功能

S7-1500T/TF 提供了相对齿轮同步和绝对齿轮同步两种控制方式，控制命令分别为“MC_GearIn”和“MC_GearInPos”。

4.1.1 相对齿轮同步（MC_GearIn）

要实现引导轴和跟随轴的相对齿轮同步，首先要正确组态同步轴工艺对象，在同步轴的组态“工艺对象→组态→主值互连”选项中，必须为跟随轴指定主值来源，可以指定与引导轴的设定值同步或者与引导轴的实际值同步，如图 4-3 所示。

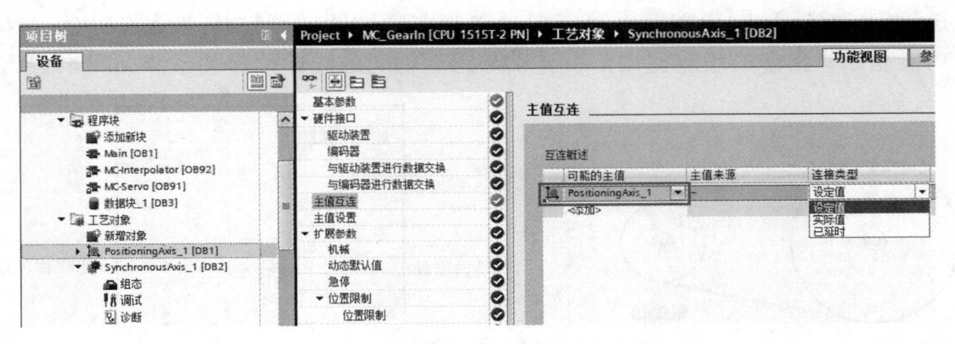

图 4-3 为跟随轴指定可能的主值

S7-1500T/TF 通过“MC_GearIn”命令建立引导轴和跟随轴的相对齿轮同步，即不指定建立同步的引导轴位置。建立同步过程中，跟随轴的动态特性通过命令的输入参数“Jerk”“Acceleration”和“Deceleration”定义。通过输入参数“RatioNumerator”和“RatioDenominator”，将齿轮比指定为两个整数之间的关系（分子/分母），命令如图 4-4 所示。

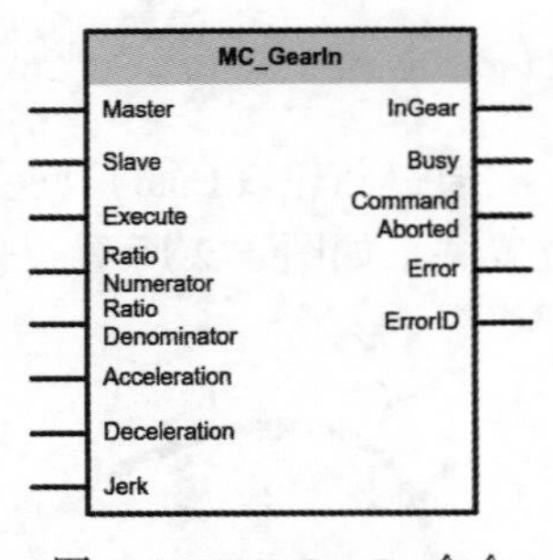

图 4-4 MC_GearIn 命令

（1）“MC_GearIn”命令输入/输出参数说明见表 4-1。

命令说明如下：

1）建立同步关系所持续的时间和建立同步完成运动的距离与“MC_GearIn”命令的开始时间、开始时跟随轴的动态值、同步命令的动态参数设置及引导轴的动态值参数有关。

2）齿轮比可以指定为正数或负数，正数表示主从轴同向运行，负数表示主从轴反向运行。需要注意，仅参数“RatioNumerator”可以设置为负数。

3）引导轴处于停止状态或运动状态时，均可以启动同步操作。

4）输入参数“加速度、减速度”，设置 >0 的数值时，输入的数值生效；设置 =0 时，不允许；设置 <0 时，使用 TO 组态默认值。

表 4-1 “MC_GearIn”命令输入/输出参数说明

参 数	数据类型	功 能
输入参数		
Master	TO_Axis	引导轴的 TO 对象名称
Slave	TO_SynchronousAxis	跟随轴的 TO 对象名称
Execute	BOOL	启动同步功能，上升沿触发同步运动
RatioNumerator	DINT	齿轮比：分子
RatioDenominator	DINT	齿轮比：分母
Acceleration	LREAL	加速度
Deceleration	LREAL	减速度
Jerk	LREAL	加减速度变化率
输出参数		
InGear	BOOL	同步已经建立
Busy	BOOL	命令任务正在处理
CommandAborted	BOOL	此命令被放弃
Error	BOOL	命令出错
ErrorID	WORD	出错编号

5）输入参数“Jerk”，设置 >0 的数值时，输入的数值生效；设置 =0 时，使用梯形速度轮廓；设置 <0 时，使用 TO 的组态默认值。

（2）编程示例及控制时序，如图 4-5 所示。

控制时序说明：

1）使用“Exe_1”的上升沿，启动“MC_GearIn”（A1）同步运动。

2）跟随轴与引导轴建立同步关系，此时跟随轴的速度在不断增加接近引导轴速度。

3）“InGear_1”输出参数会在时间 ①处置位为 TRUE，说明跟随轴已同步并与引导轴 1 同步运动。

4）在时间 ②处，将由另一个“MC_GearIn”命令（A2）替换之前的（超驰）同步操作。

5）第一个同步命令 A1 的“Abort_1”输出参数置位为 TRUE，发出被中止的信号。

6）跟随轴将与引导轴 2（TO_Master_2）进行同步运动。

7）第二个同步命令 A2 的“InGear_2”输出参数会在时间 ③处置位为 TRUE，说明跟随轴已同步并与引导轴 2 同步运动。

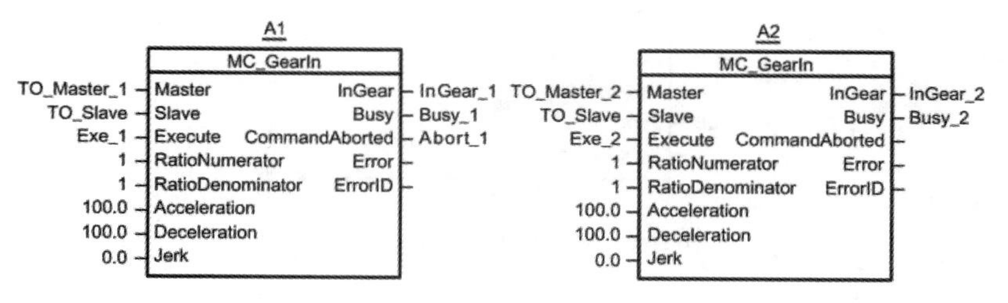

图 4-5 编程示例及控制时序

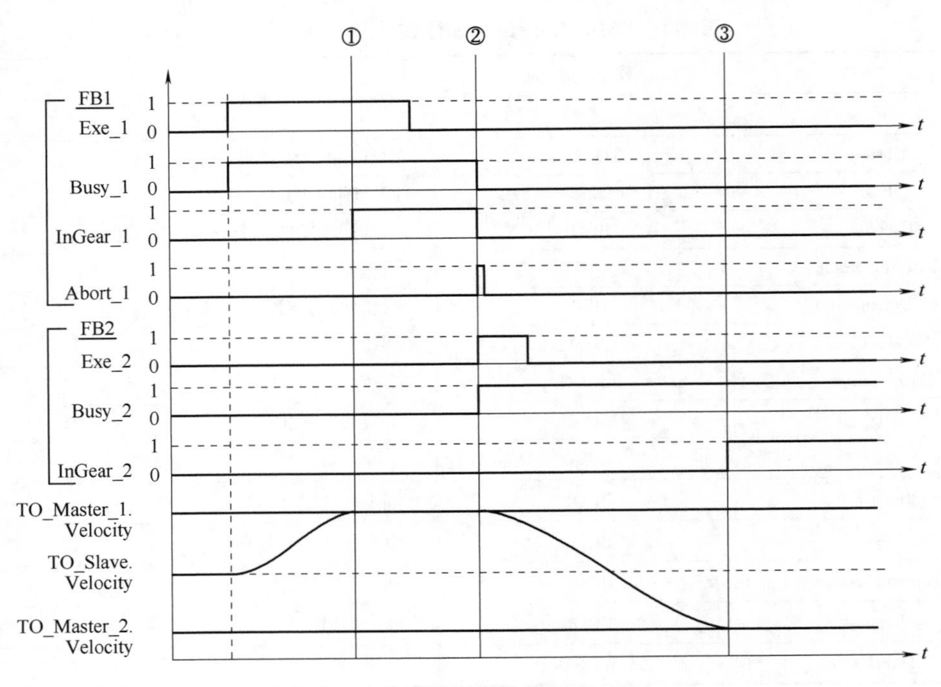

图 4-5 编程示例及控制时序（续）

4.1.2 绝对齿轮同步（MC_GearInPos）

S7-1500T/TF 通过“MC_GearInPos”命令可在引导轴和跟随轴之间建立绝对齿轮同步运动，基于原点坐标指定引导轴和跟随轴的同步位置，命令如图 4-6 所示。“MC_GearInPos”命令输入/输出参数说明见表 4-2。

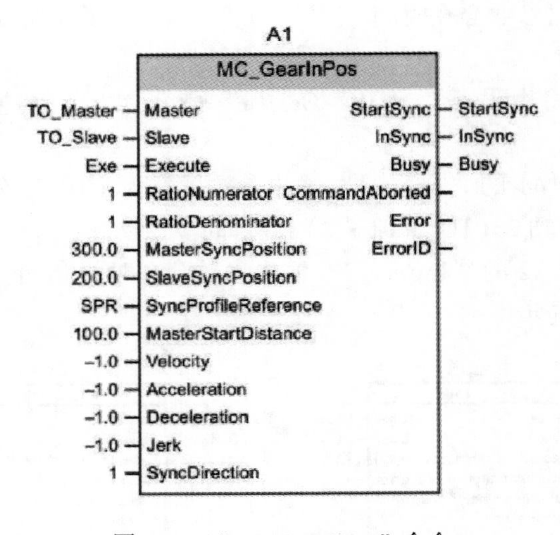

图 4-6 “MC_GearInPos”命令

表 4-2 "MC_GearInPos" 命令输入/输出参数说明

输入参数		
参数	数据类型	功能
Master	TO_Axis	引导轴的 TO 对象名称
Slave	TO_SynchronousAxis	跟随轴的 TO 对象名称
Execute	BOOL	启动同步功能，上升沿触发
RatioNumerator	DINT	齿轮比：分子
RatioDenominator	DINT	齿轮比：分母
MasterSyncPosition	LREAL	引导轴的同步位置，当"SyncProfileReference" = 0、1 时：即引导轴和跟随轴建立同步成功后引导轴的位置 当"SyncProfileReference" = 3 时：引导轴开始同步的位置
SlaveSyncPosition	LREAL	跟随轴的同步位置，当"SyncProfileReference" = 0、1 时：即引导轴和跟随轴建立同步成功后跟随轴的位置 当"SyncProfileReference" = 3 时：跟随轴的位置，此值分配给引导轴的同步位置
SyncProfileReference	DINT	同步类型： =0 使用动态参数进行同步 =1 使用引导轴距离提前同步 =3 使用引导轴距离随后同步
MasterStartDistance	LREAL	引导轴运行距离（"SyncProfileReference" = 1 时生效）
Velocity	LREAL	速度（"SyncProfileReference" =0 时生效）
Acceleration	LREAL	加速度（"SyncProfileReference" =0 时生效）
Deceleration	LREAL	减速度（"SyncProfileReference" =0 时生效）
Jerk	LREAL	加、减速度变化率（"SyncProfileReference" =0 时生效）
SyncDirection	DINT	同步方向（激活模态功能时的跟随轴方向），=1：正方向，=2：负方向，=3：最短路径
输出参数		
StartSync	BOOL	开始建立同步
InSync	BOOL	同步已经建立
Busy	BOOL	命令任务正在处理
CommandAborted	BOOL	此命令被放弃
Error	BOOL	命令出错
ErrorID	WORD	出错编号

命令说明如下：

1）建立同步的三种方式

①基于动态响应的提前同步（参数"SynProfileReference" =0）系统根据输入的动态响应参数启动跟随轴，输入的动态响应参数需要满足同步的要求，否则跟随轴不建立同步，当引导轴运行到"MasterSynPosition"且跟随轴位置到达"SlaveSynPosition"时，跟随轴与引导轴同步上，以齿轮比计算出的速度运行。

②基于引导轴运行距离的提前同步（参数"SynProfileReference" = 1）当引导轴运行位置到达"MasterSynPosition" -"MasterStartDistance"时，跟随轴开始同步运动；当引导轴

运行了“MasterStartDistance”距离后，位置到达“MasterSynPosition”且跟随轴位置到达“SlaveSynPosition”时，跟随轴与引导轴同步，以齿轮比计算出的速度运行。

③基于引导轴运行距离的随后同步（参数“SynProfileReference” = 3）当引导轴到达“MasterSynPosition”后跟随轴开始同步运动，“MasterStartDistance”以及引导轴和跟随轴的同步位置决定了跟随轴的动态特性，当引导轴运行了“MasterStartDistance”距离后，跟随轴与引导轴同步，以齿轮比计算出的速度运行。

2）在建立同步过程中，引导轴不得反转。

3）使用参数“RatioNumerator”和“RatioDenominator”，将齿轮比指定为两个整数之间的关系（分子/分母）。

4）齿轮比的分子可以指定为正数或负数，正数为主从轴同向运行，负数为主从轴反向运行。应注意，仅参数“RatioNumerator”可以设置为负数。

5）引导轴处于停止状态或运动状态时，均可以启动同步操作。

6）输入参数“Acceleration”“Deceleration”设置 >0 时输入的数值生效；设置 =0 时，不允许；设置 <0 时，使用 TO 对象的组态默认值。

7）输入参数“Jerk”设置 >0 时，输入的数值生效；设置 =0 时，使用梯形速度轮廓；设置 <0 时，使用 TO 对象的组态默认值。

8）引导轴和跟随轴进行耦合时，不会转换相应单位。如果齿轮比为 1:1 则引导轴线性移动 10mm，旋转轴会以 1:1 的传动比移动 10°。

使用动态参数（SPR =0）/主值距离（SPR =1）实现提前同步的编程实例及控制时序，如图 4-7 所示。

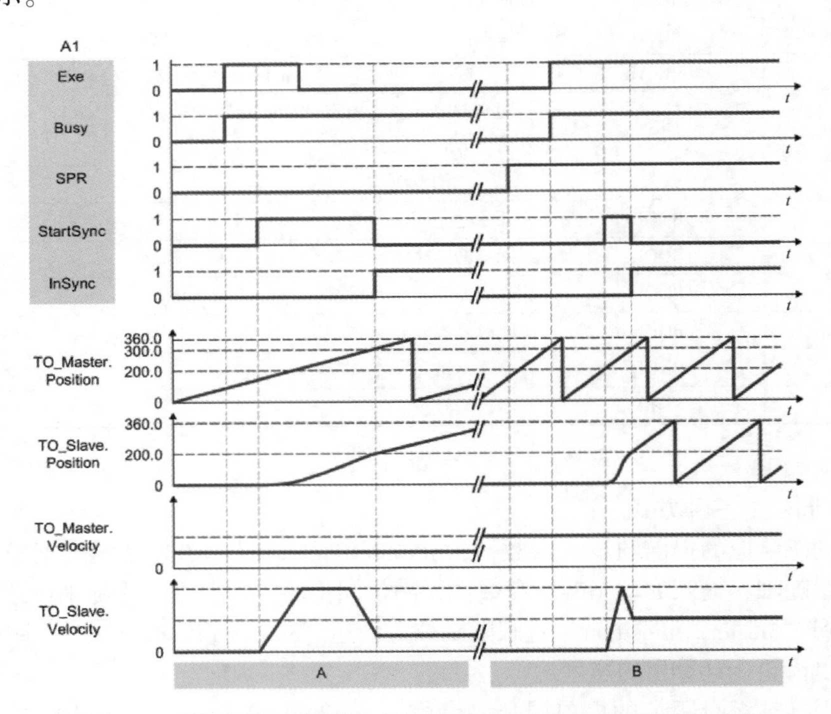

图 4-7 动态参数/主值距离实现提前同步的编程实例及控制时序

控制时序说明：

1）区域 A（“SyncProfileReference” 参数 = 0，基于动态响应的提前同步）：使用“Exe”激活命令“MC_GearInPos”。跟随轴将通过动态参数与引导轴进行同步。系统通过指定的动态参数对同步所需的距离进行计算，通过“StartSync”显示同步运动开始，达到指定的同步位置后，“InSync”输出参数置位为 TRUE 时，说明跟随轴已同步并与引导轴同步运动。

2）区域 B（“SyncProfileReference” 参数 = 1，基于引导轴运行距离的提前同步）：使用“Exe”激活命令“MC_GearInPos”。跟随轴将通过指定的引导轴运行距离与引导轴进行同步。系统通过指定的同步距离参数对同步所需的动态值进行计算，通过“StartSync”显示同步运动开始。当引导轴到达“MasterSyncPosition”位置时，“InSync”输出参数置位为 TRUE 时，说明跟随轴已同步并与引导轴同步运动。

通过主值距离实现提前同步（SPR = 1）/随后同步（SPR = 2）的编程实例及控制时序，如图 4-8 所示。

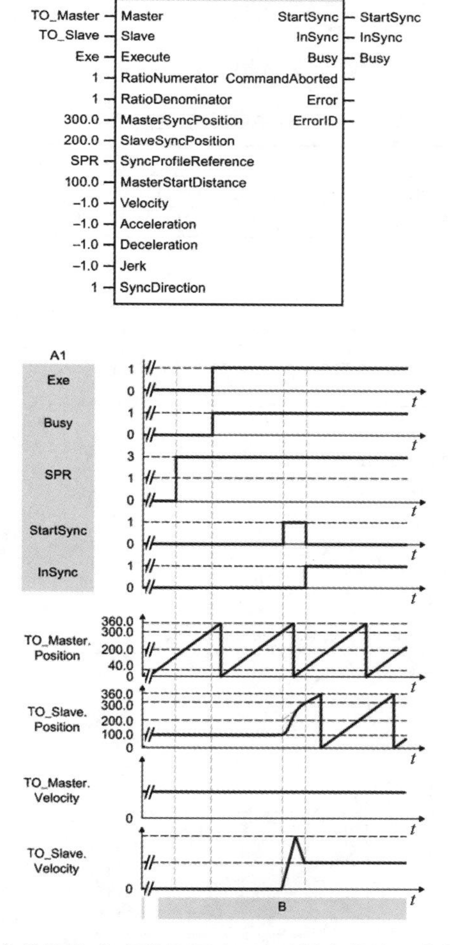

图 4-8 通过主值距离实现提前同步/随后同步的编程实例及控制时序

区域 B（“SyncProfileReference” 参数 = 3，使用引导轴距离实现随后同步）：使用“Exe” 激活命令 “MC_GearInPos”。当引导轴到达 “MasterSyncPosition” 位置时，通过输出参数 “StartSync” 显示同步运动开始，跟随轴将通过指定的引导轴运行距离与引导轴进行随后同步，系统对同步所需的动态值进行计算。当 “InSync” 输出参数置位为 TRUE 时，说明跟随轴已同步并与引导轴同步运动。

4.1.3　练习 2：S7-1500T 齿轮同步项目的创建和配置

实现的任务：材料运行中的定长剪切，机械示意如图 4-9 所示。

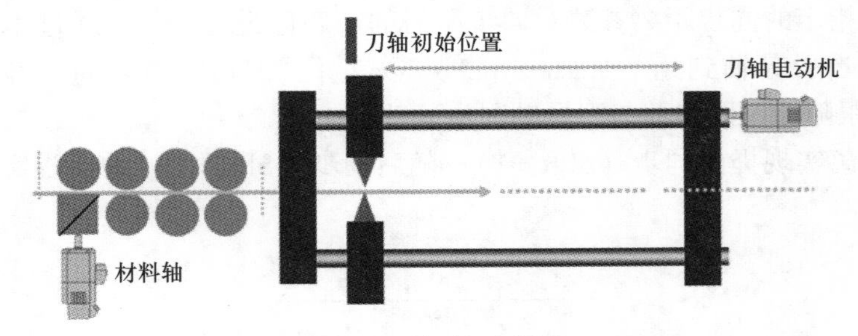

图 4-9　机械示意图

在项目中，需要创建的工艺对象见表 4-3。

表 4-3　项目中需要创建的工艺对象

序号	工 艺 对 象	说　明
1	AxisMaterial	材料轴配置为定位工艺对象，进行位置控制
2	AxisShear	刀轴配置为同步工艺对象，与材料轴进行齿轮同步

项目的创建与编程见表 4-4。

表 4-4　项目的创建与编程

步骤	描　述
1	创建一个 IO 变量表： Power_All：I0.0（使能材料轴及刀轴） Reset_All：I0.1（复位材料轴及刀轴） Home_Shear：I0.2（刀轴回零） Start_Material：I0.3（起动材料轴） Start_Shear：I0.4（起动刀轴） SimulateCuttingDone：I0.5（模拟或者连接剪切完成信号）
2	添加引导轴及跟随轴工艺对象 AxisMaterial：引导轴，类型为定位轴 AxisShear：跟随轴，类型为同步轴
3	配置跟随轴与引导轴的主值连接 基本参数 硬件件接口 主值互连 扩展参数 主值互连 可能的主值　耦合类型 AxisMaterial　设定值 <添加>　设定值

（续）

<table>
<tr><th>步骤</th><th>描 述</th></tr>
<tr><td>4</td><td>
创建一个 FB 块并编写下述程序

1）MC_Power：使能所有的轴

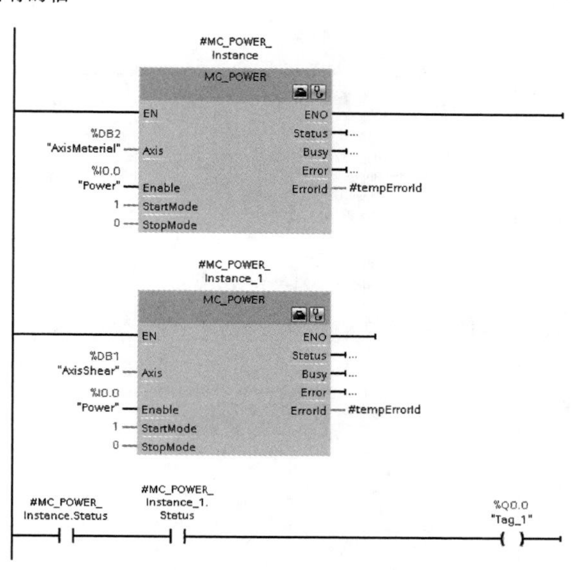

2）MC_Reset：复位轴故障

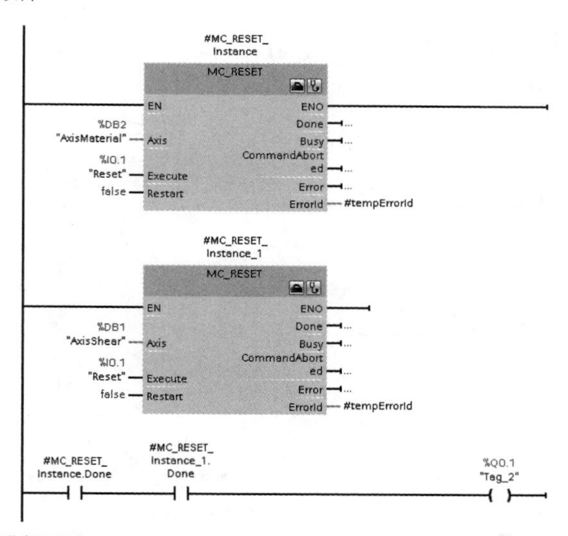

3）MC_Home：对刀轴进行回零

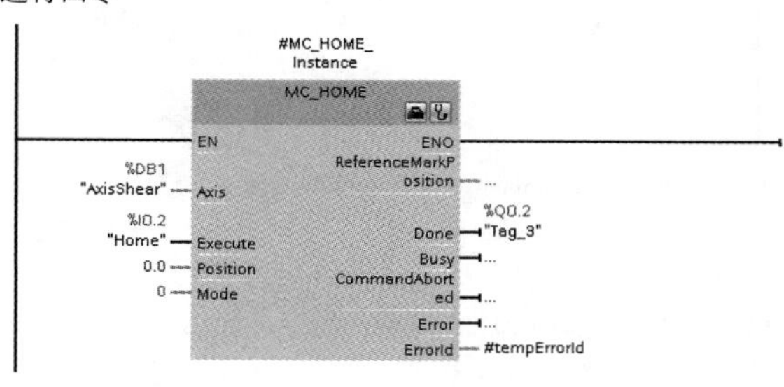

</td></tr>
</table>

（续）

步骤	描　述
4	4）MoveJog：起动材料轴恒速运行（速度为 200mm/s）

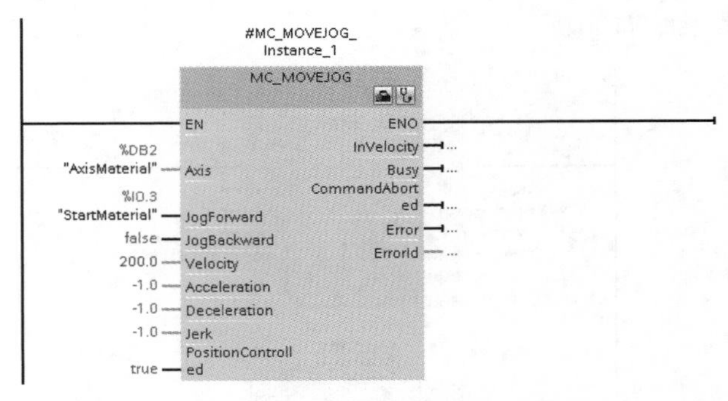

5）当起动刀轴时，将材料轴的当前位置标定为 -200mm，用于建立同步使用

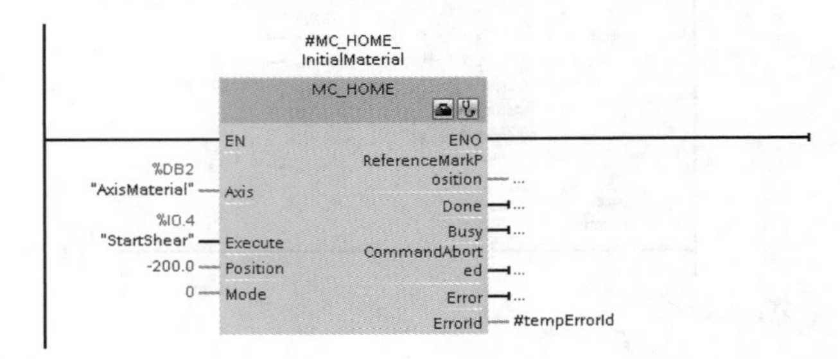

6）当材料轴回零成功后开始建立主从轴的绝对齿轮同步

根据以上参数，材料轴运行到 100mm 时，刀轴与材料轴同步，进行剪切，命令参数设置如下：

“MasterSynPosition”：=100

“SlaveSynPosition”：=100

设置“MasterStartDistance”：=200（即当引导轴位置为 -100mm 时跟随轴开始追引导轴，当主从轴均运行到位置 100mm 时，完成同步的建立

（续）

<table>
<tr><th>步骤</th><th>描　　述</th></tr>
<tr><td>5</td><td>当跟随轴与引导轴完成同步建立时，可进行材料的剪切，剪切完成后可通过信号“SimulateCuttingDone”触发刀轴绝对定位，返回到初始位置，等待下次剪切
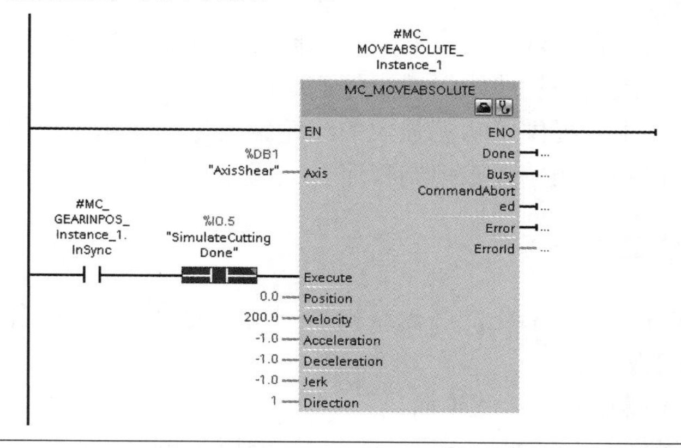
</td></tr>
<tr><td>6</td><td>为了保证循环剪切，当刀轴回到初始等待位置后，需要开始下一个剪切运行。因此，将材料轴的当前位置偏移一个剪切长度（此处指定剪切材料长度为1000mm）
#MC_HOME_
Cutlength
MC_HOME
EN
ENO
%DB2
"AxisMaterial"
Axis
ReferenceMarkP
osition
Done
Busy
#MC_
MOVEABSOLUTE_
Instance_1.
Done
Execute
CommandAbort
ed
Error
-1000.0
Position
ErrorId
1
Mode</td></tr>
<tr><td>7</td><td>修改之前编写的“MC_GearinPos”程序逻辑，即完成材料轴的位置偏移后，再次触发刀轴和材料轴的同步操作
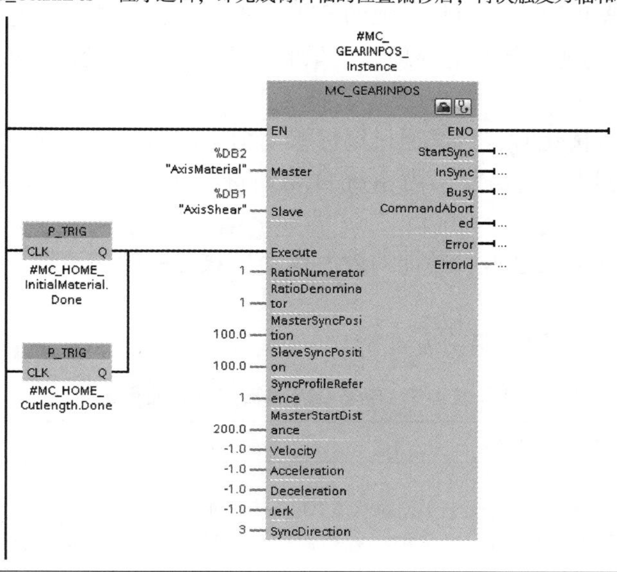
</td></tr>
<tr><td>8</td><td>在OB1中，调用FB1，编译后下载项目，即可进行相关程序的测试</td></tr>
</table>

4.2　凸轮同步功能

S7-1500T/TF 提供了使用凸轮实现主从轴非线性的运动控制功能，其优点为优化后的凸轮不会造成机械冲击。在实现机械高速运动的同时，有效地减少了机械振动及磨损，并且在设备运行中可以随时改变凸轮曲线以减少停机时间。

在 TIA 博途软件中，提供了功能强大的凸轮编辑工具，用户可以自定义凸轮曲线，通过编写凸轮曲线插补程序和凸轮同步控制程序，完成主从轴的凸轮同步控制。

4.2.1　凸轮编辑工具

在 TIA 博途软件中，图形化的凸轮编辑器可用于创建和优化凸轮曲线。

（1）凸轮编辑器的优点

1）以图形方式精确地显示凸轮曲线。

2）通过拖放操作，插入曲线元素，可以快速地设计凸轮曲线。

3）通过拖动曲线，可以快速地优化和修改凸轮曲线。

4）可以将位置、速度、加速度和加速度变化率特性在界面中同时对比显示，还可以显示凸轮曲线对最大运行速度、所需电动机扭矩和机械负载的影响。

5）可以根据速度、加速度或加速度变化率优化曲线。

6）凸轮运动线段的衔接支持 VDI2143 标准（德国工程师协会指南 2143，关于凸轮的定义规范）。

（2）凸轮编辑器的功能

1）曲线以图形方式显示在 X-Y 坐标系中（引导轴和跟随轴位置），通过点、线和多项式等元素设计曲线轮廓。线可以是直线、正弦曲线或反正弦曲线。

2）凸轮编辑器可以自动地将单独的元素连接起来，形成一条连续的曲线，各曲线段之间的过渡位置会自动地进行平滑处理。如果曲线的边界出现速度值或者加速度值突变将会提供提醒功能。

3）对曲线进行优化时，只需通过鼠标移动指定的曲线段，曲线轮廓将立即调整为更改的结果。也可以使用优化功能，由系统自动地进行平滑处理，避免出现运动边界的扭矩突变。

4）凸轮编辑器可以显示引导轴的最大运动参数对跟随轴速度、加速度和加速度变化率的影响。

凸轮编辑工具的使用说明见表 4-5。

表 4-5　电子凸轮编辑工具的使用说明

序号	说　明
1	首先建立凸轮工艺对象，凸轮工艺对象有“TO_Cam”和“TO_Cam_10k”两种。“TO_Cam”类型的凸轮工艺对象可包含 1000 个点，“TO_Cam_10k”类型的凸轮工艺对象可包含 10000 个点。这两种工艺对象最多均可包含 50 个线段

（续）

<table>
<tr><th>序号</th><th>说　　明</th></tr>
<tr><td>1</td><td>

用户需要在凸轮中定义点、直线、多项式（折线）等线段，没有定义的线段之间系统将会自动进行插补，所谓“插补”是将定义的点或者线段之间空隙转换为闭合连续曲线的方法，插补方式可以使用 VDI2143 方式或者系统插补，注意使用的插补方法需要在连接线段的元素属性中进行选择，推荐使用 VDI2143 的方式

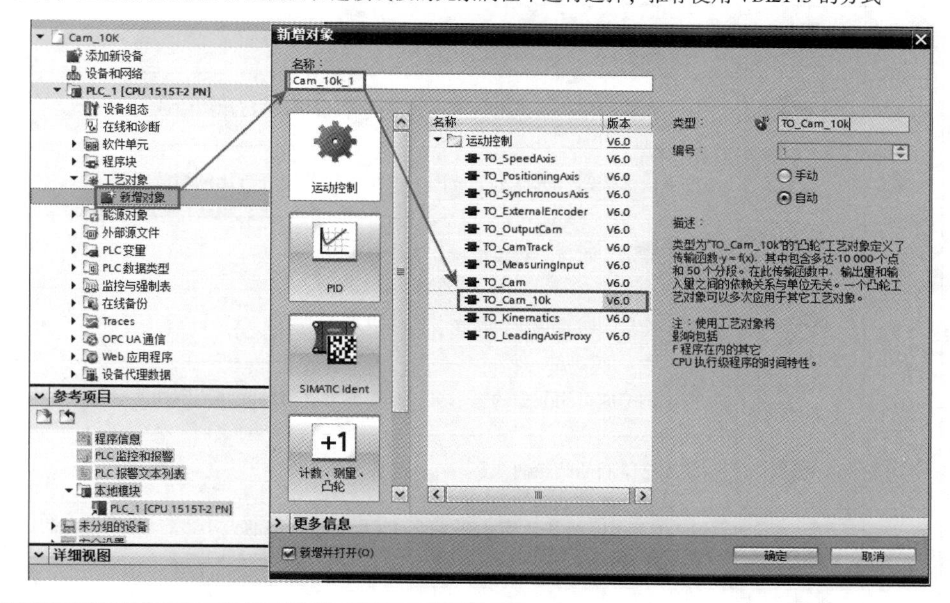

</td></tr>
<tr><td>2</td><td>

随后进入凸轮工艺对象的组态界面，在凸轮编辑器进行编辑工作，界面上的按钮功能介绍如下：

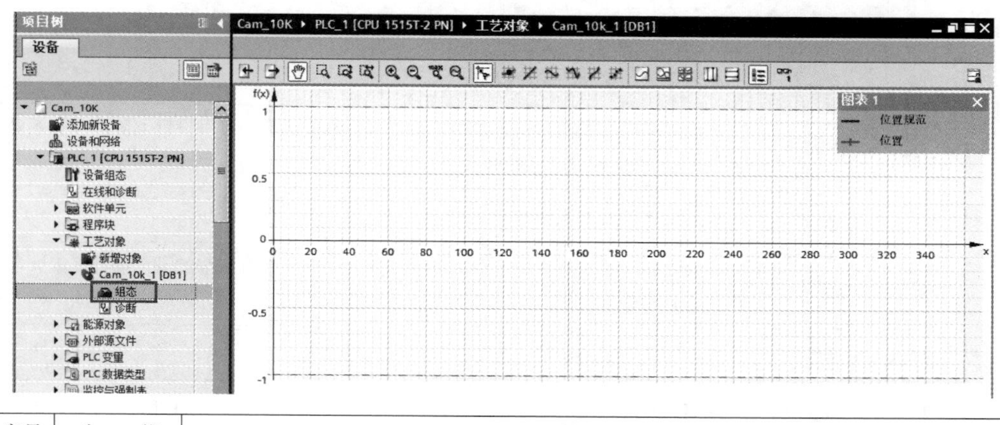

<table>
<tr><th>序号</th><th>功　　能</th><th>说　　明</th></tr>
<tr><td>1</td><td></td><td>从文件导入到凸轮曲线中，支持＊. txt、＊. csv 和＊. bin 文件格式</td></tr>
<tr><td>2</td><td></td><td>从凸轮编辑工具中导出凸轮曲线信息，用于其它软件测试使用，支持导出的格式有：
1）MCD 交换格式
2）SIMOTIONSCOUTCamTool 格式
3）点列表
4）二进制格式</td></tr>
</table>

</td></tr>
</table>

（续）

<table>
<tr><th>序号</th><th colspan="3">说　明</th></tr>
<tr><td rowspan="22">2</td><td>序号</td><td>功　能</td><td>说　明</td></tr>
<tr><td>3</td><td></td><td>手动模式，在此模式下可以进行单独点或者曲线的调节，也可以进行视图的移动</td></tr>
<tr><td>4</td><td></td><td>显示根据所选范围进行比例缩放</td></tr>
<tr><td>5</td><td></td><td>按下鼠标按钮，选择垂直范围，根据所选范围进行比例缩放</td></tr>
<tr><td>6</td><td></td><td>按下鼠标按钮，选择水平范围，根据所选范围进行比例缩放</td></tr>
<tr><td>7</td><td></td><td>放大显示，每按一次该按钮，曲线显示变大</td></tr>
<tr><td>8</td><td></td><td>缩小显示，每按一次该按钮，曲线显示变小</td></tr>
<tr><td>9</td><td>100%</td><td>按比例缩放可用数据的显示屏，从而显示完整的时间范围和所有数值</td></tr>
<tr><td>10</td><td></td><td>放大已绘制的凸轮曲线</td></tr>
<tr><td>11</td><td></td><td>SNAP 模式，处于此模式下，插入元素会按网格的大小进行输入，即输入的元素点会始终处于网格线上</td></tr>
<tr><td>12</td><td></td><td>添加点元素到凸轮曲线中</td></tr>
<tr><td>13</td><td></td><td>添加直线元素到凸轮曲线中</td></tr>
<tr><td>14</td><td></td><td>添加正弦元素到凸轮曲线中</td></tr>
<tr><td>15</td><td></td><td>添加多项式对象到凸轮曲线中，在元素的参数属性中可以设置七阶多项式系数或者边界的三阶导数以及组态附加的三角函数分量</td></tr>
<tr><td>16</td><td></td><td>添加反正弦元素到凸轮曲线中</td></tr>
<tr><td>17</td><td></td><td>添加点组元素到凸轮曲线中，点组是两个或更多个点组合的一个插补元素，可进行点组的合并与分解操作</td></tr>
<tr><td>18</td><td></td><td>快速的视图切换：单一视图，只显示凸轮曲线</td></tr>
<tr><td>19</td><td></td><td>快速的视图切换：单一视图，即在一个坐标系中显示所有的曲线</td></tr>
<tr><td>20</td><td></td><td>快速的视图切换：多个视图，即在不同的坐标系中显示曲线</td></tr>
<tr><td>21</td><td></td><td>显示垂直或者水平测量光标，可通过鼠标移动两个测量光标的位置。在信号表中显示相关测量值和两个测量光标的位置差</td></tr>
<tr><td>22</td><td></td><td>在曲线图中显示或隐藏图例</td></tr>
<tr><td>23</td><td></td><td>一次性读取和显示在线曲线</td></tr>
</table>

（续）

<table>
<tr><th>序号</th><th>说　　明</th></tr>
<tr><td>3</td><td>

“组态”工作区介绍：

1）主工作区：在主工作区进行曲线的绘制，可以通过按钮选择点、点组、直线、正弦、多项式和反正弦的元素

2）凸轮信息列表：在凸轮信息列表中，可以对具体的对象进行直接修改，比如点的坐标、直线的坐标等

3）凸轮属性界面：在凸轮属性界面中，可以进行多种属性的设置和调整

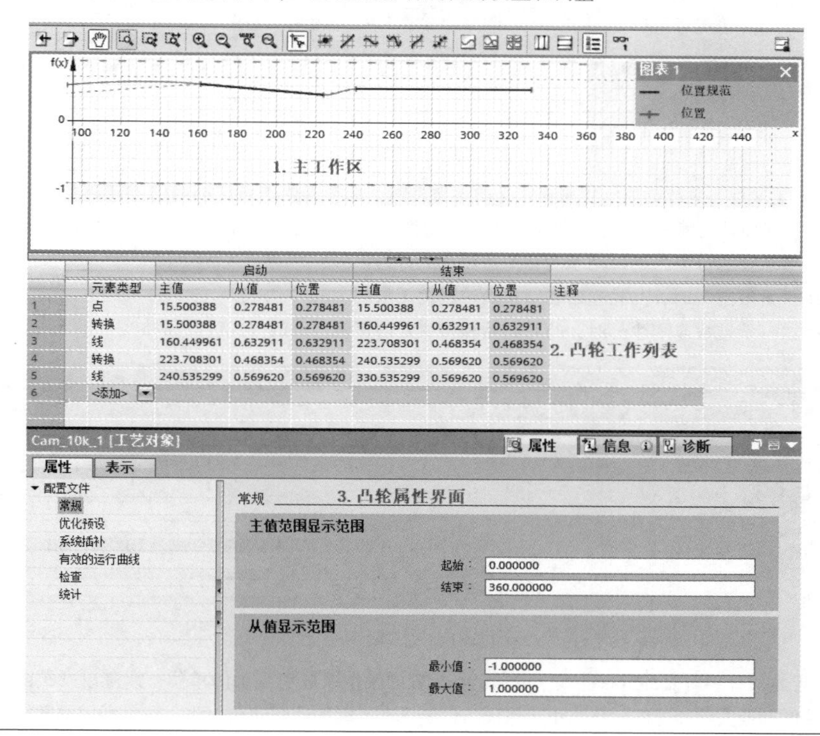

</td></tr>
<tr><td>4</td><td>

凸轮属性界面介绍：包含了“属性”及“表示”两部分。

属性选项：

1）配置文件→常规　可以设置凸轮曲线中引导轴及跟随轴的定义范围，超出此范围会提示数值的范围超限

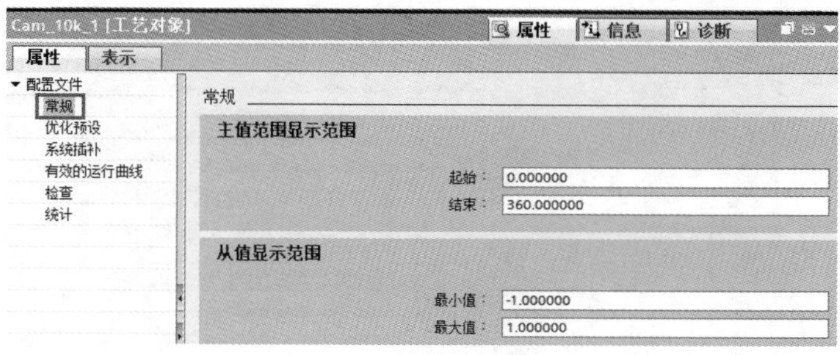

2）配置文件→优化预设　设置基于VDI2143的曲线边界检查的内容，也就是检查曲线（位置、速度、加速度或者Jerk）的连续性。非连续的曲线在求导过程中会有数值突变，比如加速度不连续会导致转矩的跳变，而转矩跳变对应于电动机输出的转矩跳变，会导致设备出现异响或者振动的现象

可设置VDI2143指导的对应优化对象，分别为未指定、速度（Cv），加速度（Ca），Jerk（Cj）以及动态转矩（CMdyn）

</td></tr>
</table>

（续）

<table>
<tr><th>序号</th><th>说　明</th></tr>
<tr><td>4</td><td>
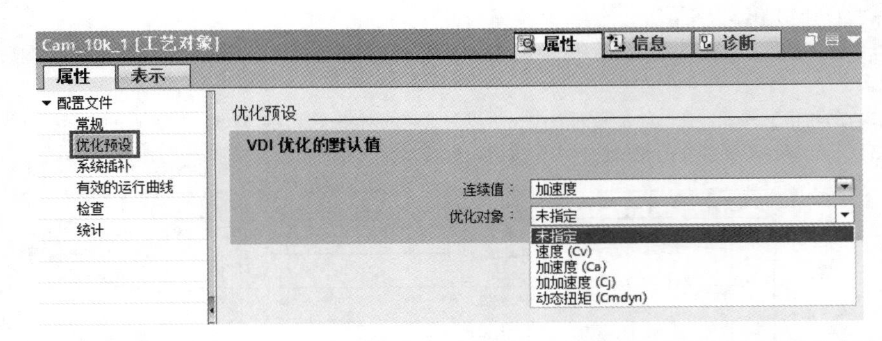

3）配置文件→系统插值　在用户定义的元素之间，选择需要的系统插补的方式进行过渡。此处需要选择定义过渡曲线插补的算法。可以选择的类型有：线性插补、三次样条插补或者贝塞尔样条插补
“边界点处的行为”选择用于插补的边界点的行为：
选择“无限制”时，凸轮起始和结束处的速度无限制
选择“一阶导数连续性”时，凸轮起始和结束处的速度相等的方式进行插补

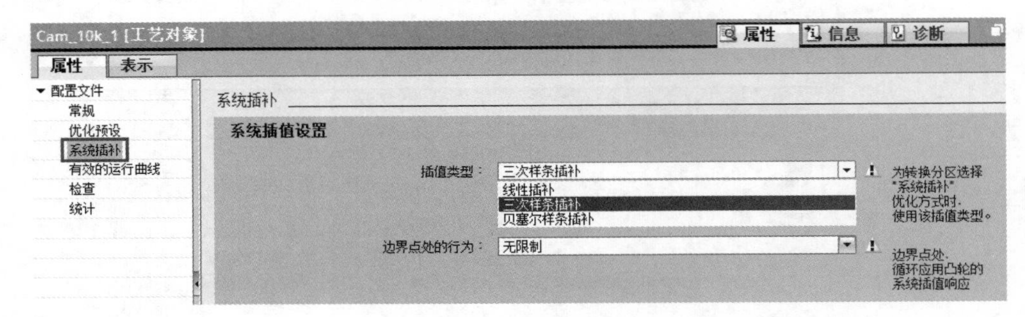

4）配置文件→有效的运行曲线　可从已经配置的轴中获取引导轴的单位、速度以及跟随轴的最大速度、最大加速度和最大加加速度信息。用于保证凸轮曲线和实际物理驱动相一致，同时利用跟随轴最大参数检查当前绘制的凸轮曲线，跟随轴在输入的引导轴速度值下是否能够跟随上引导轴

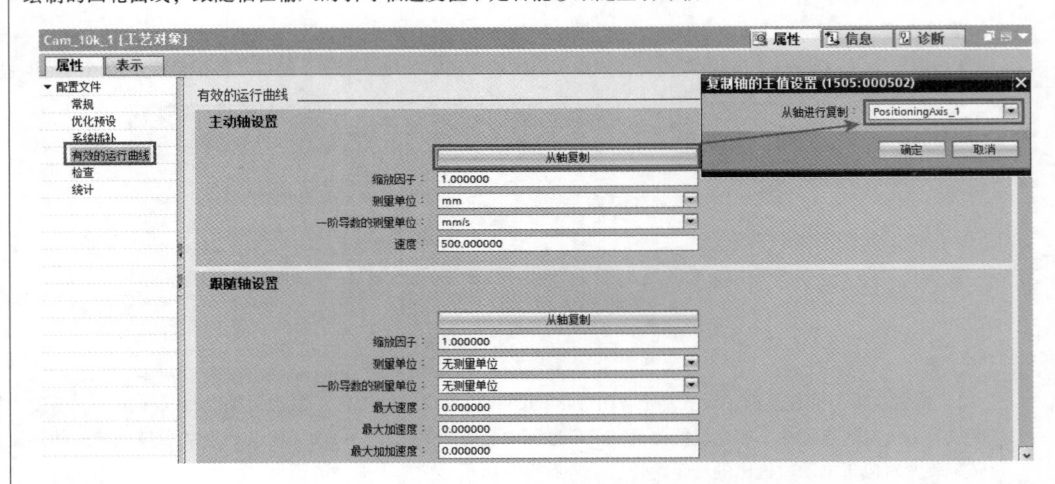

5）配置文件→检查　组态在输入曲线时凸轮编辑器进行检查的标准。激活检查时，图形编辑器和表格式编辑器通过元素上的“警告三角形”显示相应消息。使用“警告三角形”上的工具提示显示消息文本
</td></tr>
</table>

（续）

<table>
<tr><th>序号</th><th>说　明</th></tr>
<tr><td>4</td><td>
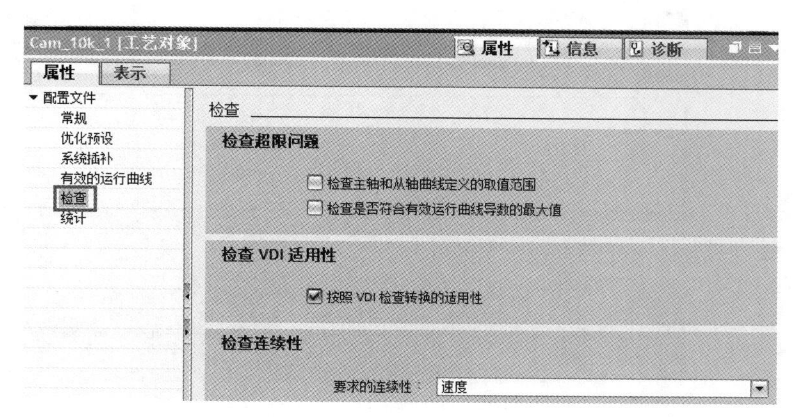

检查超限问题：
● 选中“检查主轴和从轴曲线定义的取值范围”，对遵循引导值范围和跟随值范围的曲线定义进行检查
● 选中“检查是否符合有效运行曲线导数的最大值”，检查是否遵循有效运行曲线的导数的最大值
检查 VDI 适用性：
选中“按照 VDI 检查转换的适用性”复选框，凸轮编辑器检查曲线的 VDI 适用性
凸轮编辑器会检查以下内容：
● 是否支持当前所选 VDI2143 过渡的过渡分类
● 根据 VDI2143 进行的二进制值调整情况
检查连续性：
在列表中，可以选择凸轮编辑器检查连续性的参数：
● 位置
● 速度
● 加速度
● 加加速度
如果某个函数或导数不连续，则高阶导数也不连续，加速度不连续会导致跟随的扭矩出现阶跃的现象
6）配置文件→统计　统计界面显示已经定义的点和线段数目
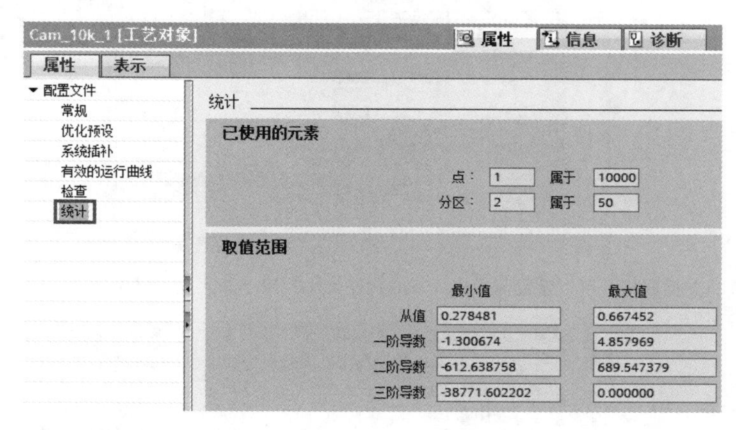

7）元素→参数/特性　设置用户定义元素的范围和定义方式，可以使用直线、正弦或者多项式（折线）形式或者设置过渡曲线的优化方式
</td></tr>
</table>

（续）

序号	说　　明
4	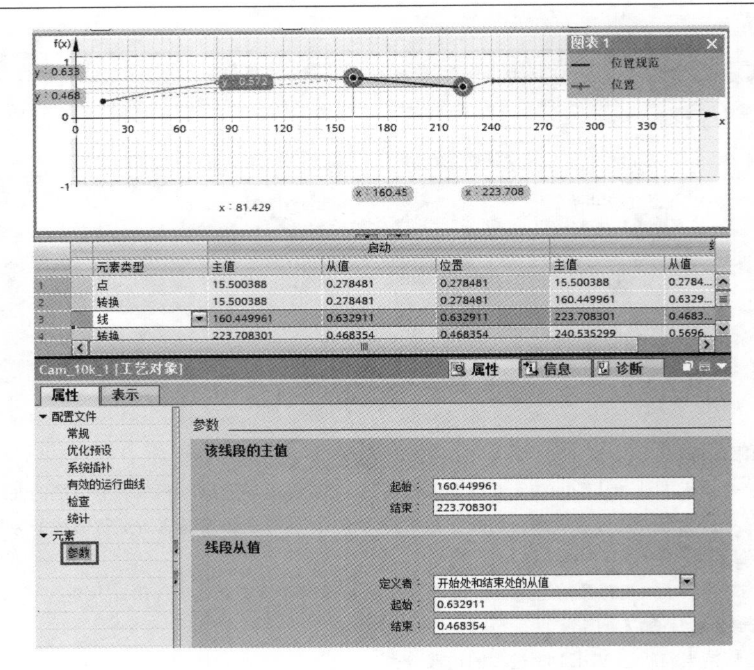 表示视图选项： 图表→图表和曲线 1）可以配置 4 个图表的显示内容，可以将所有的信息都组态到“图表 1”中，也可以将不同的信息显示在独立的其它图表中，可以设置显示的颜色和线的类型 可以激活 1 个或者最多 4 个图表，并且可以选择哪种信息可见或者隐藏。此属性页面的移动和缩放仅用于显示，如果需要运行时进行移动和缩放调整凸轮曲线，则需要使用“MC_CamIn”命令来实现 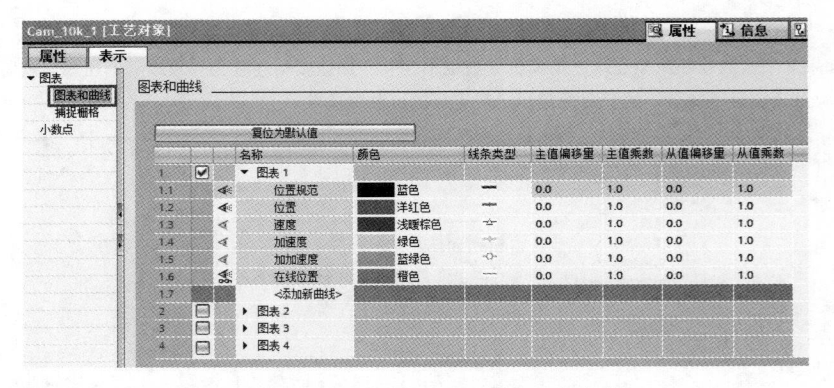 2）图表→捕捉栅格　可以设置捕捉模式下的网格大小，用于插入元素时对齐 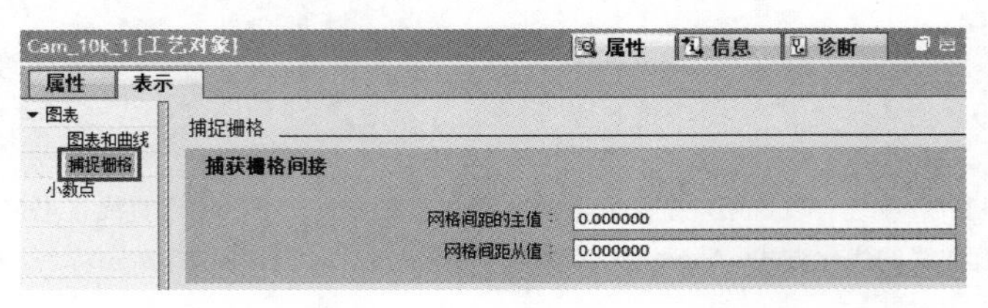

（续）

<table>
<tr><th>序号</th><th>说　　明</th></tr>
<tr><td>4</td><td>3）小数点　设置表格编辑器和组态窗口及图形编辑器显示的小数点位数</td></tr>
<tr><td>5</td><td>
在诊断中，可利用离线和在线工艺对象数据块来监视和分析凸轮的有效点和段。值以表格和图形的形式呈现，反映离线或在线参数
“诊断”工作区介绍
1）元素列表　可以找到离线和在线 DB 中的所有有效点和段以及已保存的快照
2）曲线图　曲线图中显示离线快照、在线快照和保存的快照。曲线图中显示的曲线可以反映位置规范、位置、速度、加速度和加加速度
3）元素比较　可选择单个点和段来分析和比较
4）属性界面　可对快照进行管理，设置元素列表和曲线图中显示的小数点位数，统计信息中查看点和段的数量
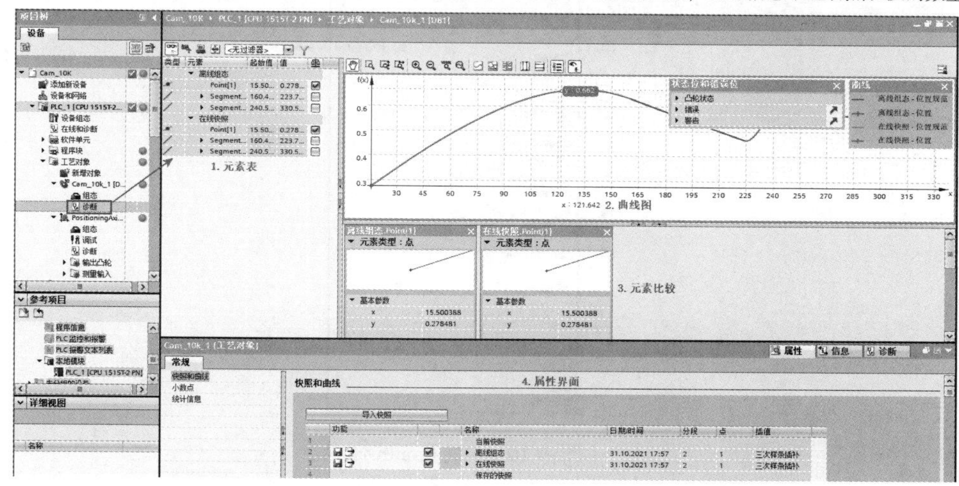

界面上的按钮功能见下表
<table>
<tr><th>序号</th><th>功　　能</th><th>说　　明</th></tr>
<tr><td>1</td><td></td><td>监视开/关，用于启动/结束凸轮监视</td></tr>
<tr><td>2</td><td></td><td>更新在线曲线</td></tr>
<tr><td>3</td><td></td><td>打印显示的曲线</td></tr>
<tr><td>4</td><td></td><td>当列表中包含的条目过多导致无法全部显示时，使用此按钮使曲线中的所选对象在列表显示</td></tr>
<tr><td>5</td><td><无过滤器></td><td>选择定义的过滤器</td></tr>
<tr><td>6</td><td></td><td>定义过滤器</td></tr>
<tr><td>7</td><td></td><td>显示状态和错误位</td></tr>
<tr><td>8</td><td></td><td>保存窗口的显示设置</td></tr>
</table>
</td></tr>
</table>

4.2.2　凸轮同步

在进行凸轮同步控制前，应保证已正确组态了引导轴及同步轴工艺对象，引导轴可以是定位轴、同步轴或外部编码器，并且需要在同步轴组态时为跟随轴指定可能的引导轴（主值），如图 4-3 所示。

S7-1500T/TF 在使用凸轮曲线之前应使用“MC_InterpolateCam”命令进行插补，可以使用系统插补或 VDI2143 插补，系统插补中的三次样条插补可能导致凸轮范围的超出，插补完成后，定义的凸轮插补点和段之间的空隙即可闭合。随后通过“MC_CamIn”命令启动跟随轴和引导轴之间的凸轮同步运动，“MC_CamIn”命令如图 4-10 所示。

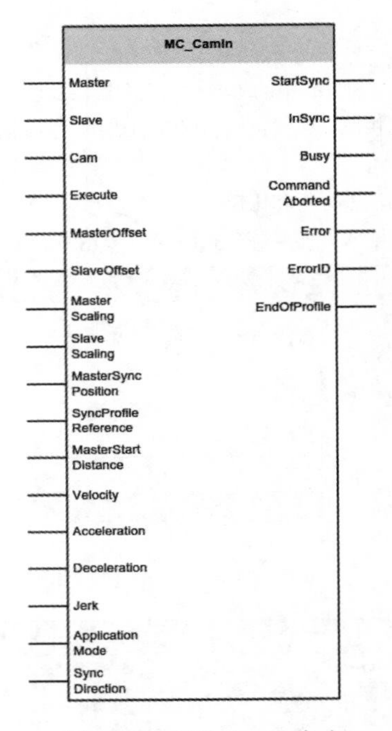

图 4-10　MC_CamIn 命令

“MC_CamIn”命令输入/输出参数说明见表 4-6。

表 4-6　“MC_CamIn”命令输入/输出参数说明

参　数	数据类型	功　能
输入参数		
Master	TO_Axis	引导轴的 TO 对象名称
Slave	TO_SynchronousAxis	跟随轴的 TO 对象名称
Cam	TO_Cam	凸轮曲线的对象名称
Execute	BOOL	启动同步功能，上升沿触发
MasterOffset	LREAL	当“SyncProfileReference” = 0、1、3、4 时： 凸轮主值的偏移值

（续）

参　　数	数据类型	功　　能
		输入参数
SlaveOffset	LREAL	当“SyncProfileReference” = 0、1、3、4 时： 凸轮从值的偏移值
MasterScaling	LREAL	缩放凸轮的引导值
SlaveScaling	LREAL	缩放凸轮的跟随值
MasterSyncPosition	LREAL	凸轮曲线的起始值和凸轮曲线上的引导轴同步位置之间的距离
SyncProfileReference	DINT	同步曲线： =0：使用动态参数进行同步 =1：使用引导值距离进行同步 =2：直接建立同步（立即同步） =3：使用引导值距离实现随后同步 =4：使用引导值距离从当前主值位置开始进行随后同步 =5：在凸轮结束运动时进行直接同步
MasterStartDistance	LREAL	引导轴距离（“SyncProfileReference” = 1、3、4 时生效）
Acceleration	LREAL	“SyncProfileReference” =0 时的加速度
Deceleration	LREAL	“SyncProfileReference” =0 时的减速度
Jerk	LREAL	“SyncProfileReference” =0 时的加、减速度变化率
ApplicationMode	DINT	凸轮的类型： =0：一次性/非循环（引导轴绝对，跟随轴绝对） =1：循环（引导轴相对，跟随轴绝对） =2：循环附加（引导轴相对，跟随轴相对）
SyncDirection	DINT	同步方向（同步期间，激活模态功能时的跟随轴方向）： =1：正方向 =2：负方向 =3：最短路径
		输出参数
StartSync	BOOL	开始建立同步
InSync	BOOL	同步已经建立
Busy	BOOL	命令正在处理
CommandAborted	BOOL	此命令被放弃
Error	BOOL	命令出错
ErrorID	WORD	出错编号
EndOfProfile	BOOL	已达到凸轮的定义终点

1. 重要参数说明

（1）“SyncProfileReference” 参数

1）提前同步（“SyncProfileReference” = 0 或 1）

在到达引导轴的指定同步位置之前开始建立同步，当引导轴达到同步位置时，同步建立完成，引导轴和跟随轴同步移动。

“SyncProfileReference” = 0，使用动态参数进行提前同步，系统将会计算所需的同步长度，“Velocity”“Acceleration”“Deceleration”和“Jerk”参数生效。

“SyncProfileReference” = 1，使用引导值距离进行提前同步，引导轴到达起始位置后，跟随轴开始建立同步。应注意，距离值参数“MasterStartDistance”设置越小，对应的跟随轴动态响应需求越高，应避免设置过短而导致跟随轴动态响应无法达到。

2）直接同步设置（“SyncProfileReference” = 2）

“SyncProfileReference” = 2，启动同步作业后，直接立即同步，该设置主要适用于静止状态下同步。引导轴或跟随轴处于停止状态或运动状态时，均可以启动直接同步操作，“MasterSyncPosition”参数指定凸轮曲线上的开始同步位置，即引导轴和跟随轴在当前位置立即同步。

3）使用主值距离实现随后同步（“SyncProfileReference” = 3）

使用引导值距离进行随后同步，引导轴到达指定同步位置开始同步，建立同步阶段，引导轴的移动距离为“MasterStartDistance”。

4）使用主值距离从当前主值位置（“SyncProfileReference” = 4）开始进行随后同步，即从引导轴的当前位置开始同步，建立同步阶段，引导轴的移动距离“MasterStartDistance”。

5）在凸轮曲线结束时进行直接同步设置（“SyncProfileReference” =5）

该设置适用于在凸轮曲线结束或凸轮曲线循环结束时，重新设定凸轮曲线的缩放比例或者更换新凸轮曲线。使用“MasterSyncPosition”参数，在更换的凸轮曲线中指定同步位置。同步操作保持为“同步”状态。

（2）“MasterSyncPosition”“MasterOffset”和“SlaveOffset”参数

提前同步模式下的跟随轴开始追赶引导轴和随后同步模式下的跟随轴与引导轴同步运行时，引导轴的位置由凸轮曲线的起始位置、“MasterSyncPosition”和“MasterOffset”参数共同作用产生，而不是仅由“MasterSyncPosition”一个参数决定。

“MasterSyncPosition”参数，可在凸轮曲线内指定同步位置。“MasterOffset”“SlaveOffset”参数可设置凸轮引导轴和跟随轴的偏移量，确定凸轮曲线相对于引导轴和跟随轴的位置，用于移动凸轮曲线到应用所需的位置。图 4-11 显示了“MasterSyncPosition”、引导值和跟随值偏移对凸轮曲线的影响。

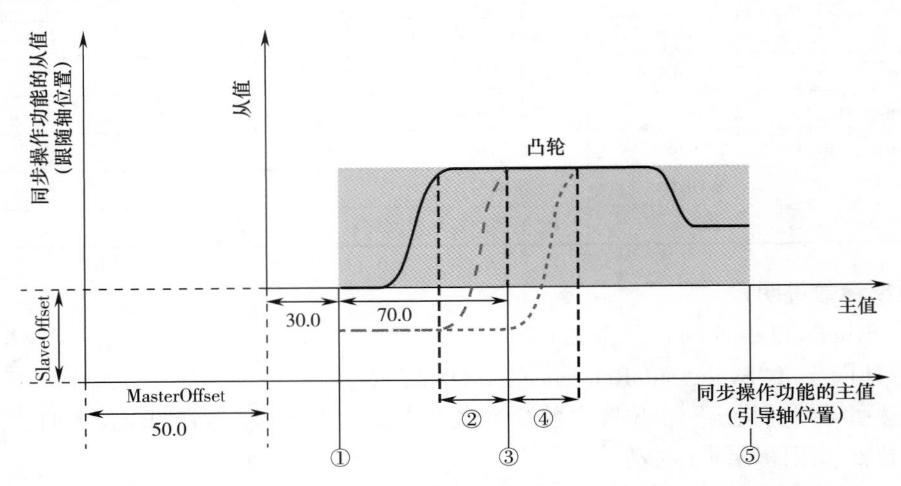

图 4-11　“MasterSyncPosition”、引导值和跟随值偏移对凸轮曲线的基本影响

● “StartLeadingValue” ①：凸轮曲线的起始位置，即凸轮曲线定义的第一个点/线段起始点。

● “MasterStartDistance” ②：提前同步模式下，跟随轴建立同步时引导轴的移动距离。

● “MasterSyncPosition” ①到③：提前同步模式下，凸轮曲线起始位置①到完成同步建立③的引导轴距离；随后同步模式下，凸轮曲线起始位置①到开始建立同步③的引导轴距离。

● “MasterStartDistance” ④：随后同步模式下的跟随轴建立同步时引导轴的移动距离。

● “EndLeadingValue” ⑤：凸轮的结束位置，即凸轮曲线定义的最后一个点/线段结束点。

以提前同步模式为例说明：

如果引导轴偏移设为 50.0（“MasterOffset = 50.0”），凸轮曲线第一个点从 30.0 开始绘制（“StartLeadingValue” = 30.0），设置“MasterSyncPosition”参数 = 70.0。则跟随轴开始按凸轮曲线运动时，引导轴的位置为 150.0（50.0 + 30.0 + 70.0），此时跟随轴从凸轮曲线横坐标位置 100.0（30.0 + 70.0）处开始凸轮曲线同步移动。

(3) “MasterScaling” 和 “SlaveScaling” 参数

通过“MasterScaling”和“SlaveScaling”参数可以对电子凸轮引导值及跟随值进行比例缩放，示例如图 4-12 所示。

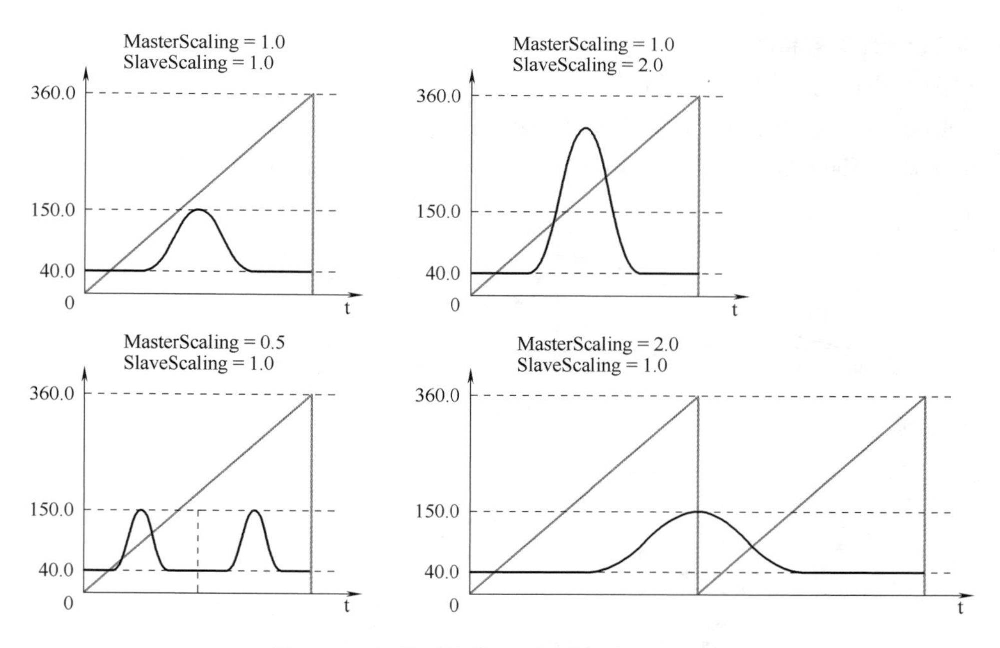

图 4-12　凸轮引导值及跟随值比例缩放图例

(4) “ApplicationMode” 参数

关于“ApplicationMode”的参数说明如图 4-13 所示。

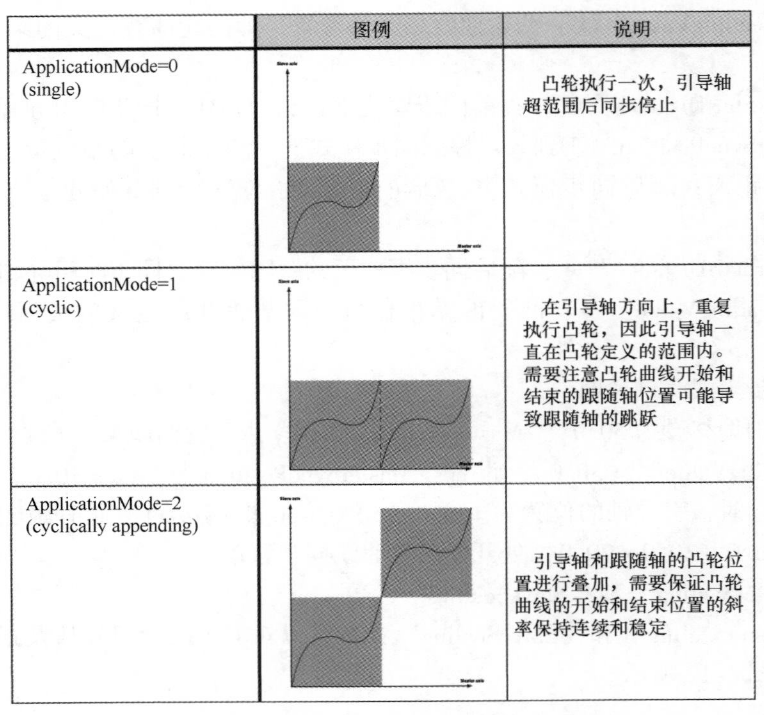

	图例	说明
ApplicationMode=0 (single)		凸轮执行一次，引导轴超范围后同步停止
ApplicationMode=1 (cyclic)		在引导轴方向上，重复执行凸轮，因此引导轴一直在凸轮定义的范围内。需要注意凸轮曲线开始和结束的跟随轴位置可能导致跟随轴的跳跃
ApplicationMode=2 (cyclically appending)		引导轴和跟随轴的凸轮位置进行叠加，需要保证凸轮曲线的开始和结束位置的斜率保持连续和稳定

图 4-13　"ApplicationMode" 参数的说明

2. 编程示例及控制时序

编写两个凸轮同步的切换控制。

1）通过动态参数/主值距离实现提前同步（"SyncProfileReference" = 0、1）创建 Cam_1 及 Cam_2 两个 Cam 曲线，如图 4-14 所示。凸轮同步控制程序及运动时序如图 4-15 所示。

75.0　　75.0

0　Cam_1　100.0　　100　Cam_2　200.0

图 4-14　凸轮曲线

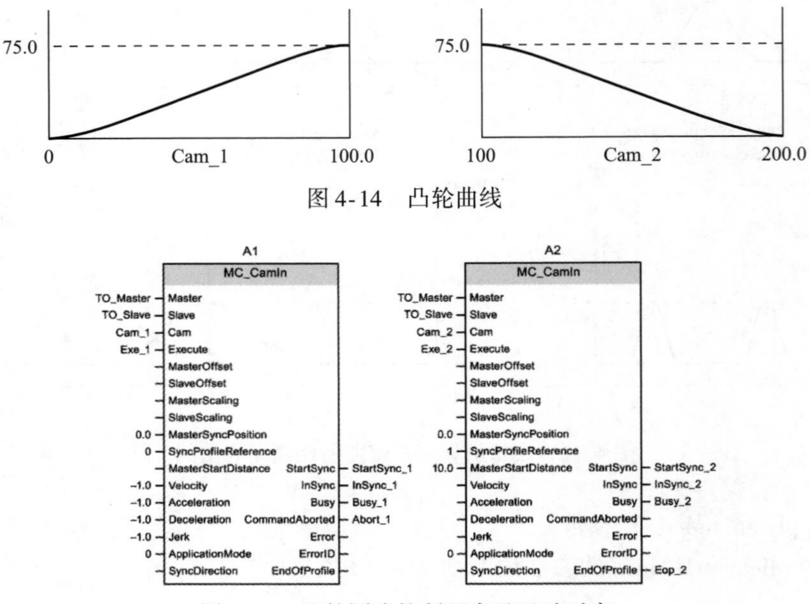

图 4-15　凸轮同步控制程序及运动时序

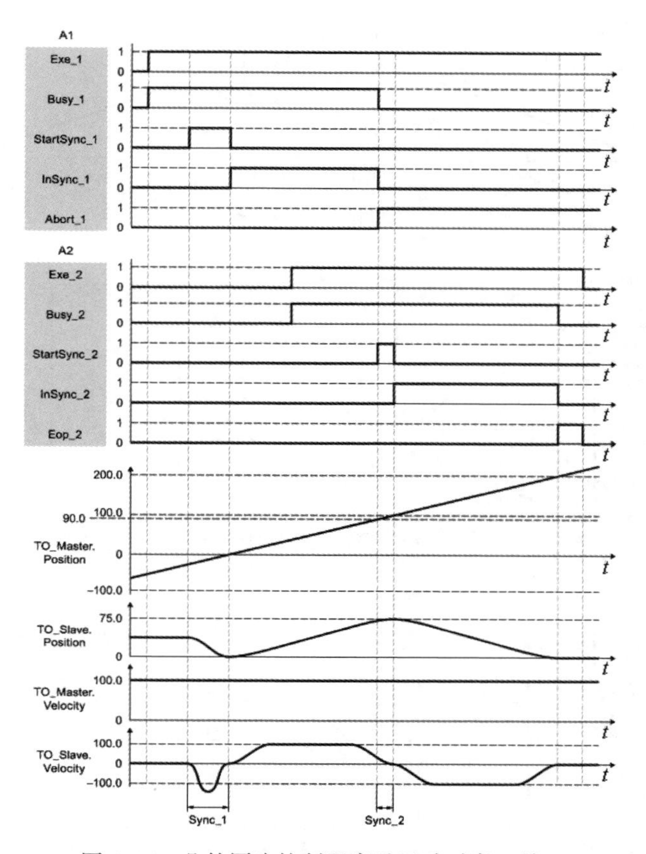

图 4-15 凸轮同步控制程序及运动时序（续）

控制时序说明：

①使用“Exe_1”输入参数，开始执行“MC_CamIn”（A1）运动命令，通过“StartSync_1”输出参数显示 Cam1 同步开始，跟随轴（TO_Slave）将通过特定的动态参数提前在“Sync_1”范围内与凸轮（Cam_1）进行同步，“InSync_1”输出参数显示跟随轴已同步并与引导轴同步运动。

②同步操作被另一个“MC_CamIn”（A2）命令超驰，通过“Exe_2”输入参数触发，“MC_CamIn”（A1）命令通过“Abort_1”输出参数发出 Cam1 的中止状态信号，通过“StartSync_2”变量显示 Cam2 同步开始。在指定同步位置 =（“MasterSyncPosition” + “MasterOffset” + 电子凸轮的起始位置）=（0 +0 +100）=100 mm 处与引导轴同步上，“InSync_2”变量表示跟随轴已与引导轴同步运行。

由于 Cam2 同步采用的是“SyncProfileReference” = 1，使用引导轴距离进行同步，所以开始建立同步的位置 = 指定的同步位置 - “MasterStartDistance” = 100mm - 10 mm = 90mm 。

2）通过主值距离实现提前同步/随后同步（“SyncProfileReference” = 1 或 3）创建 Cam_1 及 Cam_2 两个 Cam 曲线，如图 4-16 所示。凸轮同步控制程序及运动时序如图 4-17所示。

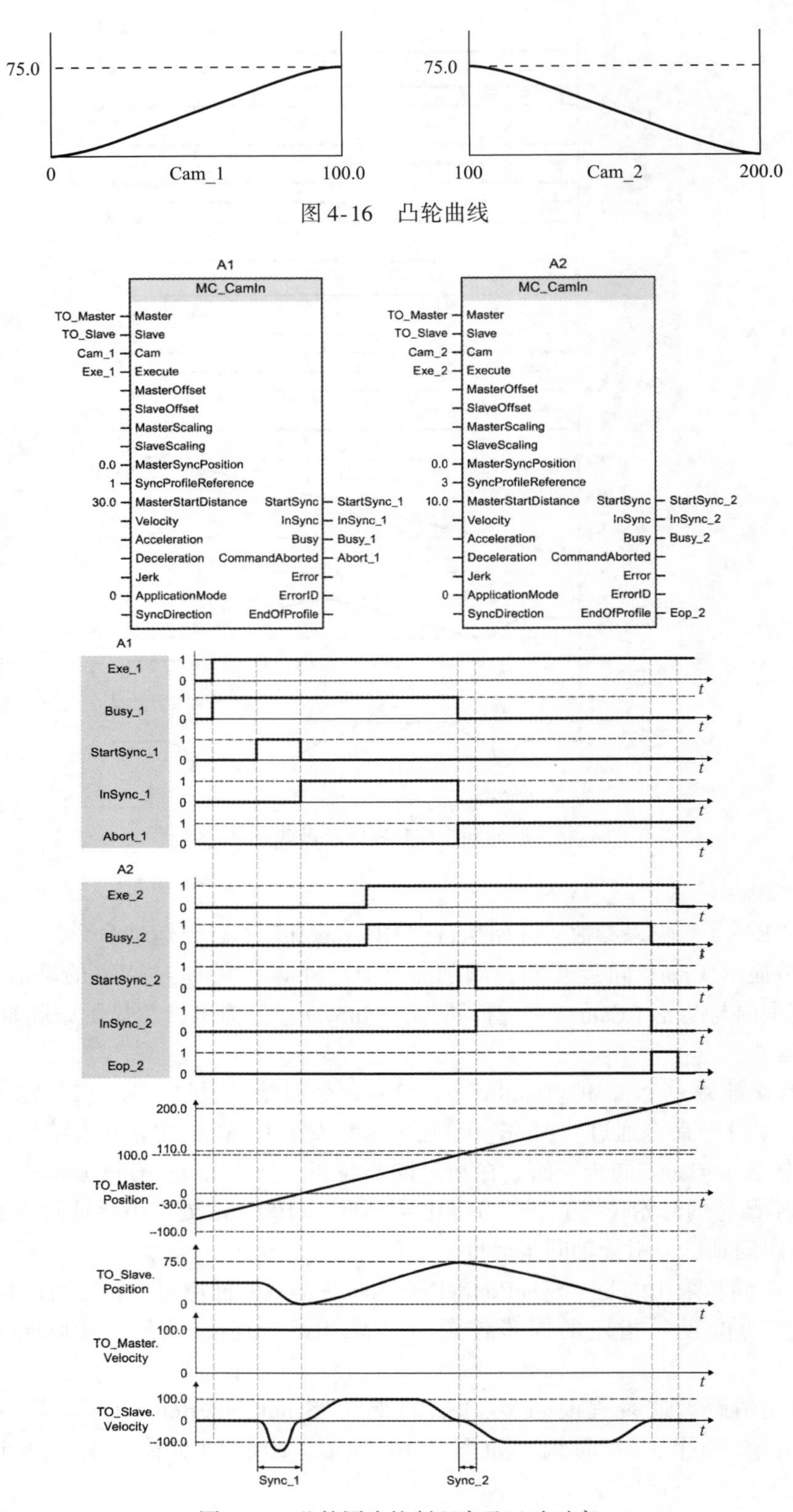

图 4-17 凸轮同步控制程序及运动时序

使用“Exe_1”，开始执行“MC_CamIn”运动命令（A1）。通过“StartSync_1”输出参数显示同步开始。跟随轴（TO_Slave）将通过特定的主值距离“MasterStartDistance”（开始建立同步的位置 = 指定的同步位置 - “MasterStartDistance” = 0mm - 30mm = -30mm）与凸轮 Cam_1 提前同步。系统对同步所需的动态响应进行计算。当达到相对于凸轮起点的特定参考位置“MasterSyncPosition”（0.0）后，“InSync_1”输出参数显示跟随轴已同步并与引导轴同步运动。

同步操作被另一个“MC_CamIn”运动（A2）超驰，通过“Exe_2”输入参数触发。“MC_CamIn”作业（A1）将通过“Abort_1”输出参数发出 Cam1 的中止状态信号。当到达相对于凸轮盘起点的指定参考位置“MasterSyncPosition”时，通过“StartSync_2”输出参数显示开始同步。跟随轴随后将通过特定的主值距离“MasterStartDistance”与新凸轮 Cam_2 同步。系统对同步所需的动态响应进行计算。“InSync_2”输出参数显示跟随轴已同步并同步移动到引导轴。

3）在凸轮运动结束时切换并进行直接同步设置（“SyncProfileReference” = 5）创建 Cam_1 及 Cam_2 两个 Cam 曲线，如图 4-18 所示。凸轮同步控制程序及运动时序如图 4-19 所示。

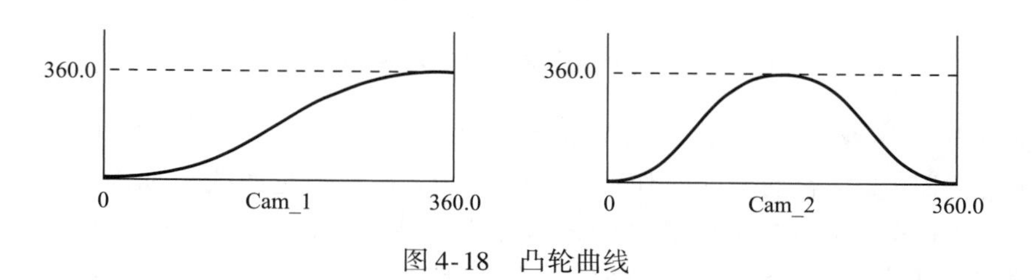

图 4-18 凸轮曲线

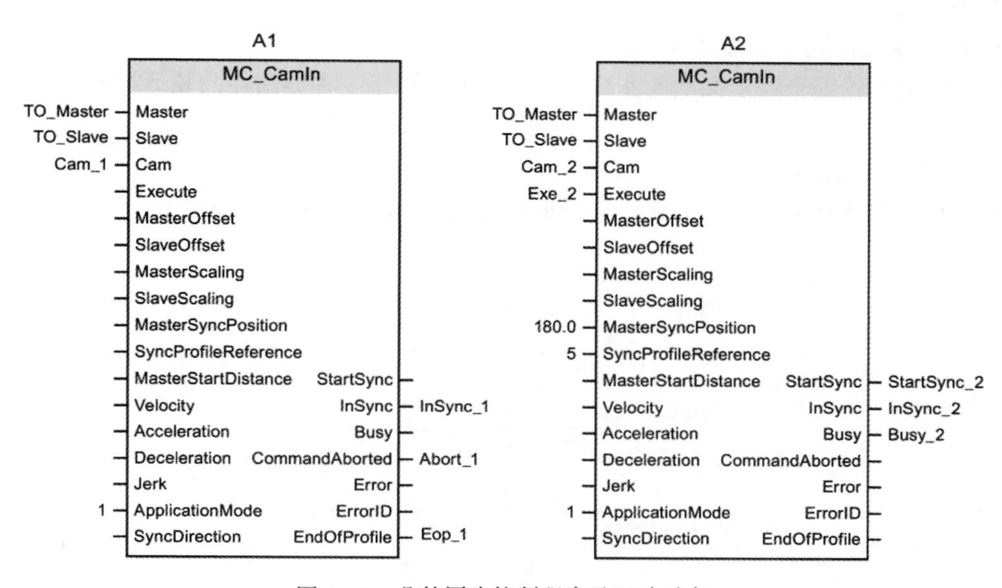

图 4-19 凸轮同步控制程序及运动时序

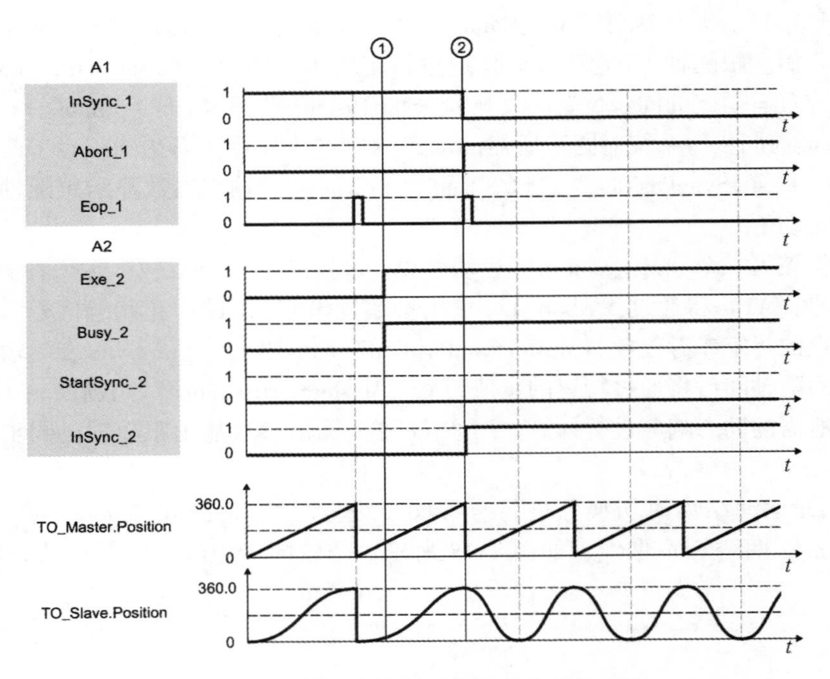

图 4-19　凸轮同步控制程序及运动时序（续）

“MC_CamIn”作业（A1）处于激活状态，在时间①时，另一个“MC_CamIn”作业（A2）将通过“Exe_2”启动。此时作业（A1）的 Cam_1 凸轮曲线运动尚未执行完，作业（A2）处于等待状态，直至时间②，此时通过输出参数“Eop_1” =1 显示 Cam_1 凸轮运动结束，凸轮进行切换，切换到 Cam_2 凸轮，由于此时没有发生新的同步过程，仍保留“同步”状态，通过输出参数 InSync_2 =1 显示处于同步状态。

3. 在凸轮运行期间修改凸轮 Cam 曲线

除了使用凸轮编辑器定义凸轮曲线，也可以通过以下三种方法在凸轮运行期间修改凸轮曲线。

（1）手动更改凸轮定义

在运行期间手动更改凸轮曲线，应修改凸轮工艺对象数据块中的以下变量，如图 4-20 所示。

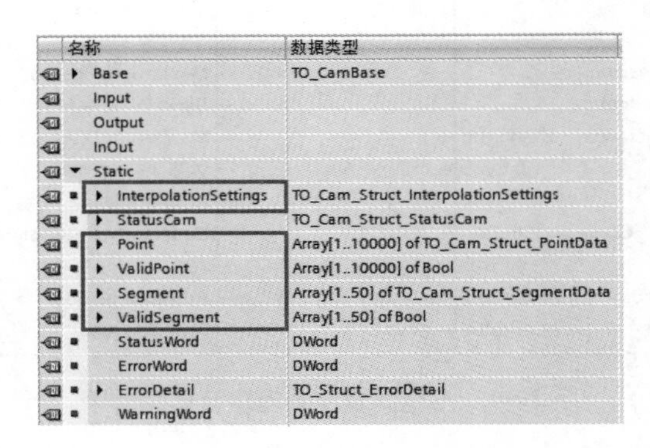

名称	数据类型
▸ Base	TO_CamBase
Input	
Output	
InOut	
▾ Static	
▸ InterpolationSettings	TO_Cam_Struct_InterpolationSettings
▸ StatusCam	TO_Cam_Struct_StatusCam
▸ Point	Array[1..10000] of TO_Cam_Struct_PointData
▸ ValidPoint	Array[1..10000] of Bool
▸ Segment	Array[1..50] of TO_Cam_Struct_SegmentData
▸ ValidSegment	Array[1..50] of Bool
StatusWord	DWord
ErrorWord	DWord
▸ ErrorDetail	TO_Struct_ErrorDetail
WarningWord	DWord

图 4-20　凸轮工艺对象数据块

更改流程如下：

1）根据应用计算凸轮的点和线段，对相应的点“Point［i］”和线段“Segment［i］”赋值。

2）使用“ValidPoint［i］”和“ValidSegment［i］”变量定义凸轮曲线元素是否生效。如果变量值为“TRUE”，则对应的点“Point［i］”和线段“Segment［i］”会在凸轮曲线中生效。

3）使用“InterpolationSettings”变量确定插补类型为线性、C样条或B样条。

4）通过“MC_InterpolateCam”命令对凸轮曲线插补。

（2）使用“MC_CopyCamData”复制已计算的凸轮元素到凸轮曲线中

可使用图4-21中的“MC_CopyCamData”命令，将计算出的凸轮曲线元素复制到凸轮曲线的数据块工艺对象中。待复制的点和线段分别存储在数组中，点的数组为“ARRAY［*］OF TO_Cam_Struct_PointData”，线段的数组为“ARRAY［*］OF TO_Cam_Struct_SegmentData”。

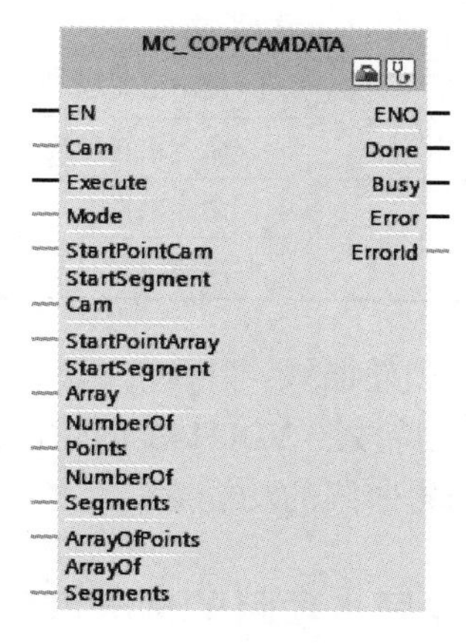

图4-21　MC_CopyCamData

“MC_CopyCamData”命令输入/输出参数见表4-7。

表4-7　“MC_CopyCamData”命令输入/输出参数说明

参数	数据类型	功　能
输入参数		
Cam	TO_Cam TO_Cam_10k	凸轮工艺对象名称
Execute	BOOL	上升沿触发凸轮复制功能
Mode	DINT	复制模式： =0：完全覆盖原凸轮元素 =1：替换原凸轮元素，未定义的元素保留原凸轮曲线中生效的数值

（续）

参数	数据类型	功能
StartPointCam	DINT	凸轮中待复制点的起始点索引
StartSegmentCam	DINT	凸轮中待复制区段的起始区段索引
StartPointArray	DINT	从“ArrayOfPoints”复制起始点的索引
StartSegmentArray	DINT	从“ArrayOfSegments”复制线段的起始线段索引
NumberOfPoints	DINT	复制的点数
NumberOfSegments	DINT	复制的线段数
ArrayOfPoints	ARRAY [*] OF TO_Cam_Struct_PointData	待复制点的数组
ArrayOfSegments	ARRAY [*] OF Array [1..50] of TO_Cam_Struct_SegmentData	待复制线段的数组
输出参数		
Done	BOOL	复制已完成
Busy	BOOL	命令正在处理
Error	BOOL	命令出错
ErrorID	WORD	出错编号

（3）使用“LCamHdl”库生成凸轮曲线

“LCamHdl”库提供的函数块支持按照 VDI2143 创建高品质和无抖动的凸轮曲线，具体内容可参见 9.4 章节“动态生成凸轮曲线的功能库”。

4.2.3 练习 3：S7-1500T 凸轮同步项目的创建和配置

实现的任务：实现材料锻压与材料进给控制，机械示意如图 4-22 所示。项目中需要创建的工艺对象见表 4-8，项目的创建与编程见表 4-9。

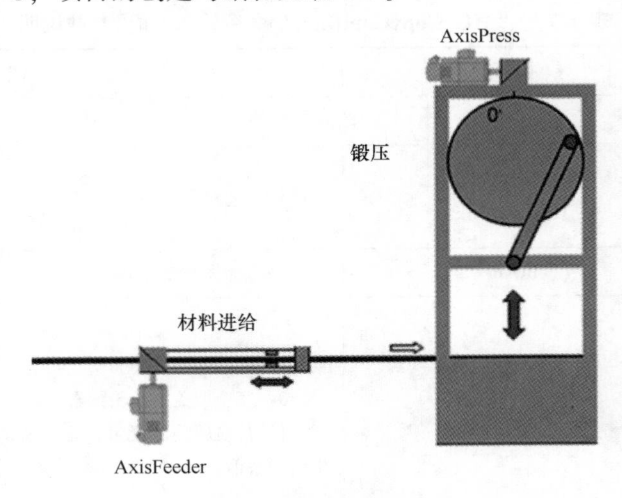

图 4-22　锻压机械示意图

表 4-8 项目中需要创建的工艺对象

序号	工 艺 对 象	说 明
1	AxisPress	锻压轴配置为定位工艺对象，进行位置控制，定义此轴为旋转模态轴，模态范围为 0° ~360°之间
2	AxisFeeder	材料进给轴配置为同步工艺对象，与锻压轴进行凸轮同步运动

表 4-9 项目的创建与编程

<table>
<tr><th>步骤</th><th>描 述</th></tr>
<tr><td>1</td><td>创建一个 IO 变量表：
Power_All：I0. 0（使能材料进给轴及锻压轴）
Reset_All：I0. 1（复位材料进给轴及锻压轴）
Home_All：I0. 2（所有轴回零）
BasicPositionPress：I0. 3（锻压轴运行到初始位置）
Start_Press：I0. 4（起动锻压轴）
BasicPositionFeeder：I0. 5（材料进给轴运行到初始位置）
Start_Feeder：I0. 6（材料进给轴运行）</td></tr>
<tr><td>2</td><td>创建 TO_Cam，配置工艺对象：
1）调整 Cam 的主值范围为 0 ~360，从值的范围为 –10 ~50

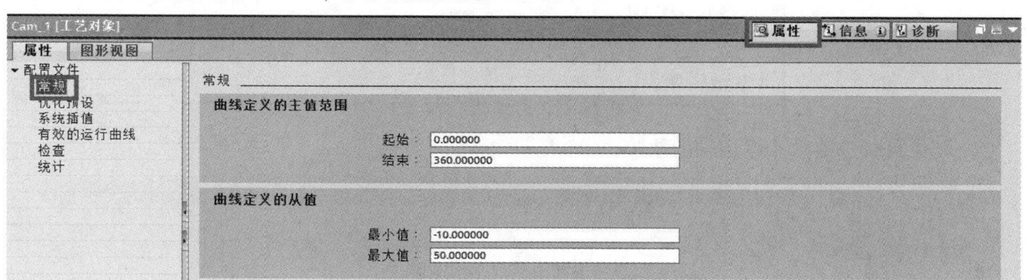

2）定义 Cam 曲线，由（0/0 ~5/0）、（135/40 ~225/40）、（270/0 ~360/0）三个线段组成
3）可修改过渡曲线的特性为基于 VDI 的优化，完成系统过渡线段的修改和优化

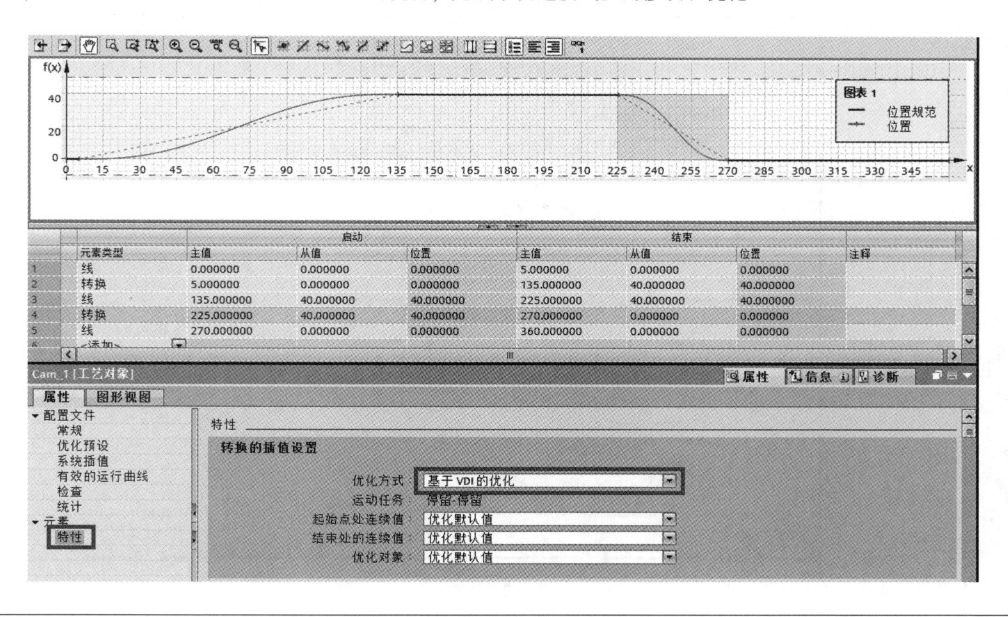

</td></tr>
</table>

（续）

步骤	描　述
3	创建 FB 功能块并且编写运动控制程序： 1）使能材料进给轴及锻压轴

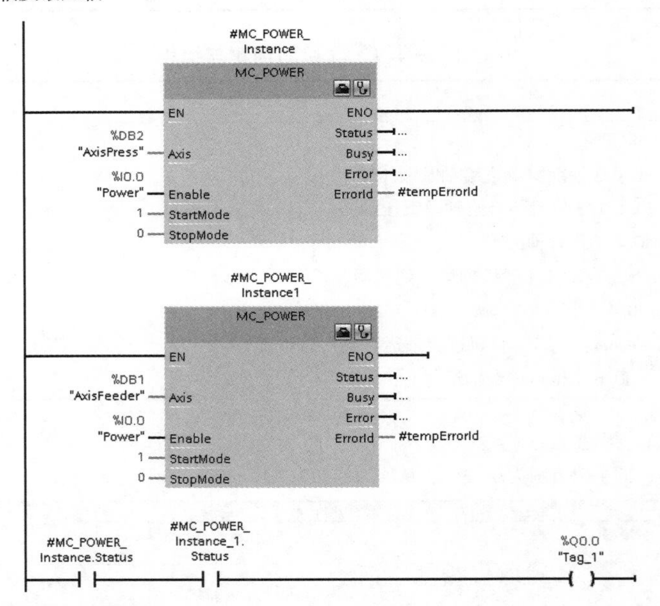

2）复位材料进给轴及锻压轴的故障

（续）

<table>
<tr><th>步骤</th><th>描　　述</th></tr>
<tr><td>3</td><td>

3）材料轴及锻压轴回零

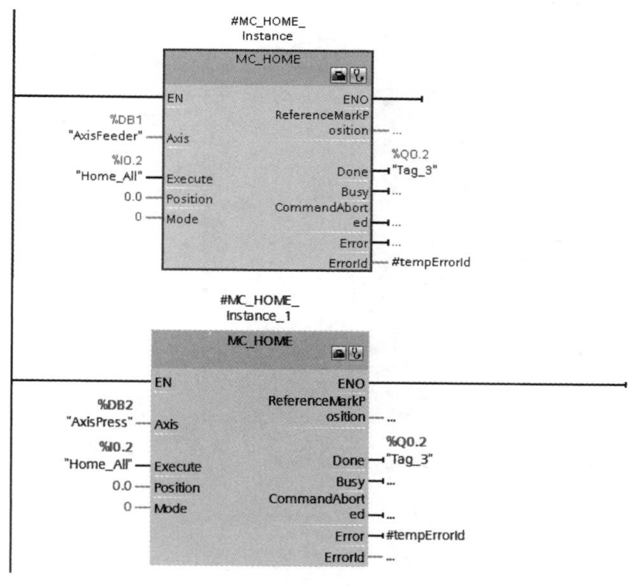

4）锻压轴运行到坐标零点位置

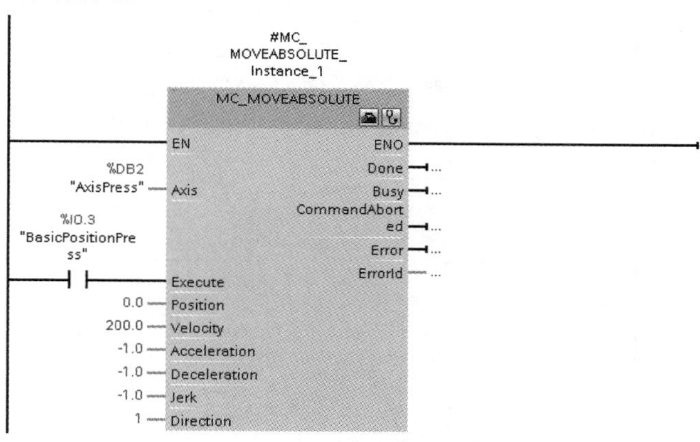

5）锻压轴以200°/s的速度运行

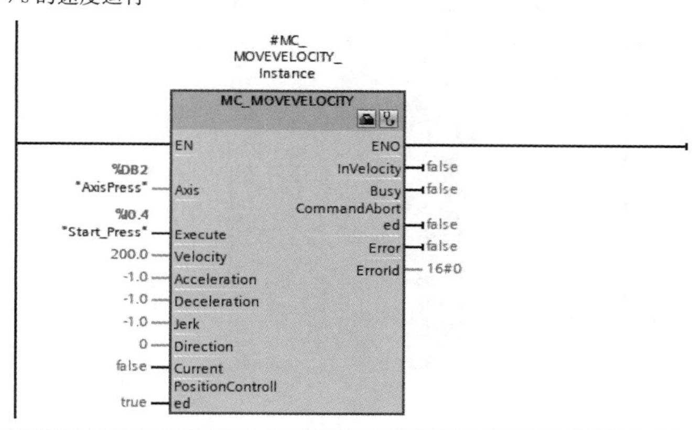

</td></tr>
</table>

（续）

步骤	描　述
3	6）材料轴运行到坐标零点位置 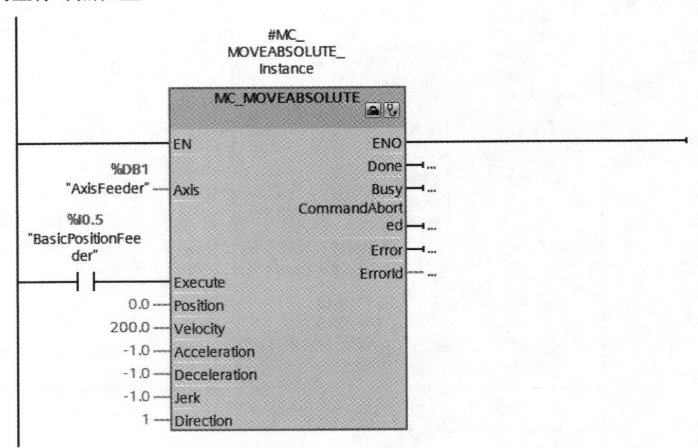 7）使用“MC_InterpolateCam”完成 Cam 曲线的插补 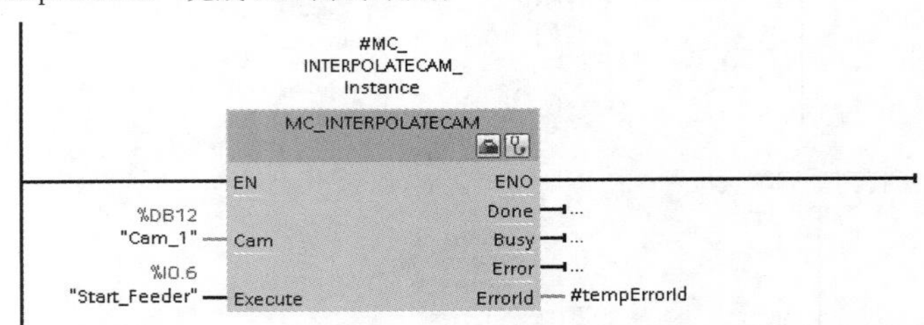 8）一旦 Cam 曲线插补完毕，开始运行“MC_CamIn”，并且材料轴与锻压轴以此 Cam 曲线同步运行 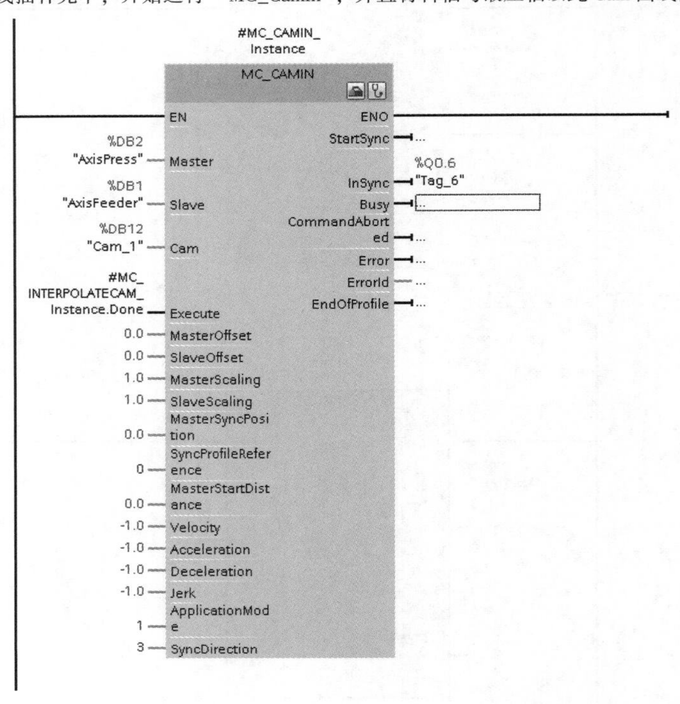

（续）

步骤	描　　述
3	当"MC_InterpolateCam"完成后，执行MC_Camin命令，对于同步需采用指定动态响应参数同步，参数设置如下： "synProfileReference"：=0 "ApplicationMode"：=1（Cam同步周期运行）
4	在OB1中调用FB程序块
5	编译后下载项目，即可进行相关程序的测试

4.3　实际值耦合（引导轴为实轴或者编码器）

S7-1500T/TF中引导轴可以是一个定位实轴、定位虚轴或者编码器工艺对象，跟随轴与引导轴的耦合有两种方式，即设定值耦合或实际值耦合，如图4-23所示。

通常由于易于使用并且效果良好而选择设定值耦合，对于不可以使用设定值耦合的应用，如使用外部编码器时，跟随轴只能采用与引导轴实际值进行耦合实现同步操作。

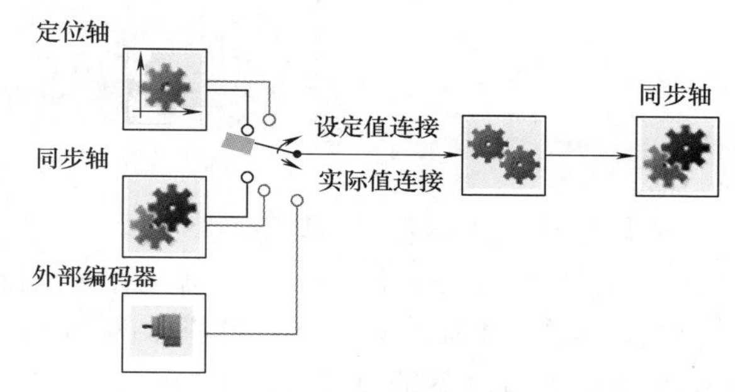

图4-23　同步轴与引导轴的耦合

对于实际值耦合同步功能，由于处理引导轴实际值时会产生延时，为了对延时时间进行补偿，可将实际值预推断一段时间作为引导值，这意味着引导值基于之前的已知值进行了预推断。

恒定速度或恒定加速度/减速度下的实际值差异可通过预推补偿，但是由于技术原因，外部插补过程中的加速度/减速度（加加速度）变化总会导致引导值与相关的跟随轴错位，并不能严格同步。

虽然外部的编码器反馈信号看起来非常"稳定"或者传送带移动"平顺"，但实际的位置信号和求导计算出的速度信号会出现非常多的"毛刺"和"噪声"，为了避免这个嘈杂的信号影响后续跟随轴导致跟随轴的振荡、噪声和过热，因此实际值需要通过实际位置滤波器进行平滑滤波，根据平滑滤波值，可通过求导计算得到速度。速度值通过速度滤波器平滑滤波，然后通过公差带（类似于迟滞）"稳定"，过滤后的实际位置随后根据过滤后的速度进行预推，如图4-24所示。需要注意，设置的滤波参数会导致引导轴实际值产生滞后，因此需要在满足需求的前提下将滤波参数设置尽可能的低。

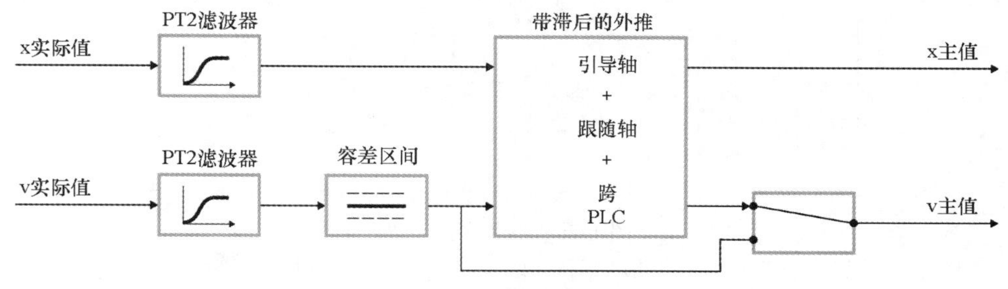

图4-24　实际值外插补的顺序

在引导轴的“实际值推断”组态界面中，为用于同步操作耦合的实际值设置用于外推的相关参数，只有在将该轴的实际值用作引导值时，此处设置的值才有效，如图 4-25 所示。

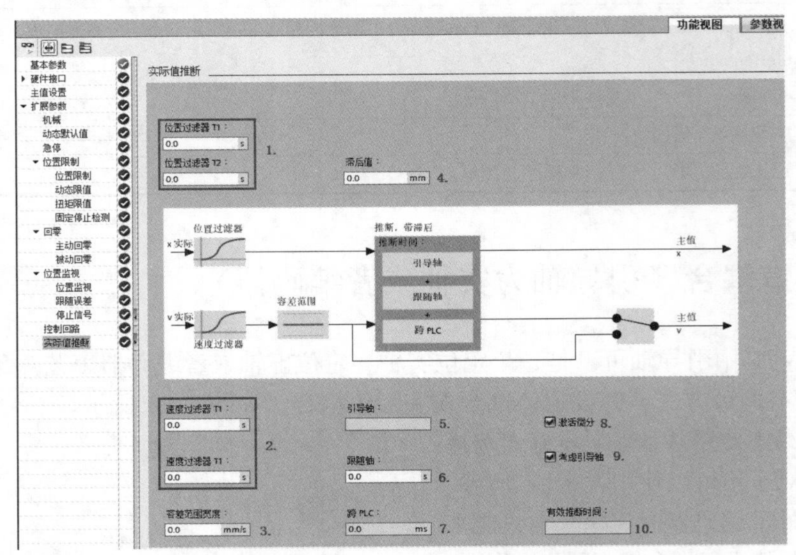

图 4-25　实际值外推的参数设置界面

图 4-25 中配置参数说明如下：

1）位置过滤器 T1 和 T2（s）。输入用于实际位置滤波的时间常量，此滤波器为无振荡的 PT2 滤波器。通常仅使用位置过滤器的 T1 参数，并且设置位置过滤器为速度过滤器的 1/5～1/20，例如通常的典型值为 0.01s。

2）速度过滤器 T1 和 T2（s）。用于对实际速度和滤波后实际速度的容差带宽进行滤波的时间常量。速度滤波器为支持可组态公差带宽的 PT2 滤波器。由于编码器干扰信号会导致信号发生快速变化，这也会影响预推功能，这种变化可以通过使用合适的滤波器设置来减少或补偿。通常仅使用速度过滤器 T1 的参数（比如 0.1s 或者 0.2s 开始），然后设置容差区间宽度，根据实际情况设置位置过滤器的参数。

3）容差区间宽度（mm/s）。容差区间作用在插补周期中的速度滤波值上。一旦容差区间在一个方向上的改变超过最后一个输出值容差区间的一半以上，则该容差区间的位置将自动沿速度值方向移动。随着容差区间的移位同时生成新的输出值，这对应于速度滤波值减去容差区间的一半。只要速度值保持在容差区间内，就不会生成新的输出值，如图 4-26 所示。图中①为容差区间。

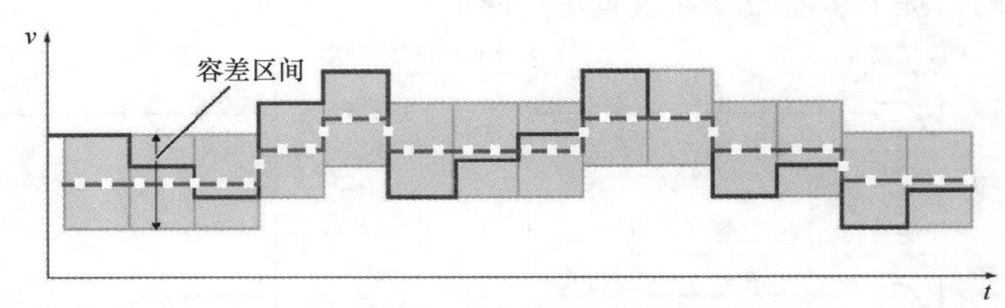

图 4-26　容差区间宽度

注：—为容差区间作用前的插补速度；- -为容差区间作用后的插补速度。

4）滞后值（滞回值）（mm）

实际值将通过可组态的滞回区间进行数据处理，超出滞回区域之后再作为引导值输出。滞回功能可以有效地防止引导值反转，从而避免导致对预推断产生干扰，或者影响建立同步时出现同步失败的错误。

5）与引导轴相关的推断时间（s）（只读）

通过引导轴的实际值采集时间（Ti）、插补器时间（TIpo）以及位置过滤器 T1 与 T2 之和计算引导推断时间，与引导轴相关的推断时间 = Ti + TIpo + T1 + T2。

在工艺对象变量 < TO >. Extrapolation. LeadingAxisDependentTime 中自动计算并显示引导轴推断时间，无需修改，自动生效。引导轴的滤波器时间导致的延迟同样无需独立考虑，系统会自动计算此延迟带来的影响。

6）跟随轴设定值延迟

在引导轴工艺对象中，需要手动设置跟随轴的设定值延迟时间，此时间在跟随轴工艺对象变量 < TO >. StatusPositioning. SetpointExecutionTime 中自动计算并显示，如图 4-27 所示。“SetpointExecutionTime”变量仅作为理论计算得出的参考值，可以将其直接输入到引导轴工艺对象的跟随轴设定值延迟窗口中，或根据实际效果进行调整。

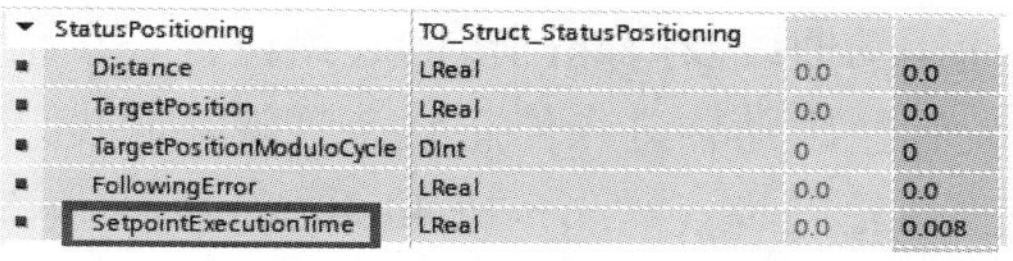

StatusPositioning	TO_Struct_StatusPositioning		
Distance	LReal	0.0	0.0
TargetPosition	LReal	0.0	0.0
TargetPositionModuloCycle	DInt	0	0
FollowingError	LReal	0.0	0.0
SetpointExecutionTime	LReal	0.0	0.008

图 4-27　跟随轴的外推时间

7）跨 PLC（只读）

跨 PLC 的时间为“组态 > 主值设置”中，引导轴的位置值传递到本地同 CPU 跟随轴的延迟时间。

8）激活微分

勾选此复选框，速度值由外推后的位置微分得出，否则速度值由实际位置微分并滤波后得出。

9）包括引导轴导致的推断时间

勾选此复选框，有效推断时间的计算中将包括与引导轴相关的推断时间，否则有效推断时间的计算中不包括与引导轴相关的推断时间。

10）有效推断时间（s）（只读）

有效推断时间是引导轴相关时间、跟随轴相关时间以及跨 PLC 同步操作延迟时间的总和。此时间乘以滤波后的速度叠加到滤波后的位置值上，作为引导轴的预推断实际值。

4.4　解除同步

S7-1500T/TF 使用运动控制命令“MC_GEAROUT”结束引导轴与跟随轴之间的齿轮同步，“MC_CAMOUT”结束引导轴与跟随轴之间的凸轮同步，命令如图 4-28 所示。

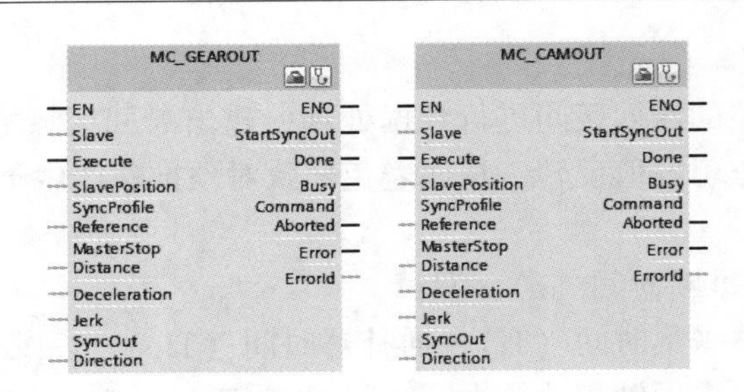

图 4-28　“MC_GEAROUT”与“MC_CAMOUT”

解除同步有三种方式。

1）使用动态参数解除同步（“SyncProfileReference” = 0）

使用动态参数解除同步时，系统根据输入的各个动态参数（减速度、加加速度）及指定跟随轴的停止位置（“SlavePosition”）自动计算跟随轴的行进距离以及跟随轴的起始位置。在跟随轴的起始位置开始解除同步，到达跟随轴的停止位置，跟随轴进入停止状态且完成解除同步。

2）使用引导轴距离解除同步（“SyncProfileReference” =1）

使用引导轴距离解除同步时，根据指定的引导轴距离（“MasterStopDistance”）、跟随轴的停止位置，计算跟随轴的运动曲线及解除同步的起始位置。在跟随轴的起始位置开始解除同步，到达跟随轴的停止位置，跟随轴进入停止状态且解除同步。

3）解除待处理的齿轮/凸轮同步（“SyncProfileReference” =5）

待处理是指当激活同步命令时，跟随轴的同步关系还没有建立（也称为未完成同步操作，状态为“Busy” =TRUE、“StartSync” =FALSE、“InSync” =FALSE）。解除待处理的同步对正在进行的同步无效。

除了解除同步命令外，还可以通过调用其它运动命令，使用超驰的方法实现解除同步，超驰关系参考附录 10.4。

4.5　其它同步命令和功能

4.5.1　静止时进行同步以及维持同步关系的方法

许多应用场合需要齿轮、凸轮同步的两个轴（引导轴和跟随轴）处于静止状态时建立同步关系，或者始终维持同步关系，在这种情况下同步两个轴时需要考虑一些细节。

1）“MC_GearIn ”命令是在静止状态时建立齿轮同步最简单的方法。在已经同步的状态下，相对同步命令“MC_GearIn”和绝对同步命令“MC_GearInPos”的行为完全相同。

2）静止状态时建立凸轮同步可以使用两种方法，一种是使用“SyncProfileReference”参数 =2 进行同步，“MasterSyncPosition”参数将凸轮曲线的指定点偏移到当前静止的引导轴和跟随轴位置上，从指定的“MasterSyncPosition”参数开始执行凸轮曲线；另一种是使用第 10.1 节中提供的静止凸轮同步库实现此功能。

3）对于采用实际值耦合的同步运动，必须按第 4.3.1 节中内容仔细检查和核对相关参数的合理性。避免由于引导轴位置变化而导致同步始终处于 BUSY 状态，无法完成同步。

4）还存在一种应用场景，即按下急停按钮或工艺需要在运行时停止、禁用引导轴或跟随轴，为了避免再次启动时重新建立同步，可以使用“MC_SynchronizedMotionSimulation”命令，在停止轴前激活此命令，这样同步关系始终维持激活状态，当再次启动轴时无需再次建立同步，通过设置命令的“Enable”参数 = FALSE，可继续同步运行。使用这种方法时应注意避免引导轴或跟随轴在停止期间位置发生明显变化，否则会造成继续同步时跟随轴的设定值发生阶跃变化。

4.5.2 读取凸轮曲线的数值

使用运动控制命令“MC_GetCamFollowingValue”，在凸轮曲线中，通过引导值获取对应的跟随值以及跟随值的一阶和二阶导数。使用此功能时应注意引导轴的位置值必须被处理以确保可以对应到凸轮曲线定义的区间范围内。

如果需要从跟随值反推曲线上的引导值，则使用命令“MC_GetCamLeadingValue”，由于一个跟随轴的位置值可能对应多个不同的引导轴位置值，因此需要配合“ApproachValue”参数指定引导轴的近似位置。

4.5.3 跟随轴偏移

很多应用需要实时地调整跟随轴的位置，以适应精度和生产的需要。S7-1500T/TF 提供 4 个齿轮/凸轮同步位置偏移的命令。

“MC_PhasingRelative”和“MC_PhasingAbsolute”命令用于跟随轴在同步运行时，偏移其引导轴位置，命令如图 4-29 所示。

- “MC_PhasingRelative”引导值相对偏移
- “MC_PhasingAbsolute”引导值绝对偏移

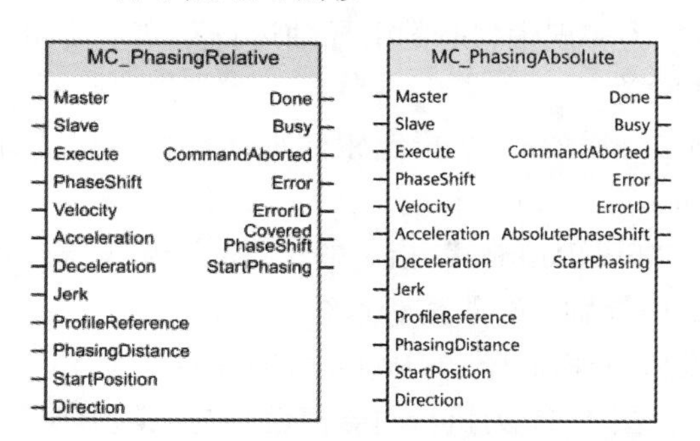

图 4-29 “MC_PhasingRelative”与“MC_PhasingAbsolute”命令

参数“PhaseShift”为引导轴偏移值，可以使用以下方式实现引导值偏移：

1）通过动态参数指定跟随轴动态响应（参数“ProfileReference” = 0，仅适用于齿轮传动）。参数“Velocity”“Acceleration”“Deceleration”和“Jerk”，定义跟随轴运动的叠加动态响应。

2）通过距离参数“PhasingDistance”指定跟随轴动态响应，从当前引导值位置偏移（参数“ProfileReference” = 1）。

参数“PhasingDistance”为实现偏移时的引导轴运行距离。参数“Direction”确定偏移时引导轴的运行方向。参数“Direction”为 1 时，在引导轴正向运行时实现偏移；参数

“Direction” 为 2 时，在引导轴负向运行时实现偏移；参数 “Direction” 为 3 时，偏移与引导轴运行方向无关。

3）通过距离参数 “PhasingDistance” 指定跟随轴动态响应，从特定引导值位置开始引导轴偏移（参数 “ProfileReference” ＝ 2）。

当引导轴运行到参数 “StartPosition” 指定的位置时开始偏移。参数 “PhasingDistance” 和 “Direction” 确定偏移时的引导轴运行距离和运行方向。

4）仅取消等待的引导轴偏移命令（参数 “ProfileReference” ＝ 5）。

“MC_OffsetRelative” 和 “MC_OffsetAbsolute” 命令用于跟随轴在同步运行时，偏移其跟随值，命令如图 4-30 所示。

- “MC_OffsetRelative” 跟随值相对偏移
- “MC_OffsetAbsolute” 跟随值绝对偏移

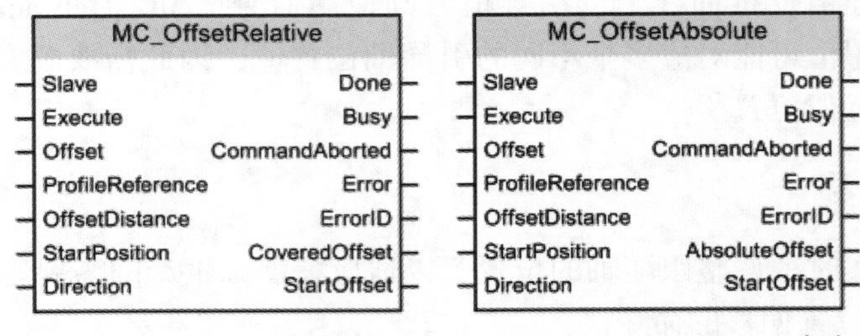

图 4-30　“MC_OffsetRelative” 与 “MC_OffsetAbsolute” 命令

参数 “Offset” 为跟随轴偏移值，可以使用以下方式实现跟随值偏移：

1）通过距离参数 “OffsetDistance” 指定跟随轴动态响应，从当前引导值位置开始跟随值偏移（“ProfileReference” ＝ 1）。

参数 “OffsetDistance” 为实现偏移时的引导轴运行距离。使用参数 “Direction” 确定偏移方向与引导轴运行方向的关系。

2）通过距离参数 “OffsetDistance” 指定跟随轴动态响应，从特定的引导轴位置开始跟随值偏移（“ProfileReference” ＝ 2）。

当引导轴运行到参数 “StartPosition” 指定的位置时开始偏移，参数 “OffsetDistance” 和 “Direction” 确定偏移时的引导轴运行距离和运行方向。

3）仅取消等待的跟随值偏移命令（“ProfileReference” ＝ 5）。

以凸轮同步偏移为例，图 4-31 为执行引导值偏移与跟随值偏移命令后的效果。

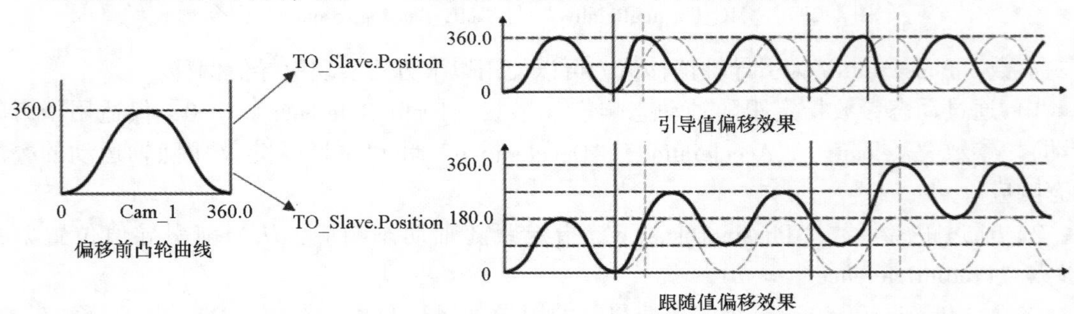

图 4-31　执行引导值/跟随值偏移命令后效果

4.5.4　分布式同步

S7-1500T/TF 支持在不同的 CPU 间实现轴的同步，所有跟随轴均同时获得相同的引导值。CPU 间的通信通过 PROFINET IRT，以“直接数据交换”的方式进行，如图 4-32 所示。

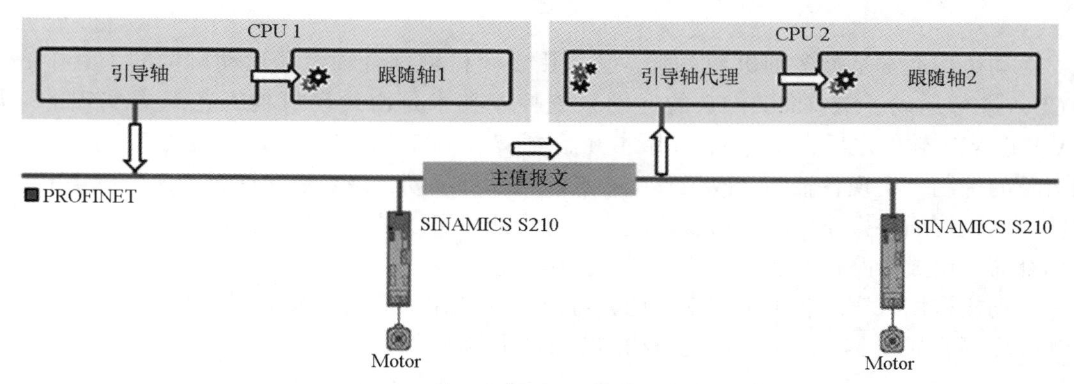

图 4-32　分布式同步

引导轴和本地跟随轴 1 位于 CPU 1 上，CPU1 上的引导轴用于分布式同步操作，引导值报通过 PROFINET IRT 传输到 CPU 2 中。在 CPU 2 上，引导轴代理读取引导值，跟随轴 2 与引导轴代理本地互连，跟随轴 1 和跟随轴 2 同步运行，并且跟随相同的引导轴。

S7-1500 和 S7-1500T/TF 都可以生成用于分布式同步的引导值，但只有 S7-1500T/TF 支持引导轴代理功能，可通过引导轴代理来接收其它 CPU 的引导值。

注意：CPU 必须在同一个 TIA 博途项目中配置，并且连接在同一个 PROFINET 子网下才能实现分布式同步操作。以 S7-1500T CPU 为例，配置分布式同步的步骤见表 4-10。

第 5 章　S7-1500T 运动机构功能

运动机构通常是指多轴机械系统，它采用多个机械耦合轴带动运动机构的工具中心点（TCP）进行运动。S7-1500T/TF 的运动系统控制技术是由运动机构工艺对象实现的。从 TIA 博途 V15 软件之后，固件 V2.5 版本开始的 S7-1500T 都支持该功能，通过对运动机构工艺对象的控制，实现各轴的合成工具中心点路径插补运动，该功能允许进行 3 个或 4 个轴组成的运动机构插补操作。路径由线段组成，每个线段可以是线性或圆弧的。由多个独立的路径插补命令组成沿路径的运动机构中心点连续运动。

运动机构用来实现各种机械手功能，可以广泛地用于工件或物料的抓取/放置、装配操作和码垛等，如图 5-1 所示。运动机构结合 TIA 博途软件具有以下特点：

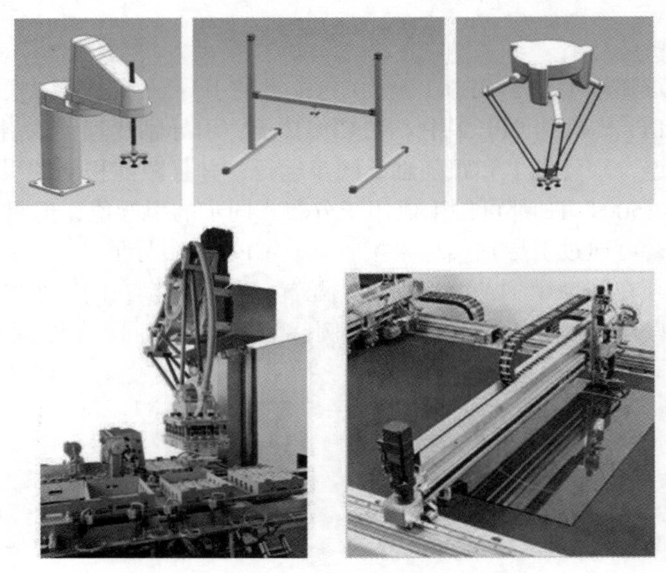

图 5-1　运动机构具有广泛的用途

1）运动机构工艺对象可以使用系统中预定义的运动机构模型，如笛卡尔直角坐标型、3D 并联型、SCARA 等。除此之外，还可以使用用户自定义模型。

2）通过运动机构控制面板和在线与诊断功能，可直接对运动机构进行调试。

3）在软件中，运动机构的跟踪记录功能支持 3D 显示的运动轨迹跟踪记录。

可以通过用户程序中的运动控制命令编写路径运动程序，以实现指定路径的运行。

5.1　运动机构工艺对象的基本概念

5.1.1　运动机构工艺对象的基本工作原理

运动机构工艺对象通过预定义的类型结构，按用户指定的机械尺寸提供运动机构的正逆变换，即运动机构工艺对象根据程序命令中设置的指定目标位置，计算运动机构工具中心点（TCP）的运动设定值（考虑动态设置）及运动机构各个轴的运动设定值。在 TIA 博途软件中，可以创建“定位轴”或“同步轴”，工艺对象用于与运动机构工艺对象的互连，运动机构将计算出各个轴的运动设定值传递给相应的定位轴或同步轴，运动机构工艺对象的基本工作原理如图 5-2 所示。

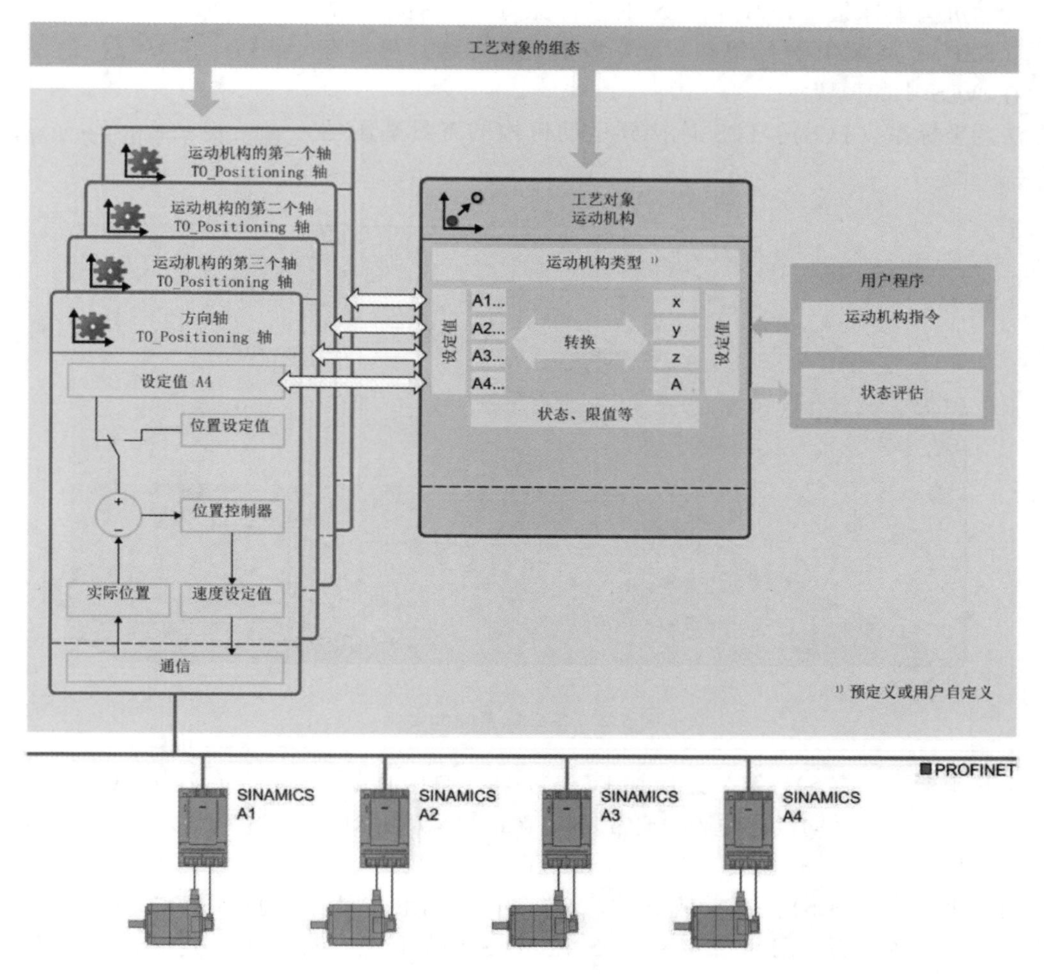

图 5-2　运动机构工艺对象的基本工作原理

运动机构工艺对象的创建需要占用 PLC 的运动控制资源，除了互连轴的运动控制资源外，每个运动机构工艺对象还使用 30 个“扩展运动控制资源”，在 PLC 选型时应注意它具有的资源数目。

5.1.2　坐标系的基本知识

运动机构控制会涉及许多对象，例如运动机构自身、工具、托盘、坐标系等。运动机构工艺对象根据运动命令计算工具中心点（TCP）的所有运动，并且分解到各个关节的电动机位置和速度设定值。

运动机构工艺对象使用右手笛卡尔坐标系（符合 DIN 66217），如图 5-3 所示。

通过图 5-4 的工作空间示例说明了各坐标系间的关系。

世界坐标系（WCS）：WCS 是运动机构工作空间的固定坐标系，WCS 的零点是各个对象以及运动机构工艺对象上的各个运动的基准点。

运动机构坐标系（KCS）：KCS 的坐标原点是运动机构的零位（KZP），从 KZP 开始组态运动系统的几何参数。可组态 KCS 在 WCS 中的位置。

法兰坐标系（FCS）：FCS 连接到运动机构的工具适配器（法兰）上。

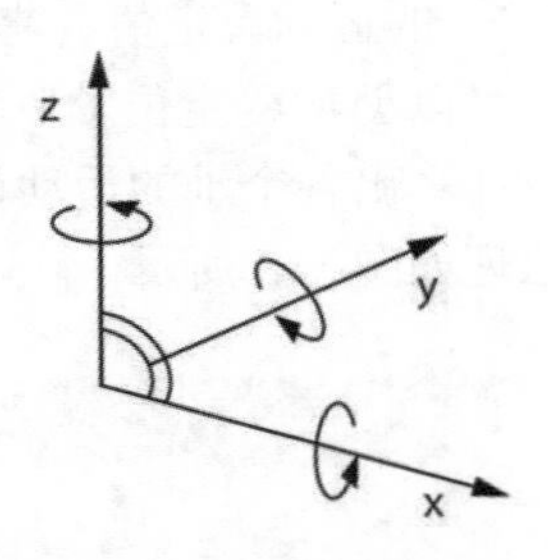

图 5-3　右手笛卡尔坐标系

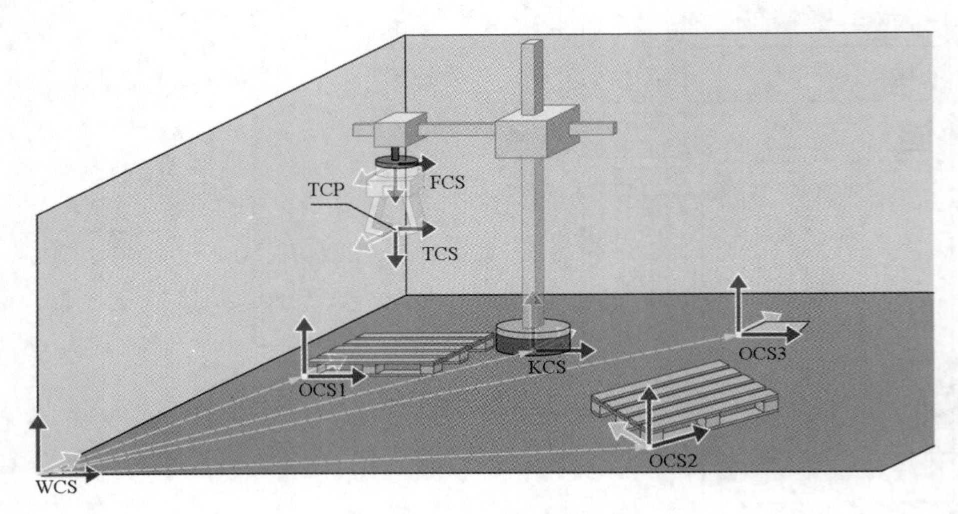

图 5-4　各坐标系间的关系

工具坐标系（TCS）：TCS 连接到 FCS，并将工具中心点（TCP）定义为坐标原点，TCP 是工具的操作点。运动机构的运动通常是指 TCP 的运动（对于 WCS/OCS），可定义 TCS 在 FCS 中的位置。

对象坐标系（OCS）：OCS 是用户定义的工件坐标系。例如，可使用 OCS 定义工件对象在工作空间中的位置。可组态定义 OCS 在 WCS 中的位置。最多可以定义 3 个同时激活的 OCS。

5.1.3　运动机构的类型

运动机构的类型取决于机械系统的类型和轴的数量，ST-1500T 的运动机构工艺对象支持 2D/3D 直角坐标型、2D/3D 轮腿型、2D/3D 关节型、2D/3D 并联型、3D 圆柱坐标型及 3D 三轴型运动机构类型，如图 5-5 所示。运动机构的机械耦合形成工具中心点（TCP）的运动，在 TIA 博途软件项目中，可以根据选择的运动机构类型，使用相应的几何参数对运动机构进行组态。

以 2D 直角坐标型运动机构为例，在图 5-6 中显示了轴位置及 KCS 和 FCS 坐标系、运动机构的零位及运动机构正向移动一定距离后的位置（图中虚线所示）。

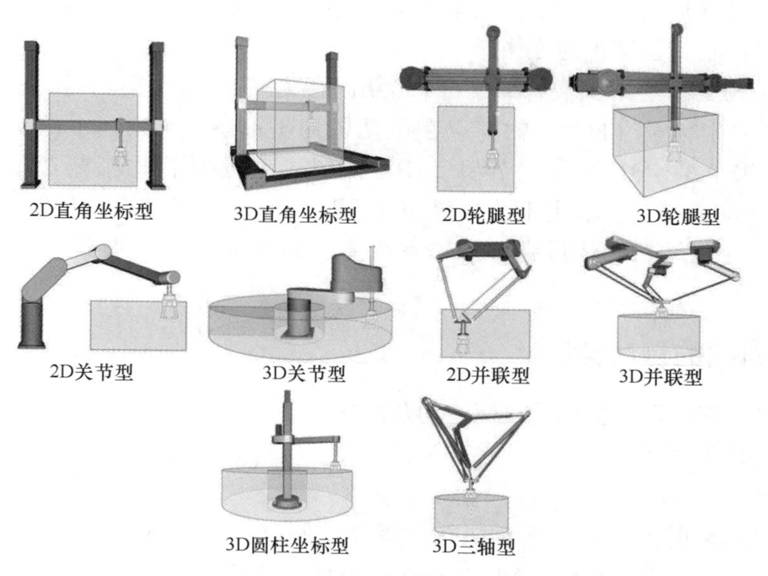

图 5-5　当前系统中包含的运动学模型

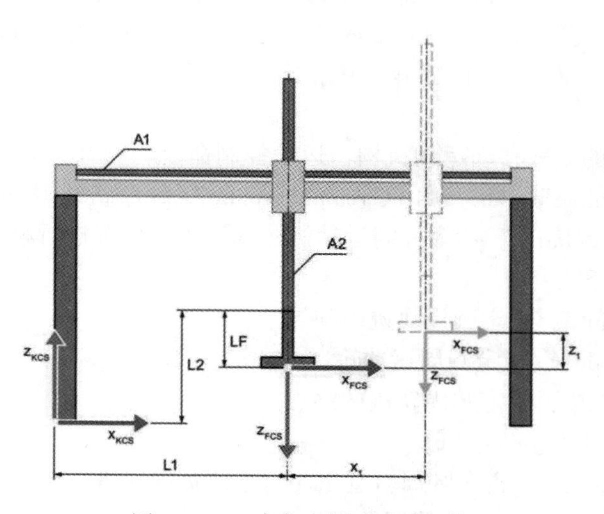

图 5-6　2D 直角坐标型运动机构

此运动机构坐标系（KCS）的零位（KZP）位于运动机构的底座上，法兰坐标系（FCS）位于与轴 A2 零位相距 LF 的位置上。各个互连工艺对象上的零位置决定了 KCS 中轴 A1 和 A2 的零位，可使用长度 L1（FCS 与 KZP 在 x 轴方向上的距离）和 L2（FCS 与 KZP 在 z 轴方向上的距离）定义独立驱动轴的零位相对于运动机构零位的距离。

5.1.4　运动机构的正逆变换

运动机构变换是指运动机构的合成坐标与各运动机构轴设定值之间的转换，分为基于运动机构各轴位置计算出合成坐标的正向变换和基于合成坐标计算出运动机构各轴位置的逆向变换。运动机构变换可转换位置值和动态响应值（速度、加速度），运动机构工艺对象可以在系统级为预定义的运动机构类型提供运动机构变换，但对于用户自定义的运动机构，用户必须在用户程序中自行计算正逆变换。

根据运动机构类型逆向变换合成坐标，会出现无法精确地转换到运动轴的轴位置（奇异位置）。当法兰坐标系（FCS）的零点在运动机构坐标系（KCS）中的 z 轴时，会出现这种情况。3D 关节型、3D 平面关节型、3D 圆柱坐标型运动机构工艺对象会出现奇异位置。当到达奇异位置时，会输出工艺报警 803，即“转换计算过程错误”，轴以最大动态值停止。为了防止运动机构运行到奇异位置或奇异位置附近，需要正确地规划运动机构的运动轨迹。

5.1.5　运动机构的运动类型

S7-1500T/TF 支持运动机构的线性运动及圆周运动，在运动控制命令中可以通过设置参数实现多个运动的连续控制。

1. 线性运动

可采用线性运动的方式移动运动机构，运动控制命令为“MC_MoveLinearAbsolute”和“MC_MoveLinearRelative”。通过“MC_MoveLinearAbsolute”命令将运动机构移动到绝对位置，通过“MC_MoveLinearRelative”命令控制运动机构基于当前位置进行相对移动。运动机构的目标位置在命令的输入参数“Position”中指定，而动态特性在输入参数“Velocity”“Acceleration”“Deceleration”和“Jerk”中指定。

2. 圆周运动

可采用圆周运动的方式移动运动机构，运动控制命令为“MC_MoveCircularAbsolute”和“MC_MoveCircularRelative”。MC_MoveCircularAbsolute”命令将运动机构移动到绝对位置，而“MC_MoveCircularRelative”命令控制运动机构基于当前位置进行相对移动。

重要参数说明如下：

- 参数“AuxPoint”，指定圆周轨迹中间点。
- 参数“CircMode”，指定圆周运动轨迹的方法。
- 参数“EndPoint”，指定圆周轨迹的终点。
- 参数“Arc”，指定圆周角度。
- 参数“PathChoice”，指定圆周轨迹正向行进或负向行进。
- 参数“CoordSystem”，指定使用的坐标系。
- 参数“CirclePlane”，可指定圆周轨迹行进的主平面。
- 而动态特性在输入参数“Velocity”“Acceleration”“Deceleration”和“Jerk”中指定。

在圆周运动时，用三种方式定义圆周轨迹，通过命令中的输入参数“CircMode”指定：

1）通过中间点和终点（“CircMode”=0）。输入参数“AuxPoint”指定一个圆周轨迹中间点，通过该点逐渐逼近参数“EndPoint”指定的终点。圆周轨迹可通过起点、中间点和终点进行计算，仅支持 360°以内的圆周运动，如图 5-7 所示。

2）通过圆心和主平面中的角度（“CircMode”=1）。输入参数“AuxPoint”定义该圆的中心点，圆周轨迹的终点则通过“Arc”参数中指定的角度计算得出，参数“PathChoice”用来指定圆周轨迹正向行进或负向行进，参数“CirclePlane”可指定圆周轨迹行进的主平面。圆周轨迹的终点通过圆心和角度进行计算，如图 5-8 所示。

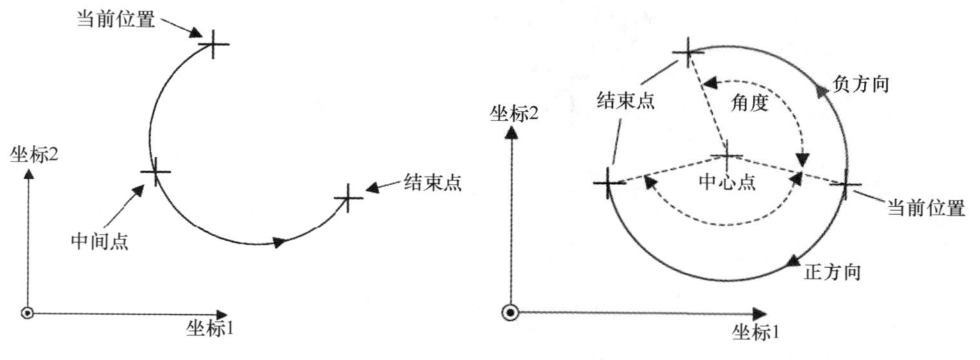

图 5-7　“CircMode”=0 的圆周运动

图 5-8　“CircMode”=1 的圆周运动

3）通过半径和主平面中的终点（“CircMode”=2）。输入参数“EndPoint”指定圆周轨迹的终点，“Radius”指定圆周轨迹的半径。在“CirclePlane”参数定义的平面中，最多可以有 4 种圆周轨迹，如图 5-9 所示。可以通过参数“PathChoice”指定采用哪个圆周轨迹，“PathChoice”=0 采用较短的正向圆周轨迹，“PathChoice”=1 采用较短的负向圆周轨迹，“PathChoice”=2 采用较长的正向圆周轨迹，“PathChoice”=3 采用较长的负向圆周轨迹。

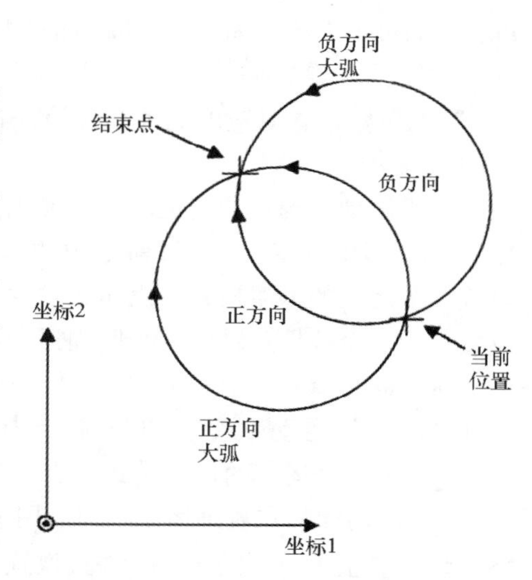

图 5-9　“CircMode”=2 的圆周运动

3. 同步点对点（sPTP）运动

同步点对点（sPTP）可以同时优化时间和运动轨迹，支持绕过奇点以及更改关键空间位置。运动机构不按指定的路径移动，而是通过最短距离到达指定的终点。所有运动机构轴同时移动，并同时到达给定的目标位置。行程时间最长的运动机构轴确定 sPTP 运动的行程时间。运动机构 TCP 的路线由各个轴的运动行程和动态值决定。为了缩短系列运动的行程时间，sPTP 运动和其它运动命令可以混合使用，比如使用线性或者圆周运动抓取产品，通过 sPTP 运动快速移动，随后再使用线性或者圆周运动放置产品。“MC_MoveDirectAbsolute”命令将运动机构移动到绝对位置，“MC_MoveDirectRelative”命令基于当前位置进行相对移动。目标位置由输入参数“Position”或者“Distance”指定，而动态特性通过输入参数“VelocityFactor”“AccelerationFactor”“DecelerationFactor”和“JerkFactor”系数定义，这些系数是轴工艺对象扩展参数中动态限值的百分比。

5.1.6　运动机构的多个运动衔接

对于运动机构来说，路径是由点及过渡区域或标准的几何元素组成的，图 5-10 是由 P1 ~ P5 5 个点规划的路径。在由 P1、P2 和 P2、P3 点两条直线的过渡区域可以由控制器进行计算，也可以在由 P2、P3 和 P4、P5 点两条直线间增加圆弧曲线过渡。

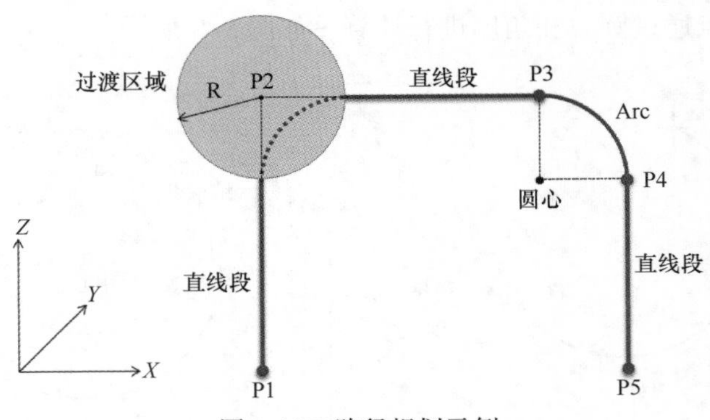

图 5-10　路径规划示例

对于运动机构可以进行多个运动的连接，即路径规划。运动机构可以在各个运动间停止，也可以实现连续的运动。对于线性运动的运动衔接可以使用运动控制命令“MC_MoveLinearAbsolute”和“MC_MoveLinearRelative”的输入参数“BufferMode”及“TransitionParameter［1］”设置两个运动的过渡模式，表 5-1 是“BufferMode”和“TransitionParameter［1］”两参数设置对应的两种线性运动过渡模式说明，其中 A、B、C 3 个点对应于图 5-10 中的 P1 ~ P3。

对于运动机构的圆周运动，可使用运动控制命令“MC_MoveCircularAbsolute”和“MC_MoveCircularRelative”，通过命令中的输入参数“BufferMode”及“TransitionParameter［1］”设置两个运动的过渡模式，表 5-2 是“BufferMode”和“TransitionParameter［1］”两参数的设置对应一个线性运动和一个圆周运动的过渡模式参数说明。

对于同步点对点（sPTP）运动，可使用“MC_ MoveDirectAbsolute”和“MC_MoveDirectRelative ”运动命令，通过命令中的输入参数“BufferMode”及“TransitionParameter［1］”设置两个运动的过渡模式，表 5-3 是一个线性运动和 sPTP 运动过渡模式的说明。要在 sPTP 运动和其它轨迹运动之间启用过渡，需要设置足够大的过渡距离，避免在 TCP 的最终轮廓中产生小曲率的半径，并且设置合理的动态响应参数。

表 5-1　两种线性运动过渡模式说明

“Transition Parameter［1］”参数	“BufferMode”参数	说　明
不相关	“BufferMode” = 1 B A　A1　A2　C	附加运动： 当前的线性运动已完成，运动机构将停止，然后执行下一个线性运动
d >0. 0	“BufferMode” = 2、5 d　B　d A　A1　A2　C	运动过渡： 1）当到达目标位置的过渡距离时，激活的线性运动与下一个线性运动混合 2）当“BufferMode” = 2 时，两种运动在低速状态下混合；或当“BufferMode” = 5 时，两种运动在高速状态下混合

（续）

“Transition Parameter［1］”参数	“BufferMode”参数	说　明
d = 0.0	“BufferMode” = 2、5 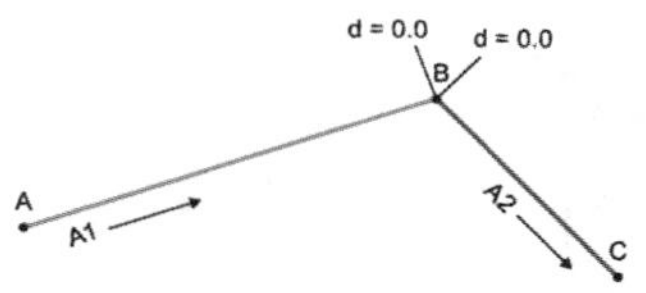	运动过渡： 1）由于过渡距离为 0.0，因此行进过程与“BufferMode” = 1 时相同 2）当前的线性运动已完成，运动机构将停止，然后执行下一个线性运动
d < 0.0	“BufferMode” = 2、5 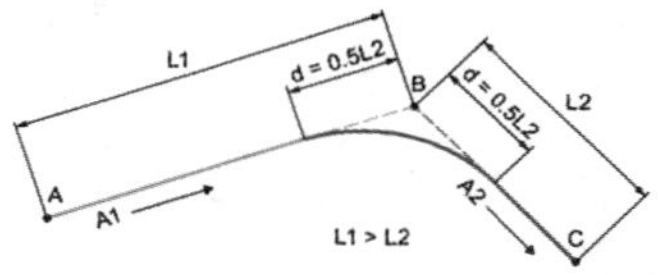	运动过渡： 1）由于过渡距离为负，因此使用最大过渡距离，示例中最大过渡距离被“< TO >. Transition. FactorBlendingLength”默认值限制为较短距离的 50%；当到达目标位置的过渡距离时，激活的线性运动与下一个线性运动混合 2）当“BufferMode” = 2 时，两种运动作业在低速状态下混合；或当“BufferMode” = 5 时，两种运动在高速状态下混合

如果“TransitionParameter［1］”参数的值小于 0.0，则使用最大过渡距离。最大过渡距离可以通过工艺对象变量“< TO >. Transition. Factor Blendindth”组态为两种运动中较小轨迹距离的 0% 到 100%，默认值为 50%。

通过运动命令中的“BufferMode”和“DynamicAdaption”参数，可定义运动机构运动转换的动态特性。对于图 5-10 中规划的路径，在运动时可以对运动进行动态响应的动态调整，在运动机构中有以下几种配置方式：

1）设置“DynamicAdaption” = 1：使用段进行动态调整，可将带有混合段的轨迹细分为多个附加段，对于这些分段，计算速度曲线时应考虑到适用于运动的各个轴的动态限值。因此，动态响应根据运动的各个部分进行调整。此种方式会占用更多的运算资源，在 S7-1511T或者 S7-1515T 中使用时，必须考虑增加 OB91 组织块的计算周期时间。

2）设置“DynamicAdaption” = 2：对于动态调整不进行路径分段，计算速度曲线时应考虑到适用于整个运动的轴动态限值，动态调整包含速度和加速度。

3）设置“DynamicAdaption” = 0：取消动态调整，此时不考虑轴的动态限值。此种设置时，路径速度受组态的最大速度值限制，但计算出的各轴速度给定值可能会超过轴自身的最大速度限制值，轴会按此值工作，运动机构工艺对象报警 511，但不停止运动。在实际的应用中，取消动态调整会带来较高的风险。

表 5-2　线性运动和圆周运动的过渡模式说明

“Transition Parameter［1］” 参数	“BufferMode” 参数	说　明
不相关	“BufferMode” = 1 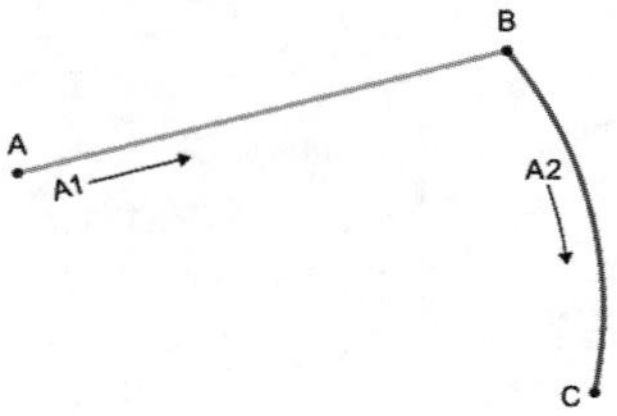	附加运动： 当前的线性运动已完成，运动机构将停止，然后执行圆周运动
d > 0.0	“BufferMode” = 2、5 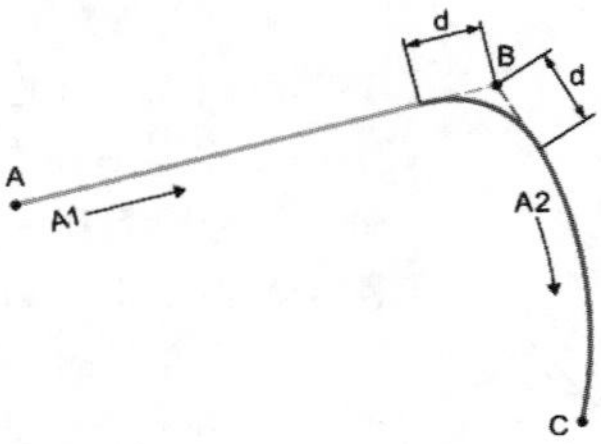	运动过渡： 1）当到达目标位置的过渡距离时，激活的线性运动与圆周运动混合 2）当 “BufferMode” = 2 时，两种运动作业在低速状态下混合；或当 “BufferMode” = 5 时，两种运动在高速状态下混合
d = 0.0	“BufferMode” = 2、5 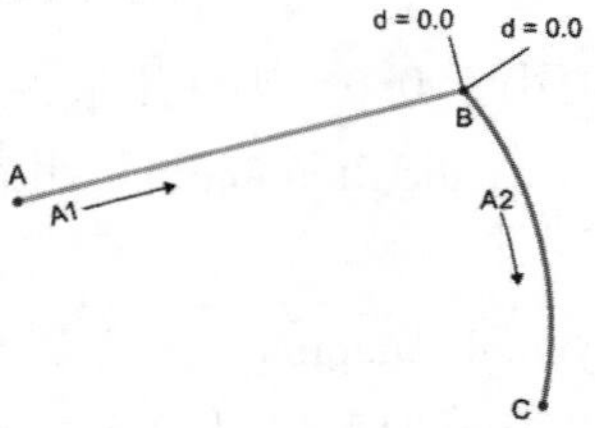	运动过渡： 1）由于过渡距离为 0.0，因此行进过程与 “BufferMode” = 1 时相同 2）当前的线性运动已完成，运动机构将停止，然后执行下一个圆周运动
d < 0.0	“BufferMode” = 2、5 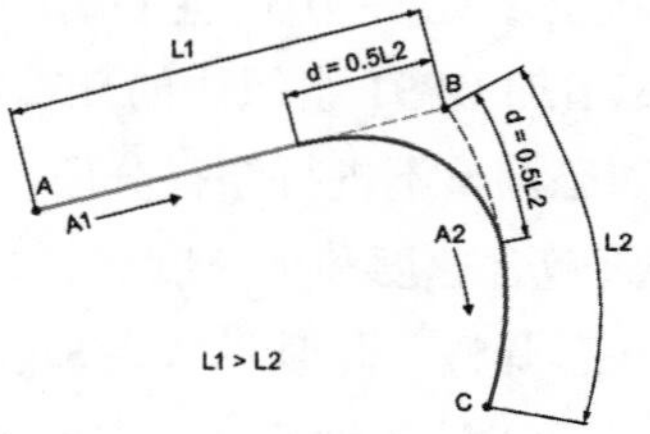	运动过渡： 1）由于过渡距离为负，因此使用最大过渡距离，示例中最大过渡距离被 “<TO>. Transition. FactorBlendingLength” 默认值限制为较短距离的 50%；当到达目标位置的过渡距离时，激活的线性运动与下一个圆周运动混合 2）当 “BufferMode” = 2 时，两种运动作业在低速状态下混合，或当 “BufferMode” = 5 时，两种运动在高速状态下混合

表 5-3　线性运动和同步点对点（sPTP）运动过渡模式说明

Transition Parameter［1］	BufferMode	说　明
不相关	“BufferMode” = 1 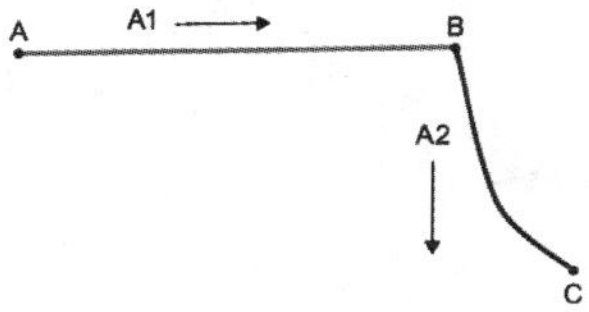	附加运动： 当前的线性运动已完成，运动机构将停止，然后执行 sPTP 运动
d > 0.0	“BufferMode” = 2、5 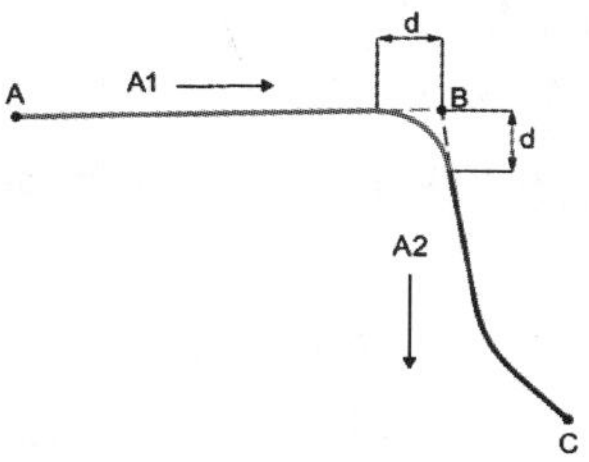	混合运动： 当到达目标位置的过渡距离时，激活的线性运动与 sPTP 运动混合当“BufferMode” = 2 时，两种运动作业在低速状态下混合，或当“BufferMode” = 5 时，两种运动在高速状态下混合
d = 0.0	“BufferMode” = 2、5 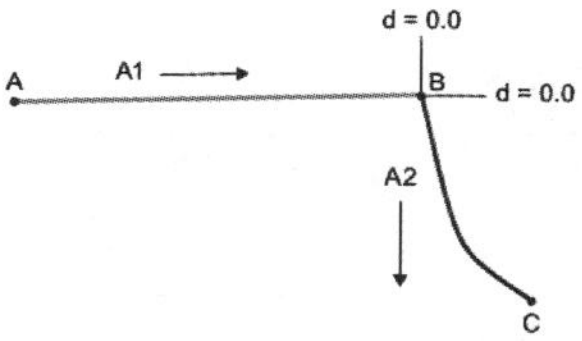	混合运动： 由于过渡距离为 0.0，因此行进过程与“BufferMode” = 1 时相同当前的线性运动已完成，运动机构将停止，然后执行下一个 sPTP 运动
d < 0.0	“BufferMode” = 2、5 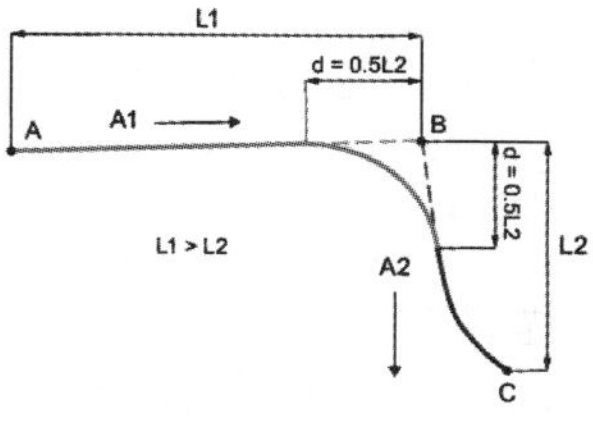	混合运动： 由于过渡距离为负值，因此使用最大的过渡距离。示例中最大过渡距离“< TO >. Transition. FactorBlendingLength”变量限制为较短距离的 50%（默认值）。当到达目标位置的过渡距离时，激活的线性运动与下一个 sPTP 运动混合 当“BufferMode” = 2 时，两种运动命令在低速状态下混合，或当“BufferMode” = 5 时，两种运动在高速状态下混合

5.1.7　运动机构的区域监视

1. 区域监视简述

区域是指可供用户描述和细分运动机构工作空间的几何体，用户可在运动机构工艺对象上组态工作空间区域和运动机构区域，工作空间区域对运动机构的环境进行了描述。

运动机构的区域监视主要用于运动机构在运行过程中防止机械发生冲突，进入区域时可触发与过程相关的操作（信号区），图 5-11 显示了运动机构的各个区域。

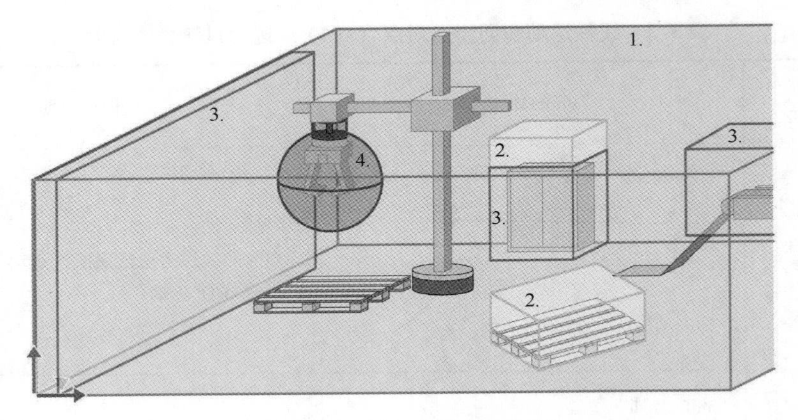

图 5-11　运动机构的各个区域

1—工作区　2—信号区　3—封锁区　4—法兰区域和刀具区域

区域组态：通过组态运动机构工艺对象或在用户程序中使用运动控制命令，可指定和激活/禁用区域。

区域监视：区域监视用于检查所有激活的工作空间区域（工作区、信号区、封锁区）是否与所有激活的运动机构区域（法兰区域、工具区域）发生冲突。区域监视将监视各区域中运动机构的所有运动，如果区域监视检测到运动机构的运动超出相关区域，会产生响应，见表 5-4。

表 5-4　运动区域响应

超出区域	响　应	说　明
退出工作区	报警且停止	运动机构工艺对象输出一个工艺报警，运动将停止
进入信号区	报警但不停止	运动机构工艺对象输出一个工艺报警，运动机构的运动将继续
进入封锁区	报警且停止	运动机构工艺对象输出一个工艺报警，运动将停止，运动机构超出区域的制动轨迹长度最小

超出区域后的处理：在运动机构工艺对象中确认工艺报警后，可再次移动运动机构。

2. 工作空间区域

工作空间区域对运动系统的环境进行了描述。在世界坐标系（WCS）或对象坐标系（OCS）中定义工作空间区域。最多可以组态并且激活/禁用 10 个工作区域。表 5-5 表列出了运动机构工艺对象的工作空间区域。

表 5-5　运动机构工艺对象的工作空间区域

工作空间区域	说　明
工作区	工作区定义运动机构区域可在其中移动的区域
信号区	信号区指示以下内容： • 运动机构区域正进入信号区 • 运动机构区域位于信号区中
封锁区	封锁区定义运动机构区域不能进入的区域

工作区：可以用来限制运动机构的行程空间。对运动机构可指定多个工作区，但在一段给定时间内只能激活一个工作区。如果未激活任何工作区，则会将运动机构的整个行进空间视为工作区域。运动机构区域必须处于工作区内，当运动机构区域离开工作区时，运动机构工艺对象会输出工艺报警 806（报警响应：以运动机构的最大动态值进行停止）。运动机构运动的相关轴基于为运动机构工艺对象组态的最大动态值进行停止。作业序列中的所有作业均被取消。

信号区：信号区指示运动机构区域发生区域超出现象，但不会触发停止运动机构的运动。信号区可位于工作区之外。运动机构区域进入信号区时，运动机构工艺对象会输出工艺报警 807（无报警响应）。

封锁区：运动机构区域不能进入此类区域（例如控制柜、防护墙）。封锁区位于工作区之外。运动机构区域进入封锁区时，运动机构的工艺对象会输出工艺报警 806（报警响应：以运动机构的最大动态值进行停止）。运动机构运动的相关轴基于为运动系统工艺对象组态的最大动态值进行停止，作业序列中的所有作业均被取消。

3. 运动机构区域

运动机构区域与运动机构的工作点/法兰相关，并随运动机构进行移动。区域监视会检查运动机构区域是否进入工作空间区域。通过运动机构区域，可将受监视区域扩展到工具中心点（TCP）之外。最多可组态以及激活/禁用 9 个运动机构区域。表 5-6 列出了运动机构工艺对象的运动机构区域。

表 5-6　运动机构工艺对象的运动机构区域

运 动 区 域	参考坐标系	说　　明
工具区	TCS	工具区对工具或工具部件进行范围定义
法兰区	FCS	法兰区对法兰或法兰部件进行范围定义

工具区：在工具坐标系（TCS）中定义工具区，图 5-12 显示了球形工具区。

法兰区：在法兰坐标系（FCS）中定义法兰区，图 5-13 显示了圆柱形法兰区，此示例中，定义了法兰区域高度在 FCS 负 z 方向的平移。

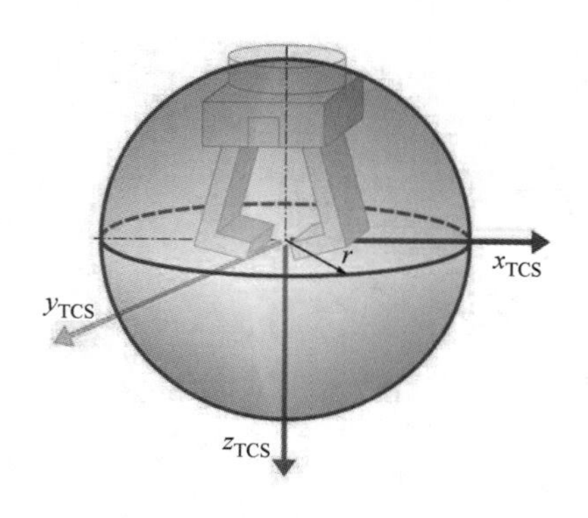

图 5-12　球形工具区

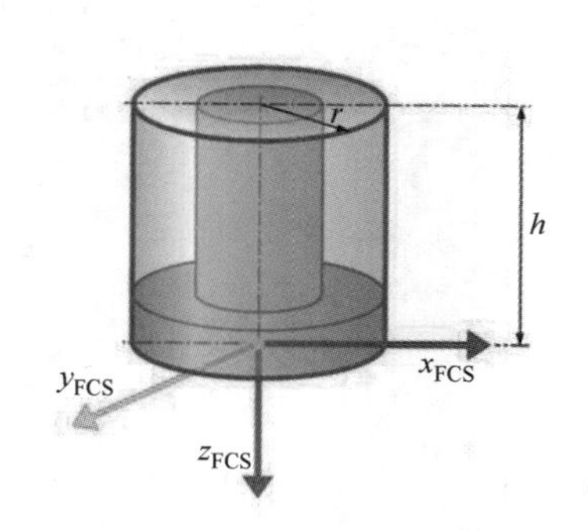

图 5-13　圆柱形法兰区

5.1.8　运动机构工艺对象的配置

通过运动机构控制命令，可以使运动机构在 3D 空间中运行，对于运动机构的运动轨迹需要提前进行规划，规划时应考虑运动机构的可到达点、运动区域、变换区域、机械的连接位置空间以及轴的软件限位开关等因素。编程时，对于运动机构控制命令中指定的目标位置和目标方向，可以指定世界坐标系（WCS）或对象坐标系（OCS）作为参考坐标系。

配置运动机构工艺对象具体步骤见表 5-7。

表 5-7　配置运动机构工艺对象的步骤

<table>
<tr><th>步骤</th><th>描　述</th></tr>
<tr><td>1</td><td>创建运动机构工艺对象需要的定位轴或同步轴工艺对象
启动
ProjectTest
添加新设备
设备和网络
PLC_1 [CPU 1515T-2 PN]
设备组态
在线和诊断
程序块
工艺对象
新增对象
PositioningAxis_1 [DB1]
PositioningAxis_2 [DB2]
外部源文件</td></tr>
<tr><td>2</td><td>双击“新增对象”创建运动机构工艺对象
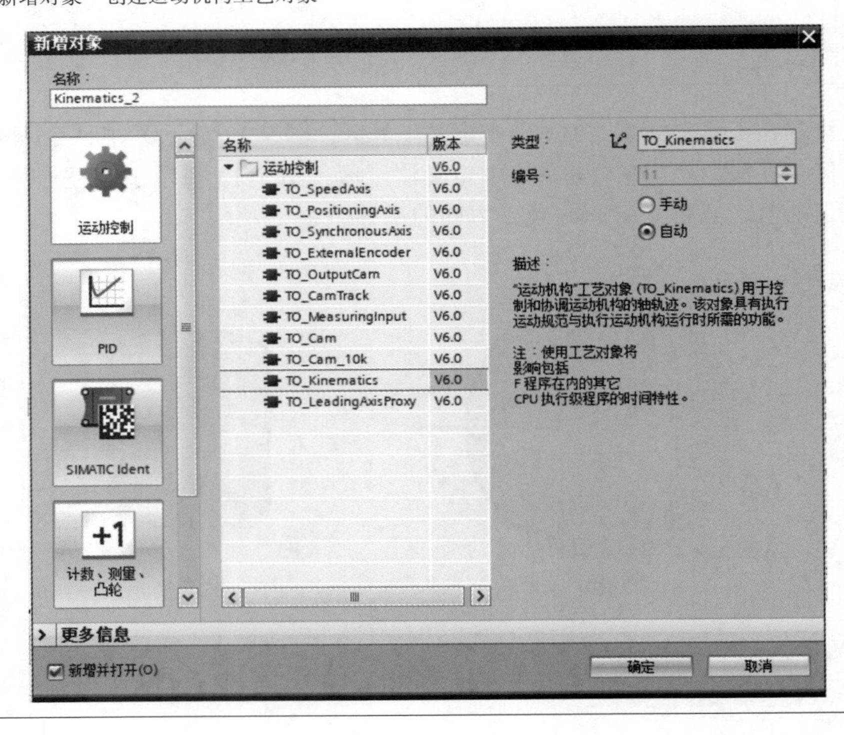
</td></tr>
</table>

（续）

步骤	描　述
3	在“运动机构类型”的下拉列表中，选择所需的运动机构类型，为运动机构的位置、速度、角度和角速度选择所需要的测量单位 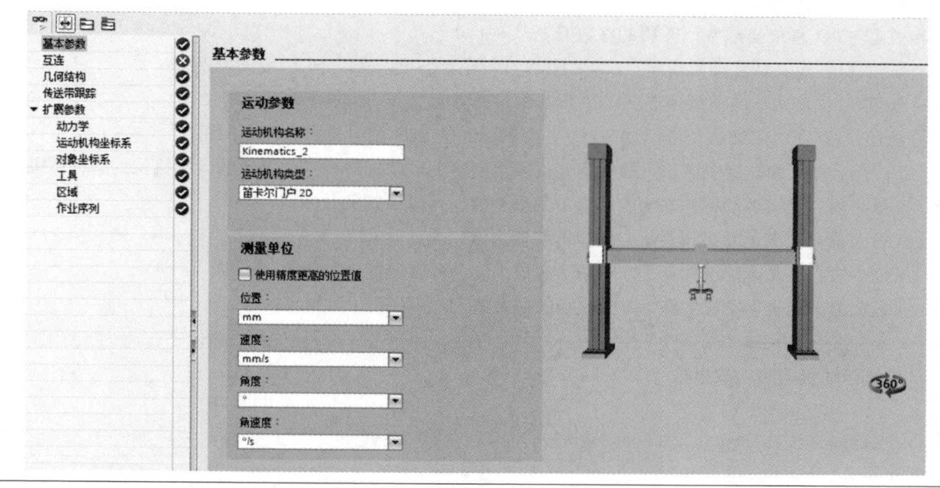
4	在“互连”组态窗口中选择运动机构的轴工艺对象 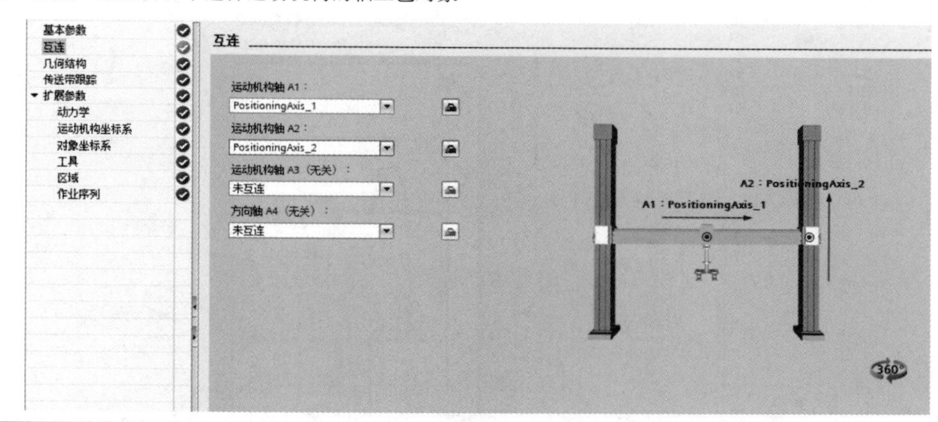
5	设置运动机构的几何参数，确定轴位置及 KCS 和 FCS 坐标系、运动机构的零位 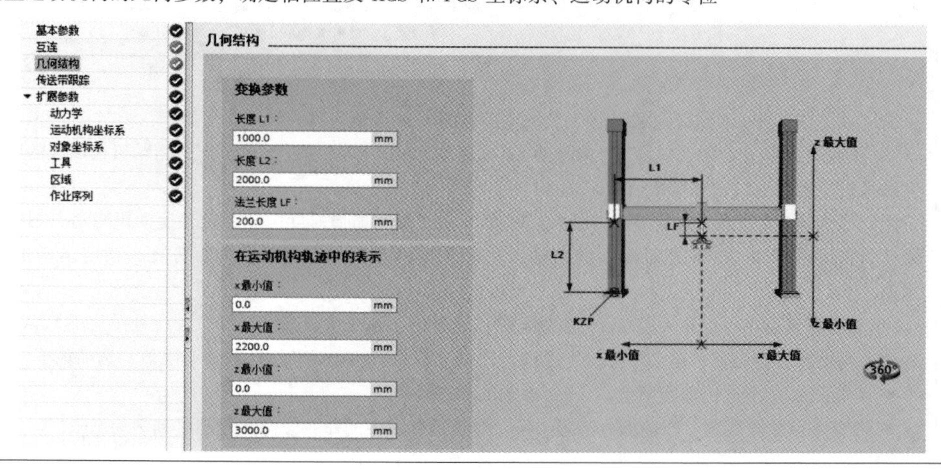

（续）

<table>
<tr><th>步骤</th><th>描　　述</th></tr>
<tr><td>5</td><td>在“几何参数”中，“变换参数”和“在运动机构轨迹中显示”两选项内容的具体含义如下：
1）变换参数。根据运动机构类型定义运动机构坐标系（KCS）中运动机构的转换参数，对于本示例运动机构类型“2D 直角坐标型”需要的参数有：
长度 L1：定义从运动机构零点（KZP/KNP），在 KCS 的 x 轴方向上 A1 轴的距离
长度 L2：定义从运动机构零点，在 KCS 的 z 轴方向上 A2 轴的距离
法兰长度 LF：定义法兰坐标系（FCS）与轴 A2 在 KCS 的 z 轴负方向上的距离
2）在运动机构轨迹中显示。根据运动机构类型定义运动机构轨迹中显示的运动机构的坐标范围：
x 最小值：定义运动机构在 x 方向显示的最小值，可以设置负数数值
x 最大值：定义运动机构在 x 方向显示的最大值
z 最小值：定义运动机构在 z 方向显示的最小值，可以设置负数数值
z 最大值：定义运动机构在 z 方向显示的最大值</td></tr>
<tr><td>6</td><td>设置运动机构的动态参数

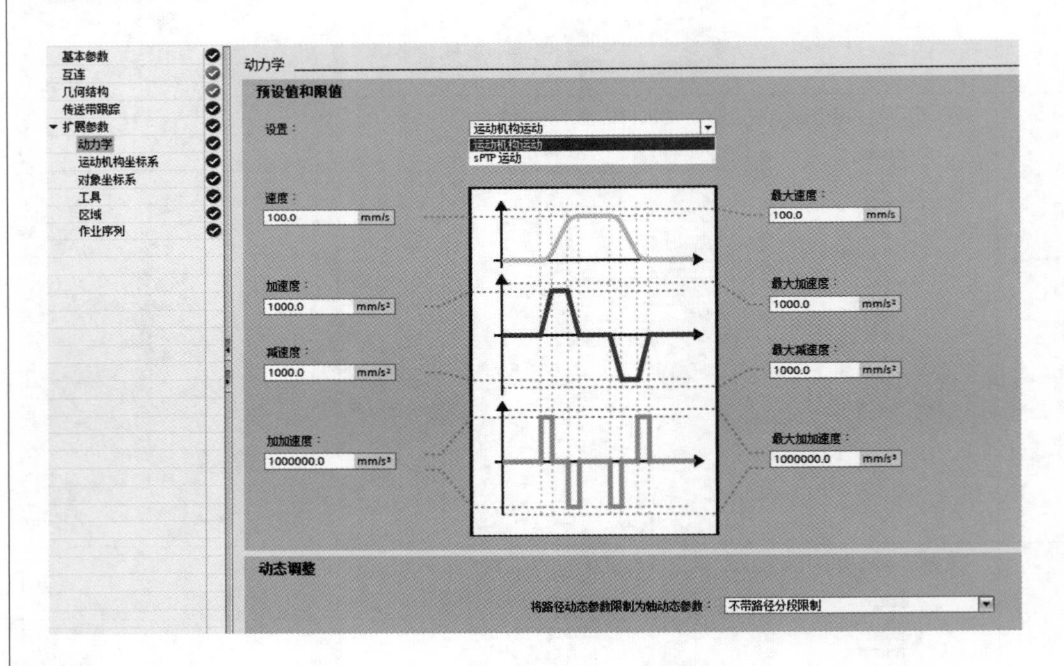

在“动力学”中，“预设值和限值”及“动态调整”两选项内容的具体含义如下：
1）预设值和限值。在“速度”“加速度”“减速度”和“加加速度”中，定义运动机构动态的默认值，用于运动机构控制命令的动态默认值。
在“最大速度”“最大加速度”“最大减速度”和“最大加加速度”中，定义运动机构动态响应的最大默认值，同步点到点（sPTP）运动时，使用轴工艺对象扩展参数中动态限值的百分比，指定运动的动态响应默认值。
2）动态调整（“DynamicAdaption”参数的默认设置值，命令中设置为 -1 时，此处组态的默认值生效）。激活动态调整时，会为整个运动计算速度曲线，计算时考虑了轴和运动机构的动态限值，选项如下：
• 不能限制（不进行动态调整）：不考虑轴的动态限值
• 带有路径分段限制：轨迹拆分为多个段，对于这些段中的每一段都不能超过轴的动态限值。</td></tr>
</table>

（续）

步骤	描　述
6	• 不带路径分段限值：在整个路径上不会超过轴的动态限值 下图分别显示了动态调整激活和未激活时的速度曲线，A：动态调整被激活，B：动态调整未激活 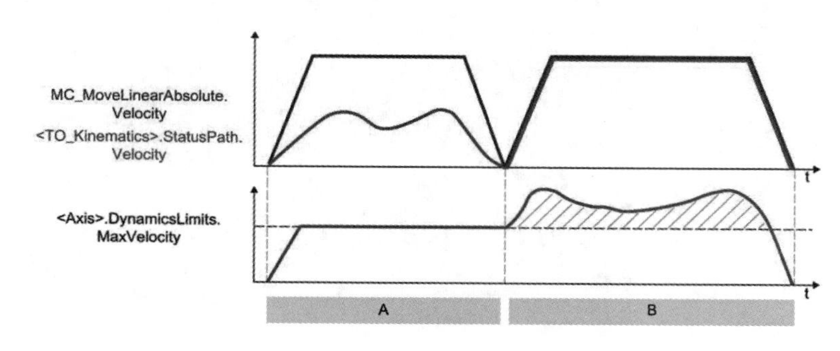
7	在“运动机构坐标系”组态窗口中，组态机构坐标系（KCS）在世界坐标系（WCS）中的位置 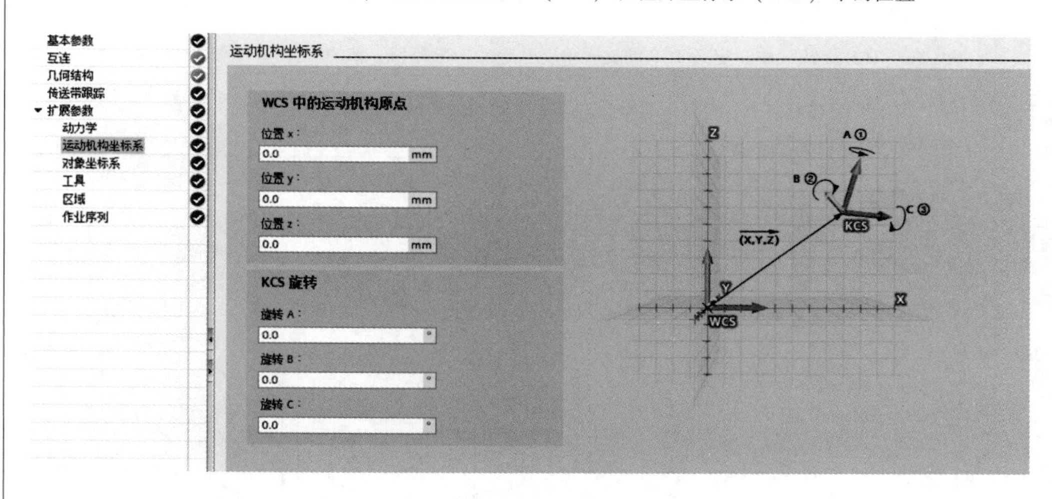 1）在“世界坐标系（WCS）中的“KCS”坐标系的位置 x 位置：定义 KCS 在 WCS 的 x 方向的平移 y 位置：定义 KCS 在 WCS 的 y 方向的平移 z 位置：定义 KCS 在 WCS 的 z 方向的平移 2）在“KCS 旋转”中定义坐标系旋转 旋转 A：定义 KCS 围绕 z 轴的旋转 旋转 B：定义 KCS 围绕 y 轴的旋转 旋转 C：定义 KCS 围绕 x 轴的旋转

（续）

<table>
<tr><th>步骤</th><th>描　　述</th></tr>
<tr><td>8</td><td>
在“工具”组态窗口中，组态工具和法兰坐标系中工具中心点（TCP）的位置

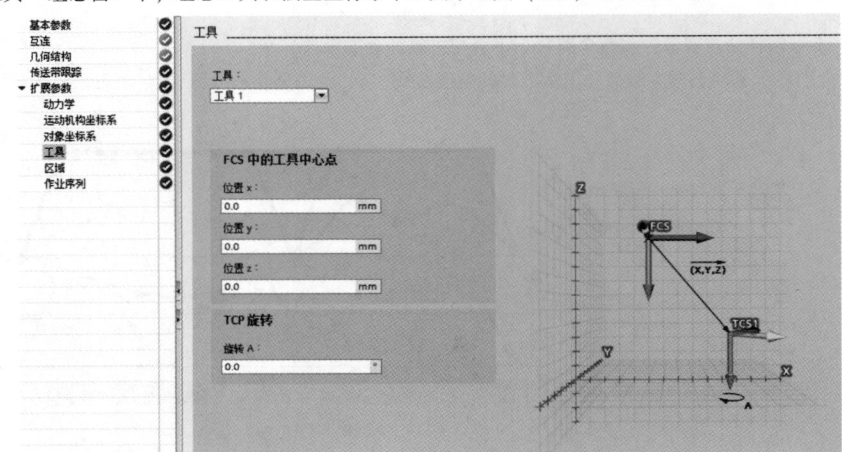

1）在“工具”中，可以选择要定义的工具，但最多可以定义 3 个工具
2）在“FCS 中的工具中心点”中，定义所选工具在 FCS 中的工具中心点的位置
x 位置：定义 TCP 在 FCS 的 x 方向的平移
y 位置：定义 TCP 在 FCS 的 y 方向的平移
z 位置：定义 TCP 在 FCS 的 z 方向的平移
3）在“TCP 旋转”中，定义 TCP 的旋转角度：定义 TCP 围绕 z 轴的旋转
</td></tr>
<tr><td>9</td><td>
在“区域”组态窗口中，组态工艺对象的工作空间区域和运动机构区域

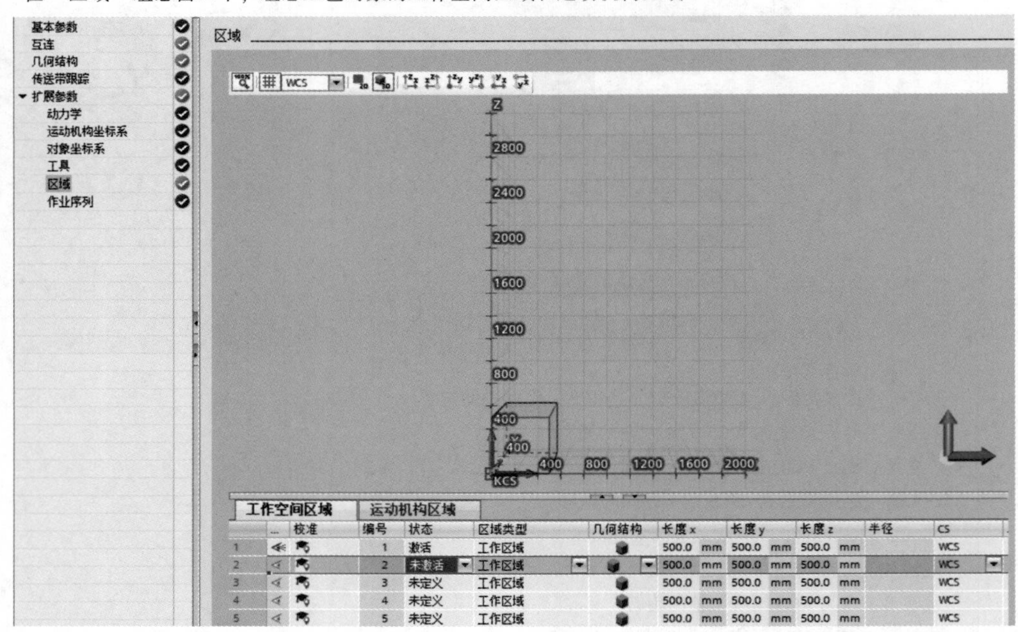

组态窗口分为“图形视图”和“表格式编辑器”上、下两部分：
1）图形视图。在表格式编辑器中，定义的工作空间区域或运动机构区域显示在图像视图中，可以使用鼠标选择视图和缩放大小。图形编辑器顶部的工具栏中有一些功能按钮，用于图形显示
</td></tr>
</table>

（续）

<table>
<tr><th>步骤</th><th>描　　述</th></tr>
<tr><td>9</td><td>2）表格式编辑器。在表格编辑器中，可分别对“工作空间区域”和“运动机构区域”进行定义
a. “工作空间区域”的定义。工作空间区域对运动机构的环境进行了描述，最多可在表中组态 10 个工作区域，表格各列说明如下：
• 可见：使用此列中的符号显示和隐藏顶视图的工作区域
• 校准：用于打开所选工作空间区域的校准组态窗口
• 编号：该列显示区域编号
• 状态：在此列选择区域激活状态，选择“激活”表示为此区域激活了区域监视，可以通过“MC_SetWorkspaceZoneInactive”命令，编程禁用用户指定的区域监视。选择“未激活”表示此区域禁用了区域监视，可以通过“MC_SetWorkspaceZoneActive”命令，编程激活用户指定的区域监视。选择“无效”表示未定义区域，可以通过“MC_DefineWorkspaceZone”命令，定义用户指定的工作空间区域
• 区域类型：在此列选择区域类型，“工作区域”是定义运动机构在其中移动的区域，最多可指定 10 个工作区域，在一个给定时间内仅可以激活一个工作区域，如果未激活任何工作区域，则会将运动机构的整个行进空间视为工作区域。“封锁区”是定义运动机构区域不能进入的区域。“信号区”定义当运动机构运行超出区域时发出信号指示的区域，但不会触发停止运动机构的运动
• 几何参数：在此列选择区域的几何形状，可选择“球体”“长方体”或“圆柱体”
• 长度、宽度、高度：如果定义的几何参数为“长方体”，这些列则分别定义在 x、y、z 3 个方向的区域长度
• 半径：如果定义的几何参数为“球体”或“圆柱体”，在此列定义区域半径
• CS：在此列选择参考坐标系，WCS 为世界坐标系，OCS 1 为对象坐标系 1，OCS 2 对象坐标系 2，OCS 3 对象坐标系 3
• x、y、z：分别用于定义 3 个方向的区域位置坐标
• A、B、C：分别定义围绕 z 轴、y 轴、x 轴的旋转角度
b. “运动机构区域”的定义。运动机构区域与运动机构的工作点/法兰相关，并随运动机构进行移动。区域监视会检查运动机构区域是否进入工作空间区域，可以在表中组态最多 10 个运动机构区域。设置方法与“工作空间区域”的定义类似</td></tr>
<tr><td>10</td><td>在“作业序列”组态窗口中，可以组态“作业序列”中的最大作业数和最大过渡距离
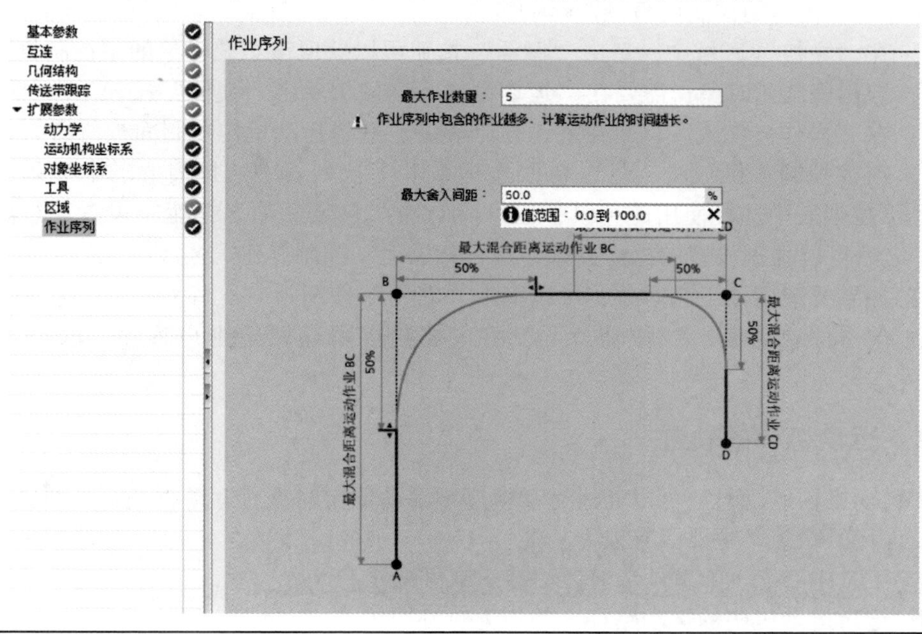
</td></tr>
</table>

5.2　运动机构的调试

5.2.1　运动机构的控制面板

为了方便运动机构的运行测试，TIA 博途软件中提供了运动机构的控制面板，可获取运动机构工艺对象的控制权限，控制该运动机构或各个独立关节轴的运动，如图 5-14 所示。

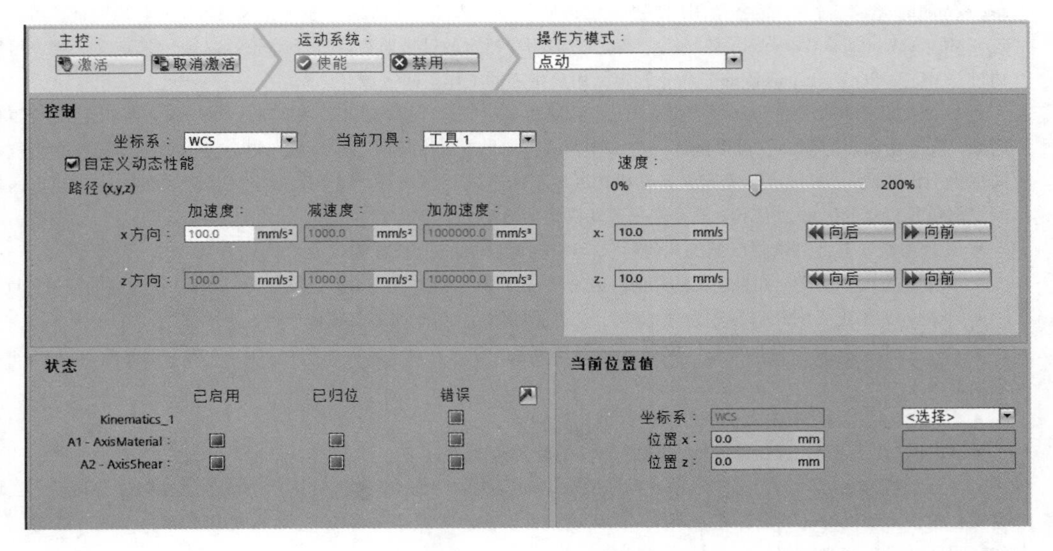

图 5-14　运动机构的控制面板

通过运动机构的控制面板控制运动机构或各个独立关节轴，请按下列步骤操作：

1）在“主控”区域中，单击“激活”按钮可以获取该工艺对象的主控制权限。

2）启用该工艺对象，需要在“运动系统”区域中单击“使能”按钮。

3）在“操作方模式”区域中的下拉列表中，选择运动机构控制面板所需的功能。

4）在“控制”区域中，可以在“坐标系”下拉列表中选择需要的坐标系，在“当前工具”下拉列表中选择使用的工具，也可以勾选“自定义动态性能”设置运行测试的加速度值。之后可以根据设置的操作模式，进行相关运动控制操作。

5）如果要禁用该工艺对象，可以单击“禁用”按钮。

6）单击“取消激活”按钮，可以将主控制权限返回给用户程序，取消控制面板的操作。

5.2.2　运动机构的轨迹

在运动机构运行时，可以通过运动轨迹跟踪功能实时查看运动轨迹，以便更加直观地看到路径运行的状态。主要具有以下功能：

1）工具中心点（TCP）当前运动的三维可视化。

2）记录运动机构的运动路径，并作为轨迹回放。

3）可组态记录持续时间、采样率和触发记录等参数。

4）将路径运动的记录保存为测量值，或者以文件格式导出和导入。

双击路径对象下的“运动机构轨迹”，如图 5-15 所示。在打开的界面中，可单击“组态”标签进行信号跟踪的设置，之后单击“3D 可视化”标签，在界面中单击“记录”按钮，可以跟踪路径曲线轨迹，通过 10.1 章节中的“LK-inCtrl”运动机构控制库形成的运动轨迹如图 5-16 所示。

图 5-15　运动机构轨迹

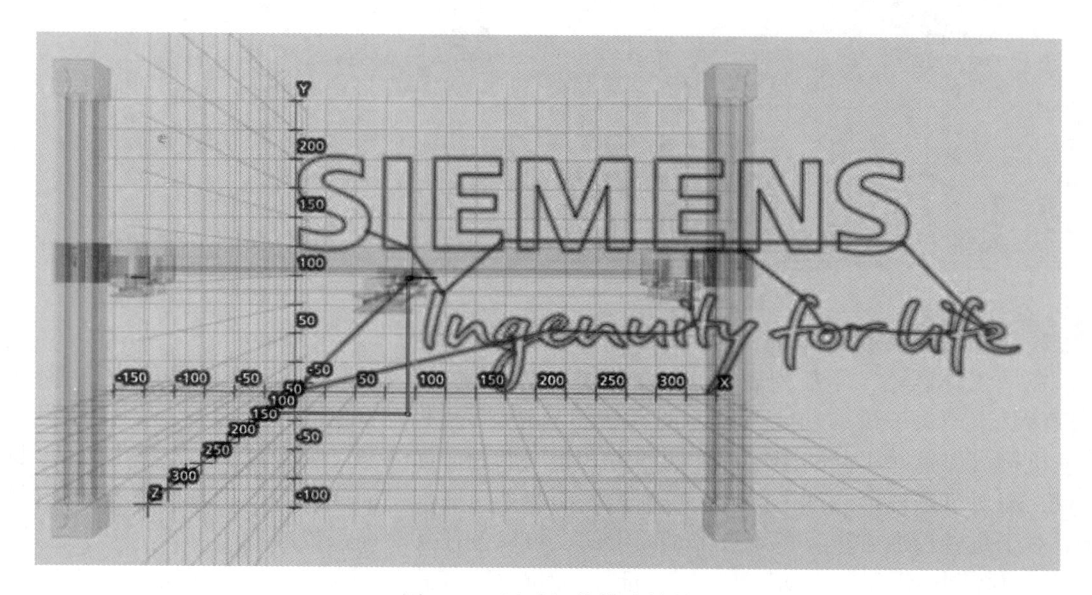

图 5-16　运动机构轨迹结果

运动机构轨迹工具栏的主要按钮功能说明如下：

：开启监视，建立在线连接。

：开始轨迹记录。

：停止轨迹记录。

：从文件导入记录。

：将所选记录导出至文件。

：将所选记录添加到轨迹下的测量值中。

5.2.3　运动机构的校准

通过运动机构提供的校准功能 校准，可以灵活设置对象坐标系或者工作空间区域的校准定义参数。在校准区域中，通过设置各个点和角度，可以方便校准坐标系或者工作空间区域。使用的具体视图因对象坐标系的校准、工作空间区域的校准以及所选校准方法而有所不同。

1. 对象坐标系（OCS）的校准

在“对象坐标系”下拉列表中选择一个需要校准的 OCS。不同运动机构的类型，使用不同的校准方法，比如 2D 运动系统可以通过两个坐标点或者移动并绕 Y 轴旋转的方式进行校准，如图 5-17 所示。

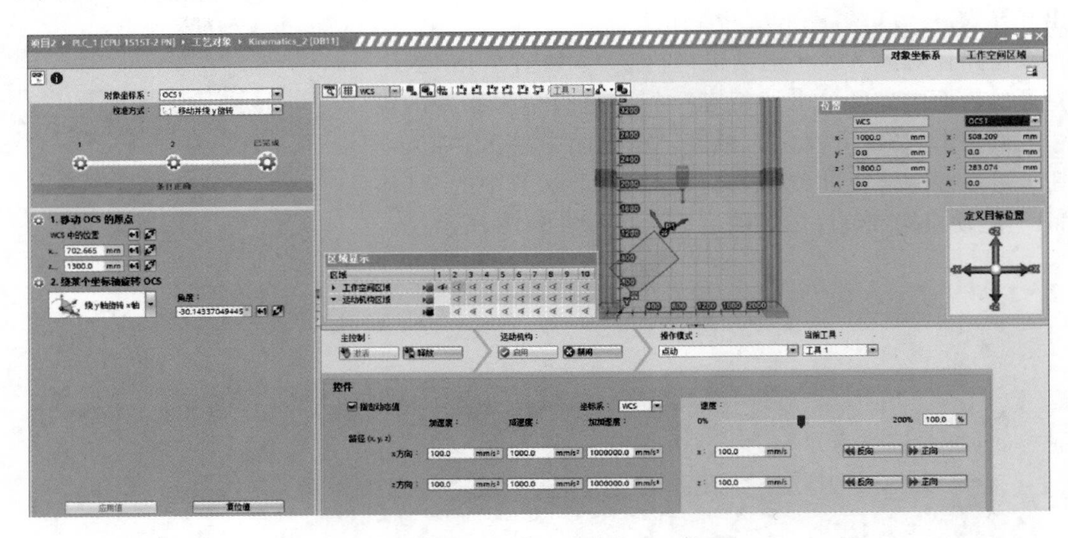

图 5-17　对象坐标系（OCS）的校准

2. 工作空间区域的校准

在“工作区域”下拉列表中，选择需要校准的区域，在“状态”下拉列表中选择区域的激活状态。对于校准功能，需要选择状态“激活”或“非激活”以及对应的区域类型。运动机构可以针对不同的图形以不同的方式进行校准，如图 5-18 所示。长方形可以使用拐角点，而对于圆柱形或球形区域，可通过表面线条、圆形平面或者半径、直径的方式进行校准。对于每种校准方法，各个点都是固定的，可以按任意顺序来校准各个点。

通过控制面板在“点动”或“点动到目标位置”模式下，在线移动实际的运动机构。在 3D 视图中，可以看到运动机构模型的运动。通过按钮⏎将坐标数值标定为设定的区域位置。

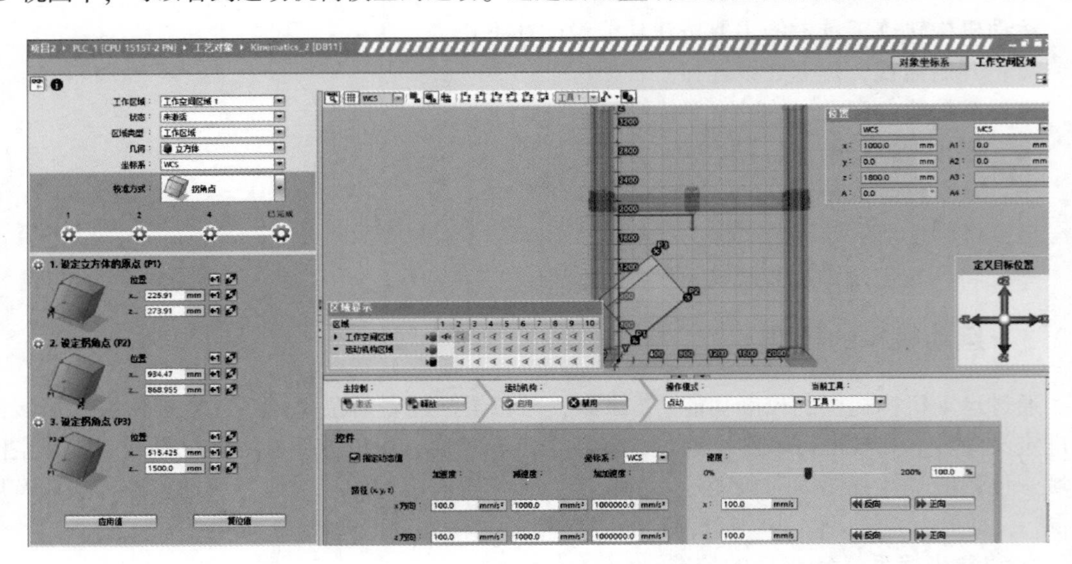

图 5-18　工作空间区域的校准

5.3　运动机构编程

在用户程序中，可通过运动机构的直线运动、圆弧运动、中断、继续、停止运动、定义和激活工作空间或运动机构区域、定义和激活工具以及重新定义对象坐标系等命令对运动机构进行路径运动控制。在 5.1.5 章节中已对直线及圆弧运动控制命令做了详细介绍，本章节只对运动状态及其它命令做简要介绍。

5.3.1　运动状态和剩余距离

1. 运动的状态

对于运动控制命令，可以使用“Busy”和“Active”参数标识运动的状态。执行命令时，将“Busy”参数设置为 TRUE，并将此命令添加到运动序列中。运动命令在命令序列中时，将“Active”参数设置为 FALSE。命令在运动控制中激活后，将“Active”参数设置为 TRUE。如果运动命令完成，参数“Busy”和“Active”置位为 FALSE，参数“Done”置位为 TRUE。

如果将其它运动命令添加到运动序列中，则将重新计算运动序列中的所有未激活命令。当前运动也包含在新的计算中，以便当前运动与下一个运动混合。如果由“MC_GroupInterrupt”中断运动，则只能通过“MC_GroupContinue”继续进行中断的运动控制。

2. 运动指令的剩余距离

可以从命令的“RemainingDistance”参数中获取运动指令的剩余距离。

5.3.2　中断、继续、停止和复位运动机构

运动机构可以通过下述命令中断、继续、停止和复位运动机构：

1. MC_GroupInterrupt

使用运动控制命令“MC_GroupInterrupt”，可中断运动机构工艺对象上执行的运动。使用参数“Mode”，可指定中断动作的动态特性。当“Mode”=0 时，使用被中断运动命令的动态特性进行停止；当“Mode”=1 时，通过运动机构运动的最大动态参数进行停止。

2. MC_GroupContinue

使用运动控制命令“MC_GroupContinue”，可继续执行之前由“MC_GroupInterrupt”中断的运动系统的运动。只有当工艺对象的状态为“Interrupted”时，“MC_GroupContinue”命令才有效。

3. MC_GroupStop

使用运动控制命令“MC_GroupStop”，可停止和中止运动机构工艺对象上当前的运动。如果运动已由“MC_GroupInterrupt”中断，则将中止运行。指令序列中所有未执行的命令也将被“MC_GroupStop”中止。

4. MC_Reset

可以通过“MC_Reset”命令或重启工艺对象确认运动机构工艺对象的错误，使用“MC_Reset”时需要在“Axis”参数上填写运动机构工艺对象的名称。

5.3.3 运动区域

运动机构可以通过下述命令定义、激活运动区域：

1. MC_DefineWorkspaceZone

用运动控制命令“MC_DefineWorkspaceZone”，可对世界坐标系或对象坐标系定义工作空间区域。用参数“GeometryType”和“GeometryParameter”可指定工作区的形状和大小，用“ZoneType”参数可将工作空间区域定义为工作区、封锁区或信号区。最多可以定义 10 个工作区。可以同时激活几个定义的封锁区和信号区，只有 1 个工作区可以被激活。

2. MC_DefineKinematicsZone

用运动控制指令“MC_DefineKinematicsZone”，可对工具和法兰坐标系定义运动机构区域。用参数“GeometryType”和“GeometryParameter”可指定区域的几何形状和大小，最多可定义 9 个运动机构区域。

3. MC_SetWorkspaceZoneActive/MC_SetWorkspaceZoneInactive

这两个命令分别用于激活/不激活已定义的工作空间区域，用参数“ZoneNumber”输入区域编号，已定义的工作区中，只有 1 个工作空间区域可以被激活。

4. MC_SetKinematicsZoneActive/MC_SetKinematicsZoneInactive

这两个命令分别用于激活/不激活相应的运动机构区域，用参数“ZoneNumber”输入区域编号，用参数“Mode”可取消激活一个特定的运动机构区域（“Mode”=0）或所有运动机构区域（“Mode”=1）。

5.3.4 工具

运动机构可以通过下述命令定义、选择工具：

1. MC_DefineTool

用“MC_DefineTool”运动控制命令重新定义工具 1，存储在系统中的起始值不会被覆盖。在默认情况下，工具 1 是激活的。用参数“Frame”定义相对于法兰坐标系的坐标，只有当运动机构处于停止状态时，才能执行该命令。

2. MC_SetTool

用运动控制命令“MC_SetTool”可激活工具。用参数“ToolNumber”可指定工具号。

只有当运动机构处于停止状态时，才能执行该命令。默认情况下工具 1 被激活。

5.3.5 坐标系的设置

用运动控制命令“MC_SetOcsFrame”可定义对象坐标系（OCS）相对于世界坐标系（WCS）的位置。用参数“Frame”指定相对于世界坐标系的坐标，在参数“OcsNumber”中，输入对象坐标系的编号。

5.3.6 传送带跟踪

通过传送带跟踪功能，运动机构可以跟随移动传送带上的物体。传送带的位置信息由定位轴、同步轴或者外部编码器等工艺对象提供。

使用“MC_TrackConveyorBelt”命令可以实现传送带跟踪功能，如图 5-19 所示。

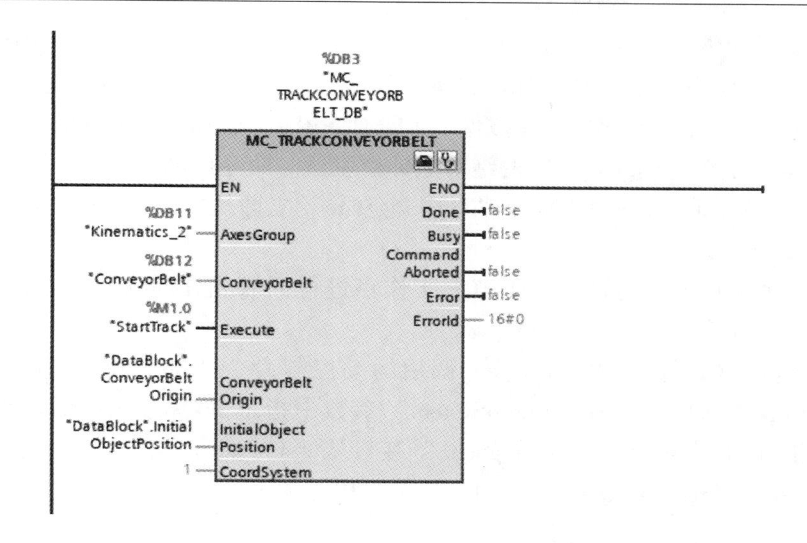

图 5-19　“MC_TrackConveyorBelt”命令

传送带跟踪的五个典型步骤如图 5-20 所示。

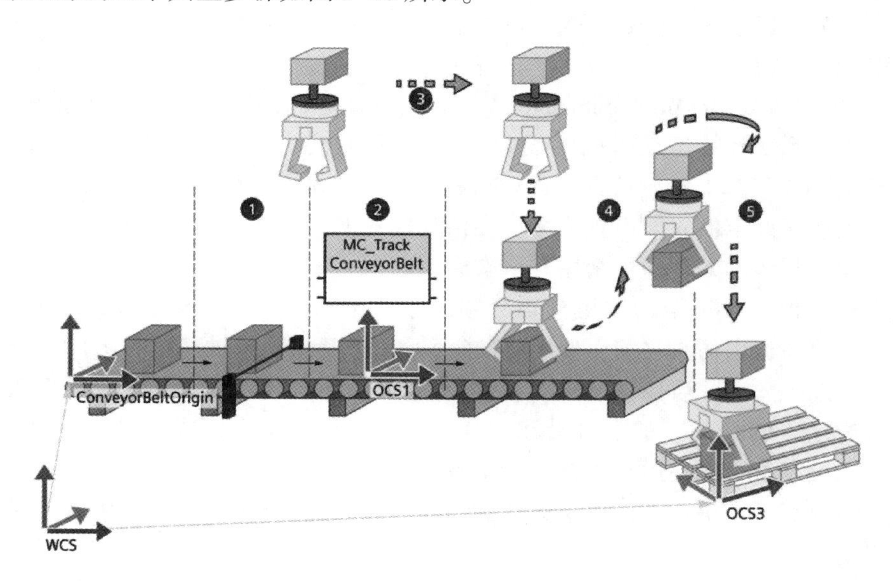

图 5-20　传送带跟踪的五个典型步骤

步骤 1：首先定义传送带相对于 WCS 的原始位置“ConveyorBeltOrigin”变量。获取光电开关等测量输入记录的传送带实时位置值，此位置值减去光电开关安装位置与原始位置“ConveyorBeltOrigin”的偏移量，其结果作为抓取物体的“InitialObjectPosition”初始位置变量。即抓取物体的“InitialObjectPosition”初始位置变量 = 光电开关等测量输入记录的传送带实时位置值 - 光电开关安装位置与原始位置“ConveyorBeltOrigin”之间的距离。

步骤 2：执行运动控制指令“MC_TrackConveyorBelt”，将 OCS1 分配给需要跟踪的抓取物体位置，如图 5 - 19 所示。随后，运动机构的相关系统变量会在 X 方向上跟踪 OCS1，运动机构的系统变量“TrackingState”会从“0”变为“1”。

步骤 3：运动机构移动到已跟踪的 OCS1 上，即将 TCP 工作点与传送带物体的 X 坐标重叠并且同步移动。使用命令“MC_MoveLinearAbsolute”或“MC_MoveCircularAbsolute”，并且在“CoordSystem”输入参数中设置数值 1（即 OCS1），“DynamicAdaption”输入参数需要设置为无动态调整，以跟踪 OCS1 中的绝对坐标位置值。命令启动时，“TrackingState”变量从“1”变为“2”。到达目标位置后，“TrackingState”立即从“2”变为“3”。TCP 现在跟随传送带上的物体移动。

步骤 4：跟踪 OCS1 的同时，移动 TCP 工作点进行抓取或处理物体等操作。步骤 4 中，TCP 始终跟随 OCS1。

步骤 5：解除 TCP 与 OCS1 的同步。调用运动控制命令“MC_MoveLinearAbsolute”或“MC_MoveCircularAbsolute”，在“CoordSystem”参数中指定 WCS 或未激活跟踪的 OCS，即可解除 TCP 与 OCS1 的同步，“TrackingState”变量从“3”变为“4”。命令结束时不再跟踪传送带物体位置，“TrackingState”从“4”变为“0”。

5.3.7 “MC_KinematicsMotionSimulation”运动机构仿真命令

禁用运动机构轴时或单轴运动的情况下，如果不激活仿真功能，将取消运动机构运动，并清空命令序列。通过激活仿真模式，可以使运动机构工艺对象保持激活状态，并且保留命令序列中的命令。

通过“MC_KinematicsMotionSimulation”命令，可以激活运动机构工艺对象的仿真模式。在仿真模式下，系统计算运动机构的设定值，但不输出到运动机构轴上。通过“Execute”的上升沿和“Mode” =1 开始仿真，运动机构轴的位置设定值保持恒定。运动机构轴的速度设定值和加速度设定值立即设置为零。在仿真模式下，运动机构工艺对象的各个轴可以独立移动，无须中断运动处理即可禁用并再次启用。

要退出仿真模式，每个运动机构轴必须位于“< TO >. AxesData. A [1..4] . Position”位置。因此需要在退出仿真之前，使用单轴命令将每个运动机构轴移至“< TO >. AxesData. A [1..4] . Position”位置。如果是激活了模态功能的轴还必须保证与仿真开始时处于相同的模态圈数。通过“Execute”的上升沿和“Mode” =0 退出仿真模式，退出后会继续执行运动机构运动。设定值直接在运动机构轴上生效。

举例：不取消运动机构工艺对象运动的情况下，通过运动机构仿真功能，禁用运动机构轴并再次启用。

1）通过“MC_GroupInterrupt”命令，中断运动机构运动，运动机构停止。

2）通过“Execute”上升沿且“Mode” =1 的“MC_KinematicsMotionSimulation”命令，将运动机构设为仿真模式。

3）根据实际的需要，可使用单轴命令移动运动机构中的轴。

4）使用“MC_Power”命令禁用运动机构中的轴，此时会保留运动机构命令序列。

5）使用“MC_Power”命令再次启用运动机构中的轴。

6）使用单轴命令将运动机构中的轴移动到“TO >. AxesData. A [1..4] . Position”位置。这些位置值与停止运动机构运动后的位置值相同。

7）通过“Execute”上升沿且“Mode” =0 的“MC_KinematicsMotionSimulation”命令使运动机构退出仿真模式。

8）通过“MC_GroupContinue”命令继续运动机构的运动。

5.4　练习 4：通过路径插补命令画“S”曲线

实现的任务：编写路径插补程序，运行图 5-21 的轨迹并 Trace 路径轨迹。

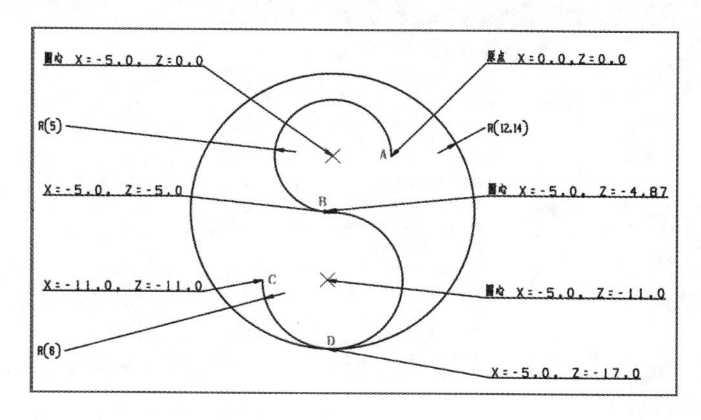

图 5-21　运动路径轨迹

运行轨迹分为以下几部分：

- “S”曲线的上半部分 S1（从 A 点到 B 点）。
- “S”曲线的下半部分 S2（从 B 点到 C 点）。
- “S”曲线的下半部分 S3（从 C 点到 D 点）。
- 外部圆 S4。
- 从任意位置直线运行回到初始位置（0，0，0）

1. 项目的组态及编写运动程序步骤见表 5-8。

表 5-8　项目的组态及编写运动程序步骤

步骤	描　述
1	创建两个位置虚轴，分别用于 X、Z 平面的路径插补 PLC_1 [CPU 1511T-1 PN] 设备组态 在线和诊断 软件单元 程序块 添加新块 Main [OB1] MC-Interpolator [OB92] MC-LookAhead [OB97] MC-Servo [OB91] 数据块_1 [DB8] 系统块 工艺对象 新增对象 Kinematics_1 [DB3] PositioningAxis_1 [DB1] PositioningAxis_2 [DB2] 外部源文件

（续）

步骤	描　　述
2	双击“新增对象”，创建运动机构工艺对象 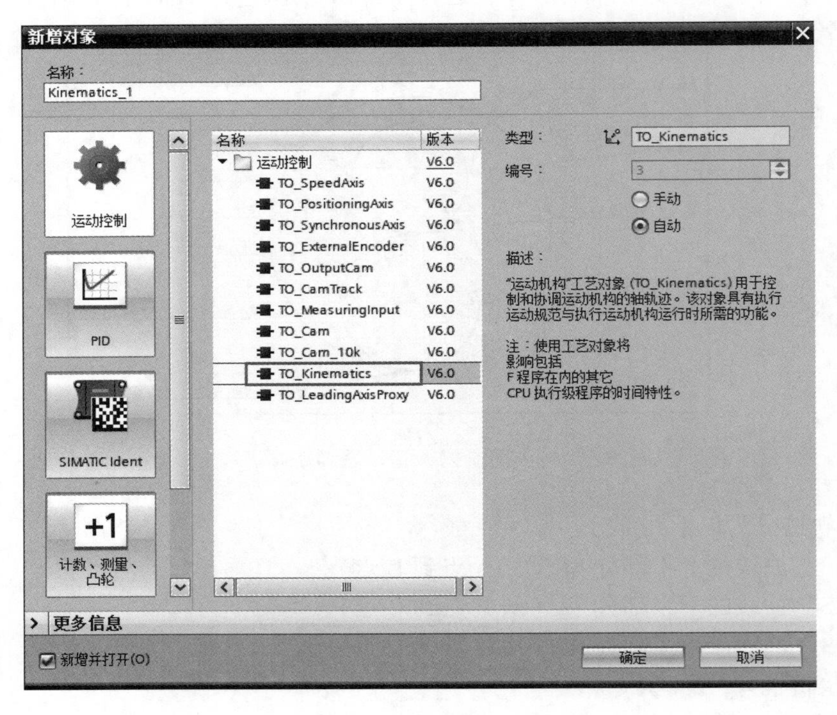 双击“运动机构工艺对象”下的“组态”，设置运动机构类型 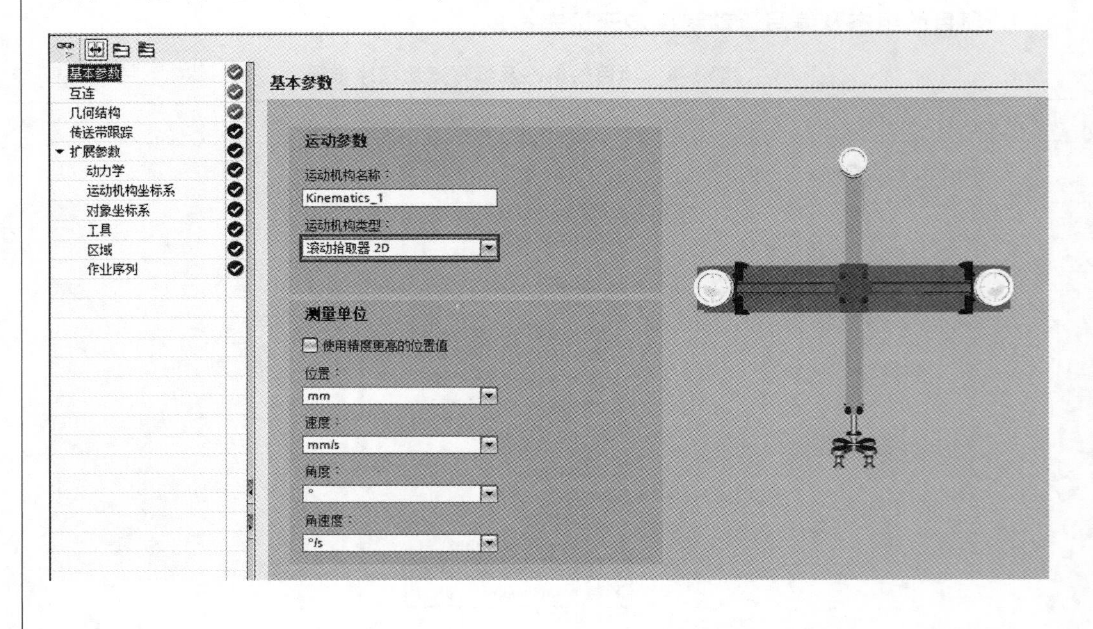

（续）

步骤	描　述
3	在“互连”中关联相应的轴 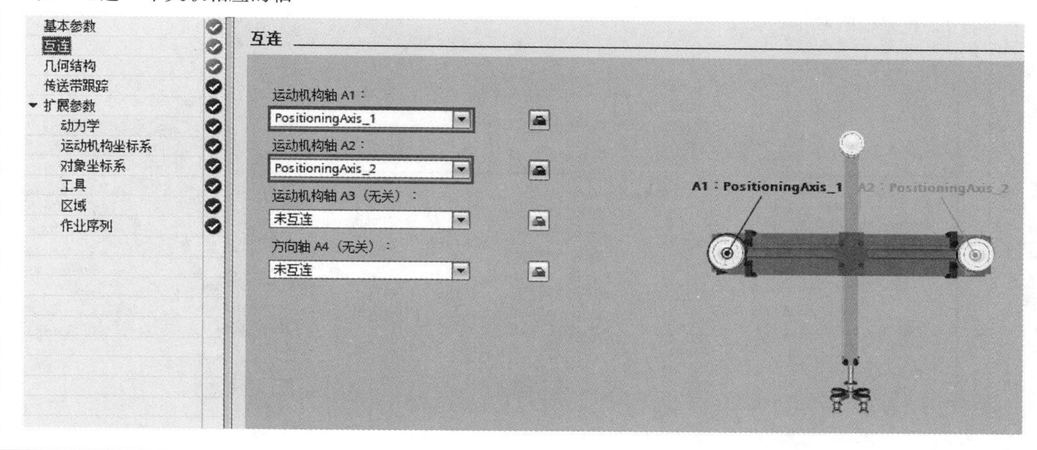
4	在“几何参数”中设置运动机构的几何数据 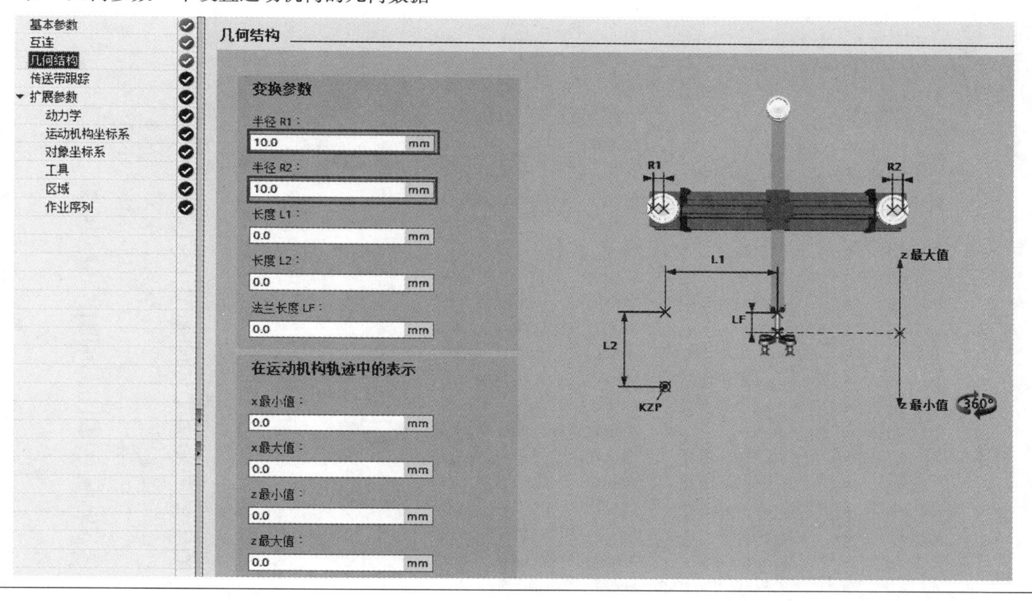
5	编写程序 1）使能两个位置轴 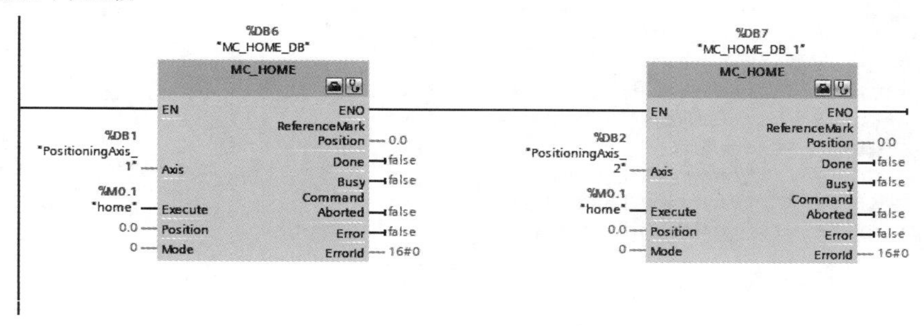

（续）

步骤	描　　述
5	2）位置轴回零

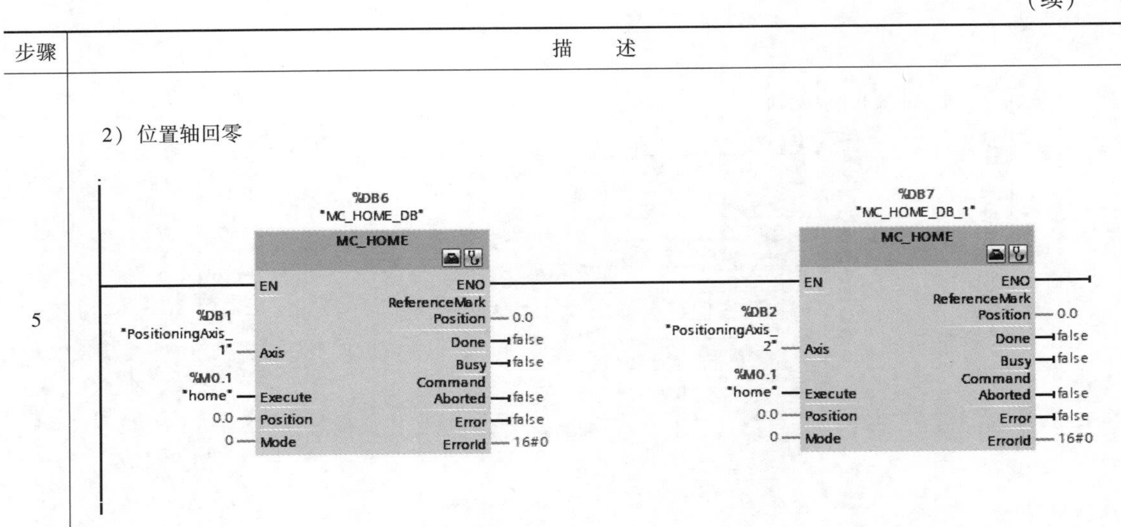

步骤	描　　述
6	创建 DB 数据块，预设画曲线中需要的各位置坐标数据

数据块_1

	名称	数据类型	起始值	保持	从 HMI/OPC..	从 H...	在 HMI ...
1	▼ Static			☐	☐	☐	☐
2	▼ Line0	Array[1..4] of LReal		☐	☑	☑	☑
3	Line0[1]	LReal	0.0	☐	☑	☑	☑
4	Line0[2]	LReal	0.0	☐	☑	☑	☑
5	Line0[3]	LReal	0.0	☐	☑	☑	☑
6	Line0[4]	LReal	0.0	☐	☑	☑	☑
7	▼ S1_auxPoint	Array[1..3] of LReal		☐	☑	☑	☑
8	S1_auxPoint[1]	LReal	-5.0	☐	☑	☑	☑
9	S1_auxPoint[2]	LReal	0.0	☐	☑	☑	☑
10	S1_auxPoint[3]	LReal	5.0	☐	☑	☑	☑
11	▼ S1_endPoint	Array[1..4] of LReal		☐	☑	☑	☑
12	S1_endPoint[1]	LReal	-5.0	☐	☑	☑	☑
13	S1_endPoint[2]	LReal	0.0	☐	☑	☑	☑
14	S1_endPoint[3]	LReal	-5.0	☐	☑	☑	☑
15	S1_endPoint[4]	LReal	0.0	☐	☑	☑	☑
16	▼ S2_centerPoint	Array[1..3] of LReal		☐	☑	☑	☑
17	S2_centerPoint[1]	LReal	-5.0	☐	☑	☑	☑
18	S2_centerPoint[2]	LReal	0.0	☐	☑	☑	☑
19	S2_centerPoint[3]	LReal	-11.0	☐	☑	☑	☑
20	▼ S3_endPoint	Array[1..4] of LReal		☐	☑	☑	☑
21	S3_endPoint[1]	LReal	-5.0	☐	☑	☑	☑
22	S3_endPoint[2]	LReal	0.0	☐	☑	☑	☑
23	S3_endPoint[3]	LReal	-17.0	☐	☑	☑	☑
24	S3_endPoint[4]	LReal	0.0	☐	☑	☑	☑
25	▼ S4_centerPoint	Array[1..3] of LReal		☐	☑	☑	☑
26	S4_centerPoint[1]	LReal	-5.0	☐	☑	☑	☑
27	S4_centerPoint[2]	LReal	0.0	☐	☑	☑	☑
28	S4_centerPoint[3]	LReal	-4.87	☐	☑	☑	☑

（续）

<table>
<tr><th>步骤</th><th>描　述</th></tr>
<tr><td>7</td><td>

1）编写第 1 段画圆弧程序 S1（S 的上半部分，从 A 到 B）

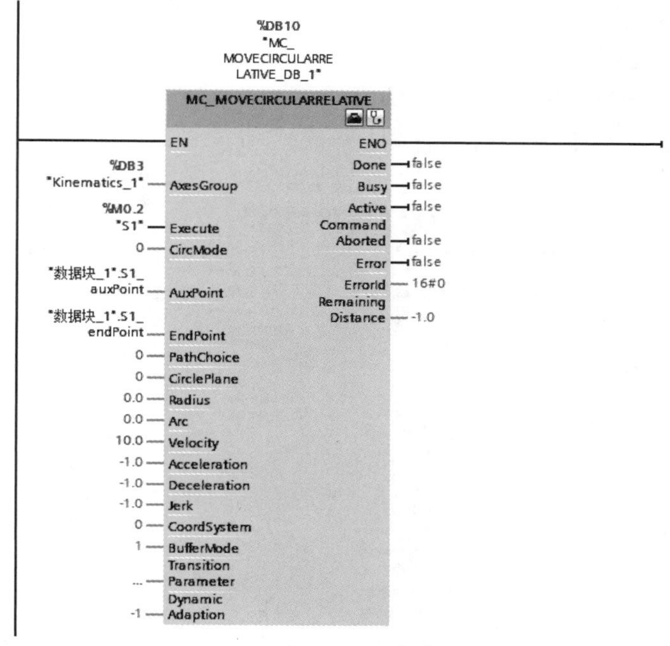

"ClrcMode" =0 通过辅助点和结束点画圆弧，辅助点由 "AuxPoint" 参数指定，结束点由 "EndPoint" 参数指定。

2）编写第 2 段画圆弧程序（S 的上半部分，从 B 到 C）

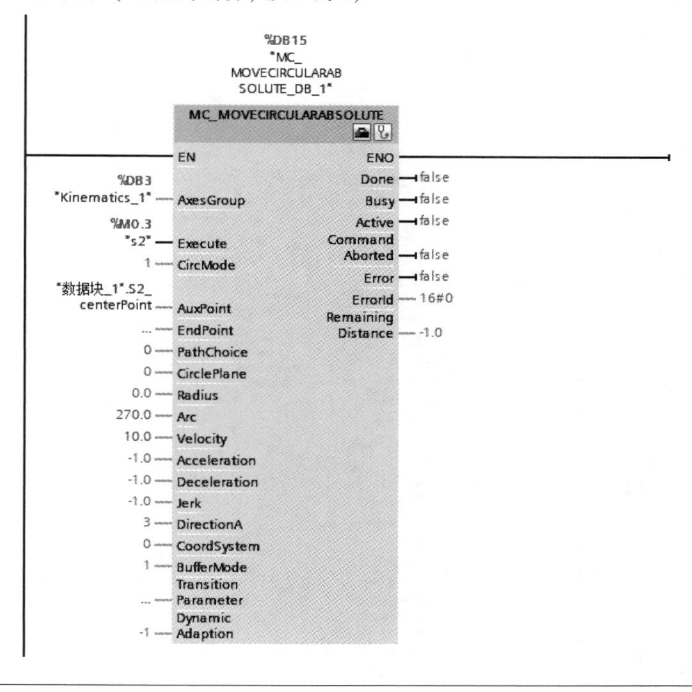

</td></tr>
</table>

（续）

<table>
<tr><th>步骤</th><th>描　述</th></tr>
<tr><td>7</td><td>

“CircMode”=1：通过圆心和主平面中的角度从当前位置画圆弧，圆心由“AuxPoint”参数指定，圆弧半径由“Radius”参数指定，圆周轨迹的终点通过圆心和角度进行计算

“PathChoice”=0：圆周轨迹的方向为正方向

“CirclePlane”=0：x-z 平面

3）编写第 3 段画圆弧程序（S 的下半部分，从 C 到 D）

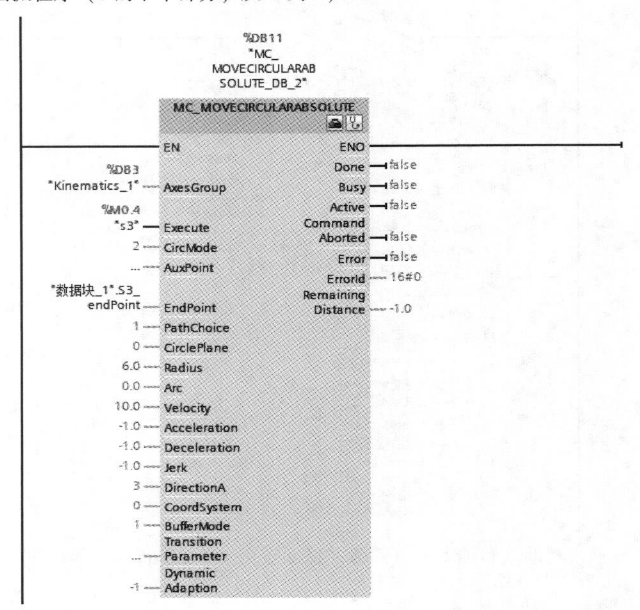

“CircMode”=2：通过指定半径和结束点画圆弧，半径由“Radius”参数指定，结束点由“EndPoint”参数指定。“PathChoice”=1：较短的负向圆周轨迹“CirclePlane”=0：x－z 平面

4）编写第 4 段画圆弧程序（外圆）

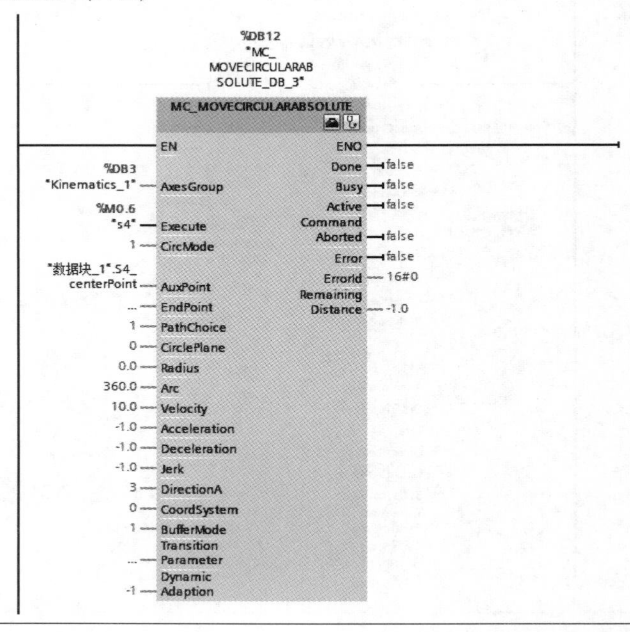

</td></tr>
</table>

（续）

步骤	描　　述
7	定义的参数说明与第 2 段圆弧命令相似，在此不做详细解释 5）通过同步点到点运动使运动机构回到起始位置 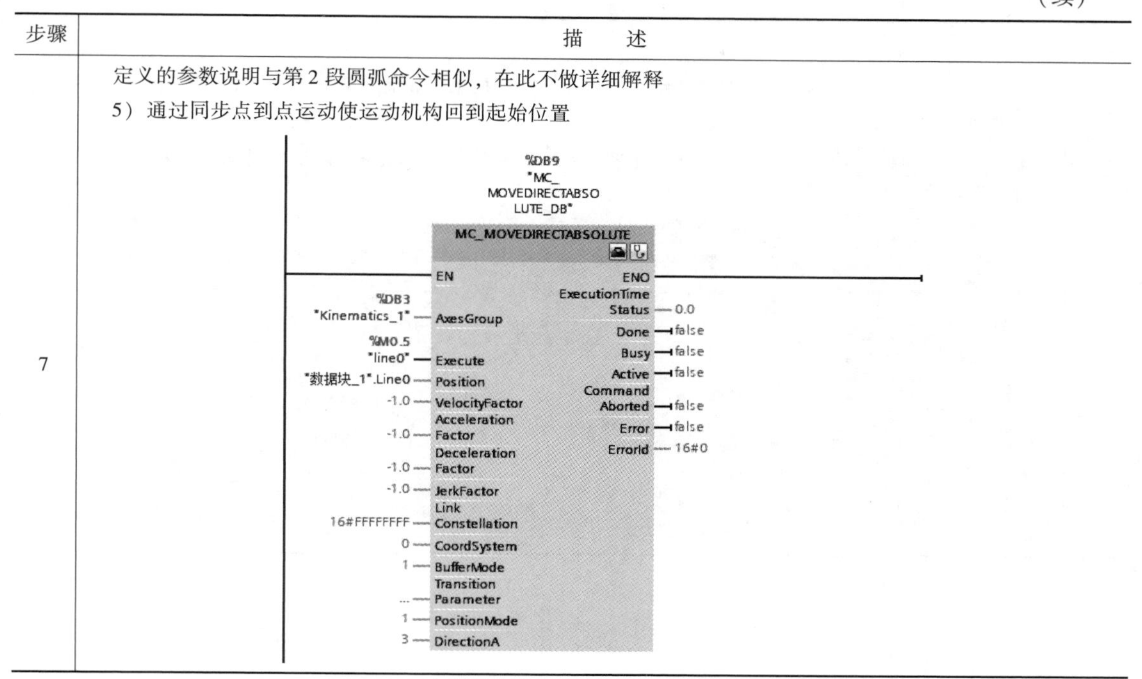

2. 运动轨迹的跟踪记录步骤（见表 5-9）

表 5-9　运动轨迹的跟踪记录步骤

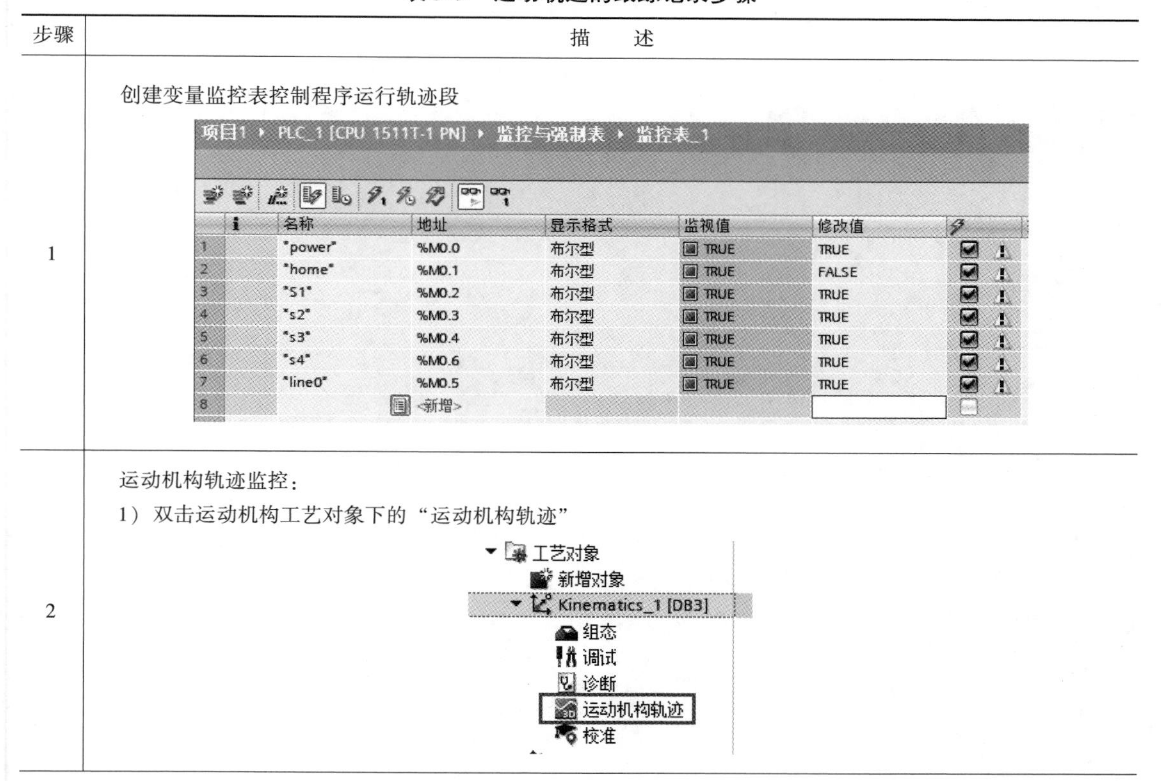

步骤	描　　述
1	创建变量监控表控制程序运行轨迹段
2	运动机构轨迹监控： 1）双击运动机构工艺对象下的“运动机构轨迹”

项目1 ▸ PLC_1 [CPU 1511T-1 PN] ▸ 监控与强制表 ▸ 监控表_1

	i	名称	地址	显示格式	监视值	修改值	
1		"power"	%M0.0	布尔型	TRUE	TRUE	☑
2		"home"	%M0.1	布尔型	TRUE	FALSE	☑
3		"S1"	%M0.2	布尔型	TRUE	TRUE	☑
4		"s2"	%M0.3	布尔型	TRUE	TRUE	☑
5		"s3"	%M0.4	布尔型	TRUE	TRUE	☑
6		"s4"	%M0.6	布尔型	TRUE	TRUE	☑
7		"line0"	%M0.5	布尔型	TRUE	TRUE	☑
8			<新增>				

（续）

步骤	描　述
2	2）在“组态”界面中进行信号跟踪设置，之后在“3D 可视化”界面中单击“记录”按钮，跟踪路径曲线轨迹如下： 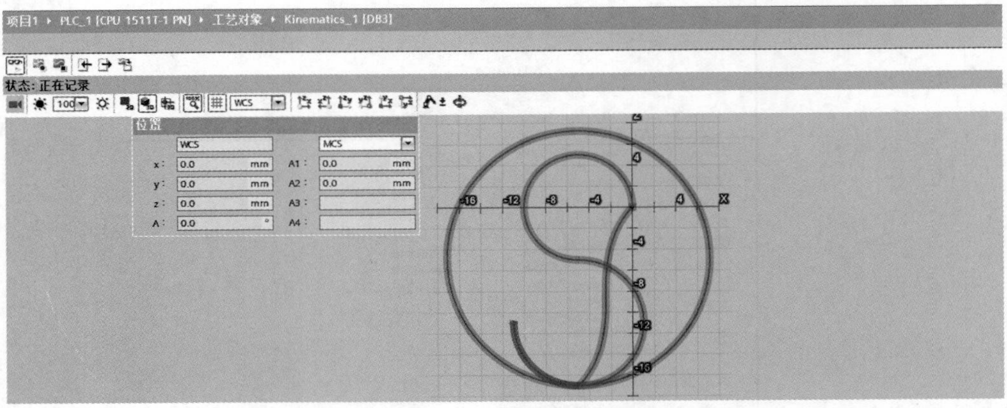

第6章　扩展功能

6.1　外部编码器

某些生产设备需要一个引导轴由其它设备驱动，而 S7-1500T/TF 中的跟随轴需要与该引导轴同步运动。例如，飞锯应用中的材料轴由变频器直接控制，而剪切轴由 S7-1500T/TF 控制，在材料剪切的过程中需要剪切轴与材料轴进行位置同步。对于上述这种应用，可以在材料轴上安装一个外部编码器，用于材料轴的位置测量，并且在 S7-1500T/TF 中添加外部编码器工艺对象作为剪切轴的同步主值。

对于外部编码器工艺对象，外部编码器检测到的实际位置值可以作为同步的引导轴主值，或者作为输出凸轮和凸轮轨迹的参考位置值，用于在指定的位置接通输出信号，如图 6-1 所示。

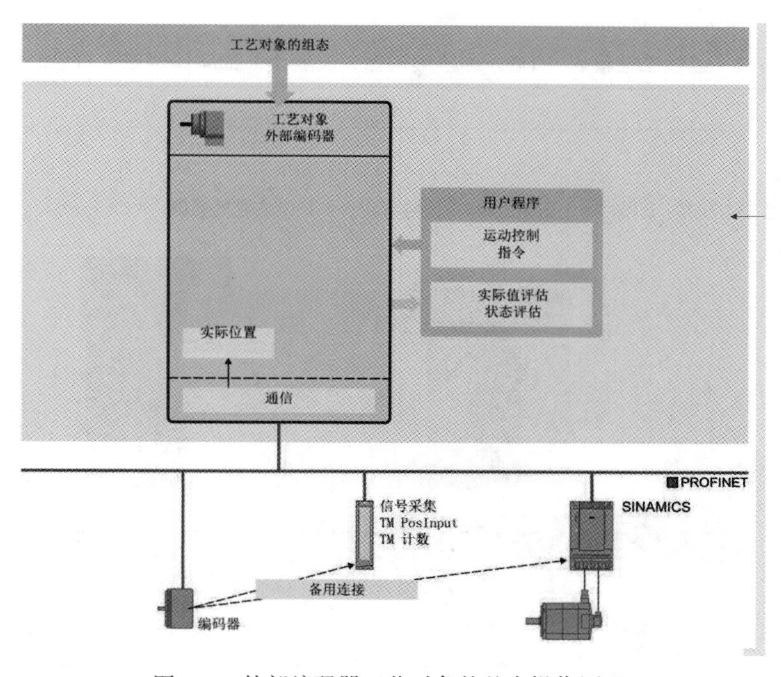

图 6-1　外部编码器工艺对象的基本操作原理

6.1.1　外部编码器支持的硬件

外部编码器工艺对象可以使用下述连接方式：

（1）通过工艺模块（TM）连接编码器

将编码器连接到工艺模块，在外部编码器工艺对象的组态中选择工艺模块和要使用的通道。可在 S7-1500T/TF PLC 的主机架上安装工艺模块，也可在分布式 I/O 上安装工艺模块。

（2）通过 PROFINET/PROFIBUS（PROFIdrive）通信连接编码器

带有通信接口的编码器（例如 PROFIBUS 或者 PROFINET 通信接口）可以直接连接到 PLC 的通信总线上，在外部编码器工艺对象的组态中可以选择网络上已组态的编码器实现数据连接。

（3）通过驱动连接编码器

可以将编码器连接到驱动器中，通过 PROFIdrive 规约传递数据到编码器工艺对象中。

（4）通过“数据块”实现编码器数据的生成

如果编码器选择了“数据块”（Data block）的方式连接，则必须在编码器参数组态之前创建该数据块（数据块中需要包含数据类型“PD_TELx”的变量结构，其中“x”代表所用的报文编号，例如 PD_TEL81 或者 PD_TEL83），通过编程的方式提供编码器数值。

6.1.2　通过工艺模块（TM）连接编码器

在 S7-1500T 中，TM Count 2×24V 计数模块连接编码器，配置为外部编码器工艺对象的步骤见表 6-1。

表 6-1　通过工艺模块（TM）连接编码器，配置为外部编码器工艺对象的步骤

步骤	描　述
1	首先配置 ET200MP，添加 TM Count 2×24V 计数模块，并且组态它的参数 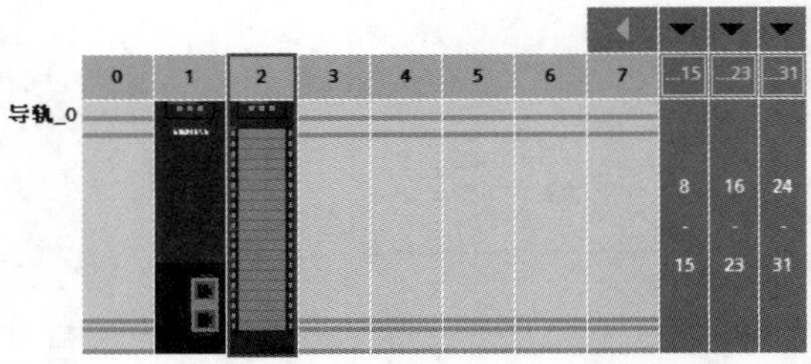 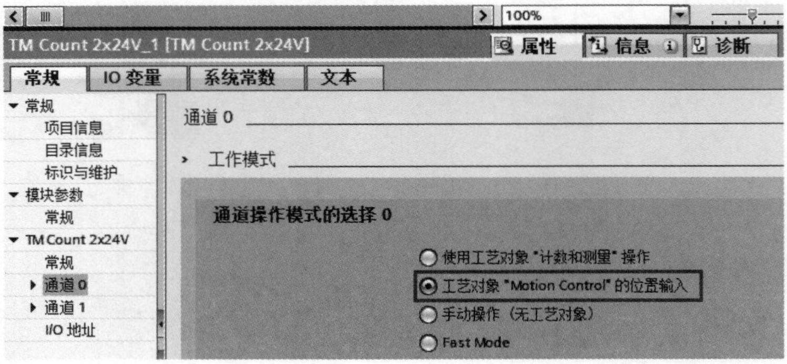

（续）

步骤	描述
2	在“拓扑视图”界面中，配置 PLC 和 ET200MP 的接口连接 
3	在“网络视图”中，配置等时模式需要的同步主站和同步从站 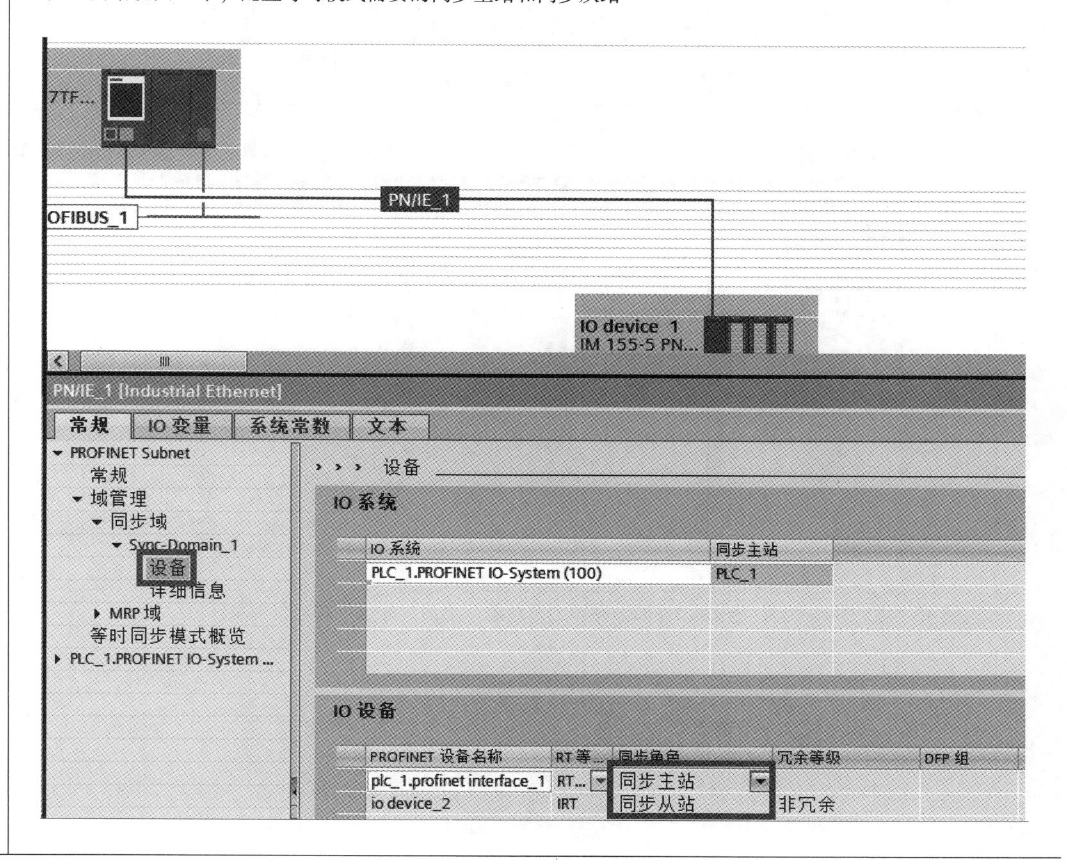

（续）

<table>
<tr><th>步骤</th><th>描　　述</th></tr>
<tr><td>4</td><td>配置 ET200MP 的等时同步模式，在“常规”中选择“等时同步模式”

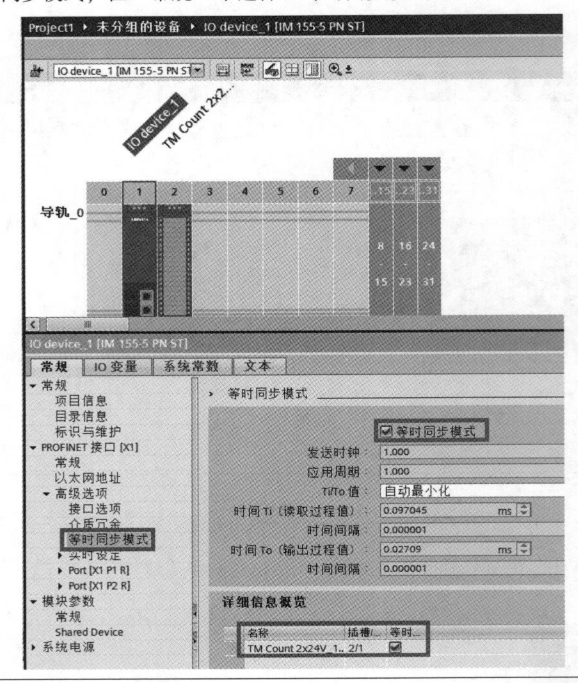
</td></tr>
<tr><td>5</td><td>添加“外部编码器工艺对象”，在组态的“硬件接口”中，选择之前配置的计数器模块作为编码器的数据来源

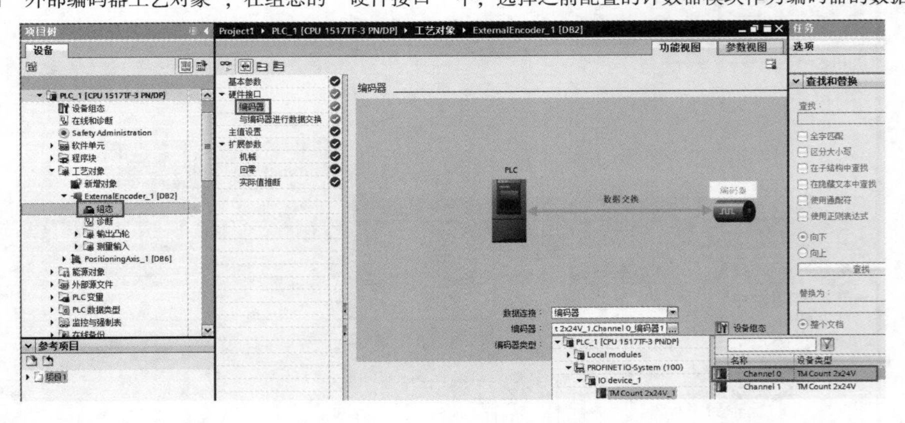
</td></tr>
<tr><td>6</td><td>使用“MC_Power”命令使能“外部编码器工艺对象”之后，才可以获取位置实际值

%DB3
"MC_POWER_DB"
MC_POWER
EN　ENO
Status
Busy
%DB2 "ExternalEncoder_1" — Axis　Error
ErrorId
%M0.0 "Tag_1" — Enable
1 — StartMode
0 — StopMode</td></tr>
</table>

（续）

步骤	描　　述
7	在程序中或者在诊断界面中，可以读到编码器的实际位置值和实际速度值

6.1.3 通过 PROFINET/PROFIBUS（PROFIdrive）通信连接编码器

以 1500T 通过 PROFIBUS 通信方式连接编码器为例，在 S7-1500T 中将其配置为外部编码器工艺对象的步骤见表 6-2。

表 6-2 PLC 通过 PROFIBUS 通信方式连接的编码器配置为外部编码器工艺对象的步骤

步骤	描　　述
1	组态带有通信接口的编码器，以带有 PROFIBUS DP 接口的编码器为例，在网络视图中配置 PLC 与编码器的网络连接并设置等时通信模式
2	为编码器对象配置 81 号报文 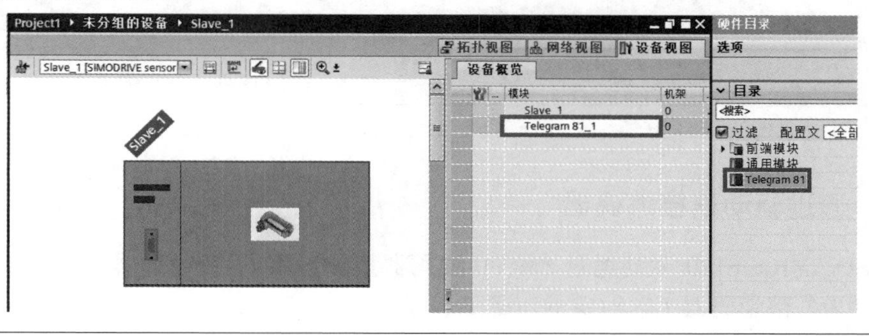

（续）

步骤	描　述
3	配置外部编码器工艺对象，选择通信报文作为编码器数据来源 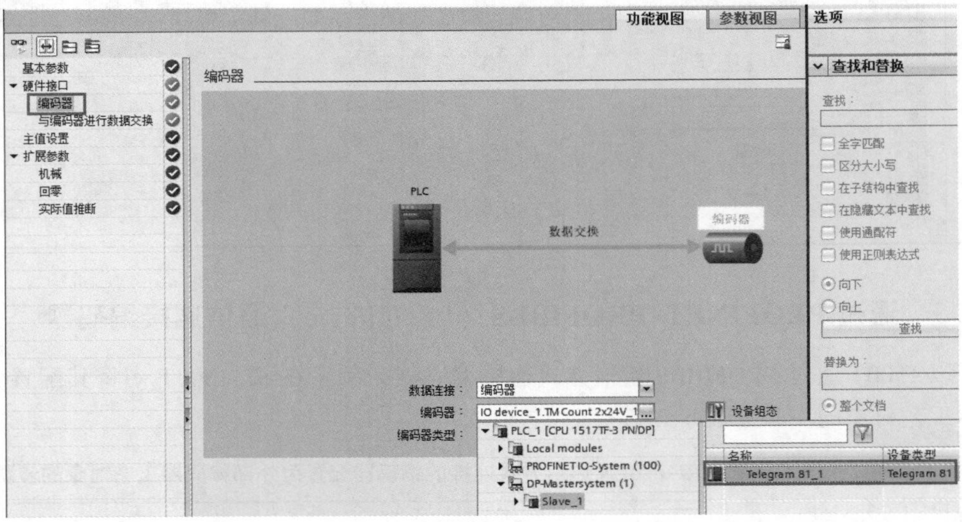
4	用“MC_Power”命令使能“外部编码器工艺对象”之后，可以获取位置实际值 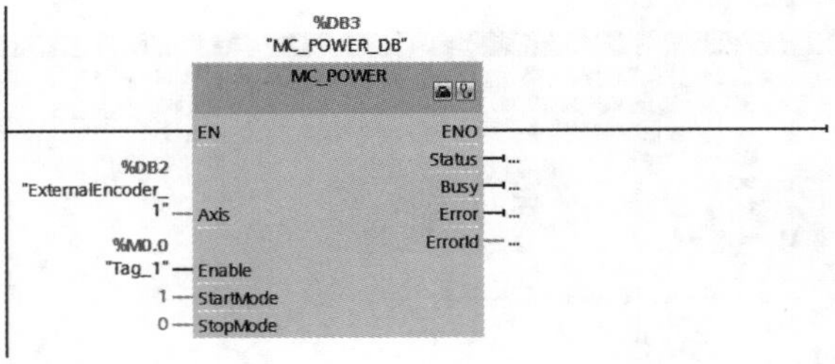
5	在程序中或者在诊断界面中，可以读到编码器的实际位置值和实际速度值 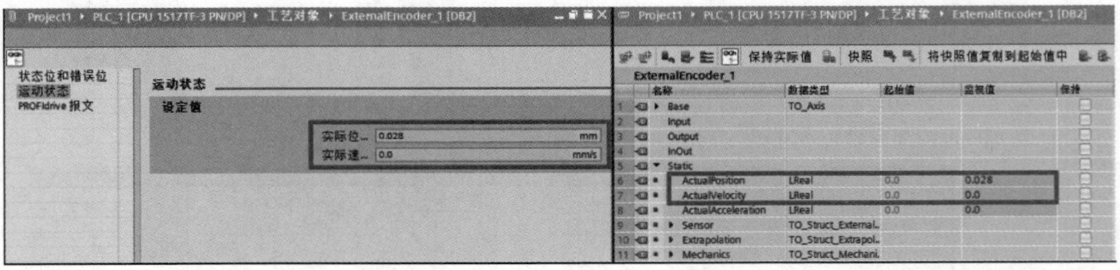

6.1.4　通过驱动连接编码器

以 SINAMICS S120 驱动通过 SMC30 编码器模块连接 HTL 编码器为例，在 S7-1500T 中将其配置为外部编码器工艺对象的步骤见表 6-3。

表6-3 将通过驱动连接的编码器配置为外部编码器工艺对象的步骤

步骤	描述
1	在STARTER软件中，插入编码器对象，之后配置SMC30模块上连接的编码器参数，选中“Configuration”，然后为编码器对象配置83号通信报文

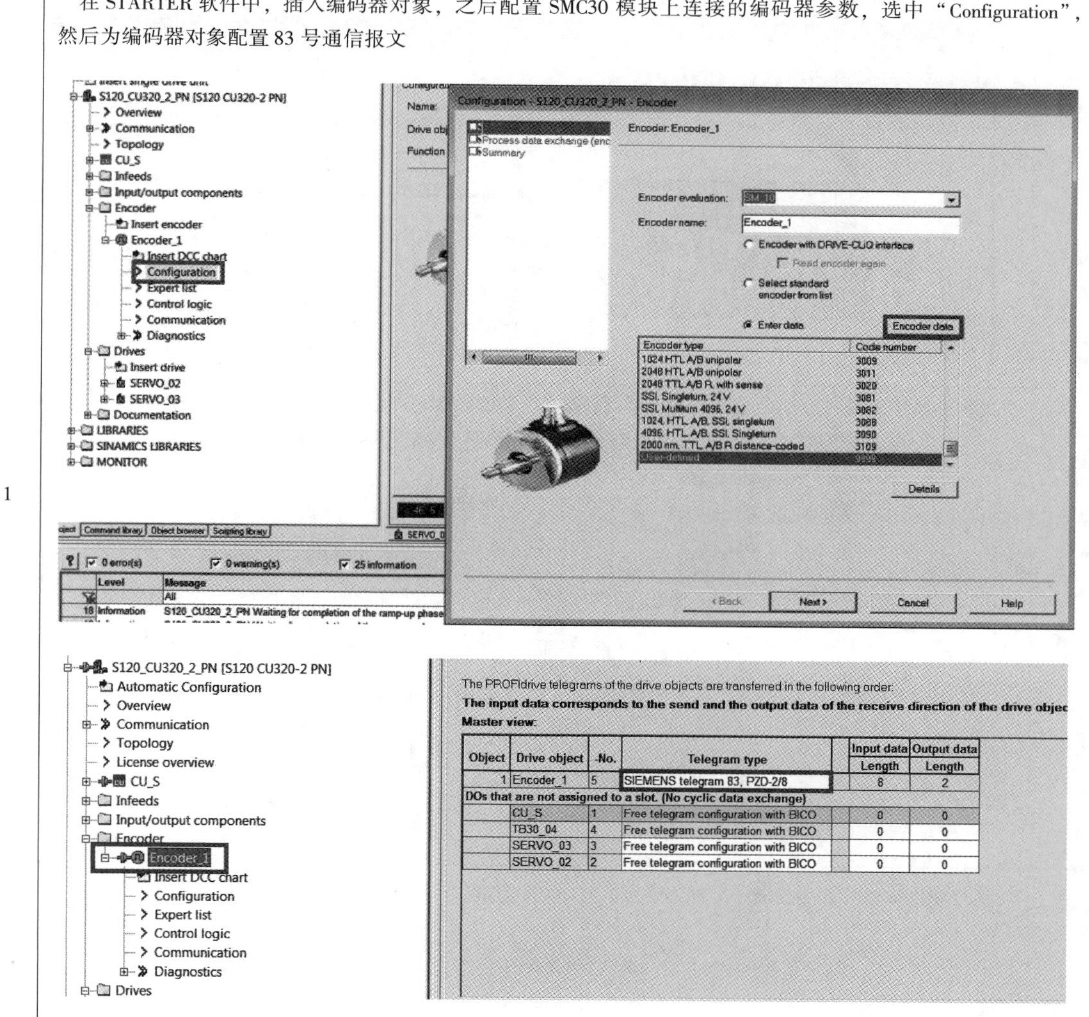

步骤	描述
2	在TIA博途软件中，配置PLC与SINAMICS S120的通信，选择PROFINET通信方式，并配置等时同步功能

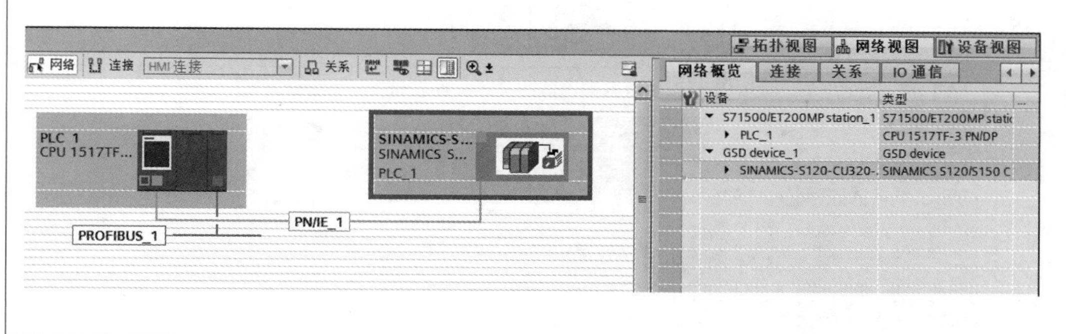

（续）

<table>
<tr><th>步骤</th><th>描　述</th></tr>
<tr><td>3</td><td>组态与 SINAMICS S120 中相对应的编码器报文，选择 83 号报文
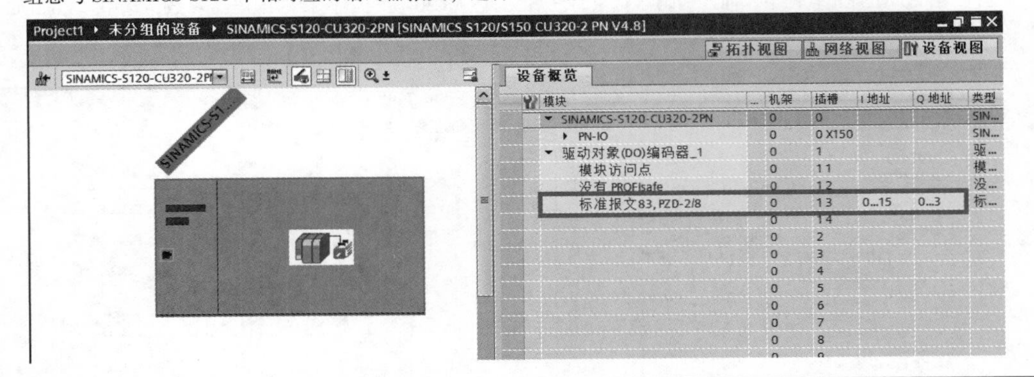</td></tr>
<tr><td>4</td><td>添加外部编码器工艺对象，在组态界面“硬件接口”的编码器中，选择 83 号通信报文作为编码器的数据来源
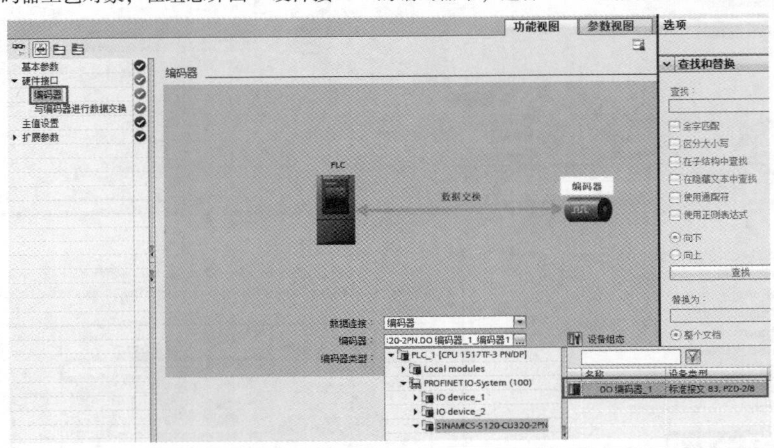</td></tr>
<tr><td>5</td><td>用“MC_Power”命令使能“外部编码器工艺对象”之后，可以获取位置实际值
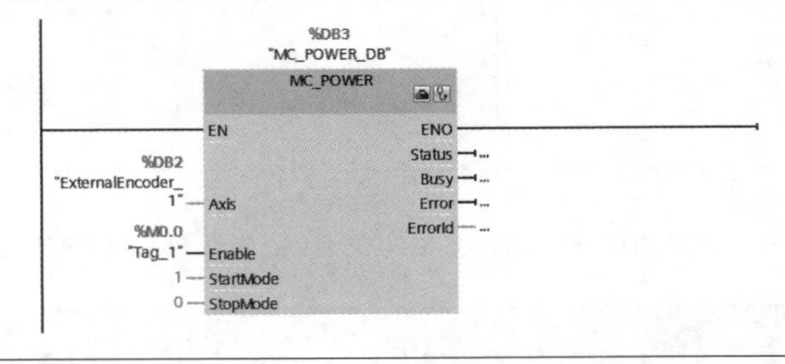</td></tr>
<tr><td>6</td><td>在程序或者在诊断界面中，可以读取到编码器的实际位置值和实际速度值
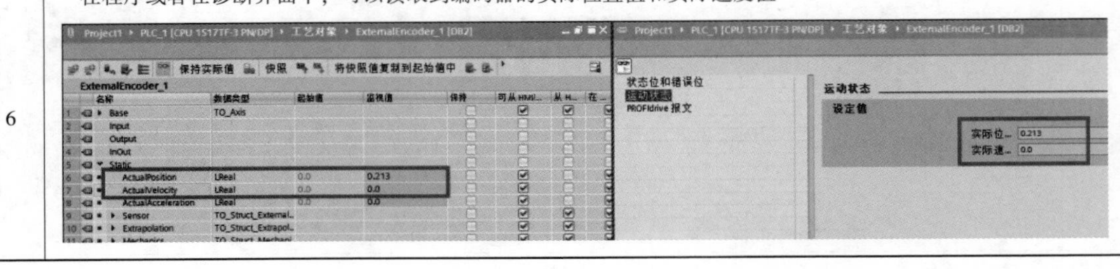</td></tr>
</table>

6.2 测量输入

测量输入工艺对象用于快速、准确地记录某一时刻轴或编码器的实际位置值。图6-2显示了测量输入工艺对象的基本操作原理。在传感器开关接通时，运动轴的实际位置值通过测量输入工艺对象进行实时记录，之后可以将记录的位置值用于后续程序中进行处理。

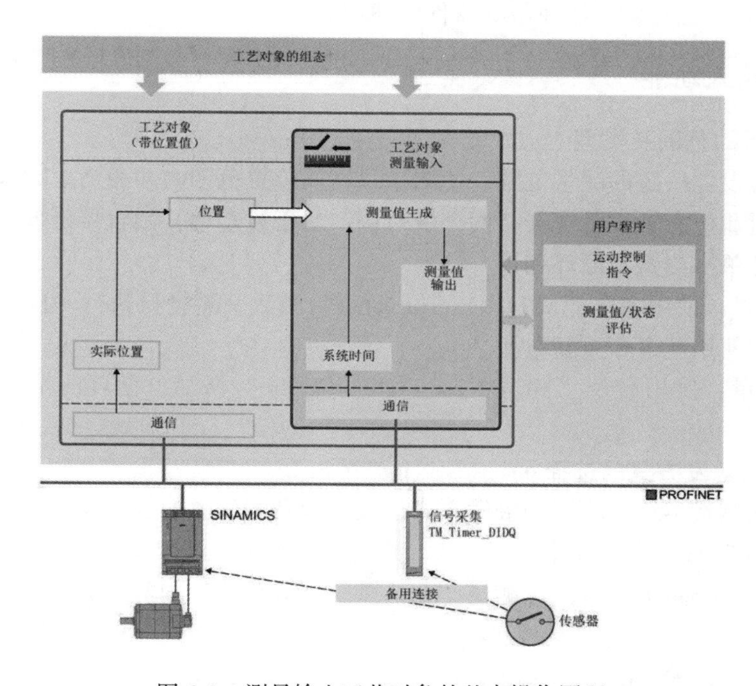

图6-2 测量输入工艺对象的基本操作原理

6.2.1 支持测量输入功能的硬件

以下硬件可以支持测量输入功能：

1）基于时间功能的I/O工艺功能模块TM Timer DIDQ（带时间戳功能）。

2）SINAMICS S120 CU上的快速输入（带时间戳功能）。

3）使用PROFIdrive报文进行测量（通过PROFIdrive报文，例如使用西门子105报文中的编码器控制字和状态字直接进行位置检测）。

对于基于时间的测量（带时间戳功能），当外部传感器开关信号变化时，通过相应模块（如TM定时器DIDQ或SINAMICS S120驱动装置）可以立即记录当时的时间戳。记录下的时间戳被传送至PLC控制器，与时间戳相对应的运动轴实际位置在测量输入工艺对象中通过插补计算确定。

对于直接进行位置检测（PROFIdrive报文方式）时，测量输入将在该驱动装置中进行测量。通过PROFIdrive报文，将驱动装置或编码器模块采集到的位置值直接传送给工艺对象。西门子SINAMICS S120和SINAMICS S210支持此功能。

使用运动控制命令“MC_MeasuringInput”或“MC_MeasuringInputCyclic”可以激活测量输入功能，命令的相应输出参数指示测量值。注意以下几点：

1）只有在使用 TM Timer DIDQ 进行测量时，才可以进行循环测量（使用“MC_MeasuringInputCyclic”命令），此时需要激活模块的等时同步模式。

2）使用 PROFIdrive 报文进行测量时，PROFIdrive 报文中一次只能激活一个测量输入。在 PROFIdrive 报文中，一个驱动最多可通过 PROFIdrive 组态两个测量输入。

3）测量输入工艺对象不能在仿真软件中使用。

6.2.2 测量输入功能

1. 测量输入的范围及类型

测量输入可设置一定的测量范围，使测量只在该位置范围内才激活。如果设定的起始值大于结束值，对非模态轴，系统会将两个值对调；对于模态轴，则直接延伸至下一周期。

测量类型分单次测量与循环测量：

1）单次测量：使用命令“MC_MeasuringInput”激活。测量只执行一次，完成后自动停止，下次测量需使用此命令重新激活。

2）循环测量：使用命令“MC_MeasuringInputCyclic”激活。循环测量会一直执行，直到命令停止。

2. 测量输入触发方式的选择

对于不同的测量类型有不同的触发方式，最终测到的位置值也不相同，测量方式通过控制命令的“Mode”输入参数指定。

对于使用单次测量命令，一次测量作业最多采集边沿信号的两个测量值，触发方式以及测量值关系见表 6-4。

表 6-4 使用单次测量命令，测量方式与触发方式以及测量值关系

Mode 设置	触发信号设定	measuredValue1	measuredValue2
0	下一个上升沿	第一个上升沿时的位置值	无值
1	下一个下降沿	第一个下降沿时的位置值	无值
2	两个沿	第一个沿时的位置值	第二个沿时的位置值
3	下一个上升和下降沿，以上升沿开始	第一个上升沿时的位置值	第一个下降沿时的位置值
4	下一个上升和下降沿，以下降沿开始	第一个下降沿时的位置值	第一个上升沿时的位置值

对于使用循环测量命令，在周期性测量中，每个位置控制周期内最多采集边沿信号的两个测量值。触发方式以及测量值关系见表 6-5。

表 6-5 使用循环测量命令，测量方式与触发方式以及测量值关系

Mode 设置	触发信号设定	measuredValue1	measuredValue2
0	上升沿	第一个上升沿时的位置值	第二个上升沿时的实际位置
1	下降沿	第一个下降沿时的位置值	第二个下降沿时的实际位置
2	上升和下降沿	第一个上升沿时的实际位置	第一个下降沿时的实际位置

3. 校正时间

通过设置测量输入工艺对象的校正时间（<TO>. Parameter. CorrectionTime），可校正由于输入测量点动作延迟而产生的测量误差，下述情况可能需要设置校正时间：

1）产生测量输入的机械动作延迟时间。

2）测量模块生成信号的时间。

3）输入信号滤波时间，或 SINAMICS 驱动装置测量输入端的滤波时间。

4. 测量输入工艺对象的分配和连接

测量输入可以分配给以下的轴或编码器工艺对象：

1）定位轴、同步轴。

2）外部编码器。

3）虚拟轴。

注意以下几点：

1）测量输入工艺对象不能连接到速度轴。

2）单个轴或外部编码器可同时连接多个测量输入。

3）多个测量输入工艺对象可以连接到一个测量点，但只能激活一个测量输入工艺对象。

6.2.3 用 ET200SP TM Timer DIDQ 作为测量输入的组态

S7-1500T 连接 ET200SP TM Timer DIDQ 的项目组态步骤见表 6-6。

表 6-6 S7-1500T 连接 ET200SP TM Timer DIDQ 的项目组态步骤

<table>
<tr><th>步骤</th><th>描　　述</th></tr>
<tr><td>1</td><td>将硬件目录中的 ET200SP 接口模块拖入网络视图

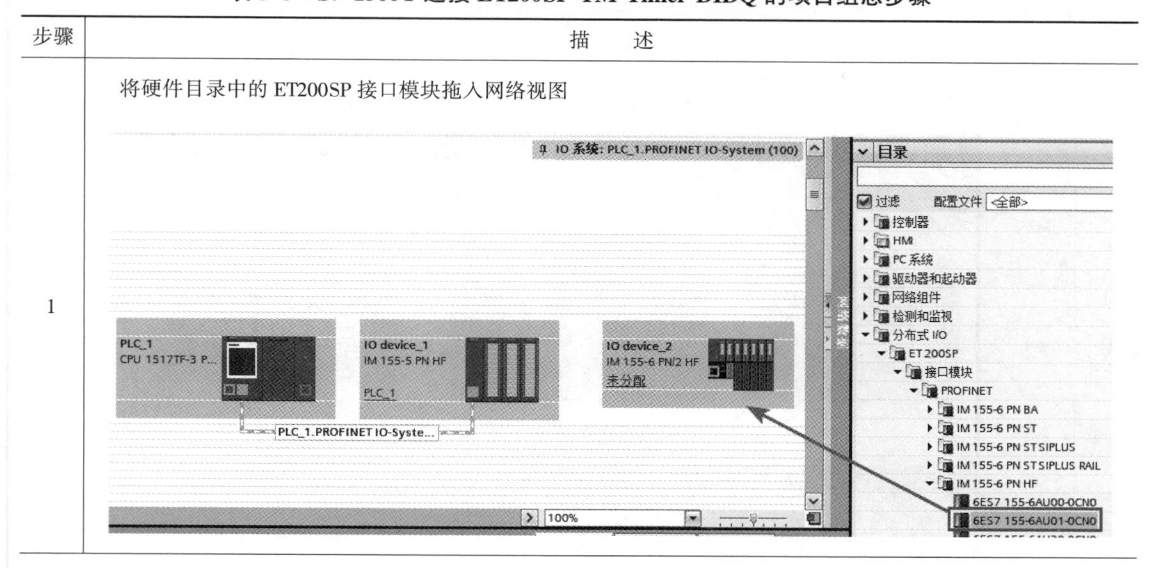

</td></tr>
</table>

（续）

步骤	描　　述
2	创建 ET200SP 与 S7-1500T 的网络连接，并设置 ET200SP 的 IP 地址及 PROFINET 设备名称 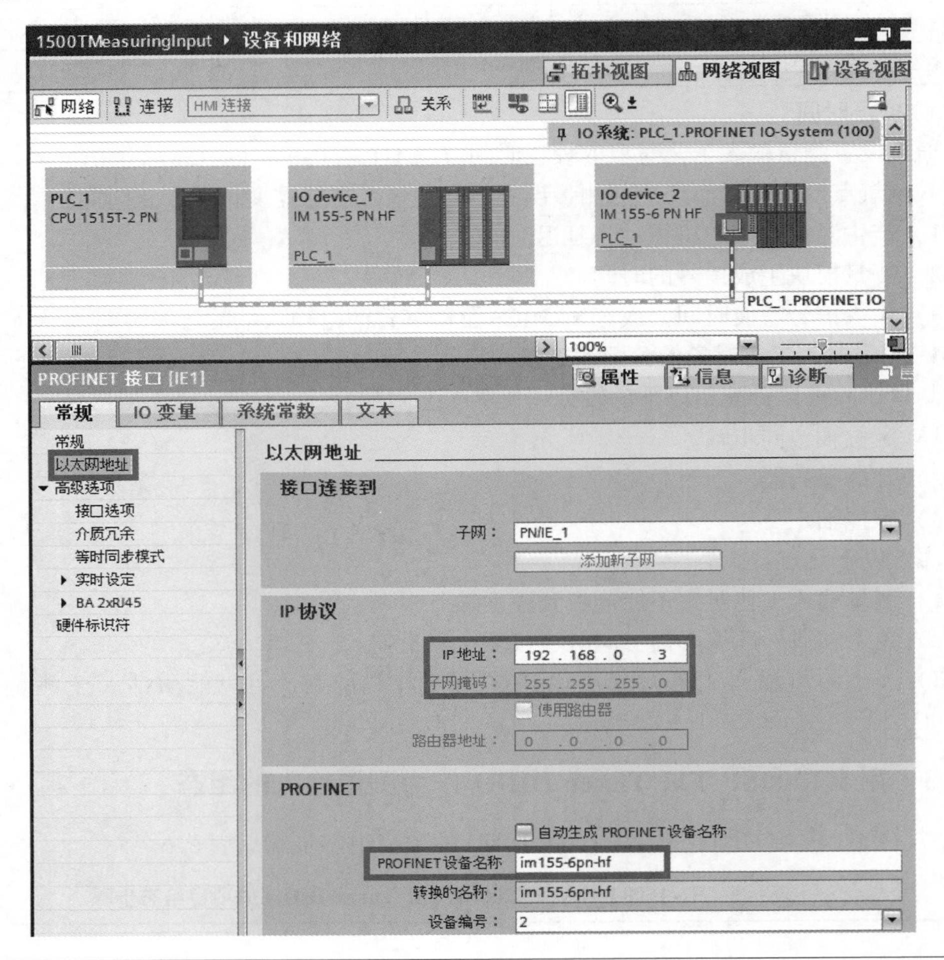
3	配置 ET200SP 的网络拓扑，同时配置 PROFINET IRT 同步域 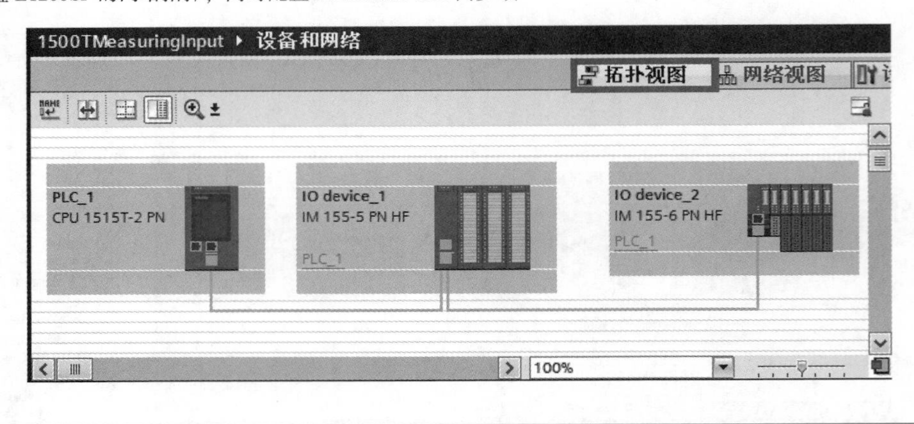

（续）

步骤	描　　述
4	在 ET200SP 的设备视图中，插入 Time-base IO 模块 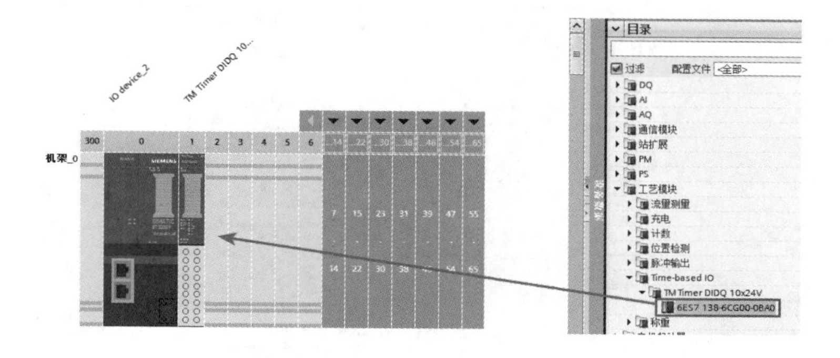
5	插入服务器模块
6	设置用作 Measuring Input 的 Time-baseIO 的 DI 点 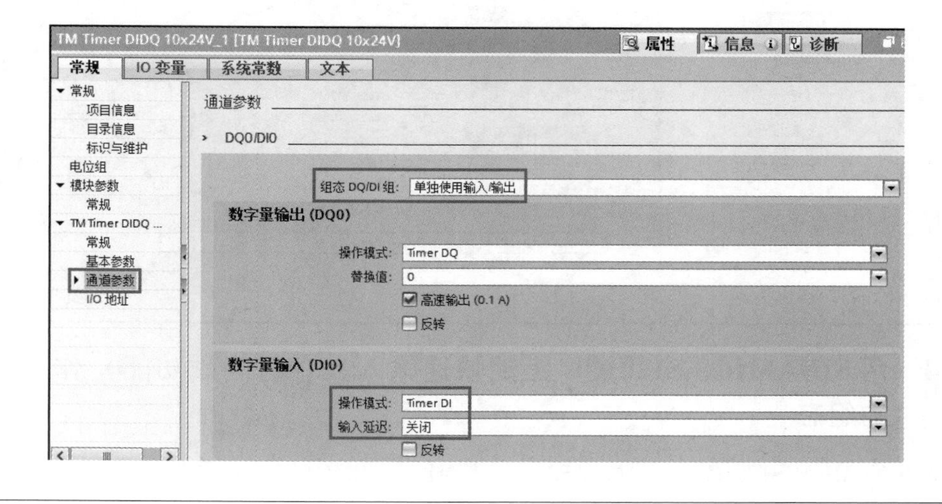

（续）

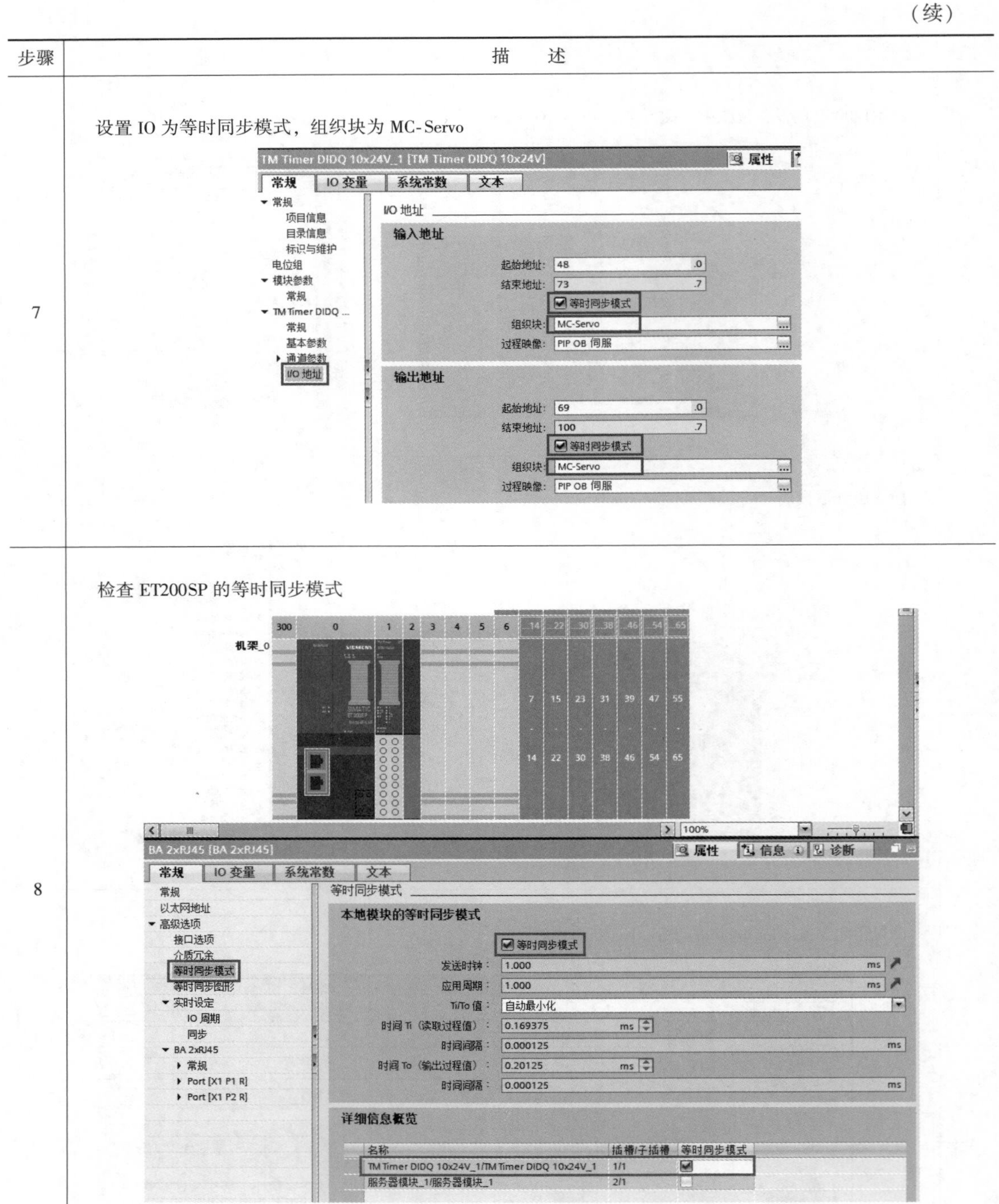

步骤	描　　述
7	设置 IO 为等时同步模式，组织块为 MC-Servo
8	检查 ET200SP 的等时同步模式

6.2.4 用 SINAMICS S120 CU 上的快速输入（带时间戳功能）作为测量输入的组态

用 SINAMICS S120 CU 上的快速输入（带时间戳功能）作为测量输入的组态步骤见表 6-7。

表 6-7 用 SINAMICS S120 CU 上的快速输入（带时间戳功能）作为测量输入的组态步骤

步骤	描　述
1	将硬件目录中的 SINAMICS S120 驱动拖入网络视图
2	创建 CU320-2PN 与 S7-1500T 的网络连接及拓扑连接，同时设置 CU320-2PN 的 IP 地址及 PROFINET 设备名称 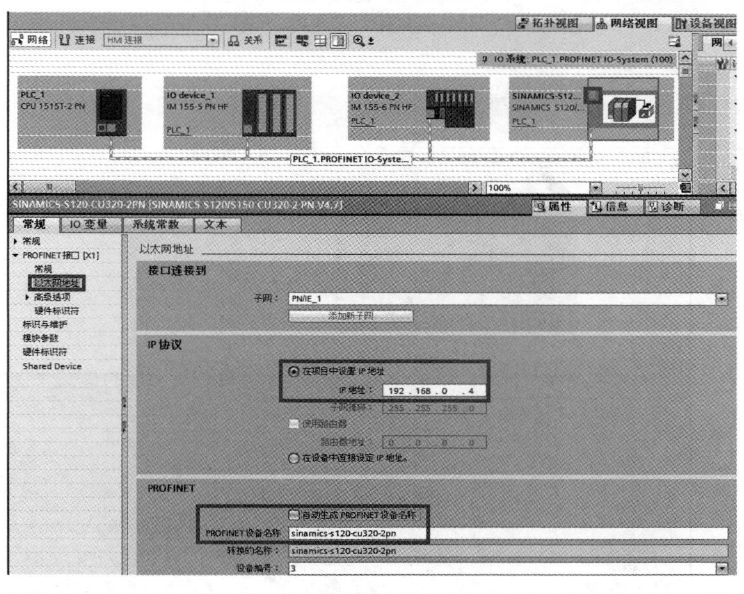
3	在 SINAICS S120 的设备视图中，根据控制驱动的数量，双击硬件目录中的 DO_SERVO 插入伺服驱动对象，双击 DO_Control Unit，插入控制单元 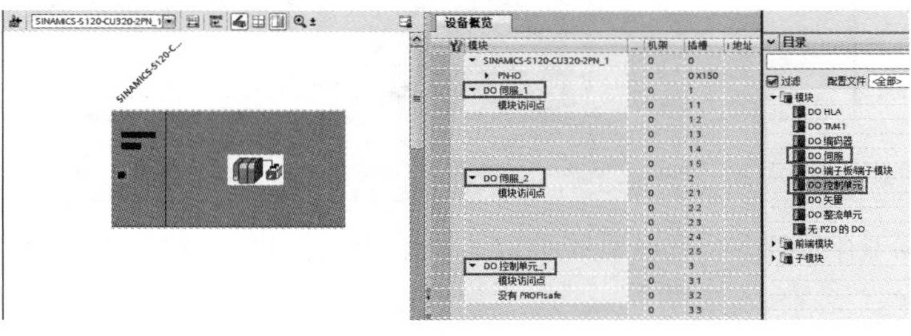

（续）

<table>
<tr><th>步骤</th><th>描　　述</th></tr>
<tr><td>4</td><td>双击硬件目录子模块下面的报文为驱动对象及 CU 配置报文，分别为 105 及 393
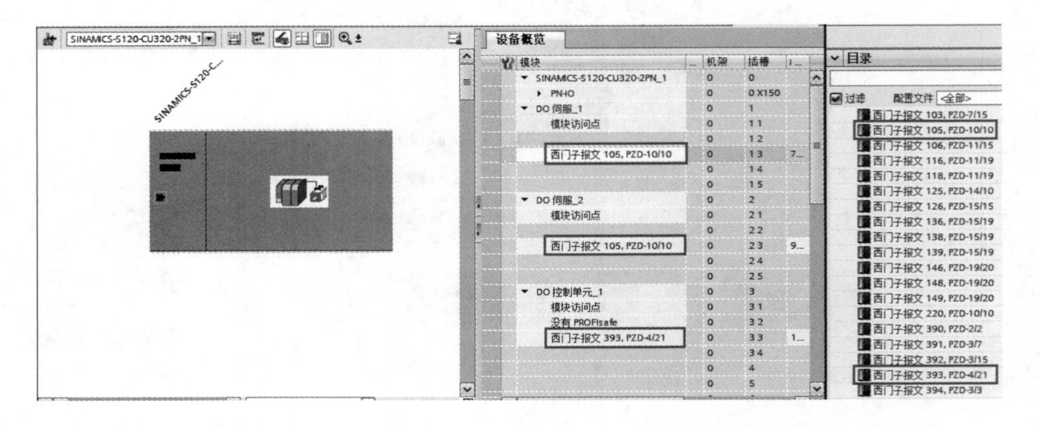
</td></tr>
<tr><td>5</td><td>配置 SINAMICS S120 的等时同步模式
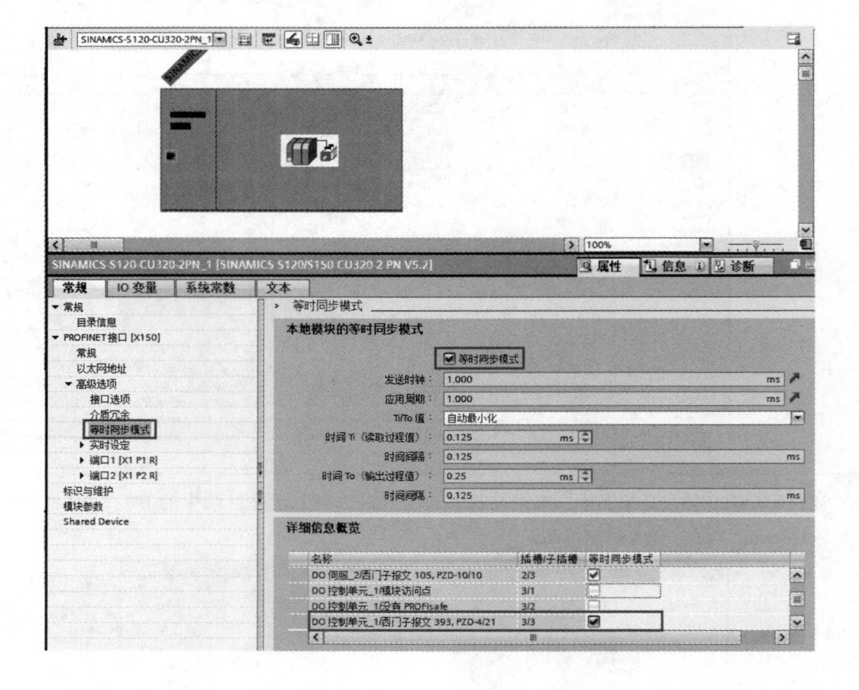
</td></tr>
<tr><td>6</td><td>在 Starter 软件中，对 SINAMICS S120 进行自动配置，注意：配置的报文及顺序应与 TIA 博途软件项目中的一致</td></tr>
</table>

（续）

步骤	描　　述
7	可用于快速测量输入的驱动器中快速输入点的设置界面如下 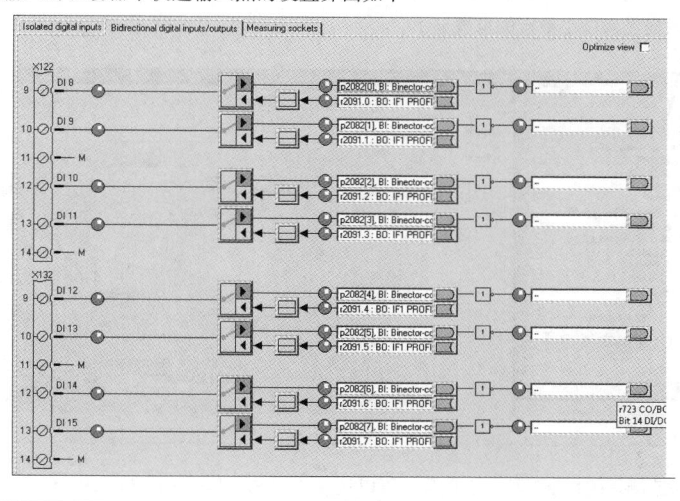

6.2.5　测量输入工艺对象的配置步骤

测量输入工艺对象的配置步骤见表6-8。

表6-8　测量输入工艺对象的配置步骤

步骤	描　　述
1	双击新增对象，在弹出的界面中填写工艺对象名称并选择位置轴 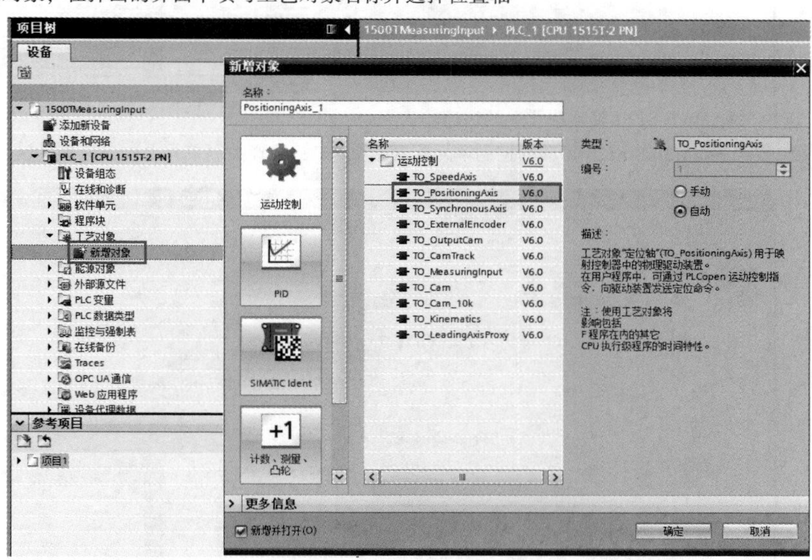 轴的配置过程请参看相关文档，不在此赘述 注意：如果在驱动侧配置了多个驱动对象，则需要配置相应的轴，否则编译报错

（续）

<table>
<tr><th>步骤</th><th>描　　述</th></tr>
<tr><td>2</td><td>

双击“新增测量输入”，之后双击创建的 MeasuringInput_1 下的“组态”进入组态界面，“精度更高的位置值”功能可以提供六位小数点的位置显示

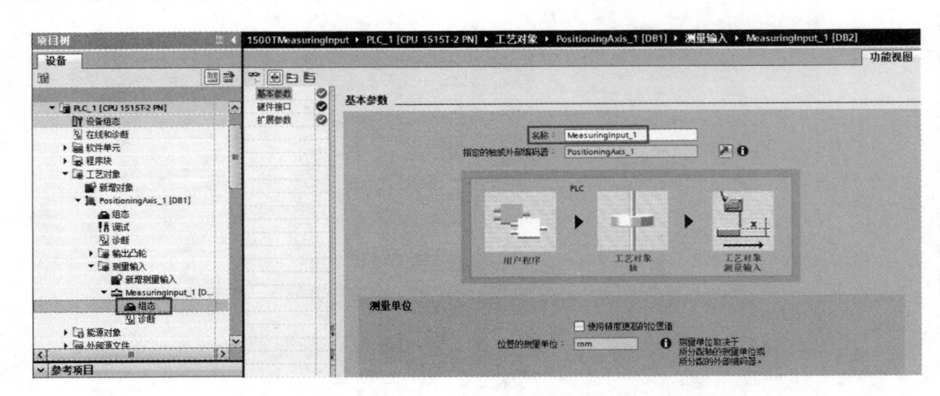

</td></tr>
<tr><td>3</td><td>

选择用于快速测量的数字量输入点信号，可以选择使用 TimeBase IO、SINAMICS S120 CU 上的高速输入或通过 PROFIdrive 报文

1）选用 Timebase IO 模块的快速输入点

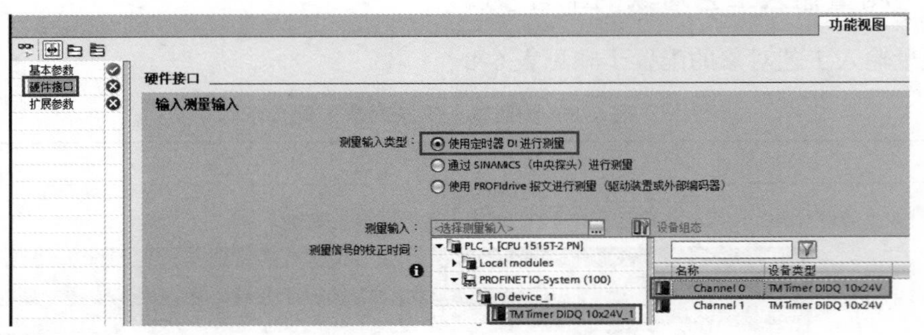

2）选择 SINAMICS S120 驱动单元上的快速输入点

注意：要为 SINAMICS S120 驱动的控制单元配置报文 393，选择控制单元上的快速测量输入点如下图

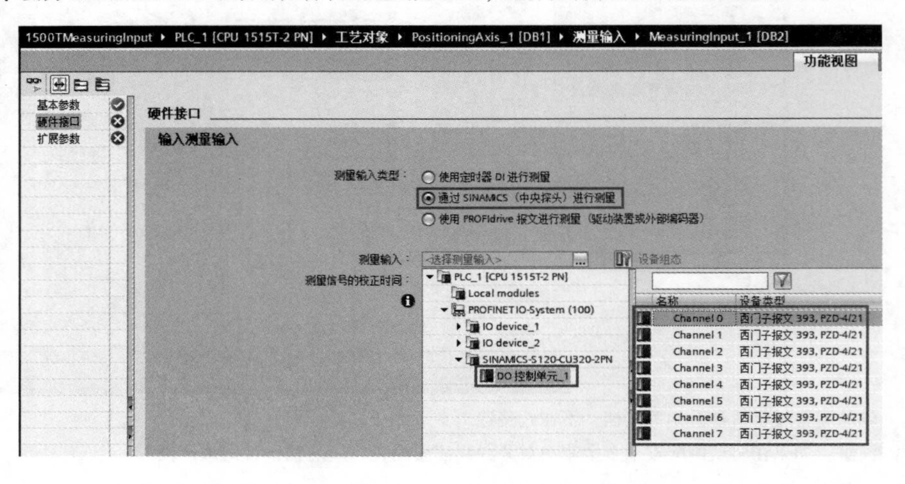

</td></tr>
</table>

（续）

步骤	描　述

3）通过 PROFIdrive 报文进行测量

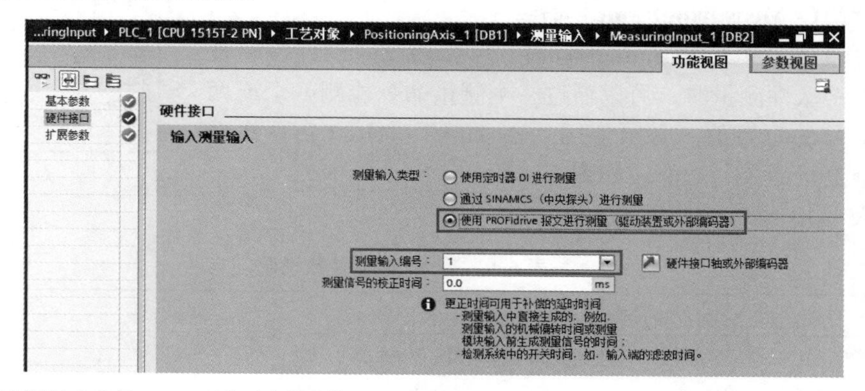

如果“测量输入编号”=1，通信对应的是第一个测量通道，通过驱动对象的下述参数设置输入信号：

- p488.0 对应的编码器 1 测量
- p488.1 对应的编码器 2 测量

如果“测量输入编号”=2，通信对应的是第二个测量通道，通过驱动对象的下述参数设置输入信号：

- p489.0 对应的编码器 1 测量
- p489.1 对应的编码器 2 测量

驱动对象中的参数设置说明

参数 P488 为第一个测量通道输入点，p489 为第二个测量通道输入点

3

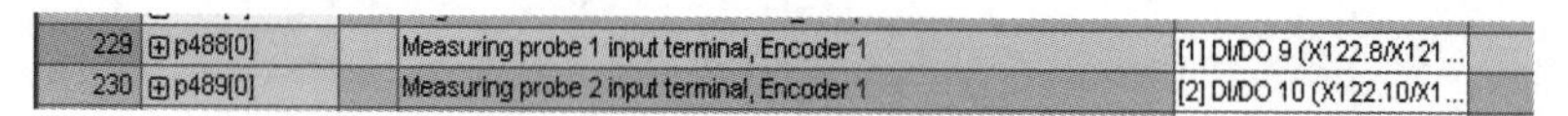

229	⊞p488[0]	Measuring probe 1 input terminal, Encoder 1	[1] DI/DO 9 (X122.8/X121...
230	⊞p489[0]	Measuring probe 2 input terminal, Encoder 1	[2] DI/DO 10 (X122.10/X1...

对于 SINAMICS S210 可以组态数字量输入 DI0 和 DI1 用作测量输入使用，如果“测量输入编号”=1，通信对应的是 SINAMICS S210 的数字量输入 DI0，如果“测量输入编号”=2，通信对应的是 SINAMICS S210 的数字量输入 DI1

4）测量信号的校正时间

用于设置由于数字量输入信号和机械硬件造成的响应延时补偿

可以对测量范围的激活时间进行设置，系统会自动计算出快速测量任务所需要的时间。通过设置此时间，可以对系统的激活范围进行补偿，并且在线时可显示测量输入命令从激活到生效的延迟时间，获取测量结果的最短时间以及测量两个边沿的最短间隔时间

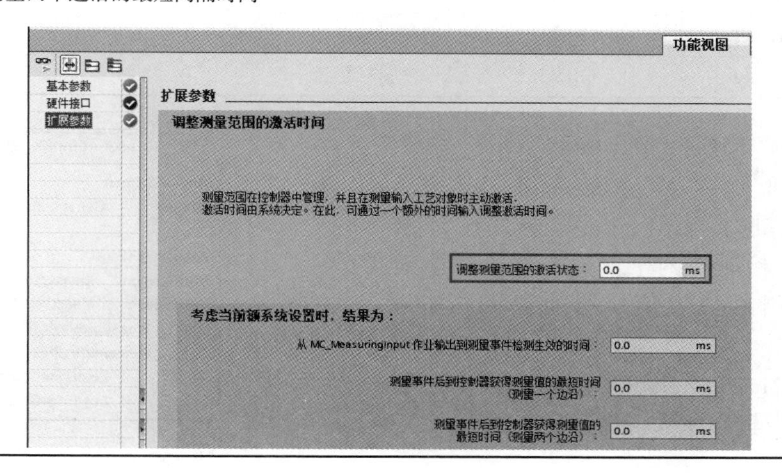

6.2.6　测量输入命令

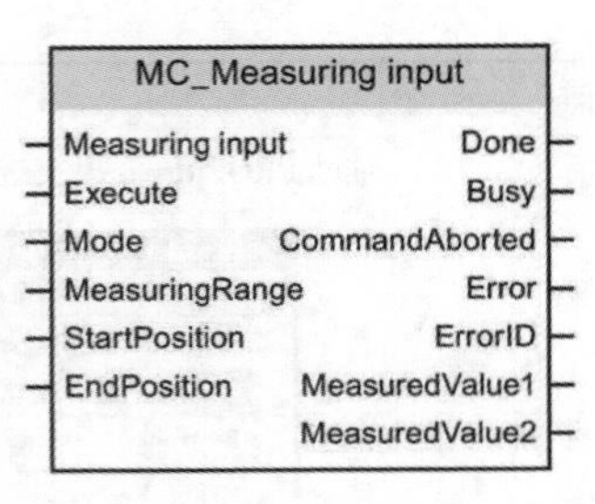

图 6-3　“MC_MeasuringInput” 功能块

1. “MC_MeasuringInput” 命令

通过命令 “MC_MeasuringInput”，可以启动一次性测量任务。进行一次性测量时，可以通过一个测量命令检测一个或两个边沿信号的位置值。必须使用 “Execute” = TRUE，再次开始另一个测量命令。功能块如图 6-3 所示。

输入/输出参数说明见表 6-9。

表 6-9　输入/输出参数说明

参　数	数据类型	功　能
输入参数		
MeasuringInput	TO_MeasuringInput	测量输入工艺对象
Execute	BOOL	上升沿触发测量任务
Mode	DINT	0：下一个上升沿 1：下一个下降沿 2：下两个边沿 3：下一个上升和下降沿以上升沿开始 4：下一个上升和下降沿以下降沿开始
MeasuringRange	BOOL	是否指定测量范围，如果设置为 FALSE 则一直进行测量功能
StartPosition	LREAL	测量输入的起始位置
EndPosition	LREAL	测量输入的结束位置
输出参数		
Done	BOOL	测量值有效，已经完成测量
Busy	BOOL	命令任务正在处理
CommandAborted	BOOL	此命令被放弃
Error	BOOL	命令出错
ErrorID	WORD	错误 ID
MeasuredValue1	LREAL	测量结果 1
MeasuredValue2	LREAL	测量结果 2

2. “MC_MeasuringInputCyclic” 命令

通过命令 “MC_MeasuringInputCyclic”，开始进行循环测量。通过循环测量，最多会检测到两个测量事件，并会显示相关的测量位置值。功能块如图 6-4 所示。

“MC_MeasuringInputCyclic” 运动控制命令的输入/输出参数说明见表 6-10。

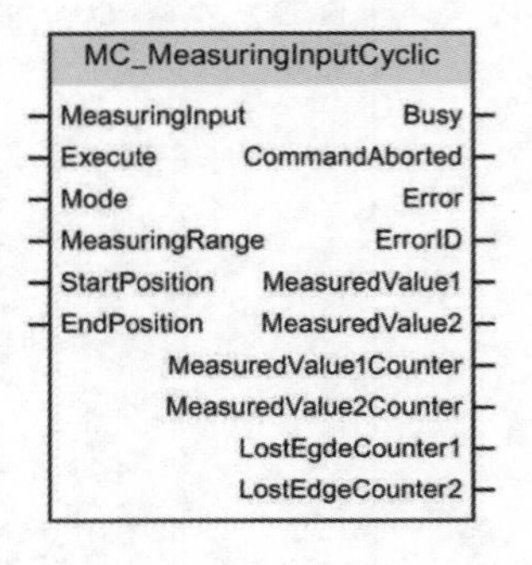

图 6-4　“MC_MeasuringInputCyclic” 功能块

表6-10　循环测量输入/输出参数说明

参　　数	数据类型	功　　能
输入参数		
MeasuringInput	TO_MeasuringInput	测量输入工艺对象
Execute	BOOL	上升沿触发测量任务
Mode	DINT	0：上升沿测量 1：下降沿测量 2：上升沿和下降沿测量
MeasuringRange	BOOL	是否指定测量范围，如果设置为 FALSE 则一直进行测量功能
StartPosition	LREAL	测量输入的起始位置
EndPosition	LREAL	测量输入的结束位置
输出参数		
Done	BOOL	测量值有效，已经完成测量
Busy	BOOL	命令任务正在处理
CommandAborted	BOOL	此命令被放弃
Error	BOOL	命令出错
ErrorID	WORD	错误 ID
MeasuredValue1	LREAL	第一个测量结果
MeasuredValue2	LREAL	第二个测量结果
MeasuredValue1Counter	UDINT	第一个测量值的计数值
MeasuredValue2Counter	UDINT	第二个测量值的计数值
LostEdgeCounter1	UDINT	第一个测量值处理周期内，出现多个脉冲的丢失计数值
LostEdgeCounter2	UDINT	第二个测量值处理周期内，出现多个脉冲的丢失计数值

3. “MC_ABORTMEASURINGINPUT”命令

通过命令“MC_ABORTMEASURINGINPUT”，可中止活动的一次性或循环测量命令，功能块如图6-5所示。

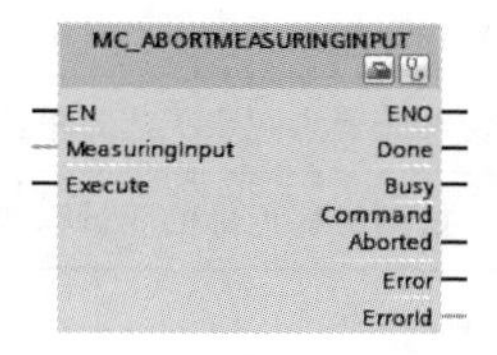

图6-5　“MC_ABORTMEASURINGINPUT”功能块

输入/输出参数见表6-11。

表 6-11　输入/输出参数说明

输入参数		
参　数	数据类型	功　能
MeasuringInput	TO_MeasuringInput	测量输入工艺对象
Execute	BOOL	启动命令，上升沿触发
输出参数		
Done	BOOL	测量命令已被取消激活
Busy	BOOL	命令任务正在处理
CommandAborted	BOOL	此命令被放弃
Error	BOOL	命令出错
ErrorID	WORD	错误 ID

6.2.7　练习 5：S7-1500T 测量输入在切标机中的应用

1. 实现的任务

通过传感器检测到材料上的色标，剪切轴与材料轴同步运行后进行切标操作，机械示意如图 6-6 所示。

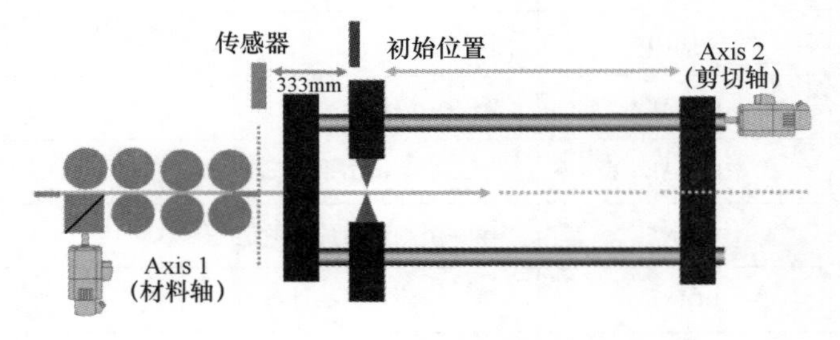

图 6-6　材料切标机械示意图

2. 创建工艺对象

在项目中，需要创建的工艺对象见表 6-12。

表 6-12　项目中需要创建的工艺对象

序号	工艺对象	说　明
1	AxisFeed	材料轴配置为定位工艺对象，进行位置控制
2	AxisShear	剪切轴配置为同步工艺对象，与材料轴进行齿轮同步运动
3	MeasuringInput_MaterialDrive	用于检测材料色标的测量输入工艺对象

3. 项目的创建与编程

项目的创建与编程见表 6-13。

表6-13 项目的创建与编程

<table>
<tr><th>步骤</th><th>描　　述</th></tr>
<tr><td>1</td><td>创建一个IO变量表：
Power_All：I0.0（使能材料轴及剪切轴）
Reset_All：I0.1（复位材料轴及剪切轴）
Home_Shear：I0.2（剪切轴回零）
Start_Material：I0.3（起动材料轴）
Start_Shear：I0.4（起动剪切轴）
SimulateCuttingDone：I0.5（仿真剪切完成信号）</td></tr>
<tr><td>2</td><td>创建FB1功能块，在功能块中编写切标控制程序：
1）编写材料的色标测量程序

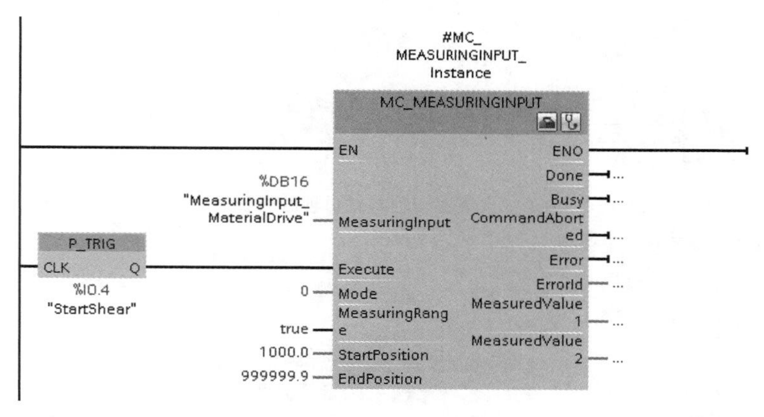

2）编写测量状态诊断
#MC_ MEASURINGINPUT_ Instance.Done
%Q0.7 "Tag_5"
SR
S　Q
#MC_ MEASURINGINPUT_ Instance. Execute
R1

3）计算材料轴偏移的实际位置

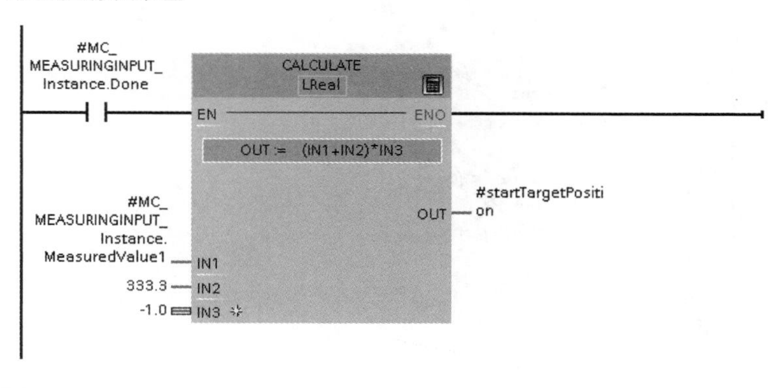

</td></tr>
</table>

（续）

步骤	描　　述
2	4）对材料轴实际位置进行偏移，以保证当材料标记运行到剪切轴的初始位置时其位置为 0 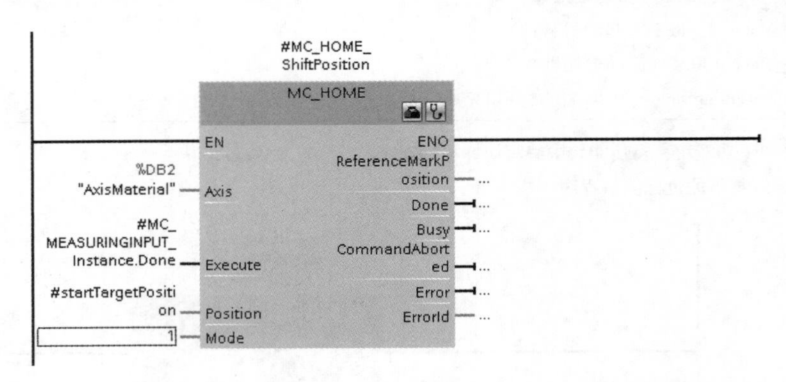 5）使用“MC_GearInPos”命令，实现剪切轴与材料轴的同步运行，当材料轴和剪切轴分别运行到 100mm 时，两个轴同步运行，采用建立同步长度为 200mm 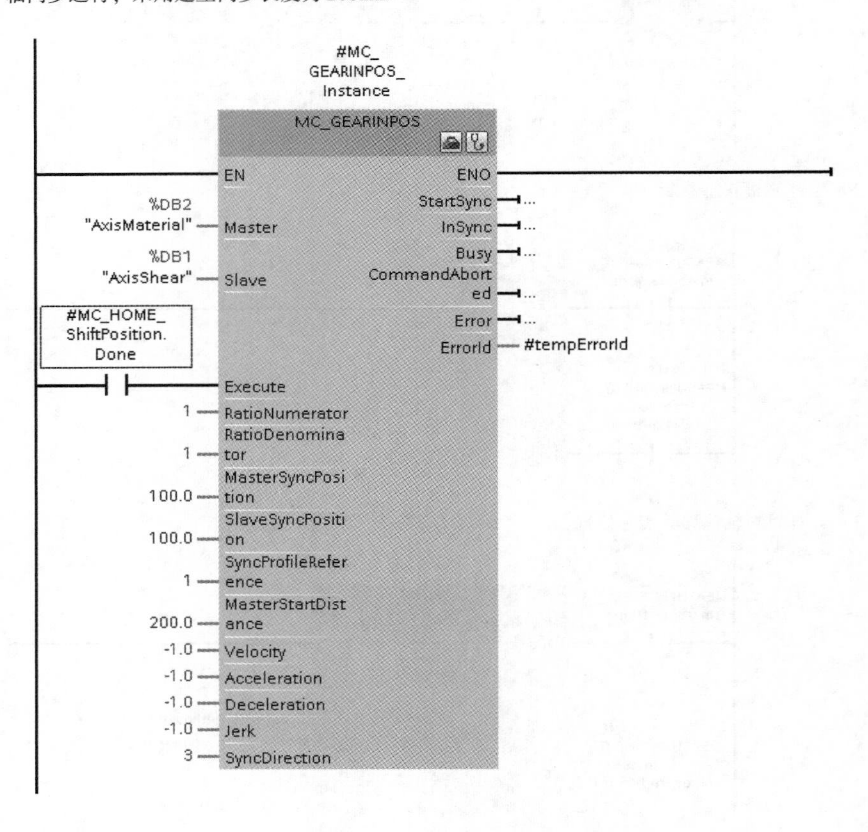

（续）

<table>
<tr><th>步骤</th><th>描　述</th></tr>
<tr><td></td><td>6）当剪切轴与材料轴同步运行后，可以开始材料标记的剪切，剪切完成后通过“SimulateCuttingDone”按钮，给出剪切完成信号，此信号可用于移动剪切轴返回到初始位置等待下次的剪切任务
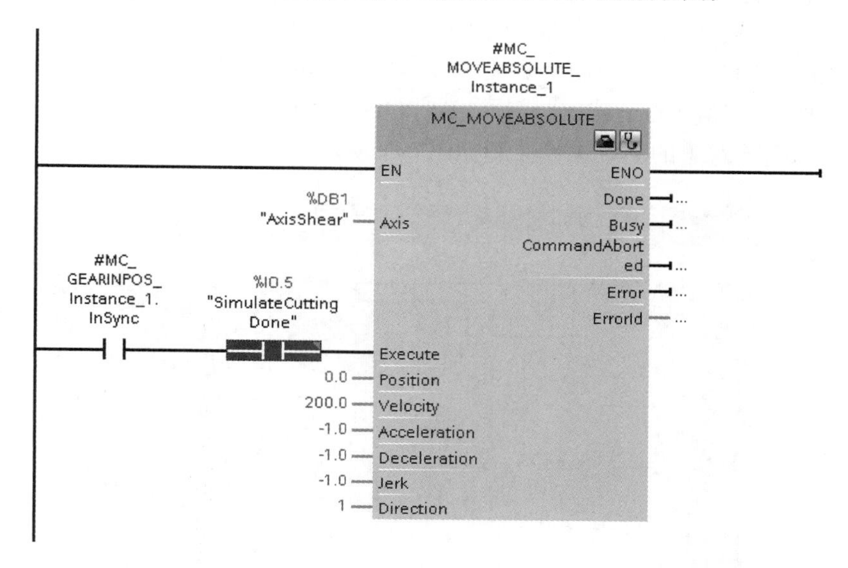
</td></tr>
<tr><td>2</td><td>7）对“MC_MeasuringInput”进行扩展编程，实现对下一个“色标”到来时激活快速测量，即用“Start_Shear”的上升沿与“MC_MOVEABSOLUTE_BasicPosShear. Done”上升沿“或”逻辑后作为快速测量输入的“Execute”信号
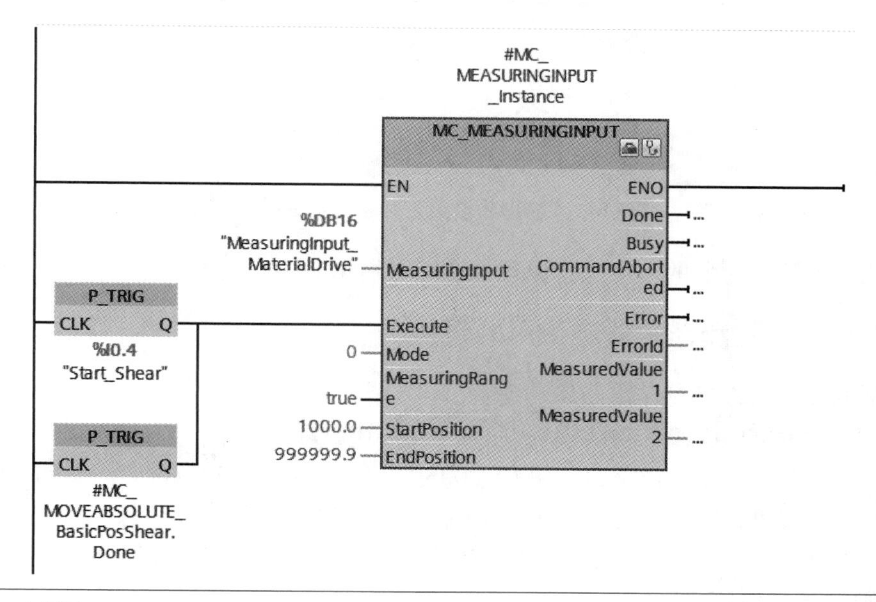
</td></tr>
<tr><td>3</td><td>在 OB1 中调用 FB1</td></tr>
<tr><td>4</td><td>编译后下载项目，即可进行相关程序的测试</td></tr>
</table>

6.3　输出凸轮和凸轮轨迹

输出凸轮工艺对象用于在轴或外部编码器的指定位置快速输出一个开关量信号，而凸轮轨迹可基于位置轴、同步轴或外部编码器的多个位置快速输出一个数字量开关信号，例如在涂胶机中喷胶阀的开关位置控制。开关信号为分配到输出凸轮工艺对象的 I/O 设备的数字量输出信号，例如，TM Timer DIDQ 模块、ET 200SP 输出模块等。

输出凸轮工艺对象的基本操作原理如图 6-7 所示。

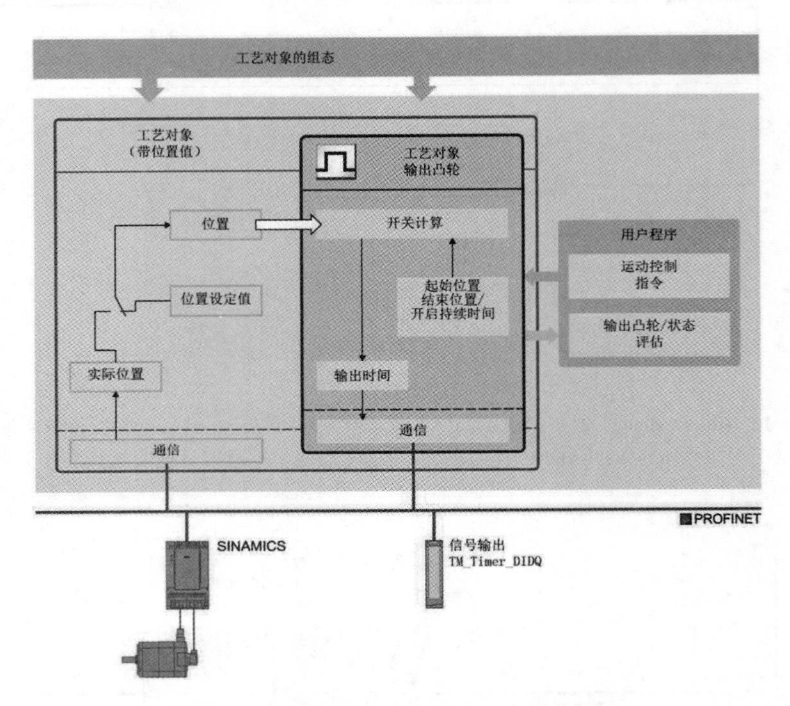

图 6-7　输出凸轮工艺对象的基本操作原理

凸轮轨迹工艺对象的基本操作原理如图 6-8 所示。

6.3.1　输出凸轮和凸轮轨迹使用的硬件

以下的硬件可以支持输出凸轮功能：

1. 基于时间的 IO 工艺功能模块（TM Timer DIDQ）

ET 200MP TM DIDQ 16×24V 和 ET 200SP TM DIDQ 10×24V 带时间戳的 IO 模块上具有高精度和高重复性的数字量输出，TM DIDQ 模块需要设置等时同步模式。使用带有时间戳的 TM DIDQ 模块，输出凸轮工艺对象可计算准确的开关时间，以确保开关位置准确。

2. 数字量输出模块

数字量输出的开关精度取决于所用输出模块的输出周期。

注意：输出凸轮工艺对象不能在仿真软件中使用。

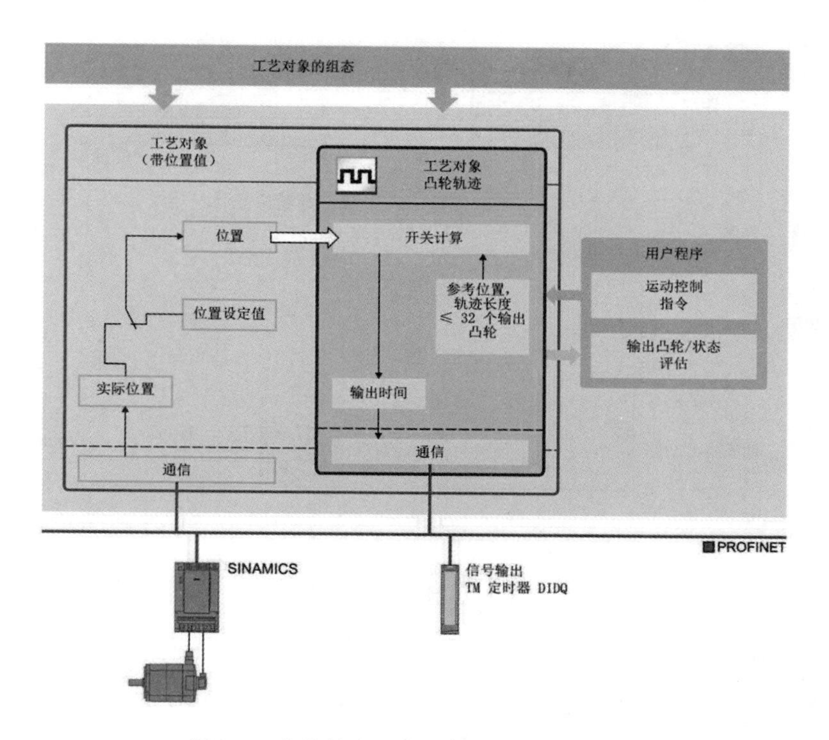

图 6-8 凸轮轨迹工艺对象的基本操作原理

6.3.2 输出凸轮及凸轮轨迹的功能

1. 输出凸轮和凸轮轨迹的类型

输出凸轮和凸轮轨迹有基于位置和基于时间两种类型：

1）基于位置。基于位置的凸轮打开范围由起始位置和结束位置定义，如果起始位置小于结束位置，打开范围从起始位置开始，到结束位置终止，如图 6-9 所示。

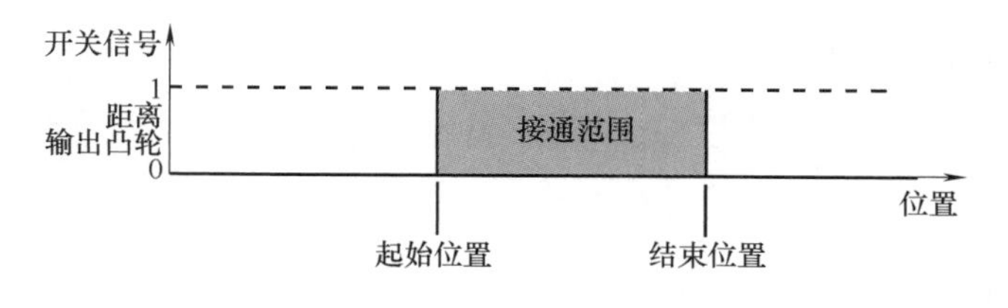

图 6-9 起始位置在结束位置之前

如果起始位置大于结束位置，那么就有两个打开范围，如图 6-10 所示。

① 打开范围从起始位置开始到正向范围终点结束（比如正向软件限位开关、模态范围终点）。

② 打开范围从负向范围终点开始（比如负向软件限位开关、模数范围起点），到结束位置终止。

2）基于时间。基于时间的凸轮在指定位置到达后输出开关信号，经过指定的时间周期

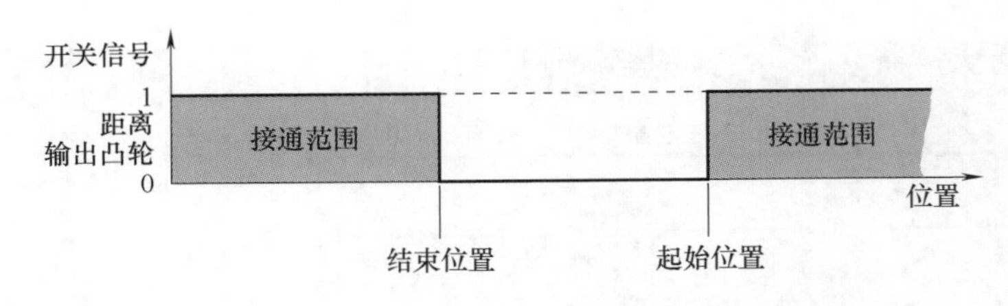

图 6-10　起始位置在结束位置之后

后关断输出信号，如图 6-11 所示。

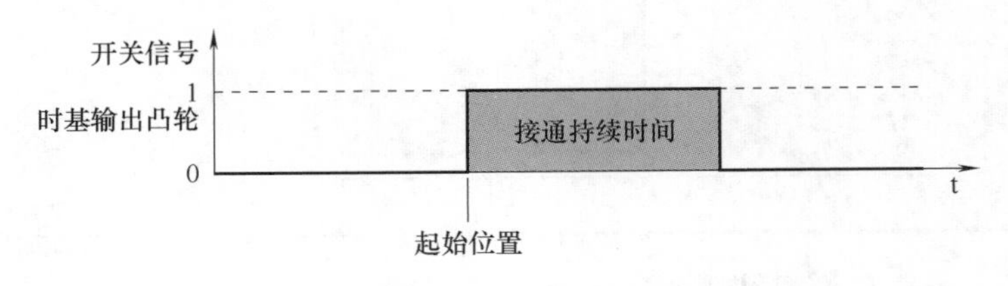

图 6-11　基于时间的凸轮

2. 输出凸轮的激活方向

输出凸轮可根据互连工艺对象的运动方向打开或关闭，可以仅在正向运动或负向运动方向输出一个输出凸轮，也可以不考虑方向输出凸轮。开通的方向在“Direction”参数中进行设置。

3. 迟滞（滞回）

实际位置/位置设定值的变动，可能会导致凸轮发生意外打开和关闭，对于这类意外的开关状态可以通过组态迟滞防止。

迟滞是一个位置公差，迟滞范围内检测到的方向变化会被忽略，迟滞在工艺对象的 <TO>. Parameter. Hysteresis 内进行设置。图 6-12 显示了迟滞对输出凸轮正方向激活时的开关行为

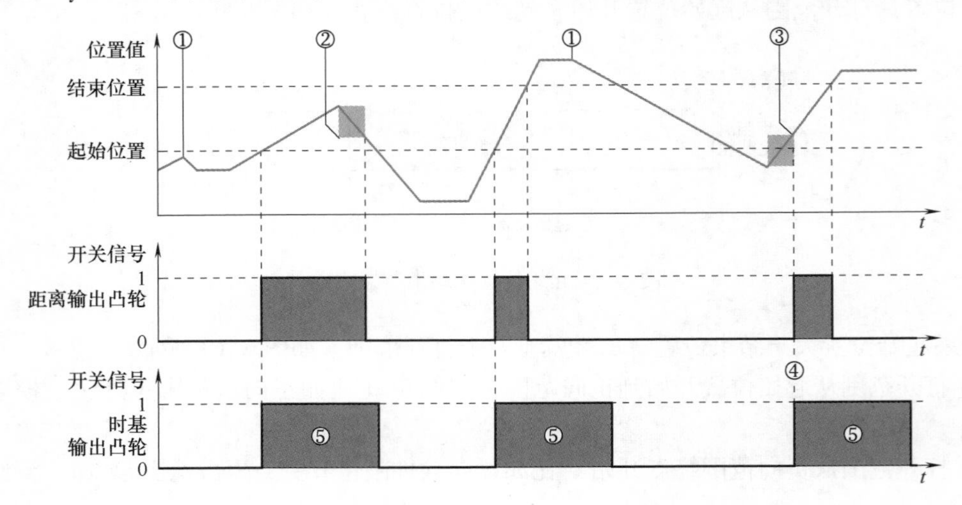

图 6-12　迟滞（滞回）的设置和作用

特性的影响。图中①为无迟滞影响的方向变换；②为迟滞作用；③为距离输出凸轮的打开位置因方向变换和滞回受到影响。④为基于时间输出凸轮的起始位置位于滞回范围内。沿着相应的有效方向离开滞回范围时，基于时间输出凸轮将接通。⑤为开启持续时间。

4. 开通/关断的时间补偿

对于数字量输出的开通时间及连接的执行元件开通延时的补偿，可以通过指定开通作用补偿时间的方法实现。开通作用补偿时间来自于总的延时时间，可以单独指定开通沿的开通作用时间或关断沿的关断作用时间。

输出凸轮开通/关断可通过开通/关断补偿时间进行动态补偿，在这种情况下，输出凸轮可根据不同的速度进行动态补偿。

例如，一个阀在200°时打开，开通/关断补偿时间为0.5s，在不同速度下，阀的开通位置如下：

1）在速度为10°/min时，在195°时控制阀开通。

2）在速度为20°/min时，在190°时控制阀开通。

以上这种开通位置的动态偏置是通过输出凸轮工艺对象自动完成的，开通/关断补偿时间的设置可以是正值也可以是负值，改变开通/关断补偿时间的输出凸轮动作行为如图6-13所示。

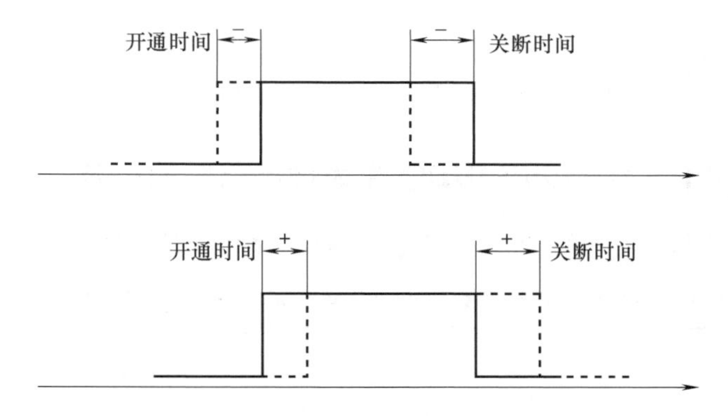

图6-13　改变开通/关断补偿时间的输出凸轮动作行为

在输出凸轮的组态界面中，可以输入开通补偿时间作为输出凸轮的开通延时补偿时间，关断补偿时间作为输出凸轮的关断延时补偿时间。

5. 输出凸轮的逻辑运算

可以在一个输出端输出多个输出凸轮的“与”或“或”逻辑运算后的状态，如图6-14所示。

每个输出凸轮的开关状态显示在相关工艺对象数据块的“<TO>.CamOutput”中。

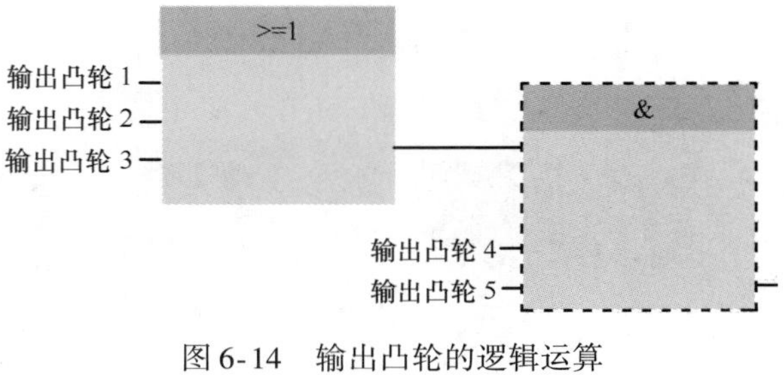

图6-14　输出凸轮的逻辑运算

6. 凸轮轨迹的附加说明

凸轮轨迹可以最大包含一个输出点的32个输出范围或者输出时长的定义。凸轮轨迹定义的起点始终为0.0。因此，凸轮轨迹上的输出凸轮位置始终为正值。对于实际运动的轴，其运动位置和凸轮轨迹之间通过参考位置参数（<TO>. Parameter. ReferencePosition）进行对应，凸轮轨迹执行的长度由凸轮轨迹长度参数决定（<TO>. Parameter. CamTrackLength），如图 6-15 所示，组态的凸轮轨迹指定 800～900 之间输出，通过 -1000 的参考位置参数使实际轴在 -200～-100 之间输出凸轮信号。凸轮轨迹的相关定义参数可以在“MC_CamTrack”运行期间随时进行修改，命令的输入参数“Mode”=0 时，凸轮轨迹的新参数立即生效，“Mode”=1 时，凸轮轨迹的新参数在下一个轨迹周期激活。

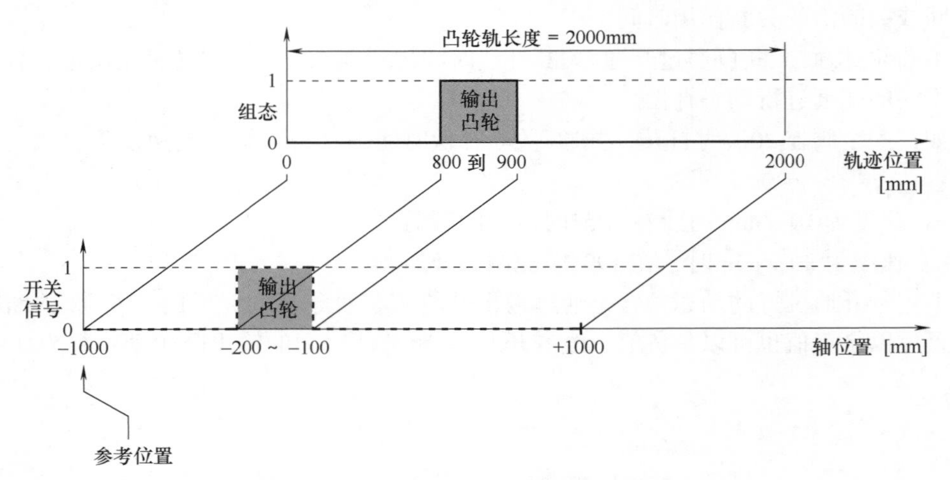

图 6-15　参考位置和凸轮轨迹长度参数

6.3.3　用 ET200SP TM Timer DIDQ 作为输出凸轮的组态

S7-1500T 连接 ET200SP TM Timer DIDQ 作为输出凸轮的项目组态步骤见表 6-14。

表 6-14　S7-1500T 连接 ET200SP TM Timer DIDQ 的项目组态步骤

步骤	描　述
1	将硬件目录中的 ET200SP 接口模块拖入网络视图

（续）

步骤	描　述
2	创建 ET200SP 与 S7-1500T 的网络连接，设置 ET200SP 的 IP 地址和 PROFINET 设备名称 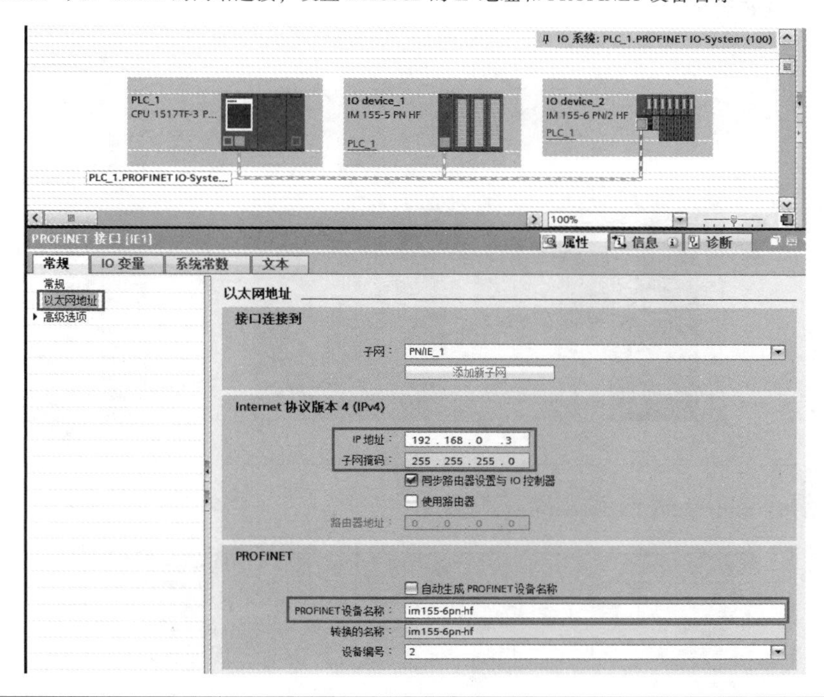
3	连接 ET200SP 的网络拓扑 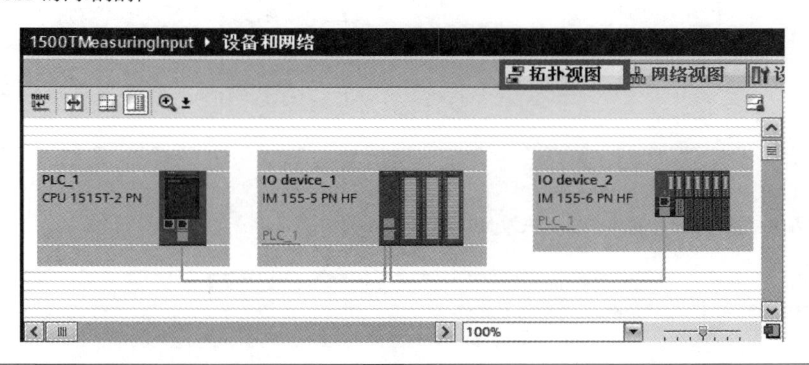
4	在 ET200SP 的设备视图中，插入 TM Timer DIDQ 模块 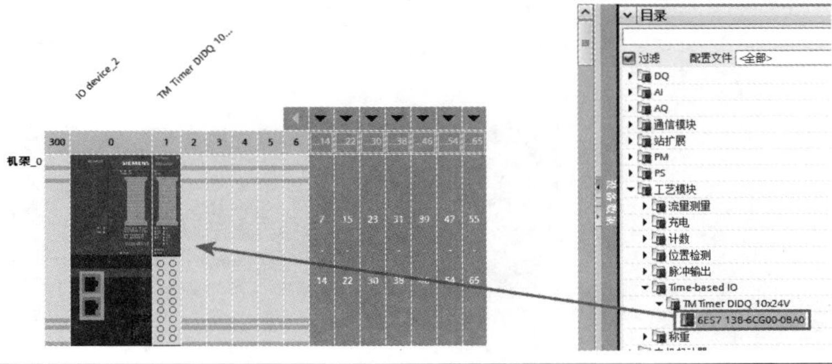

（续）

<table>
<tr><th>步骤</th><th>描　　述</th></tr>
<tr><td>5</td><td>插入服务模块
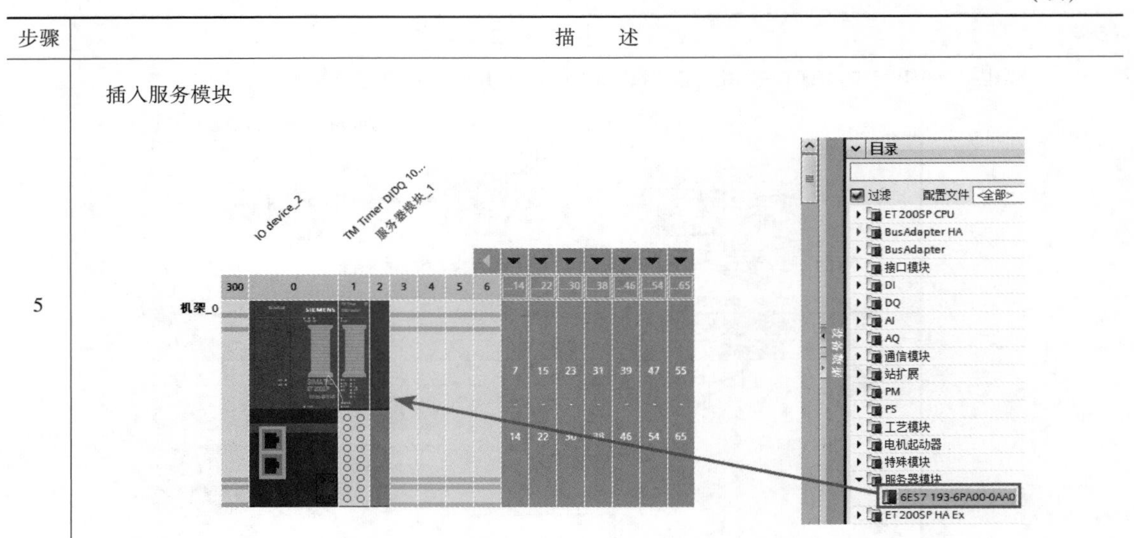

</td></tr>
<tr><td>6</td><td>设置用作输出凸轮的 TM Timer DIDQ 的 DO 点
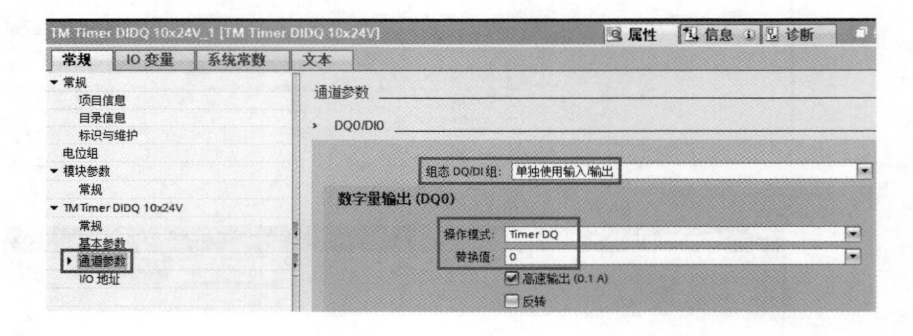

</td></tr>
<tr><td>7</td><td>设置 IO 为等时同步模式，组织块为 MC-Servo
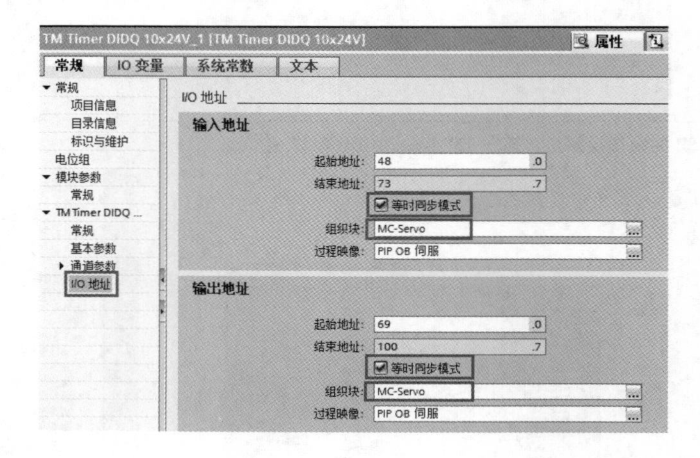

</td></tr>
</table>

（续）

步骤	描　述
8	检查ET200SP的等时同步模式 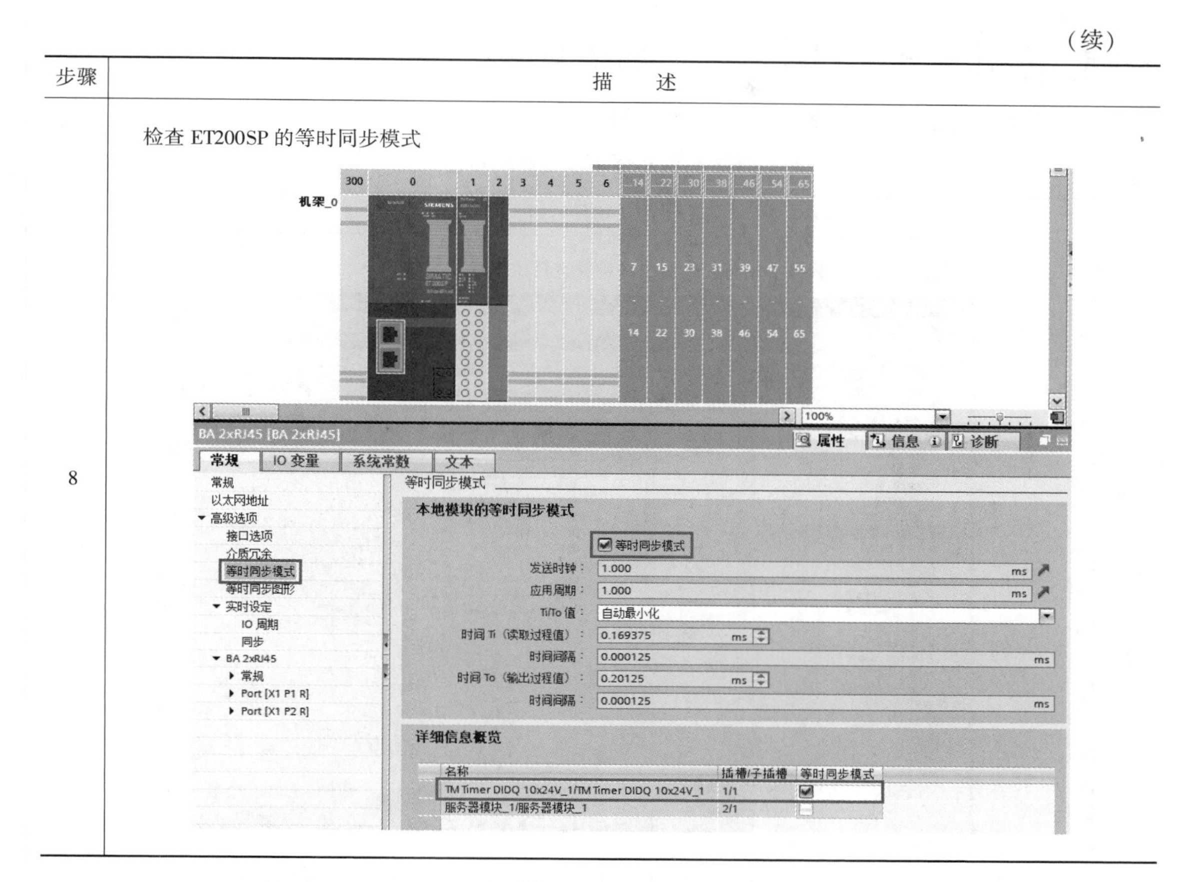

6.3.4 用数字量输出模块作为输出凸轮的组态

S7-1500T 可以使用输出模块中的数字量输出作为输出凸轮，应注意，在配置前应对使用的输出点进行变量定义，如图6-16所示。

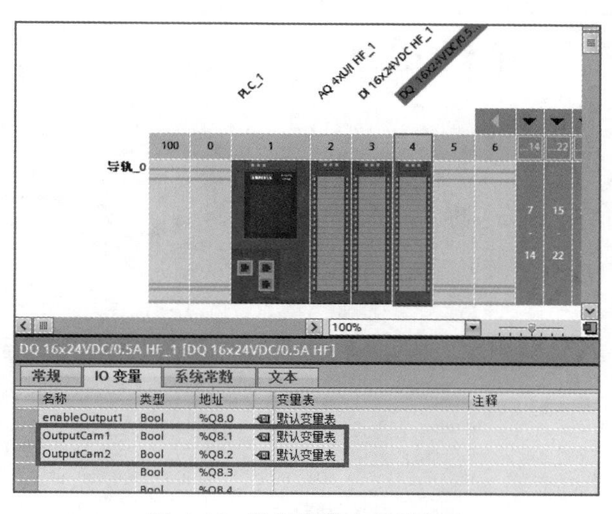

图6-16 数字量输出变量定义

6.3.5 输出凸轮及凸轮轨迹工艺对象的配置步骤

输出凸轮工艺对象的配置步骤见表 6-15。

表 6-15 输出凸轮工艺对象的配置步骤

步骤	描　　述
1	双击新增对象，在弹出的界面中填写工艺对象名称并选择位置轴 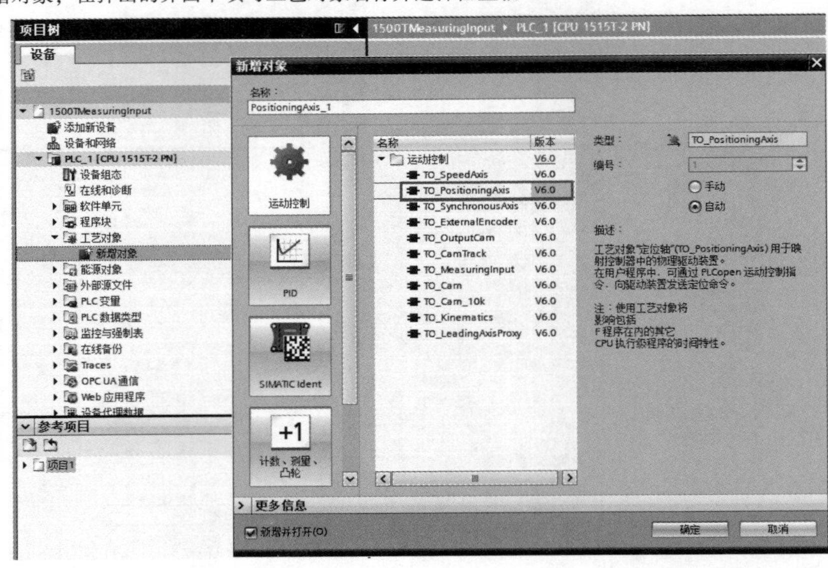
2	在位置轴下双击“新增输出凸轮”，之后双击创建的 OutputCam_1 下的“组态”进行配置 1）“输出凸轮类型”：可选择“基于位置的输出凸轮”或“基于时间的输出凸轮” 2）“输出凸轮基准”：可选择“位置设定值”或“当前位置” “使用精度更高的位置值”功能可基于六位小数点的位置进行控制。 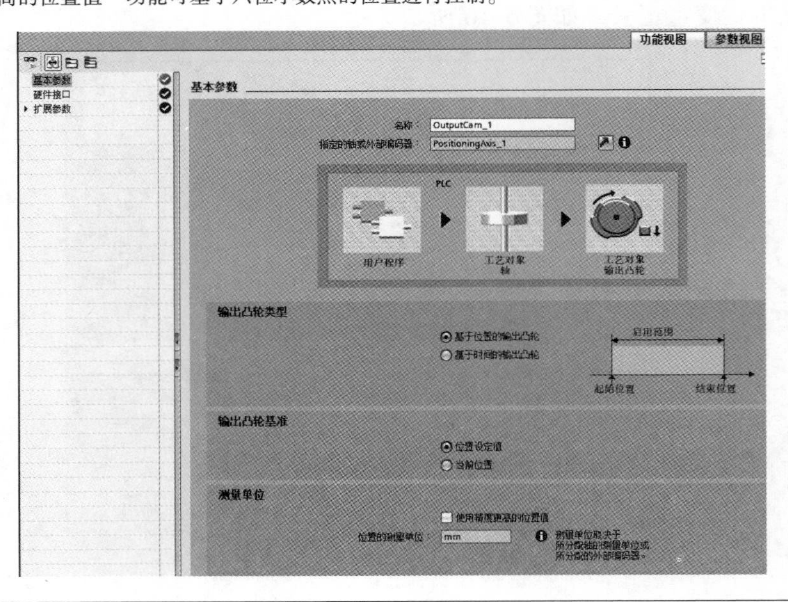

（续）

步骤	描 述
3	勾选激活输出之后，可以选择Timebase IO模块的数字量输出点或者选择输出模块上的数字量输出点作为输出凸轮的输出 1）选择Timebase IO上的输出点 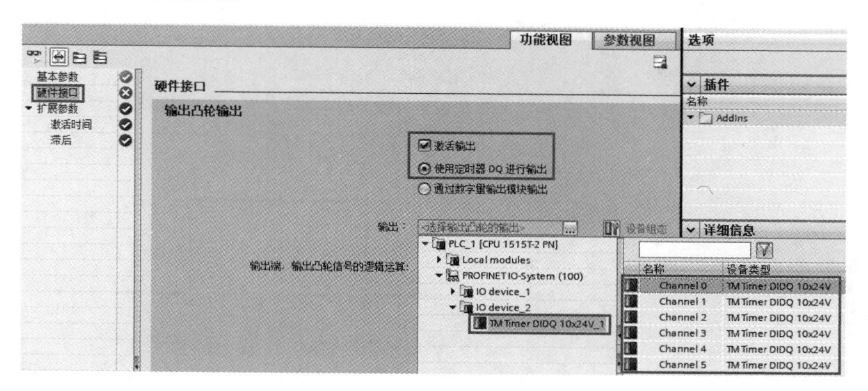 2）选择数字量输出模块上的输出点。需注意，对于要设置为输出凸轮的输出点需要在“IO变量”中对其进行符号定义  配置输出凸轮的输出 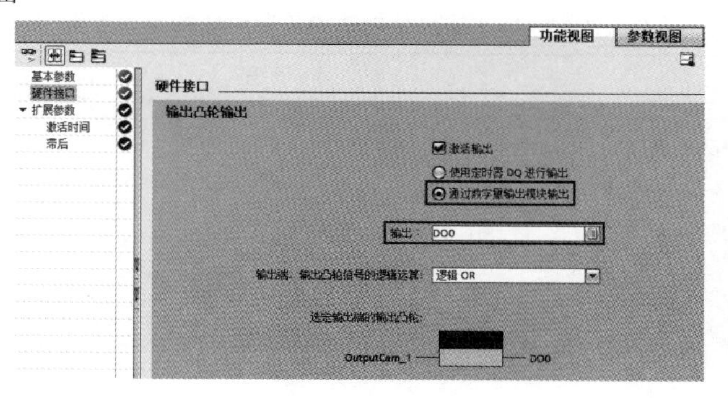

（续）

步骤	描　　述
3	在扩展参数设置中，可以设置输出凸轮输出的开通延时、关闭延时补偿时间及开通关闭的迟滞值 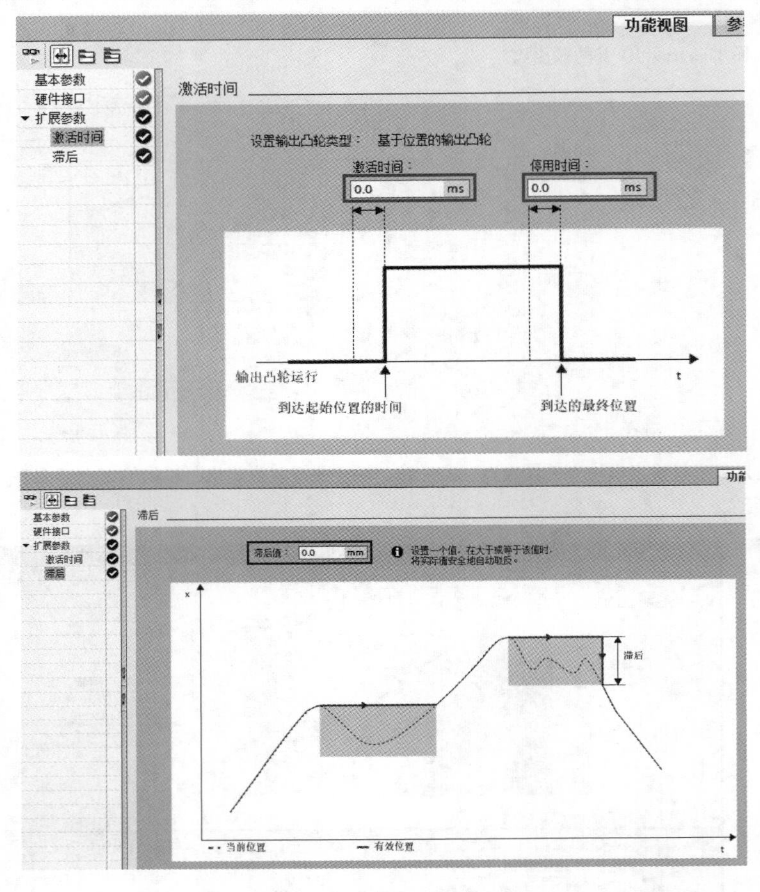

输出凸轮轨迹工艺对象的配置与输出凸轮工艺对象的配置步骤相同，只是多出了“扩展参数”中的轨道数据及输出凸轮数据定义的界面见表 6-16。

表 6-16　输出凸轮轨迹工艺对象的配置步骤

步骤	描　　述
1	双击“新增凸轮轨迹”，再双击创建的 OutputTrack_1 下的“组态” 工艺对象 新增对象 PositioningAxis_1 [DB1] 组态 调试 诊断 输出凸轮 新增输出凸轮 新增凸轮轨迹 CamTrack_1 [DB4] 组态 诊断

（续）

<table>
<tr><th>步骤</th><th>描　　述</th></tr>
<tr><td>2</td><td>在“扩展参数”中的轨道数据界面中设置轨道长度及轴基准位置，在此长度内凸轮轨迹有效
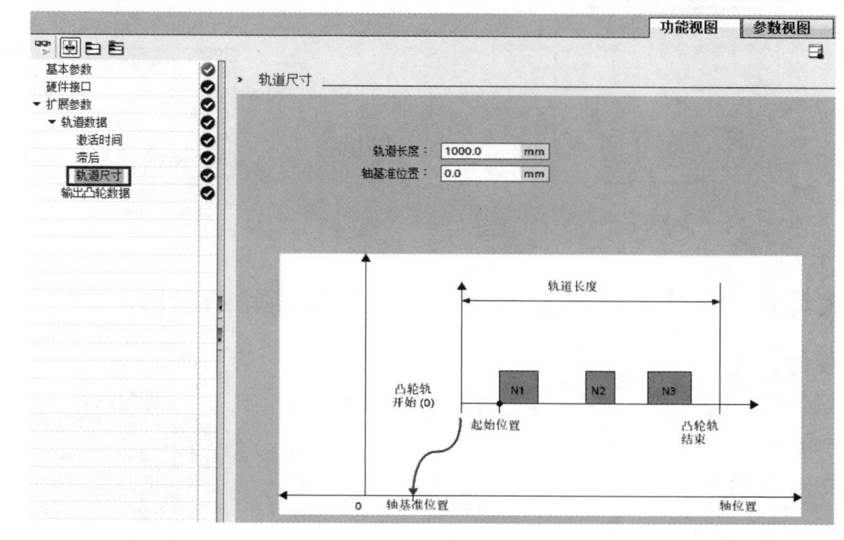
</td></tr>
<tr><td>3</td><td>设置输出凸轮数据，勾选每个输出凸轮的“有效”设置其有效性，输入开始位置及结束位置，如果使用的是基于时间的输出凸轮轨迹则配置起始位置和持续时间
功能视图
基本参数
硬件接口
扩展参数
轨道数据
激活时间
滞后
轨道尺寸
输出凸轮数据
输出凸轮数据
设置输出凸轮类型：　基于位置的输出凸轮
输出凸轮 | 有效 | 起始位置 | 结束位置
1 | ☑ | 10.0 mm | 20.0 mm
2 | ☑ | 30.0 mm | 40.0 mm
3 | ☑ | 50.0 mm | 60.0 mm
4 | ☐ | 0.0 mm | 0.0 mm
5 | ☐ | 0.0 mm | 0.0 mm</td></tr>
</table>

6.3.6　输出凸轮及输出凸轮轨迹的命令

1. “MC_OutputCam”命令

使用命令“MC_OutputCam”可以激活特定的输出凸轮，如果是基于位置的输出凸轮，输入参数“OnPosition”及“OffPosition”有效。如果是基于时间的输出凸轮，输入参数“OnPosition”及“Duration”有效。通过参数“Mode”和“Direction”可以定义输出凸轮的工作模式和有效方向。如果“Mode”=1，标准输出凸轮功能（输出不反向）；如果“Mode”=2，输出凸轮功能（输出反向）；如果“Mode”=3，输出凸轮始终激活。输出参数“CamOutput”指示输出凸轮的开关状态。功能块如图6-17所示。

2. “MC_CamTrack”命令

使用命令“MC_CamTrack”可以激活特定的凸轮轨迹，如果输入参数“Mode”=0，当“Enable”=TRUE时，中止之前激活的轮轨迹处理立即激活当前的凸轮轨迹处理；如果输入参数“Mode”=1，“Enable”=TRUE 时，凸轮轨迹处理过程立即/在下一个轨迹周期激活；如果输入参数“Mode”=2，“Enable”=TRUE 时，凸轮轨迹输出立即开启，并保持开启状态。输出参数“TrackOutput”指示凸轮轨迹的开关状态。功能块如图 6-18 所示。

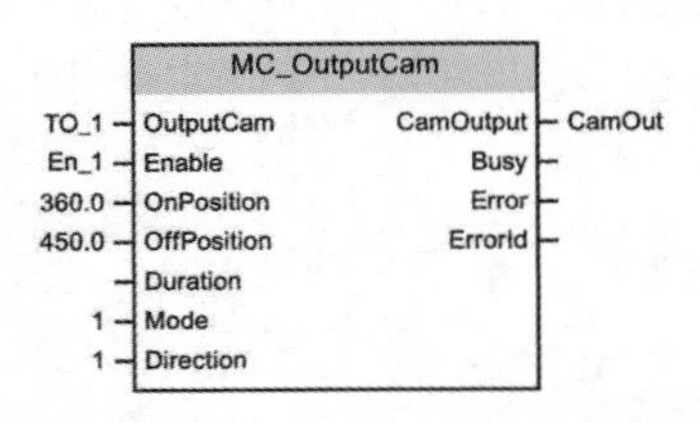

图 6-17　“MC_OutputCam”功能块

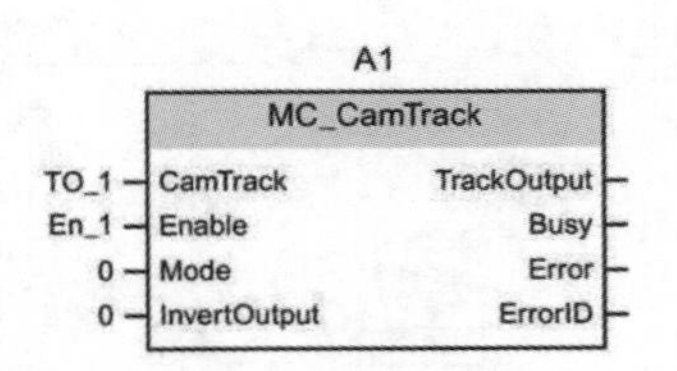

图 6-18　“MC_CamTrack”功能块

6.3.7　练习 6：S7-1500T 电子齿轮同步及输出凸轮的应用

1. 实现的任务

将两个圆盘的透光孔重叠后进行电子齿轮同步运行，当引导轴实际位置在重叠间点亮 LED 灯，无论两个轴运行快与慢 LED 灯光仍能透过透光孔，机械示意如图 6-19 所示。

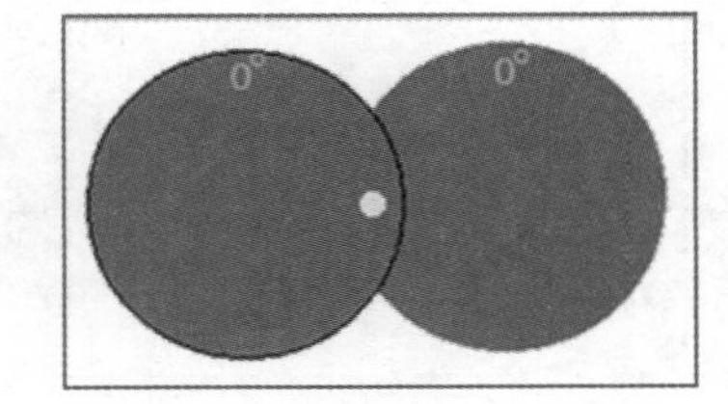

图 6-19　材料切标机械示意图

2. 创建工艺对象

在项目中，需要创建的工艺对象见表 6-17。

表 6-17　项目中需要创建的工艺对象

序　　号	工 艺 对 象	说　　明
1	AxisMaster	定位工艺对象，为引导轴
2	AxisSlave	同步工艺对象，为跟随轴
3	OutputCam_1	输出凸轮工艺对象

3. 创建项目和编程

在项目中，创建和编程见表 6-18。

表 6-18　项目的创建与编程

步骤	描　　述
1	创建一个 IO 变量表： Power_Master/Slave：I0. 0（使能引导轴和跟随轴） Reset_ Master/Slave：I0. 1（复位引导轴和跟随轴） Home_ Master/Slave：I0. 2（所有轴回零） MC_Jog_switch：I0. 3（起动/停止引导轴） Tag_8：M10. 0（起动引导轴和跟随轴的电子齿轮同步） Tag_9：M100. 1（激活输出凸轮） AnalnputSpeed0：模拟量输入（用于引导轴调速）

（续）

步骤	描　述
2	创建引导轴及跟随轴，在引导轴下创建一个输出凸轮 OutputCam_1： 1）在“基本参数”中修改凸轮输出参考为“实际位置”，以避免由于跟随误差造成的位置延迟 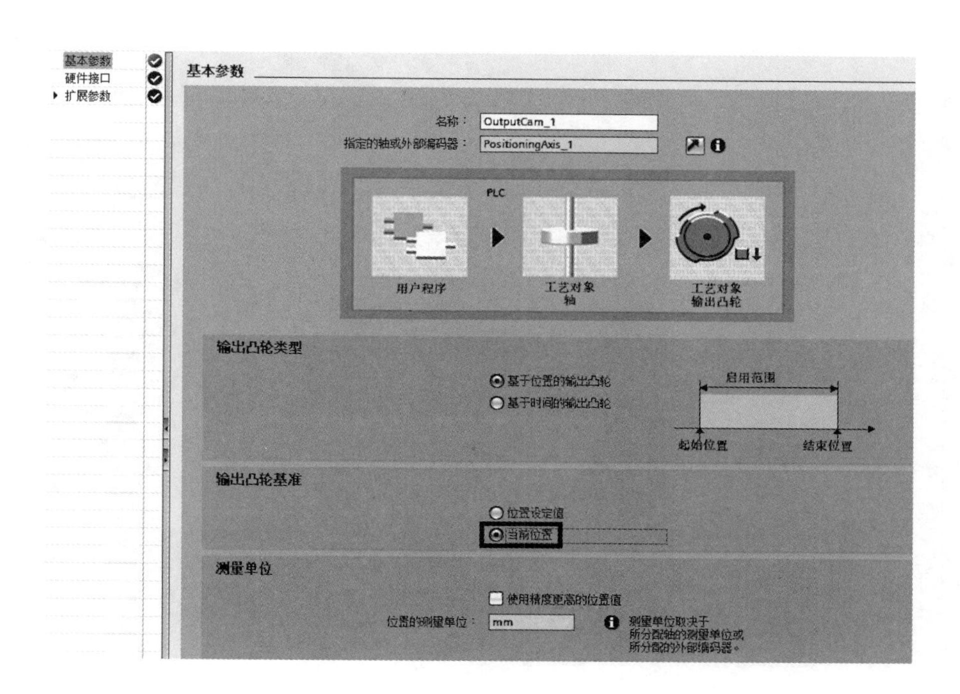 2）连接一个 TM Timer DIDO 点作为输出凸轮（如 TM Timer DIDQ Channel 4） 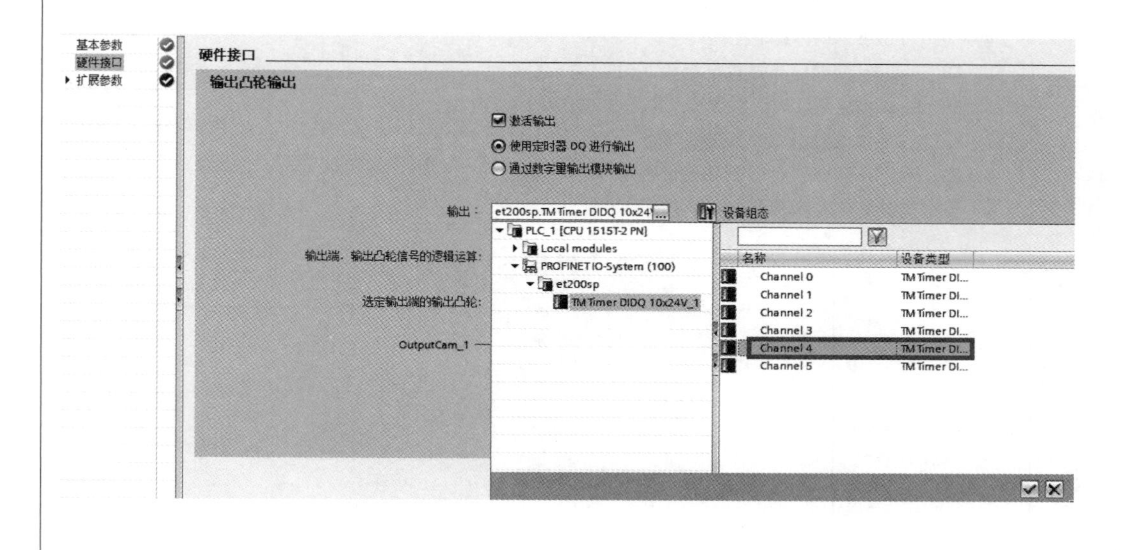

（续）

步骤	描　述
3	在 IO 变量中，为模拟量输入定义一个变量（AnalnputSpeed0），用于调速控制 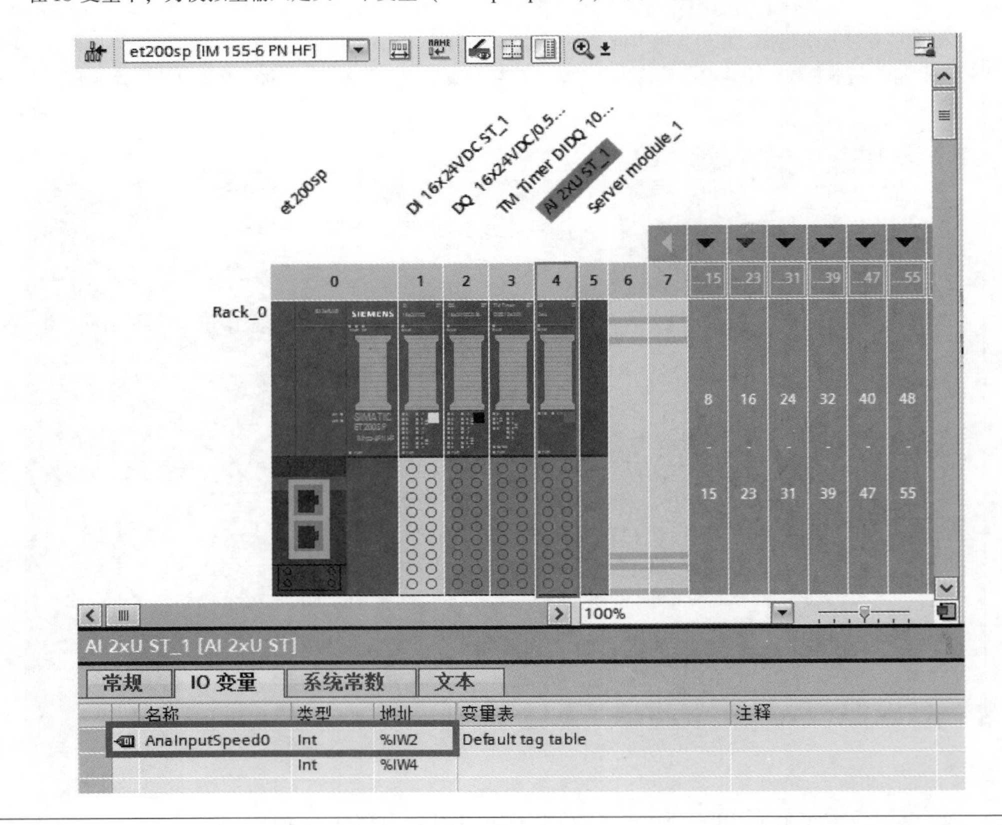
4	创建一个 FB 块，编写运动控制程序： 1）MC_Power：使能引导轴和跟随轴 2）MC_Reset：复位及确认引导轴及跟随轴的故障 3）MC_Home：设置引导轴及跟随轴的零点位置 4）MC_MoveAbsolute：运行到初始位置 0 5）根据模拟量输入计算引导轴的速度设定值 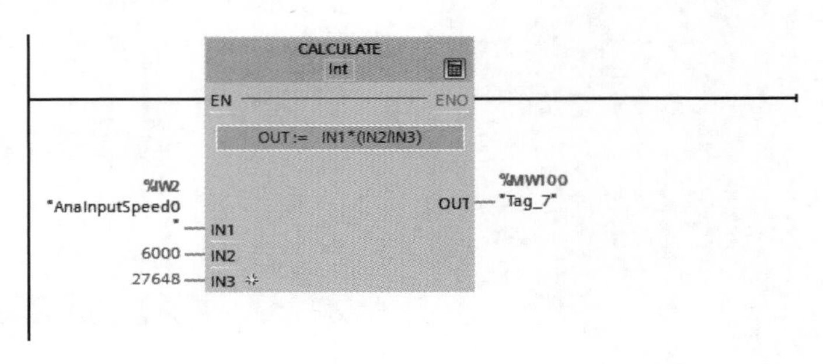

（续）

步骤	描　述
4	IN1：模拟量输入实际值 IN2：电机最大转速 IN3：模拟量通道0的最大值 6）引导轴的速度通过模拟量进行调节 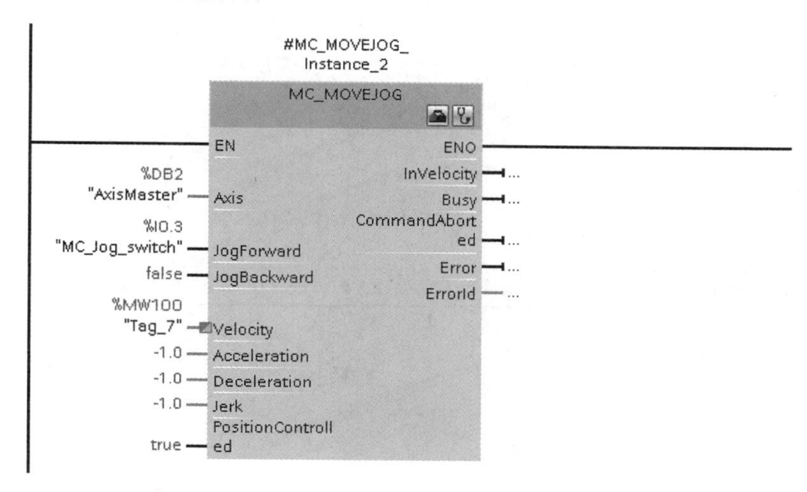 7）开始引导轴和跟随轴的电子齿轮同步 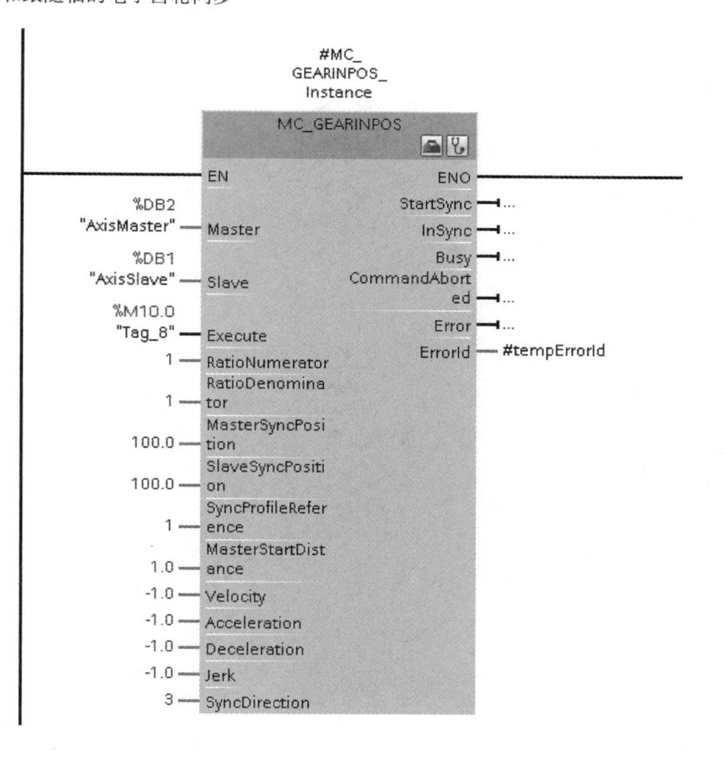

（续）

步骤	描　述
4	8）激活输出凸轮，设置“OnPosition”：0.0，“OffPosition”：5.0，“Direction”：3（双向） 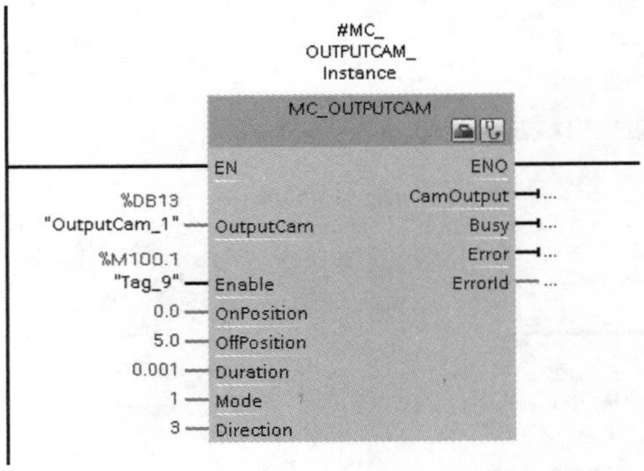 #MC_ OUTPUTCAM_ Instance MC_OUTPUTCAM EN — ENO %DB13 "OutputCam_1" — OutputCam — CamOutput Busy %M100.1 "Tag_9" — Enable — Error ErrorId 0.0 — OnPosition 5.0 — OffPosition 0.001 — Duration 1 — Mode 3 — Direction
5	在 OB1 中调用编写的 FB 功能块，编译后下载项目，即可进行相关程序的测试

第 7 章　故障安全功能

7.1　故障安全规范

随着现代制造业的快速发展，运动控制系统的复杂程度也在不断加大，对设备的安全性要求变得愈发重要。机械设备制造商和销售商有责任确保设备和产品的安全，需要设计出符合安全标准的设备、机械及自动化控制系统。为此，国际标准中对安全功能进行了详细的描述。遵循这些相关标准，就可以有依据地推定设备达到了需要的安全水平，进而确保设备的安装人员和机械设备制造商履行了相关义务。

安全技术可以降低设备对人和环境造成的危害，同时减少对工业生产和设备使用的影响。在不同的国家和地区，设备安全保障有不同的方案和要求，在法律规定和安全要求中，何时检查设备是否安全，采用什么方法检查以及责任分配等也各不相同。机械制造商和设备安装人员必须确保机械和设备的安全性符合使用地的法律、法规。例如，在美国使用的机械控制系统必须符合美国职业安全与健康管理局（Occupational Safety and Health Administration，OSHA）的规定。

从法律、法规出发，经过必要的步骤，可以实现机械设备的安全并且符合相关的规范和法规要求。安全标准一般分为以下三类：

A 类标准（基本安全标准）：包含基本术语、设计原则和适用于所有机器的通用内容，比如 EN ISO 13849-1（原 EN 954-1 的升级版）和 IEC 61508 标准定义了机械控制系统安全设计相关的原则；IEC/EN 62061（等同于 IEC 62061）是 IEC/EN 61508 用于特定行业的子标准，它对机械和安全相关的电气控制系统的设计和制造进行描述，涉及从设备设计阶段到设备退役的整个生命周期，此标准基于安全功能的定量和定性分析。EN ISO 13849-1 定义了风险矩阵，使用性能等级（Performance Level，PL）进行衡量。IEC/EN 61508 和 IEC/EN 62061 使用安全完整性等级（Safety Integrity Level，SIL）分级，它是控制系统安全性能的量化标度。

B 类标准（分组安全标准）：定义了适用于广义机器的安全应用或安全设备的标准。

C 类标准：包含特定机械或某一类机械的所有安全要求。如果设计的机械具有 C 类标准，那么它比 A 类或 B 类标准具有更高的优先级，应该优先采用。

7.2　实现机械安全的步骤

为了实现一个符合安全规范的设备，需要经过表 7-1 中的必要步骤。

表 7-1 实现安全的必要步骤

步骤	名　称	功　能
1	风险评估	此阶段定义机器的功能以及限制条件（应用环境、使用的原材料等限制），经过危险识别（例如正常运行和故障检修阶段或者维修和清洗阶段）确定设备的各种危险，随后进行风险评估（确认风险出现的概率、损坏程度），确定需要的安全等级 执行风险评估时使用以下标准： ● EN ISO 12100“机械安全 — 基本概念，通用设计原则” ● EN ISO 13849-1“机械安全 — 控制系统安全部件”
2	安全设计	安全设计是降低风险过程的第一步，也是非常重要的一步。在此过程中，需要通过设计排除可能的危险。从这个角度来说，安全设计也是降低风险最有效的手段。安全设计的首要原则是在最基本的机械设计层面防止危险的发生，例如避免尖锐的边、角和突出部分或者封闭危险的设备形成机械空间上的隔离保护。除此之外，还要考虑电气和 EMC 相关等设计
3	与安全相关的控制系统功能	除了通过安全设计，降低机械的风险也可通过与安全相关的控制系统功能实现 经过步骤 1 的风险评估后，如果进行安全设计的保护仍无法满足或者无法实现降低机械的风险，则应考虑使用安全功能的方式进行设备的安全保护 安全功能一般包含三个部分： ● 检测部分（急停、双手开关、光栅光幕等，作为输入信号） ● 评估部分（安全 PLC 或安全继电器） ● 响应部分（安全接触器或符合安全功能需求的驱动器，作为输出） 通过以上三个部分的有效组合实现安全功能，满足评估风险后所需要的安全功能的等级。例如，为避免损伤操作人员，需要设计安全功能，在打开安全门后，通过安装在安全门上的安全限位开关检测，安全 PLC 控制驱动器下的电动机执行安全转矩关断（STO），从而实现设备停止，以避免出现相关的风险。 值得注意的是，由于需要满足风险评估提出的安全需求，参与安全功能的各个环节设备都需要满足相应的安全等级，如 IEC/EN 62061 中的 SIL2 安全等级
4	关于剩余风险告知	在经过以上的安全设计和经过验证和评估安全相关的控制系统功能后，还应向用户警示剩余风险并提供必要的处理建议。因为在技术高度发展的当今世界，安全只是一个相对的概念。在现实中是无法完全排除风险达到绝对安全的，即所谓的“零风险保障”。遗留风险是指按照先进的技术手段执行了相应的保护措施后仍无法避免的风险 警示和建议包括： ● 操作指南中的警告 ● 工作指导、培训要求或用户熟悉过程 ● 图示 ● 使用个人防护设备的注意事项

7.3 驱动器的安全功能

西门子 SINAMICS 驱动装置内部集成了多种安全功能，这些安全功能与安全控制器相结合，可以为操作人员和机器提供高效而实用的保护，这些安全功能符合以下要求：

1）根据 EN ISO 13849-1 达到性能等级（PL）d 和类别 3 标准。

2）符合 IEC 61508 的安全完整性等级（SIL）2。

SINAMICS 驱动器的集成安全功能由独立机构认证，这些集成安全功能均以电子形式实施，因此与在外部回路实施安全功能的解决方案相比，其响应时间更短。

运动控制系统 S7-1500TF 可以 SINAMICS 驱动器配合使用，这样可保证驱动器侧符合安全动作的要求。配合 S120 V5.1 及以上版本的固件，还可以实现运行机构的安全功能，例如对机械手的工作区域进行安全区域监控或对于运动机构的 TCP 工具中心点进行安全速度监控。

以 SINAMICS S120 驱动器为例，系统所集成的安全功能可分为以下三类：

1. 驱动器安全停止功能

- 安全扭矩关断（STO）。
- 安全制动控制（SBC）。
- 安全停止 1（SS1）。
- 安全停止 2（SS2）。
- 安全操作停止（SOS）。

2. 驱动器运动安全监控功能

- 安全限速（SLS）。
- 安全限制加速（SLA）。
- 安全速度监控（SSM）。
- 安全方向监控（SDI）。
- 安全制动测试（SBT）。

3. 驱动器位置安全监控功能

- 安全限位（SLP）。
- 安全位置的传送（SP）。
- 安全凸轮（SCA）。

集成的安全功能可以通过停止驱动实现安全控制（基本安全功能），还可以对驱动的速度、加速度或者方向进行停止控制和监控（扩展安全功能），以及对位置进行相关的监控（高级安全功能）。与安全功能相关的硬件功能和软件功能由两条独立的监控通道组成，例如，冗余断路路径、双通道数据管理、交叉数据比较等，从而实现较高的安全等级。驱动的两条监控通道由以下两组独立组件实现：

1）控制单元。

2）驱动的电机模块/功率模块。

为实现驱动的安全功能，可以通过安全的输入端子直接接入到驱动系统中，或者使用安全通信 PROFIsafe 的方式，利用安全 PLC 的安全程序进行控制。考虑到便利性和未来的发展趋势，下面以 PROFIsafe 为主要的应用方式进行介绍。

在 Starter 项目中，SINAMICS S120 驱动导航条“Functions”下的“safety Intergrated”配置界面可以进行安全功能的选择，为方便调试，建议直接在在线模式下进行安全功能的选择和配置。

7.3.1 基本安全功能

以下安全功能为 SINAMICS S120 和 SINAMICS S210 驱动的标配功能，也称为基本安全功能，不需要额外的收费和购买授权即可使用，包含如下功能：

1. 安全扭矩关断（Safe Torque Off，STO）

STO 功能是最为常见的驱动器基本集成安全功能，可确保电动机不产生扭矩，并防止电动机意外起动，如图 7-1 所示。

根据 EN 60204-1 5.4 部分说明，该功能用于防止驱动器意外重启。STO 功能将禁用驱动器脉冲（对应于 EN 60204-1 的停止类别 0），驱动器可靠地实现无扭矩输出，该状态在驱动器内部进行冗余监控。

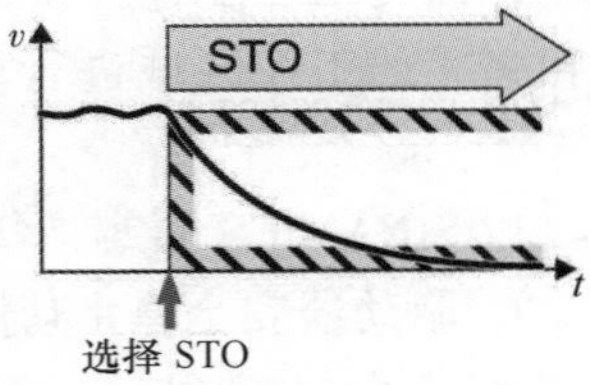

图 7-1　安全扭矩关断

2. 安全停止 1（Safe Stop 1，SS1）

SS1 功能可使电动机在受控的情况下实现迅速安全的停止，电动机停止后，驱动器通过激活 STO 将电动机切换为无扭矩模式。SS1 功能可按照 EN 60204-1 停止类别 1 的要求，实现驱动器安全停止。选择 SS1 功能后，一旦超出设定的安全延迟时间，驱动器将自发沿快速停止斜坡完成制动，并自动激活安全扭矩关断和安全制动控制功能，如图 7-2 所示。

3. 安全抱闸控制（Safe Brake Control，SBC）

SBC 功能可实现对抱闸的安全控制，SBC 始终与 STO 同步激活。在断电状态下，抱闸的动作通过安全双通道技术进行监控。由于采用双通道控制，即使控制电缆出现绝缘故障，抱闸仍可保持作用。SBC 功能与 STO 功能或 SS1 功能结合使用，可防止无扭矩状态下因重力等因素引起的轴运动，如图 7-3 所示。

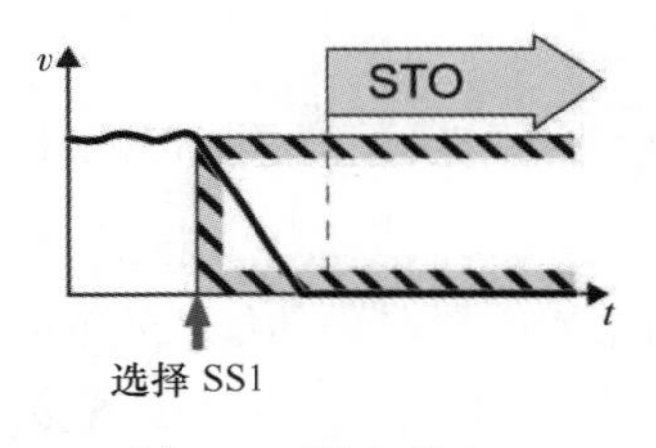

图 7-2　安全停止 1

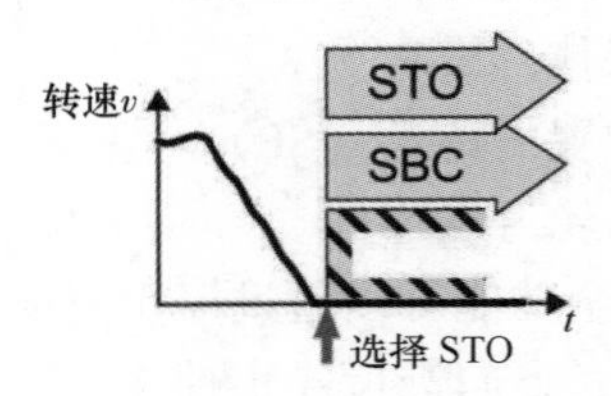

图 7-3　安全抱闸控制

7.3.2　扩展安全功能

SINAMICS S120 扩展安全功能的使用需要购买附加许可授权，包含如下功能：

1）安全扭矩关断（Safe Torque Off，STO），与基本安全功能的 STO 相同。

2）安全停止 1（Safe Stop 1，SS1），与基本安全功能的 SS1 相同。但是增加了制动斜坡监控（SBR）和加速监控（SAM）两种监控模式。

3）安全操作停止（Safe Operating Stop，SOS），SOS 功能即安全停止监控，驱动器保持运行状态，此时电动机可提供满扭矩，以保持当前位置。SOS 将对实际位置进行可靠监控，与第 2）条中的 SS1 功能和第 4）条中的 SS2 功能不同，此功能不影响驱动的速度设定值，如图 7-4 所示。

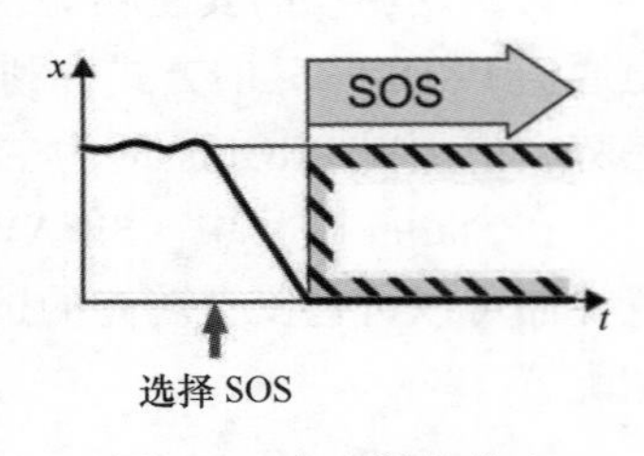

图 7-4　安全操作停止

4）安全停止2（Safe Stop 2，SS2），SS2功能可迅速安全地停止电动机，然后监控电动机的停止位置。SS2功能可按照EN 60204-1停止类别2的相关要求，实现驱动器的安全停止。选择SS2功能后，驱动器将采用快速停止斜坡完成制动。与SS1不同，驱动器制动后，速度控制器仍保持工作，也就是说，电动机可以提供保持零速所需的满扭矩，停止期间仍保持安全监控（安全操作停止功能SOS），如图7-5所示。

5）安全限速（Safely-Limited Speed，SLS），SLS功能可根据设定的速度限值对电动机进行监控，可确保电动机速度不超出预设的速度限值，可以选择4个不同的限值。选择SLS后，上位控制器必须在设定的时间内将电动机速度降至所选速度限值以下。如果超出该速度限值，将触发驱动器集成故障响应，如图7-6所示。

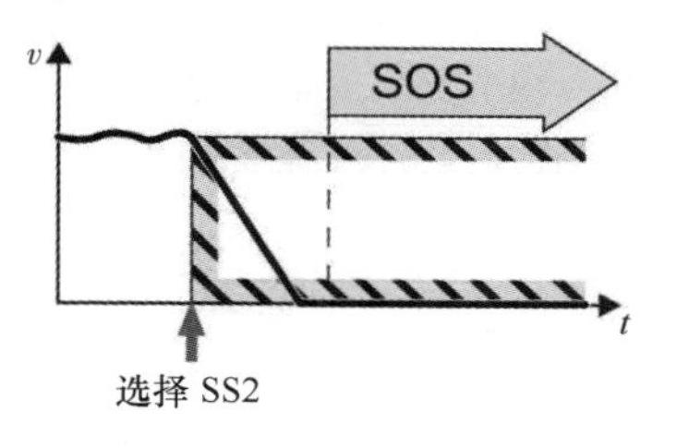

图7-5　安全停止2

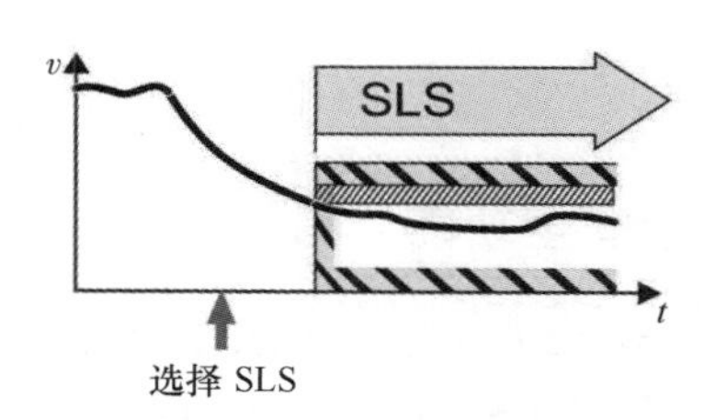

图7-6　安全限速

6）安全限制加速（Safely-Limited Acceleration，SLA），SLA功能可阻止电动机超过规定的加速度极限。例如在调试时，驱动不可以超出允许的加速度，此时可通过PROFIsafe在变频器中选择SLA。变频器将会限制并监测电动机的加速度，如图7-7所示。

7）安全速度监控（Safe Speed Monitor，SSM），SSM功能用于检测电动机在两个方向的速度是否低于速度限值，例如可以用于检测电动机是否静止。该功能将会输出一个安全输出信号以进行后续处理，如图7-8所示。

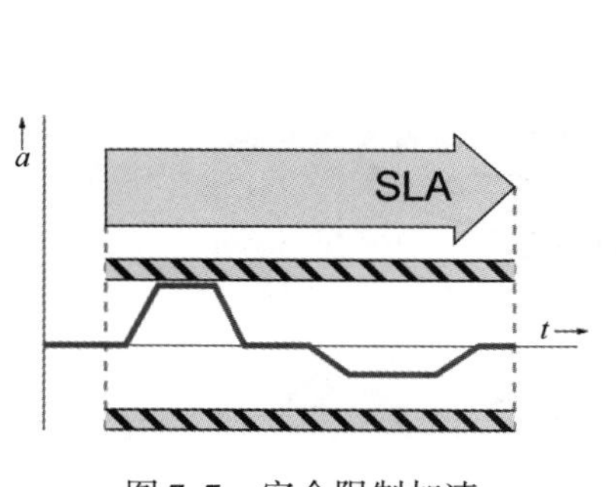

图7-7　安全限制加速

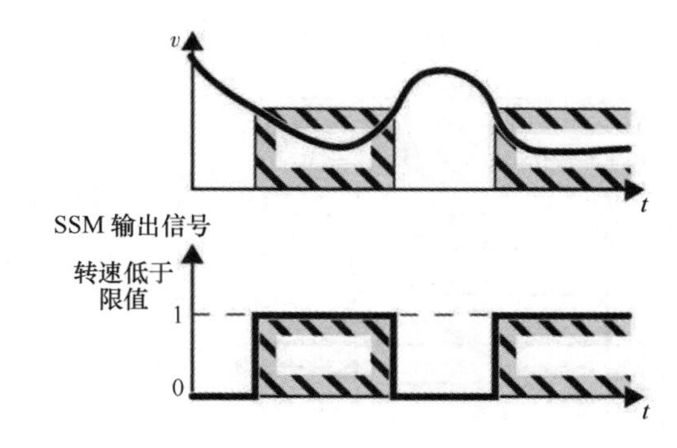

图7-8　安全速度监控

8）安全方向监控（Safe Direction，SDI），SDI功能可确保电动机仅沿所选方向运动，如图7-9所示。该功能将有效检测当前所监控运动方向的偏离，超出公差后启动所配置的驱动器故障响应，可根据需要对一个或两个运动方向进行监控。

9）安全制动测试（Safe Brake Test，SBT），诊断功能（SBT，安全制动测试）用于检测制动（运行制动或抱闸制动）是否达到所需的制动扭矩，如图7-10所示。可以测试线性制动以及旋转制动。在测试期间，驱动器会在制动力相反的方向上输出力/扭矩。如果制动正常工作，轴运动可保持在设置的公差范围内。如果发现轴运动超出公差，便可判断制动力/制动扭矩减小了，必须进行维护。

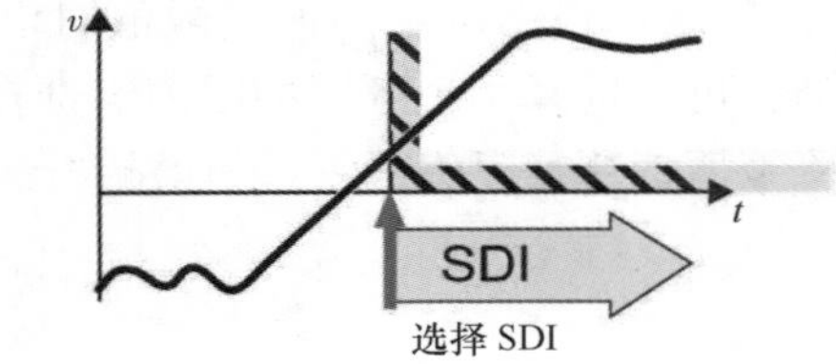

图 7-9 安全方向监控

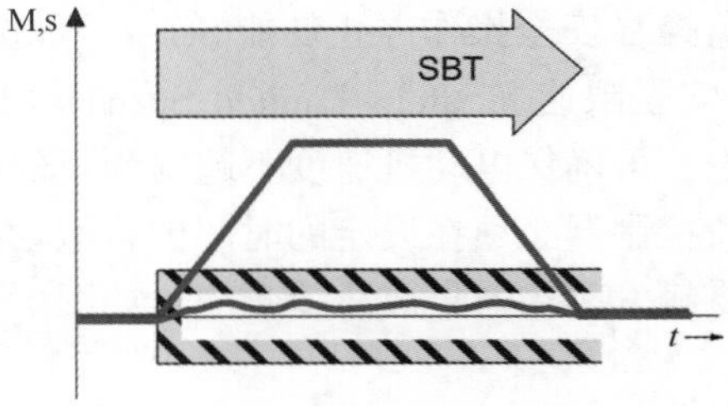

图 7-10 安全制动测试

7.3.3 高级安全功能

SINAMICS S120 高级安全功能的使用需要购买附加许可授权，包含如下功能：

1）安全限位（Safely-Limited Position，SLP），SLP 功能用于对轴进行安全监控，以确保其保持在允许的行程范围内，如图 7-11 所示。激活 SLP 后，将对 SLP 所限定的行程范围进行安全监控。SLP 可在两个限定范围之间进行切换。如果超出允许的行程范围，将会触发一个故障响应。SLP 仅适用于确定了安全参考点的轴。

2）安全回参考点，通过“安全回参考点”功能，变频器可以确定安全的参考位置，作为 SLP 和 SP 安全功能的基础。

3）安全位置的传送（SP），将安全绝对位置通过 PROFIsafe 传送给上级安全控制器。

4）安全凸轮（Safe Cam，SCA），SCA 功能是按照 EN 61800-5-2 标准的定义所设计的。SCA 可以提供一个安全输出信号，用来显示电动机轴的位置是否位于确定的范围内。借助此功能可以实现每根轴的安全范围检测，如图 7-12 所示。

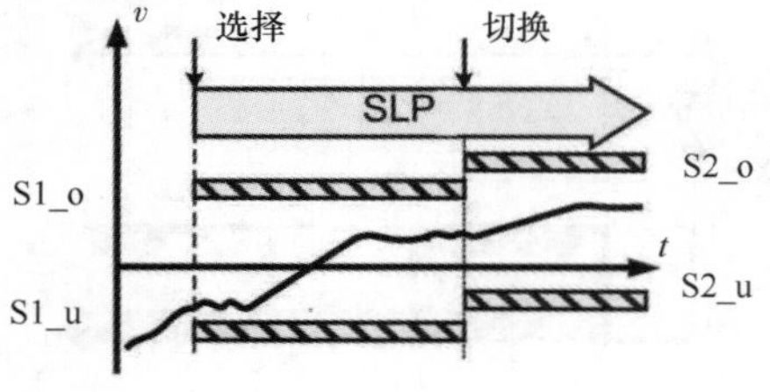

图 7-11 安全限位

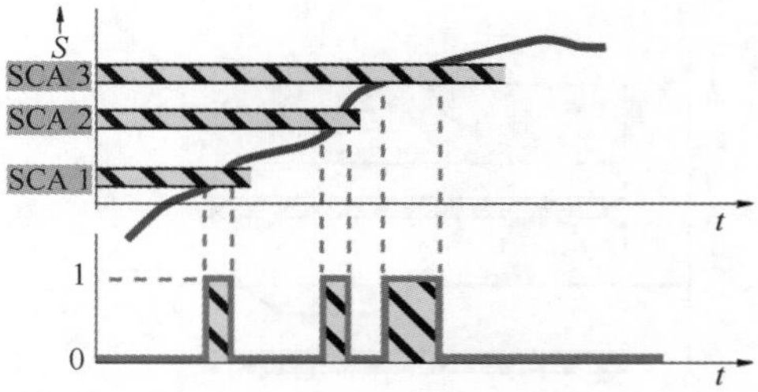

图 7-12 安全凸轮

7.4 安全 PLC

安全 PLC 是实现整个安全功能中非常重要的一环，在 S7-1500TF 运动控制器中集成了安全功能，可以大大地降低整体设备的成本和复杂性。为了实现相关的安全功能，首先需要准备符合安全需求等级并且适合应用场合的安全检测元器件，例如急停按钮，通过接线的方式连接到安全 PLC 的安全输入模块上，随后编写相关的安全程序并且通过 PROFIsafe 通信报文控制驱动器，实现各种安全功能。

为了简化 PLC 的安全编程，并且能够提高安全程序的可靠性，西门子公司推出了通过 Fail-safe SIMATIC 库 LDrvSafe 实现 S7-1200F/S7-1500F 对 SINAMICS 集成驱动的安全功能，此功能库符合 SIL 2（DIN EN 62061）及 PL d 类别 3（EN ISO 13849-1）安全标准。

为了防止意外触发监视功能，需要通过用户程序将轴的速度、位置或者方向进行一定的限制。驱动装置中的安全功能需要与安全 PLC 协作，以确保设备无故障运行。工艺对象将检测是否触发了基本安全功能，并显示相应的警告消息（工艺报警 550—报警响应：跟踪设定值）或（工艺报警 421—报警响应：取消启用），故障安全功能无须在用户程序中对“MC_Power”的输入参数“Enable”进行处理，对于扩展安全功能需要在程序中检测安全状态并且进行相关运动程序处理。

通过对安全功能进行确认并取消了对应的功能选择后，可以通过运动控制指令“MC_Reset”，对相应的工艺对象进行工艺报警的确认。如果“MC_Power”的输入参数“Enable”仍为 TRUE，则工艺对象随后将会自动使能。

7.5 安全运动机构

为了在运动机构执行过程中保护操作人员，西门子公司提供了 SIMATIC 安全运动机构库，支持安全的控制、评估和监控运动机构动作，以保障运动机构的安全使用。

库支持的监控功能有：

1）安全速度监控：通过安全速度监控，可以监控运动机构的单点（例如工具中心点或关节）的笛卡尔速度。

2）安全区域监控：安全区域监控是一种基于区域的运动机构位置监测，可以监控运动机构在笛卡尔空间中的位置，监测运动是否离开活动工作区，是否进入保护区或信号区，可以做运动区与工作区的安全碰撞检查。

3）安全方向监控：通过安全的方向监控，可以在用户定义的运动学中监控法兰的方向，例如，只有在工具垂直于地面时才能启用对工件的操作。

库支持的运动学机构如下：铰接臂、笛卡尔门户、滚动拾取器、增量拾取器、SCARA、自定义的运动学。

7.6 基于 PROFIsafe 实现安全功能的步骤

7.6.1 配置驱动器和安全 PLC

驱动器和安全 PLC 的项目配置步骤见表 7-2。

表 7-2　驱动器和安全 PLC 的项目配置步骤

<table>
<tr><th>序号</th><th>说　　明</th></tr>
<tr><td>1</td><td>

通过 Startdrive 软件进行 SINAMICS S120 驱动器的基本配置（非安全部分，比如电动机选择或参数输入等）并且完成电动机旋转测试，保证整体驱动设备处于就绪状态

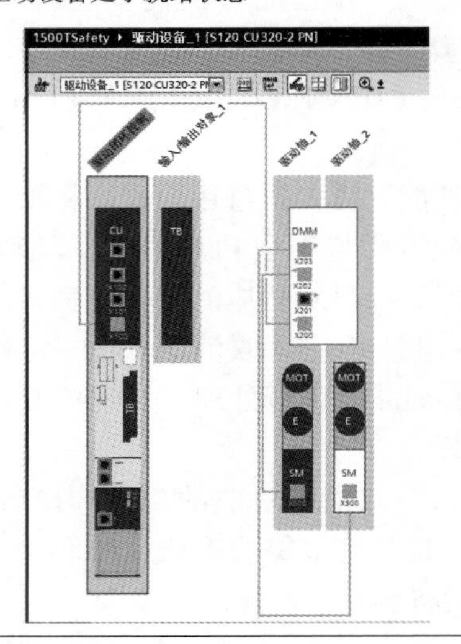

</td></tr>
<tr><td>2</td><td>

配置驱动对象使用的通信报文，报文类型选择西门子报文 105

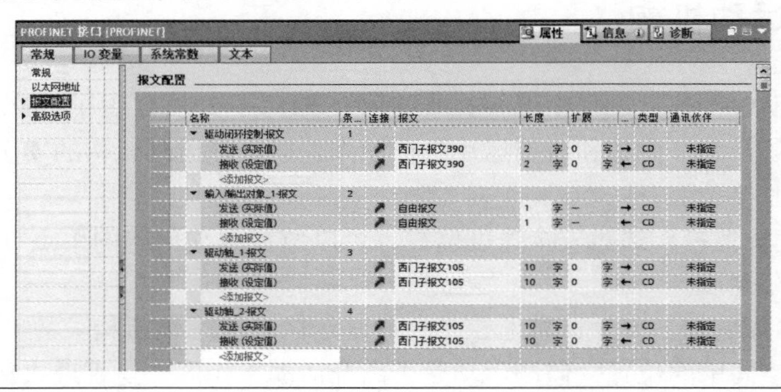

</td></tr>
<tr><td>3</td><td>

添加使用的安全 PLC，本示例选用 S7 - 1517 TF 运动控制器

</td></tr>
</table>

（续）

序号	说　明
4	在网络视图中，建立驱动与 PLC 的网络连接，并设置 SINAMICS S120 的 IP 地址、设备名称 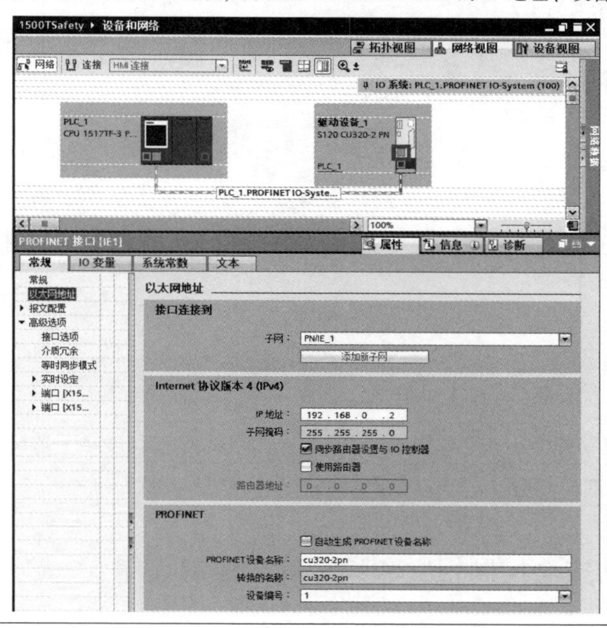
5	在拓扑视图中，配置 IRT 通信需要使用的拓扑网络结构，应与实际连接一致 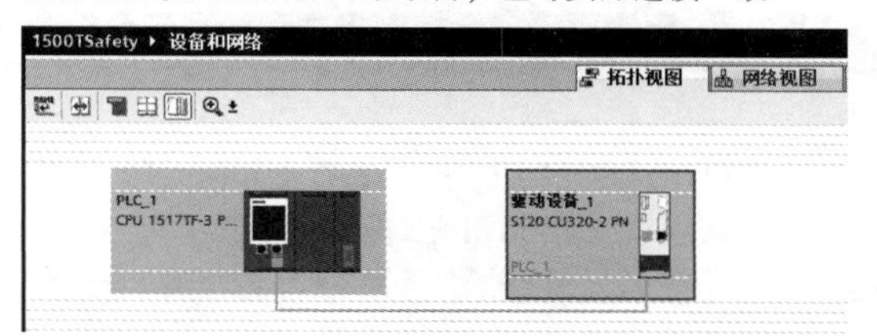 在网络视图中，配置等时模式，选择 PLC 为时钟同步主站，驱动器为时钟同步从站 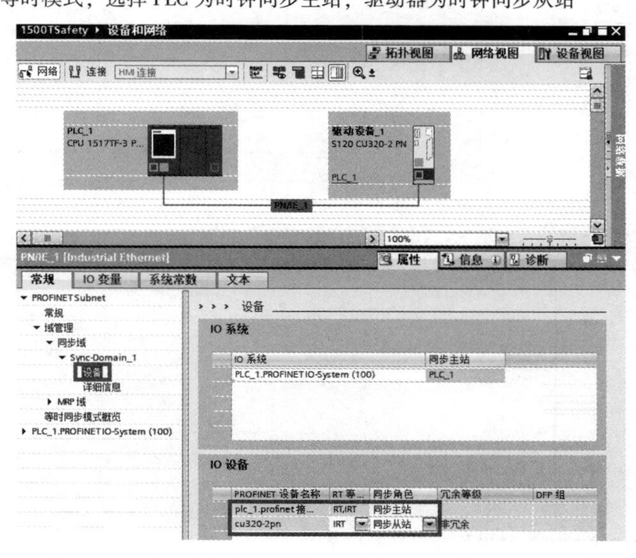

（续）

序号	说　明
6	创建两个工艺对象，本示例使用一个定位轴和一个同步轴，分别关联之前配置的驱动报文 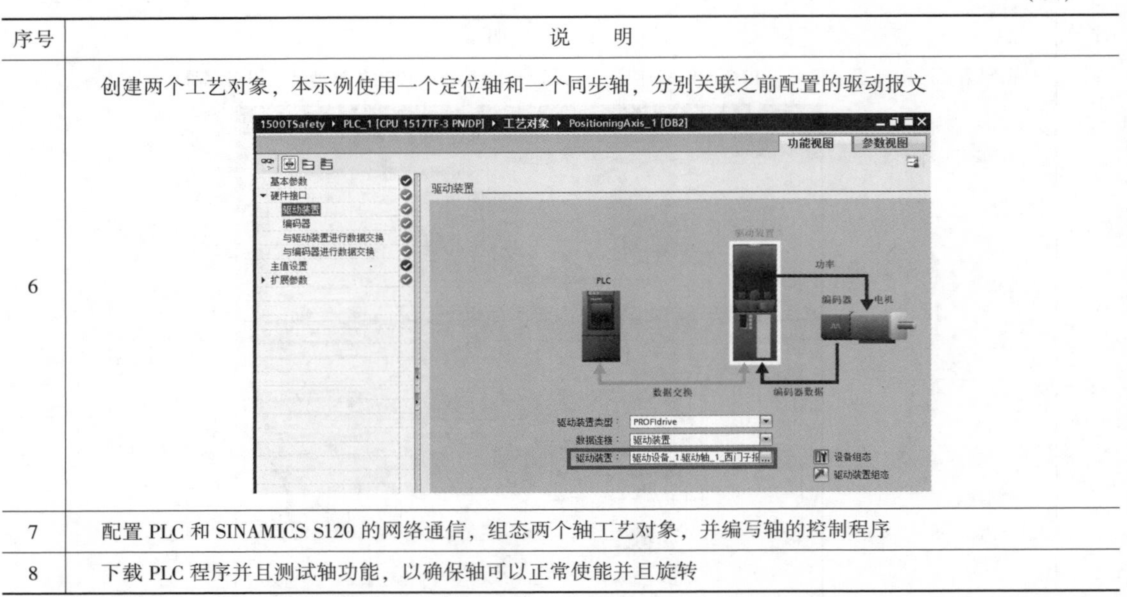
7	配置 PLC 和 SINAMICS S120 的网络通信，组态两个轴工艺对象，并编写轴的控制程序
8	下载 PLC 程序并且测试轴功能，以确保轴可以正常使能并且旋转

7.6.2　配置驱动安全控制报文和编写安全控制程序

在安全 PLC 中，配置驱动安全控制报文和编写安全控制程序的步骤见表 7-3。

表 7-3　配置驱动安全控制报文和编写安全控制程序

序号	说　明
1	在 Startdrive 软件中，选择 CU 的 PROFINET 接口，在属性中单击“添加报文”区域，配置驱动安全报文，通常使用较多的是 30 号安全报文，可以满足常用的安全功能需求 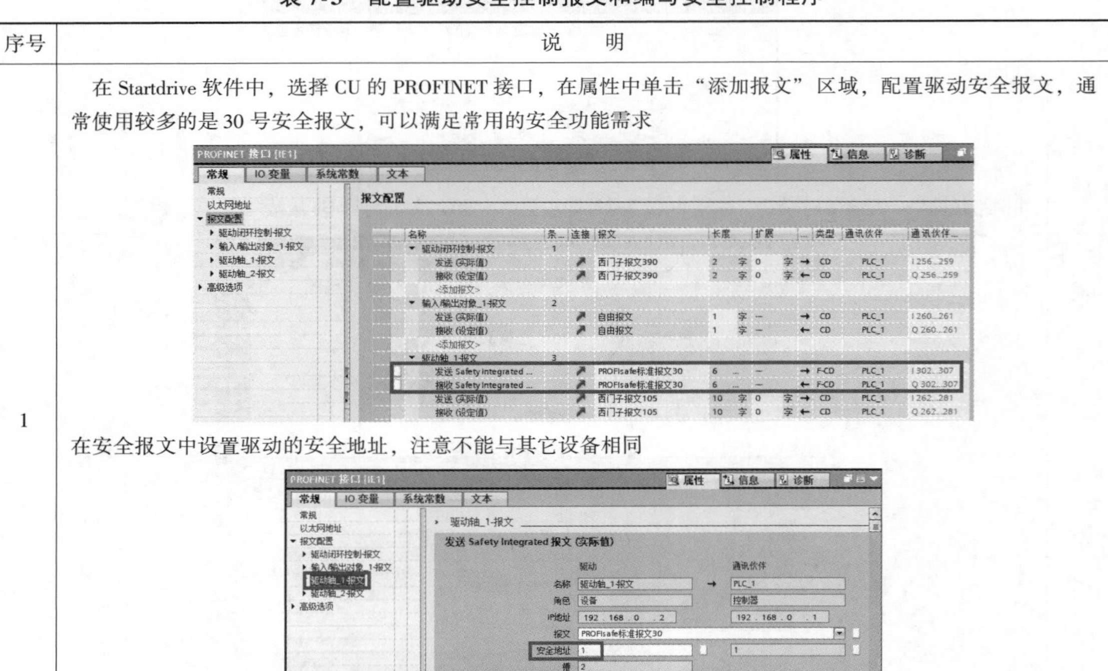 在安全报文中设置驱动的安全地址，注意不能与其它设备相同 配置完成后下载 SINAMICS S120 的参数到驱动器中

（续）

<table>
<tr><th>序号</th><th>说　明</th></tr>
<tr><td>2</td><td>

从网址 https：//support. industry. siemens. com/cs/ww/en/view/109485794 下载安全程序库，在项目中导入安全程序库“LDrvSafe”文件，之后复制图右侧库中的内容到“程序块”和“PLC 数据类型”中

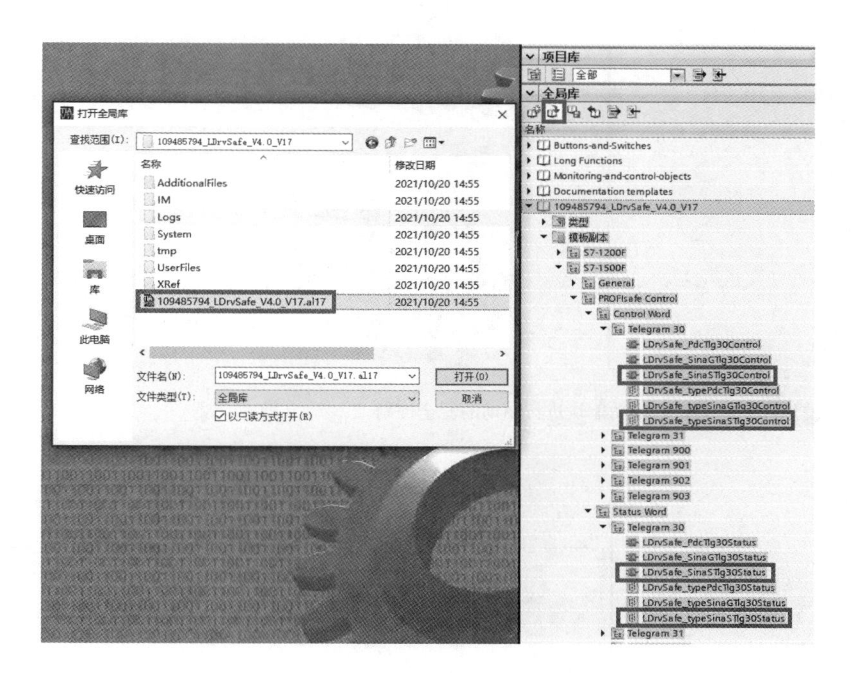

</td></tr>
<tr><td>3</td><td>

创建驱动轴_1 的安全通信变量

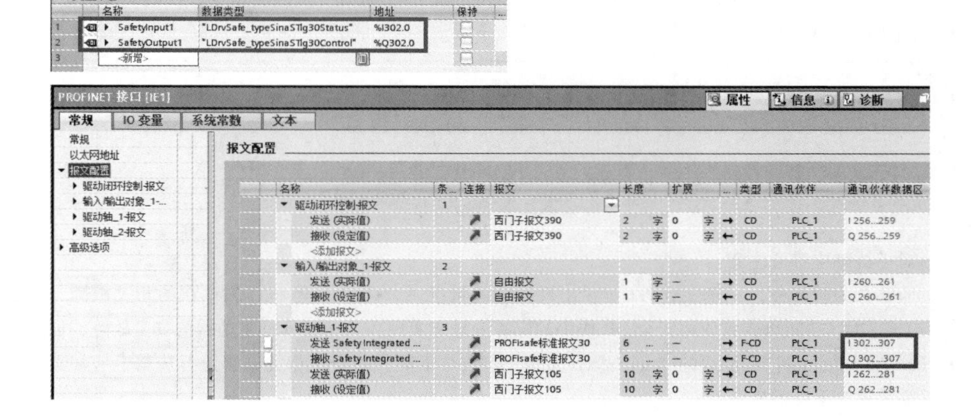

</td></tr>
</table>

（续）

<table>
<tr><th>序号</th><th>说　　明</th></tr>
<tr><td>4</td><td>
编写安全控制程序（以第一个位置轴为例）
1）使用库中的 FB29011 功能块，获取驱动的安全状态

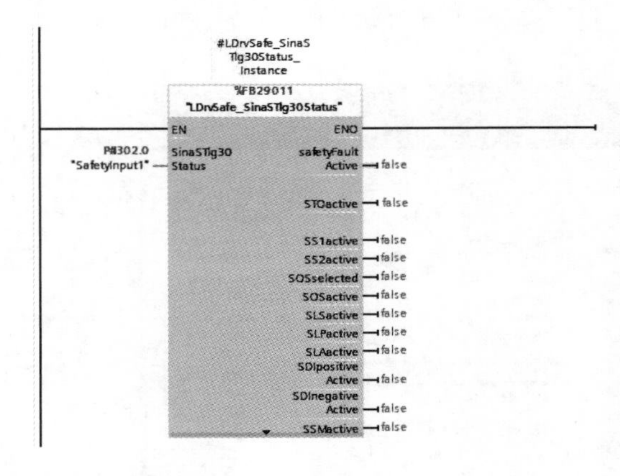

2）使用库中的 FB29001 功能块进行驱动的安全控制

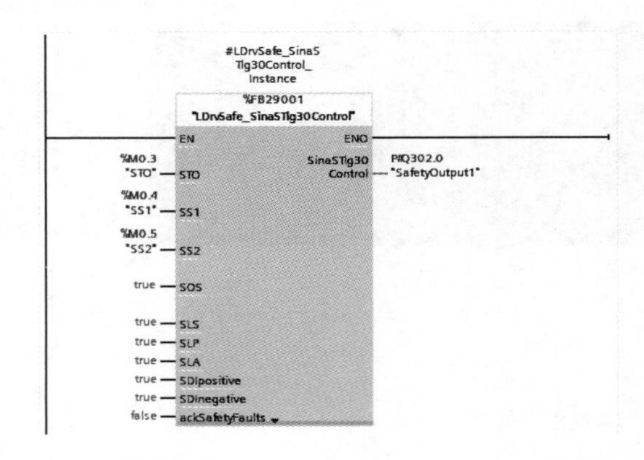

“LDrvSafe_SinaSTlg30Control”（FB29001）功能块的输入参数可以来自安全输入点，也可以配合使用命令库中的安全功能块，比如调用“ESTOP1”急停命令或者“SFDOOR”安全门命令，控制驱动器的相关安全动作，例如执行 STO 停止或者 SS1 停止
</td></tr>
<tr><td>5</td><td>
编写安全 PLC 侧的故障应答程序

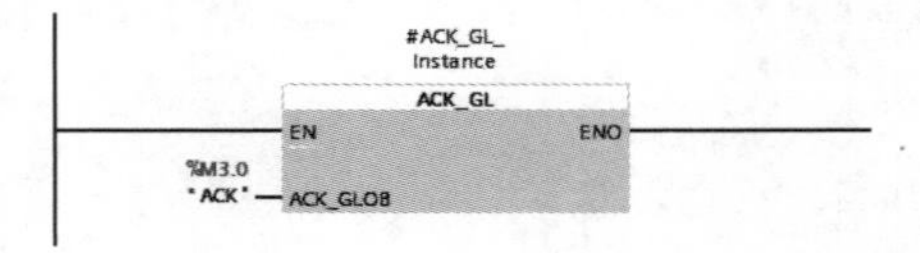

对于故障应答应注意：
应答分为两部分，一部分是 PLC，在出现异常的情况下，应答安全 PLC 侧存在的相关故障，可以通过使用“ACK_GL”功能块或者使用安全 DB 块中的应答变量来实现；另一部分是驱动器的安全故障，通过“LDrvSafe_SinaSTlg30Control”功能块的“ackSafetyFaults”参数对驱动器的安全相关报警进行应答，应注意的是驱动器应答需要通过下降沿来进行
</td></tr>
<tr><td>6</td><td>下载安全程序到 PLC 中</td></tr>
</table>

7.6.3 配置驱动器的安全功能

配置驱动器的安全功能步骤见表7-4。

表7-4 配置驱动器的安全功能

<table>
<tr><th>序号</th><th>说　明</th></tr>
<tr><td>1</td><td>双击驱动设备中的“参数设置”，在“Safety Integrated”中单击“功能选择”进入安全集成功能设置界面
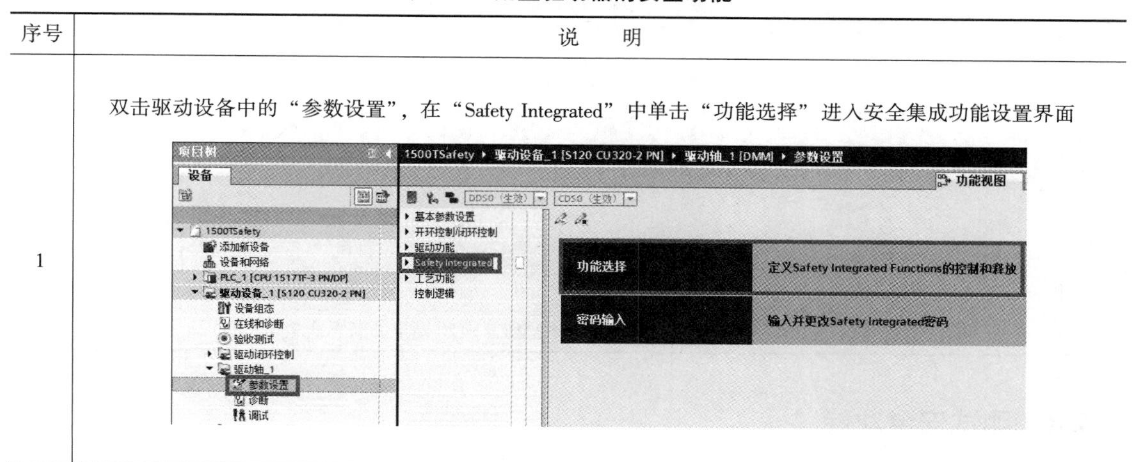
</td></tr>
<tr><td>2</td><td>在功能选择界面中，选择基本安全功能“Basic Functions”，控制方式选择“通过PROFIsafe”
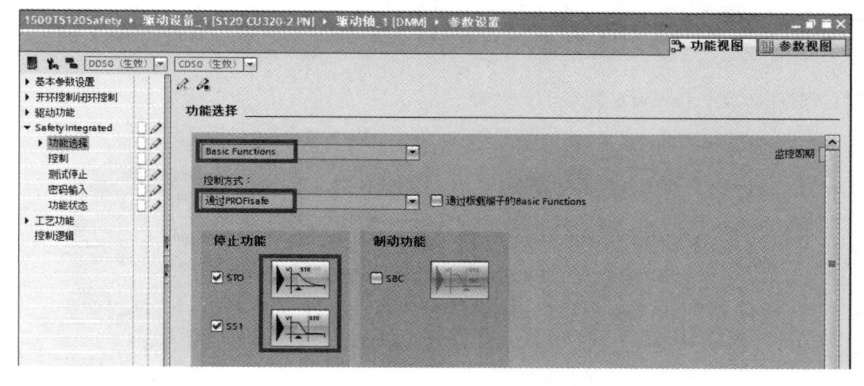

可以单击相关图标，设置SS1功能的激活时间，如果不填写SS1延迟时间则系统按STO方式响应，延迟时间需要考虑到实际设备停止的需要</td></tr>
<tr><td>3</td><td>在控制界面中，可以看到PROFIsafe报文号、PROFIsafe地址等信息
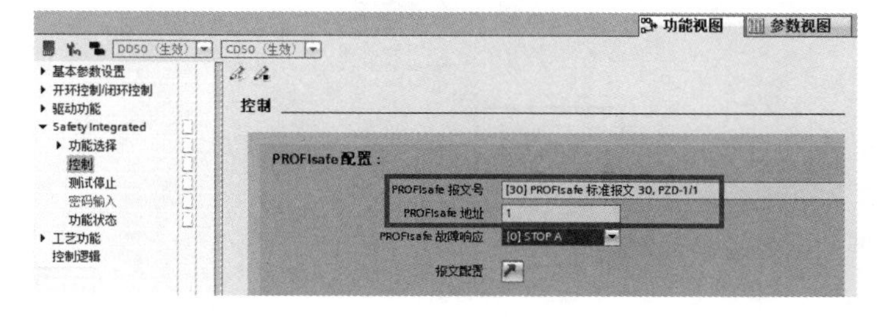
</td></tr>
</table>

（续）

序号	说　明
4	设置安全密码（默认的密码是数字 0），输入新密码及再次输入密码，之后单击“修改密码”按钮写入密码
5	安全功能设置完毕后，上载程序到离线项目，将 SINAMICS S120 断电并且再次上电

7.6.4　测试安全功能

测试安全功能步骤见表 7-5。

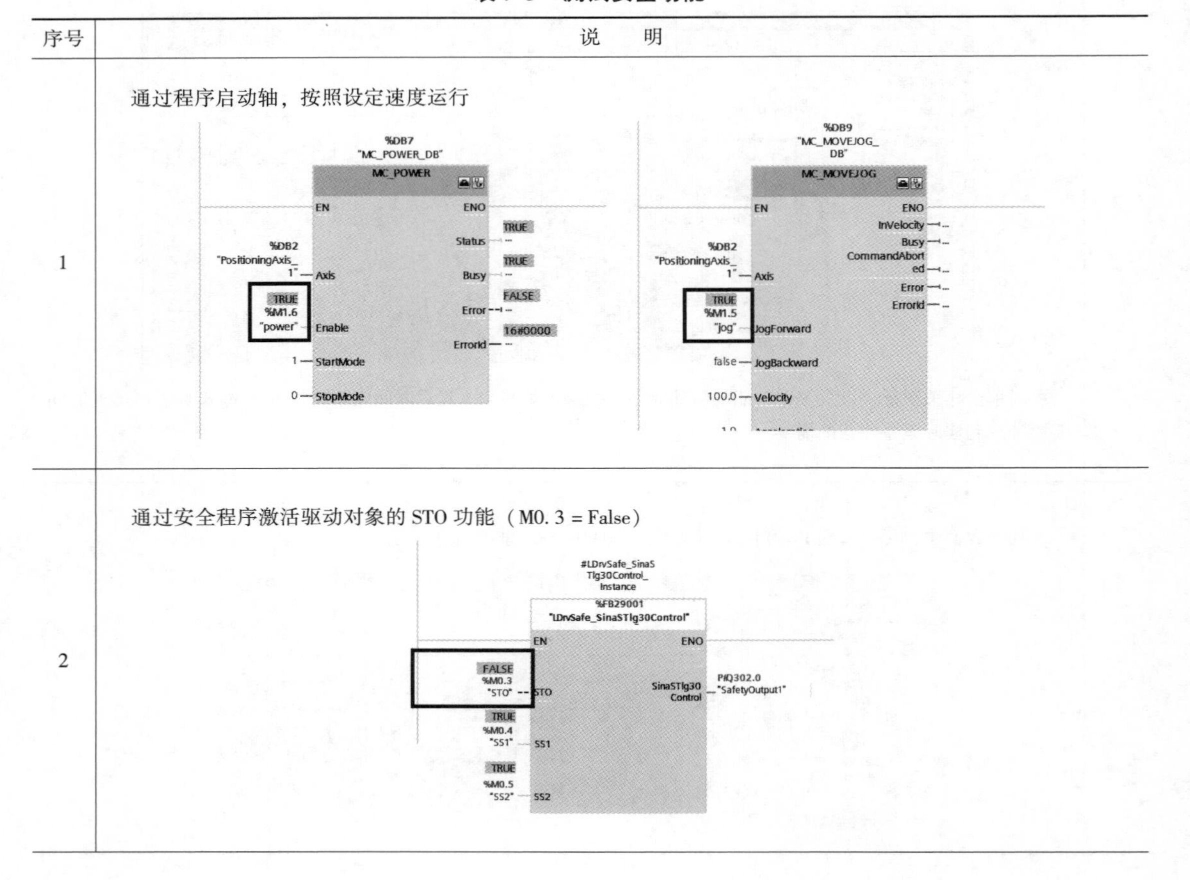

表 7-5　测试安全功能

序号	说　明
1	通过程序启动轴，按照设定速度运行
2	通过安全程序激活驱动对象的 STO 功能（M0.3 = False）

（续）

序号	说　　明
3	由于激活了驱动对象的 STO 安全功能，此时轴会处于无法响应控制的状态，在诊断界面可以获取当前的轴报警信息 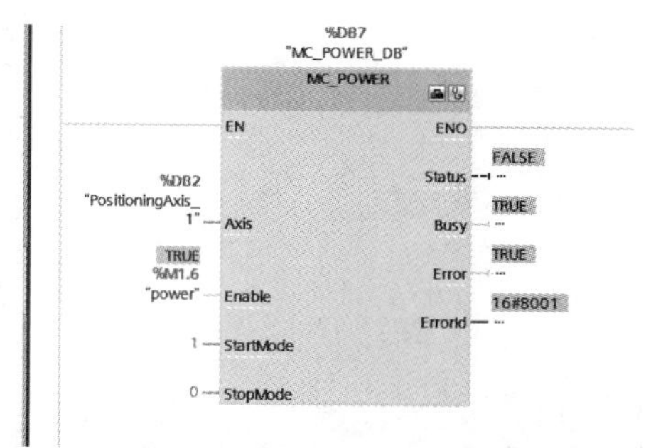 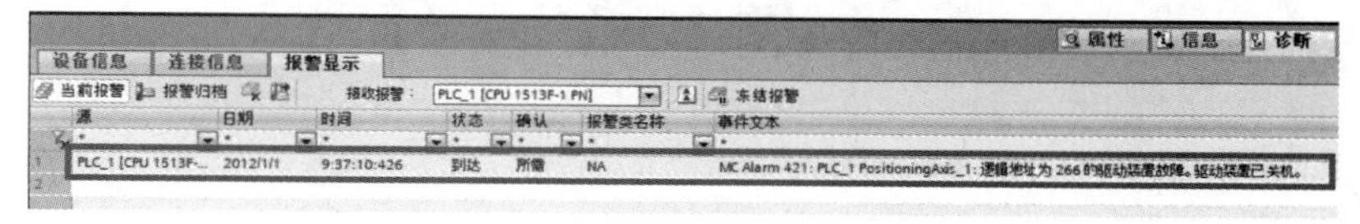
4	取消激活 STO 功能 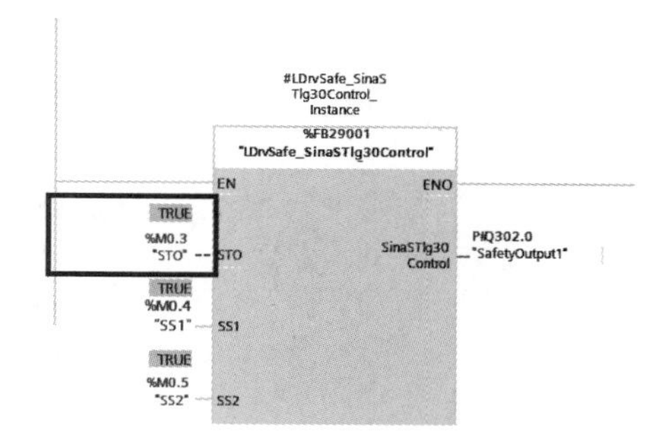
5	通过“MC_Reset”命令进行故障的应答，也可以通过 TIA 博途软件进行故障的应答 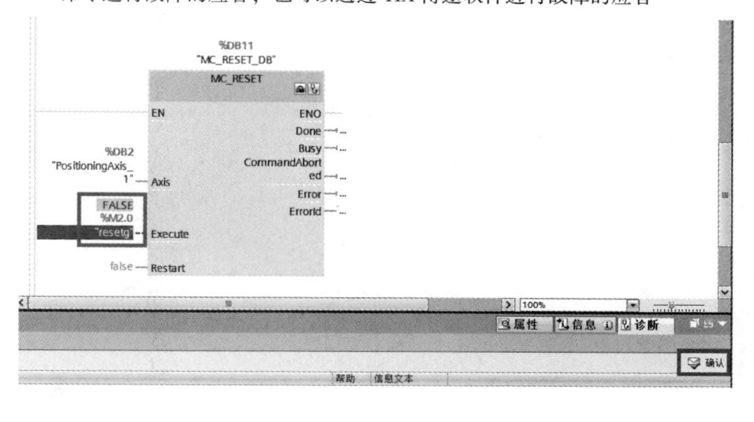

（续）

序号	说　　明
6	随后无须重新对轴进行使能，即可继续使用轴的功能 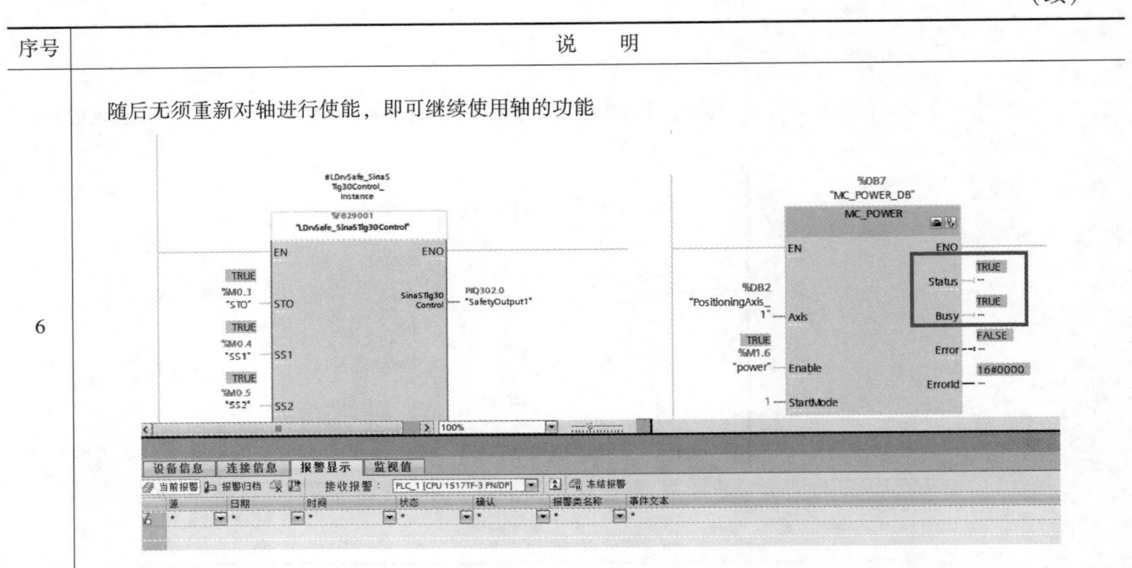

第8章　S7-1500T 虚拟调试功能

8.1　虚拟调试功能概述

长久以来，对于生产机械的调试，特别是伺服轴的调试，都是在设备已经完成电气安装后进行的。对于调试工程师，由于紧张的调试时间和前期测试手段的不足，以及项目工期的要求，无论在调试时间、调试质量还是调试难度，都将面临巨大的挑战。一般设备就绪都需要较长的时间，而且直接在实际设备上进行测试也会存在着非常大的安全和成本风险。随着虚拟调试技术的出现及发展，工程师们可以在设备就绪前采用虚拟调试技术，利用建立的软件模型进行功能测试、验证程序的各种相关功能，而无须担心设备的损坏。采用虚拟调试技术可以大大地提高调试效率，这项技术也是西门子公司提出的数字化概念的重要组成部分，如图8-1所示。

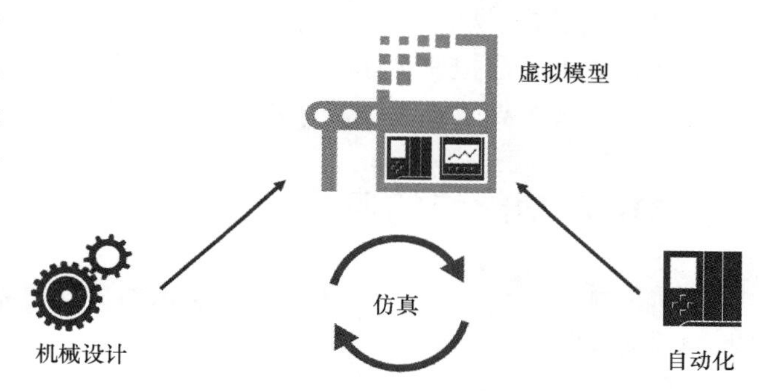

图8-1　仿真模拟下的虚拟调试

虚拟调试需要借助一些必要的软件平台，对于PLC需要使用S7-PLCSIM Advanced作为仿真平台，同时对机械模型的仿真需要使用西门子PLM NX软件的MCD功能块。机电一体化概念设计MCD（Mechatronics Concept Designer）作为NX软件的一个功能块，可以进行实时的机械3D模型仿真。如图8-2所示。通过这两个软件的配合，可以将机器运行多种功能或者控制逻辑的仿真测试，针对驱动器以及其它设备信号、行为的仿真，可以使用西门子SIMIT仿真平台，在平台上一方面可以直接构建驱动器IO信号以及相关控制行为，另一方面还可以直接使用DriveSim软件或者其它设备的行为模型进行仿真。当然，除了纯软件之间进行虚拟调试之外，也可以使用真实的PLC硬件及SIMIT和I/O仿真模块SIMIT UNIT结合MCD功能块进行仿真调试。下面介绍设备虚拟调试的基本流程：

1）进行3D机械模型的设计。PLM NX软件是十分强大的设计软件，可通过此软件进行3D机械模型的设计并且软件支持导入多种格式已经绘制完成的3D机械文件。并且在MCD功能块中定义运动部件。

2）PLC程序仿真。将编写的PLC程序下载到S7-PLCSIM Advanced软件中进行程序的仿真运行，轴的仿真可以通过激活轴仿真功能，使用交叉链接功能或者使用SIMIT软件进行仿真。

3）配置仿真PLC和MCD功能块之间的通信，或者配置PLC、SIMIT和MCD功能块之间的通信。从NX 12版本开始支持MCD功能模块直接读取S7-PLCSIM Advanced软件内的变量功能，可直接在MCD功能块中配置S7-PLCSIM Advanced与MCD功能块之间的通信，或

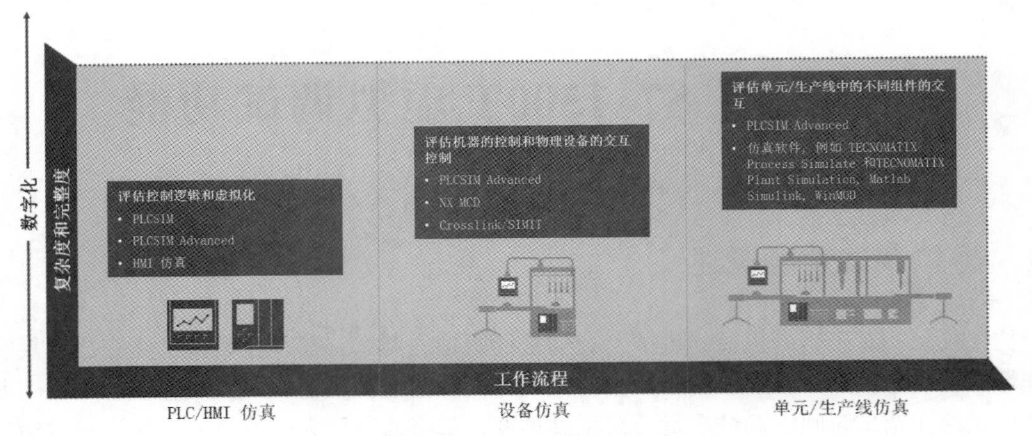

图 8-2　不同级别的虚拟调试

者通过 SIMIT 连接 PLC 仿真软件和 MCD 功能块。

4）验证机械模型的运行。通过 PLC 程序控制机械模型的动作，校核编写的程序在逻辑上及功能上是否满足控制要求，对于不足之处可随时调整程序。除了进行基本的设备仿真外，还可以借助仿真软件进一步地进行单元或者生产线的仿真。

8.2　MCD 功能块的应用

为了实现设备的虚拟仿真调试，熟悉 MCD 功能块是十分必要的，如何使用 MCD 功能块的步骤见表 8-1。

表 8-1　MCD 功能块的简单使用步骤

步骤	说　明
1	以 PLM NX12 版本为例，首先打开 NX 软件的 MCD 功能块。在软件中通过单击“应用模块”的“更多”选项，打开“机电概念设计”功能模块

（续）

步骤	说　明
2	机电对象-刚体。刚体是 MCD 功能块中的一个基本元件，可以在机电一体化系统中移动并具有质量和惯量等特性。一旦几何对象被定义为一个刚体，就会对力产生响应，可以由于重力作用而坠落。刚体具有动态信息，例如速度、当前位置等 以定义下图的盒子作为刚体为例，单击“刚体”按钮，在选择对象中单击 3D 模型中的对象，确定后该模型就被定义为具有质量特性的刚体元件 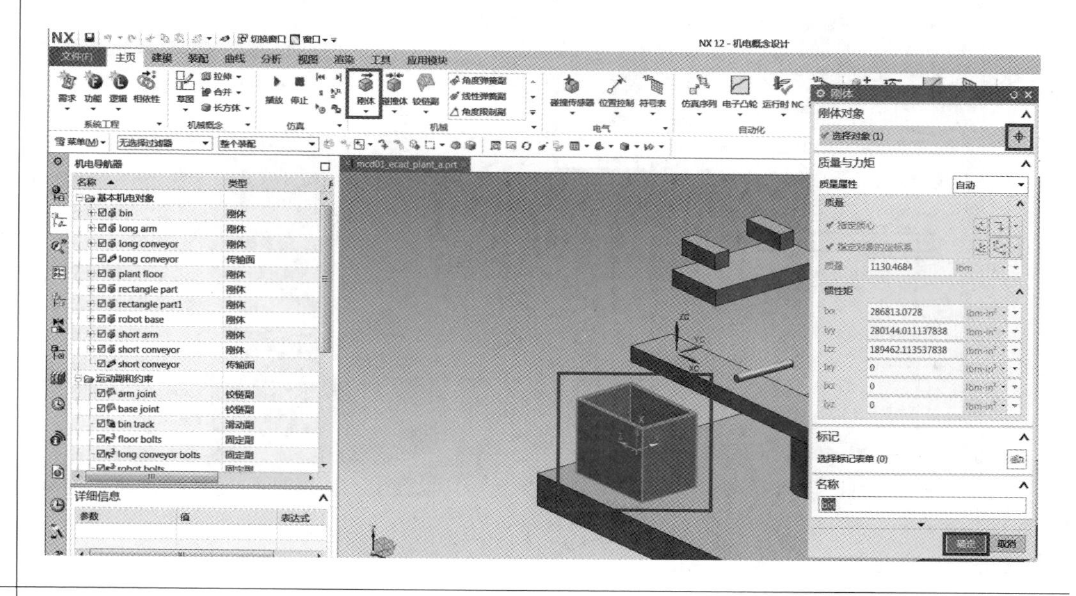
3	机电对象—碰撞体。MCD 功能块中提供了非常高效的碰撞计算，使用简化的碰撞形状可以实现实时的高性能仿真。MCD 功能块支持多种碰撞形状的定义，应注意的是碰撞体形状越复杂对仿真时的计算机需求越高 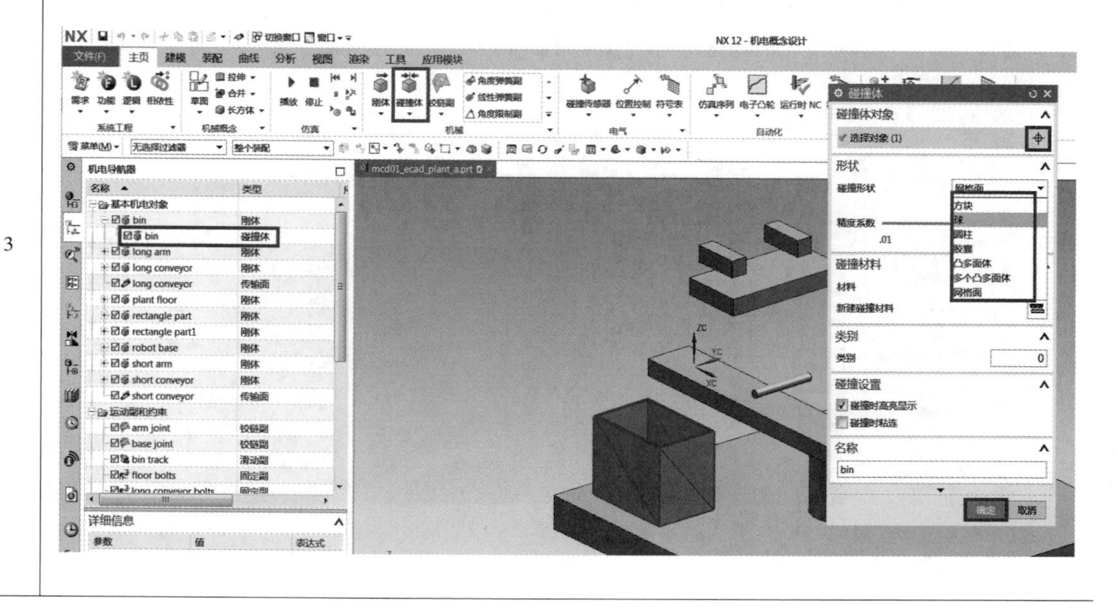

（续）

步骤	说　　明
4	机电对象—传输面。传输表面是将任何选定的平坦表面转变为“传送带”物理属性的一种对象。一旦另一个物体位于该表面上，它就会被运送到一个指定方向，其速度可以通过变量控制或者设置为固定的数值 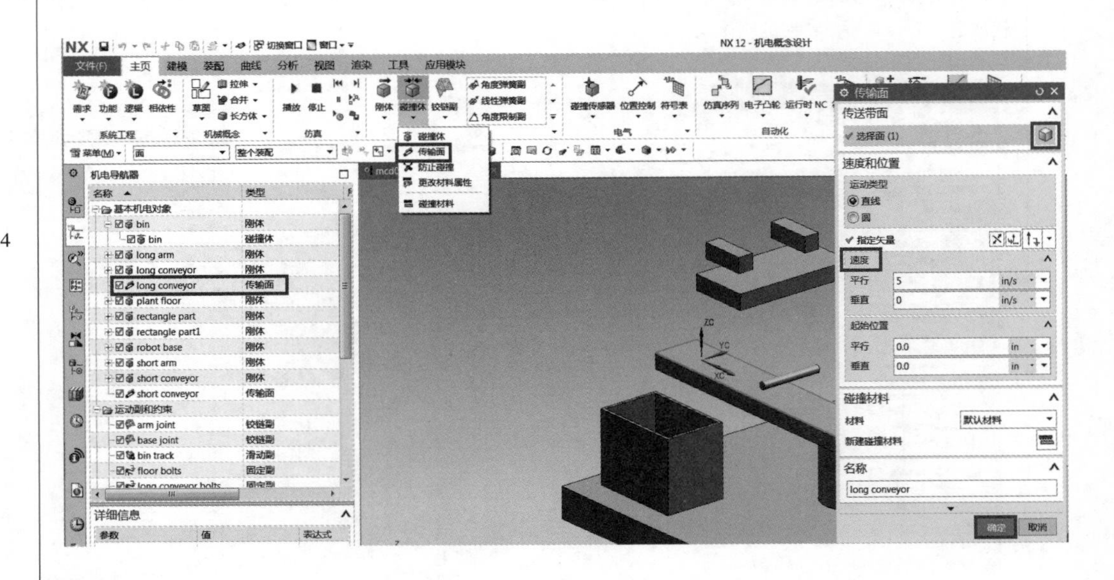
5	机电对象—对象源和对象收集器。对象源和对象收集器是处理同一对象多次显示的功能，特别对于需要材料流动或者反复出现的应用。对象源在特定的时间间隔内创建对象，对象收集器删除碰撞到的对象。下面的例子显示了多个长方体是由对象源创建的，它们在与对象收集器碰撞后会被删除 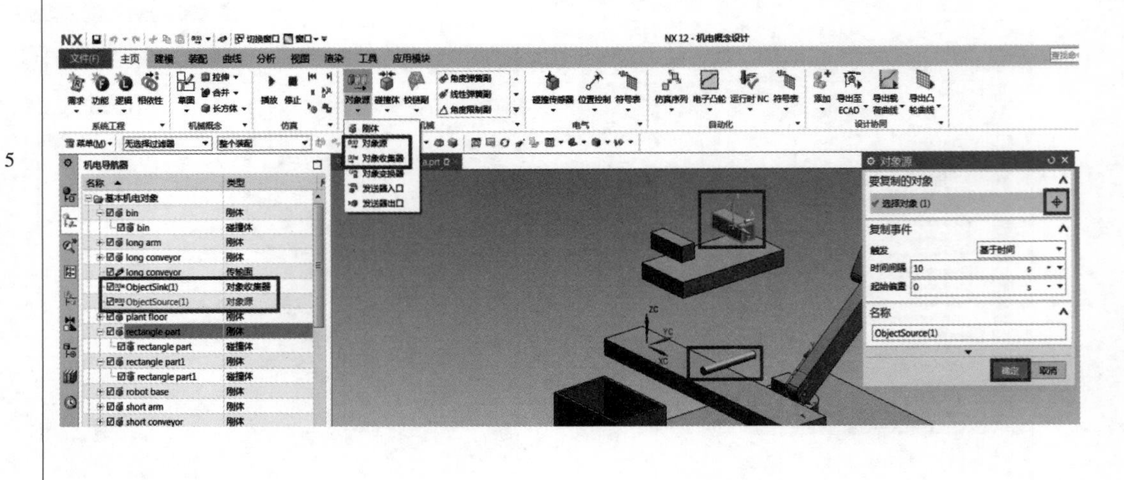

（续）

<table>
<tr><th>步骤</th><th>说　　明</th></tr>
<tr><td>6</td><td>
机械行为—运动副，常用的运动副关系简介如下：
● 铰链副：铰链副可以使连接的刚体在固定点处沿轴线进行固定旋转
● 滑动副：滑动副使刚体沿着定义的矢量方向执行线性运动
● 柱面副：柱面副像铰链副一样旋转，但不同的是连接件可以沿旋转轴轴向移动
● 球副：一个球副可以约束两个物体连接在一个点上，两者都可以自由旋转。它与铰链副相似，但不需要为运动定义矢量
● 固定副：固定副提供两个刚体的刚性连接，也可以用于在空间中固定某个刚体作为基础，固定副不受重力或者其它力的作用而发生移动
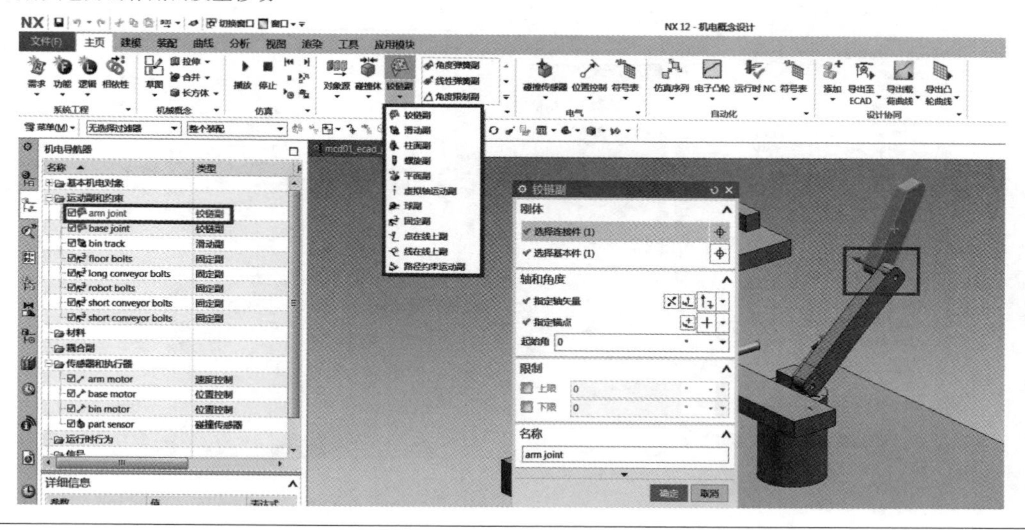

</td></tr>
<tr><td>7</td><td>
电气对象—执行器，执行器通常建立在定义的机械运动副基础之上，常用的执行器对象简介如下：
● 位置控制：按照某一运动副定义的机械关系移动一定距离或者角度
● 速度控制：速度控制将轴的移动（运动副定义）设置为预定义的恒定速度，速度可以通过变量修改或者为恒定数值
● 力/扭矩控制：将指定的力或者扭矩施加在之前定义的运动副上，实现运动
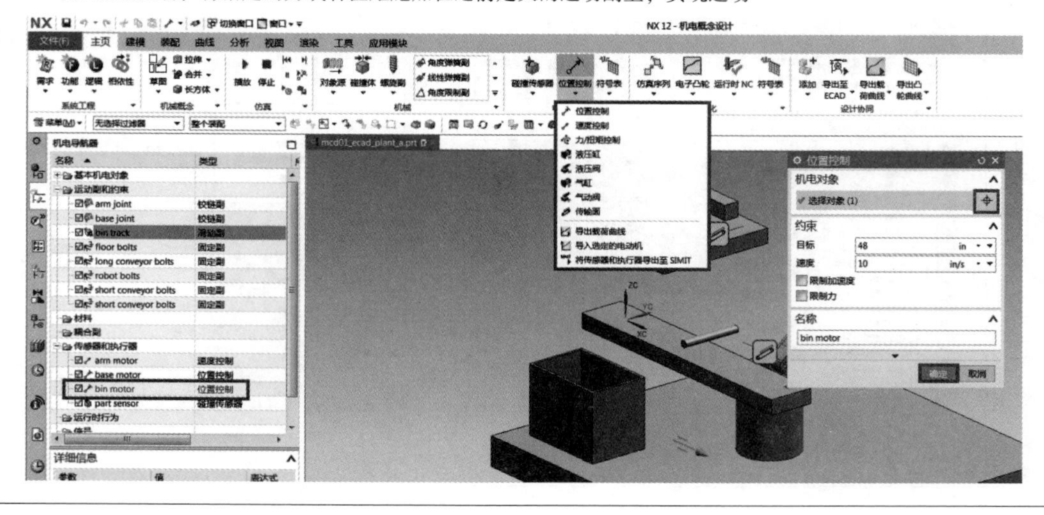

</td></tr>
</table>

（续）

步骤	说　　明
8	电气对象—传感器，常用的传感器对象简介如下： ● 碰撞传感器：定义用于虚拟调试的碰撞信号，可以基于 3D 模型中的对象直接建立，可以提供信号给 PLC 用于反馈 ● 位置/速度传感器：反馈选择的运动副的位置信息，可以用作监控或者反馈 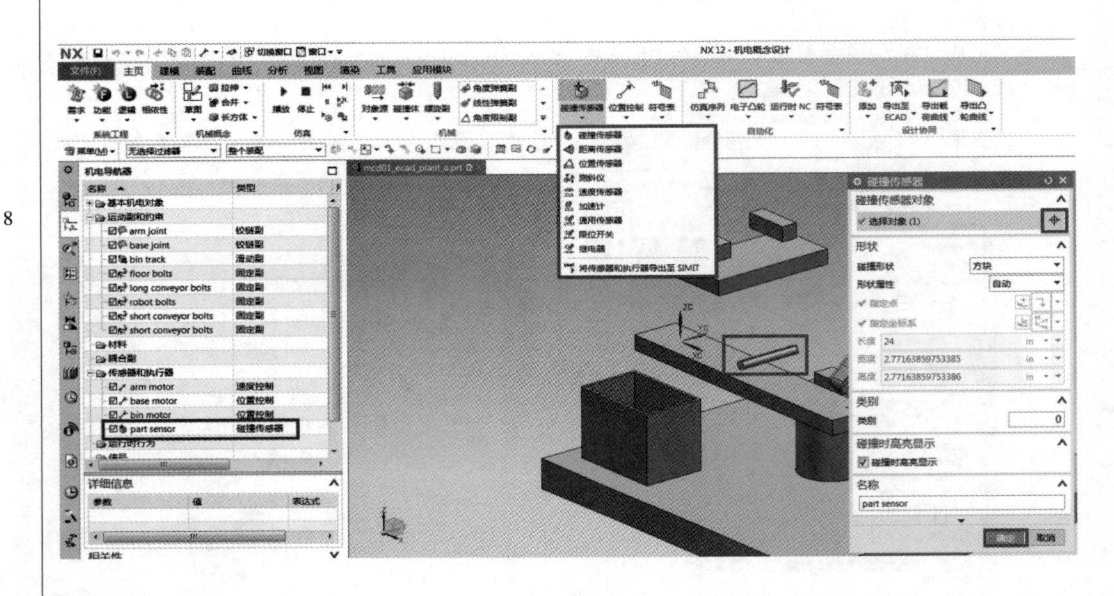
9	电气对象—信号适配，信号配置功能包含变量的定义、符号表等配置，介绍如下： 在信号或者信号适配器中，可以关联位置控制或者速度控制的运动数值，并且在信号适配器中可以将定义数值的计算公式用于数据转换 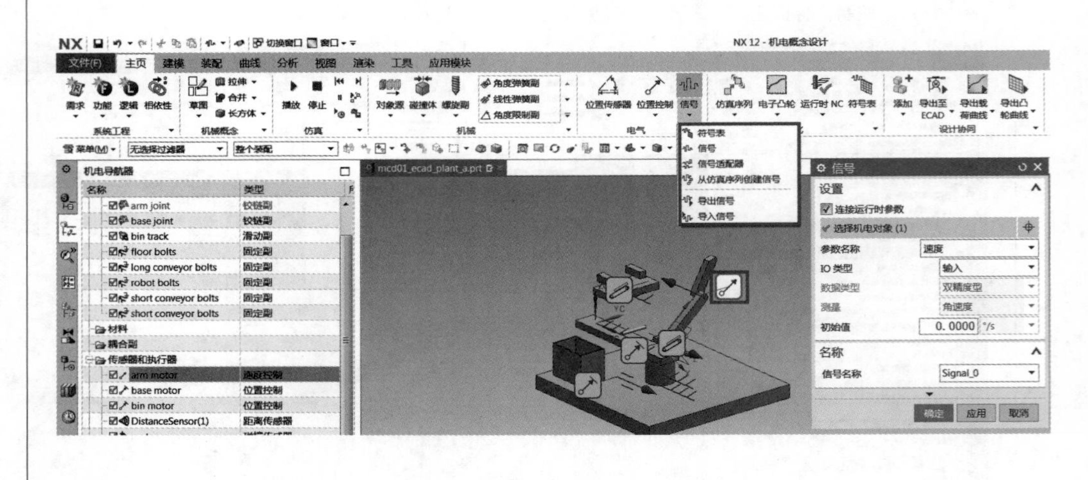

（续）

<table>
<tr><th>步骤</th><th>说　　明</th></tr>
<tr><td>10</td><td>

自动化对象—仿真序列：此功能可以访问 MCD 功能块的任何对象。通常情况下，仿真序列将像现实世界中的顺序和逻辑那样控制执行器动作，也可以访问其它对象。每个对象都提供一个用于仿真序列操作的接口。当对象操作步序被激活时，它会将对象的参数更改为所需的数值。仿真序列可以用于运动基本关系测试和逻辑测试，也可以配合 PLC 一同仿真使用

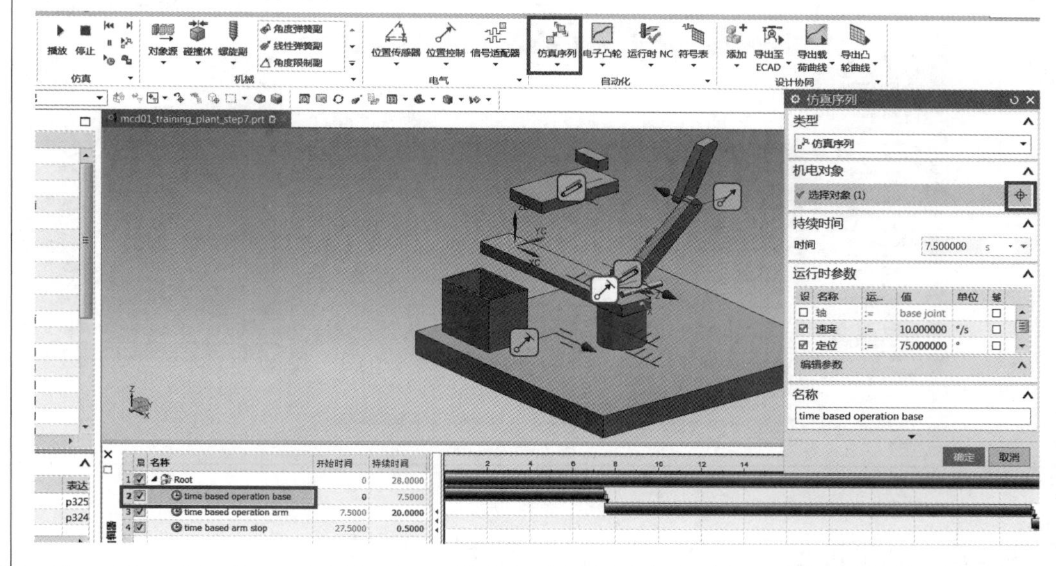

</td></tr>
<tr><td>11</td><td>

自动化对象—电子凸轮：通过在 MCD 功能块中定义凸轮曲线测试，可以将测试结果导出给 TIA 博途软件使用。或者通过 TIA 博途软件生成凸轮曲线后导入到 MCD 功能块进行测试，这是虚拟调试的一个重要应用

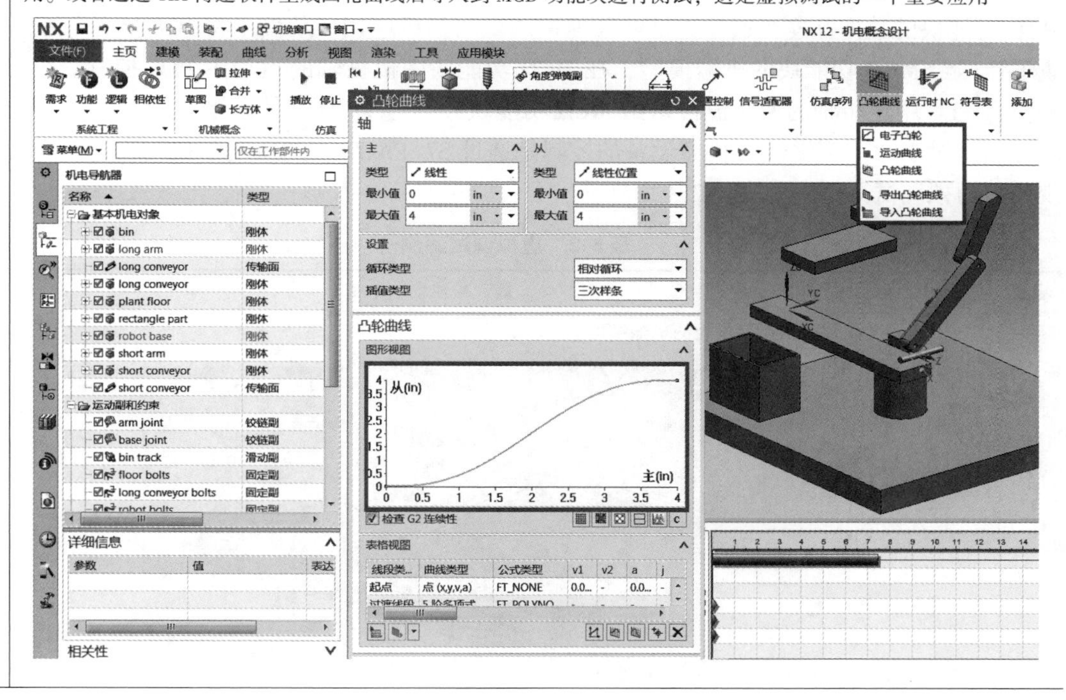

</td></tr>
</table>

（续）

步骤	说　明
12	自动化对象—通信配置：以 S7-PLCSIM Advanced 为例，可以获取 PLC 中的变量，实现 PLC 和 MCD 功能块的数据交互

8.3　虚拟调试应用案例一：定位控制的仿真

下面以一个简单的机械定位控制为例，如机械设备“十字滑轨”的前后移动说明 PLC 与 MCD 功能块的数据互连互通，这是一种虚拟调试的初级应用。示例中将 PLC 定位轴的实际位置值传送给 MCD 功能块的机械模型，在 MCD 功能块中机械轴的运动由 PLC 控制。也可以进一步将 PLC 中定位轴的速度值传送给 MCD 功能块，通过 MCD 功能块的位置反馈实现位置闭环控制。对于“十字滑轨”机械设备的控制是通过 S7-1500T 中的运动学机构工艺对象控制实现的，虚拟调试案例一见表 8-2。

表 8-2　虚拟调试案例一

步骤	描　述
1	先利用 NX 软件画出十字滑轨的机械结构 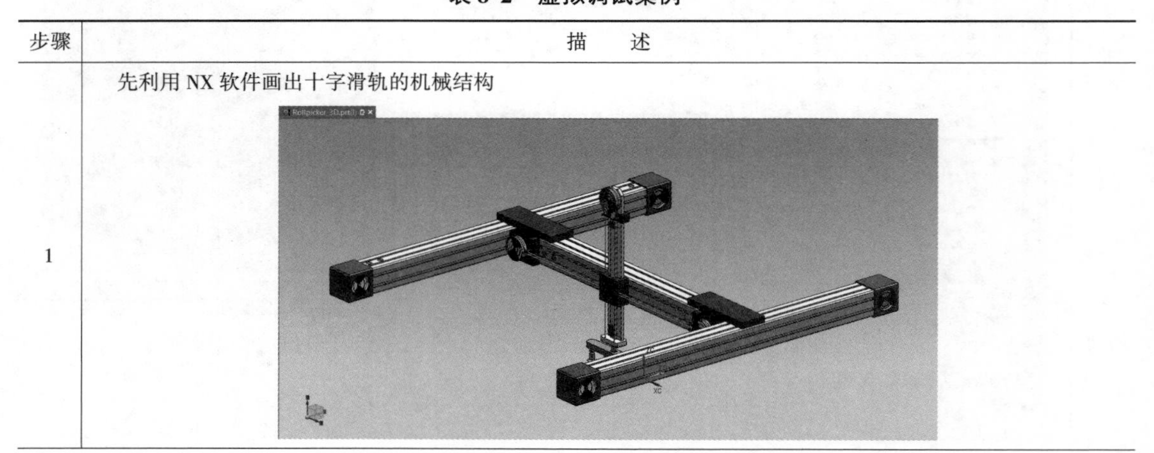

（续）

<table>
<tr><th>步骤</th><th>描　　述</th></tr>
<tr><td>2</td><td>定义各个模型组件为刚体
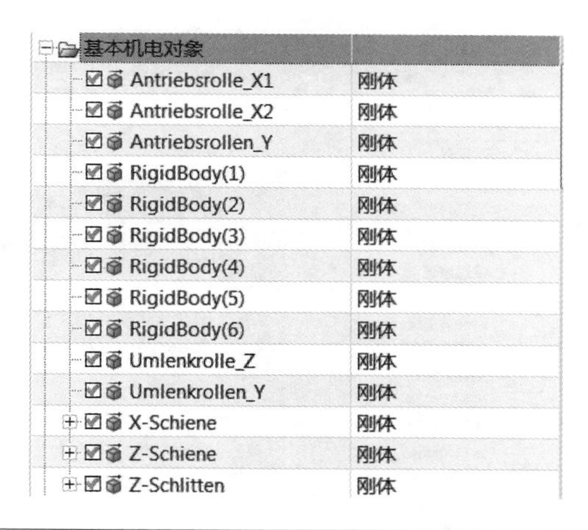
</td></tr>
<tr><td>3</td><td>以滑轨的前后移动为例，定义滑轨前后移动的滑动副

关联一个位置控制用于 PLC 控制设备在 Y 方向运动
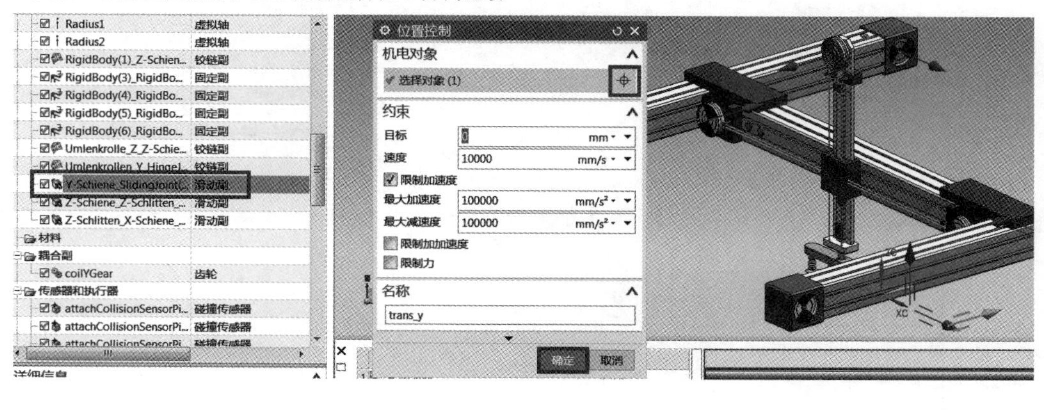
</td></tr>
</table>

（续）

步骤	描　　述
3	创建一个信号，连接到位置控制值 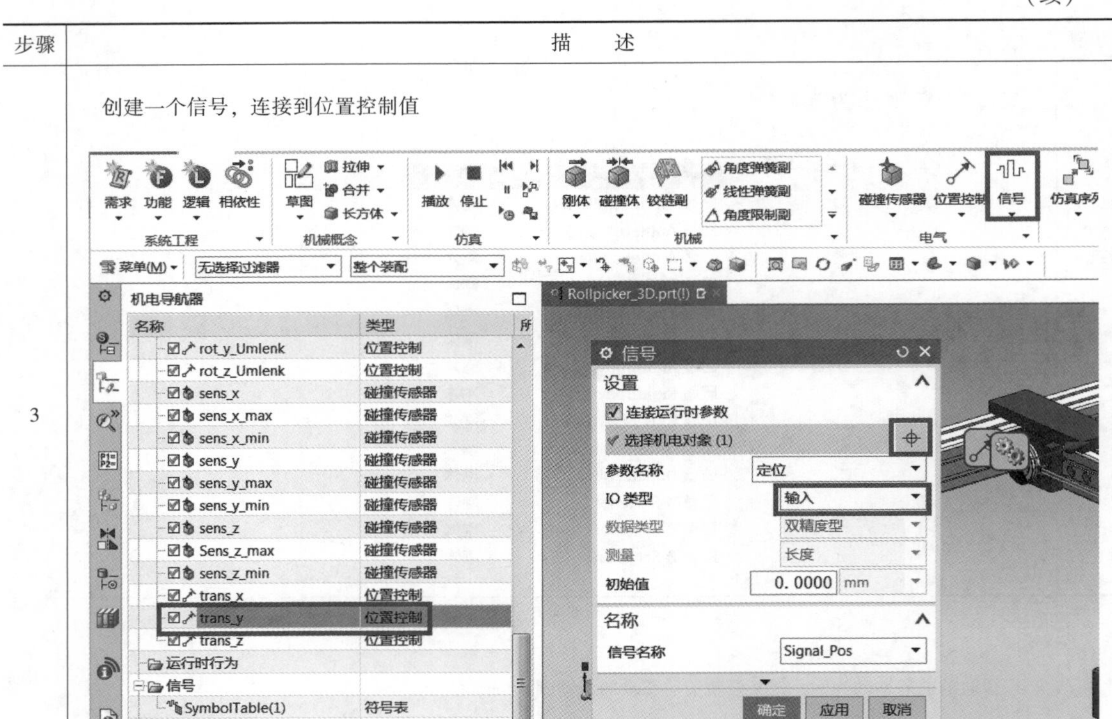
4	在 S7-1500T 中，编写轴的基本测试程序控制 MCD 功能块中的机械设备前后移动 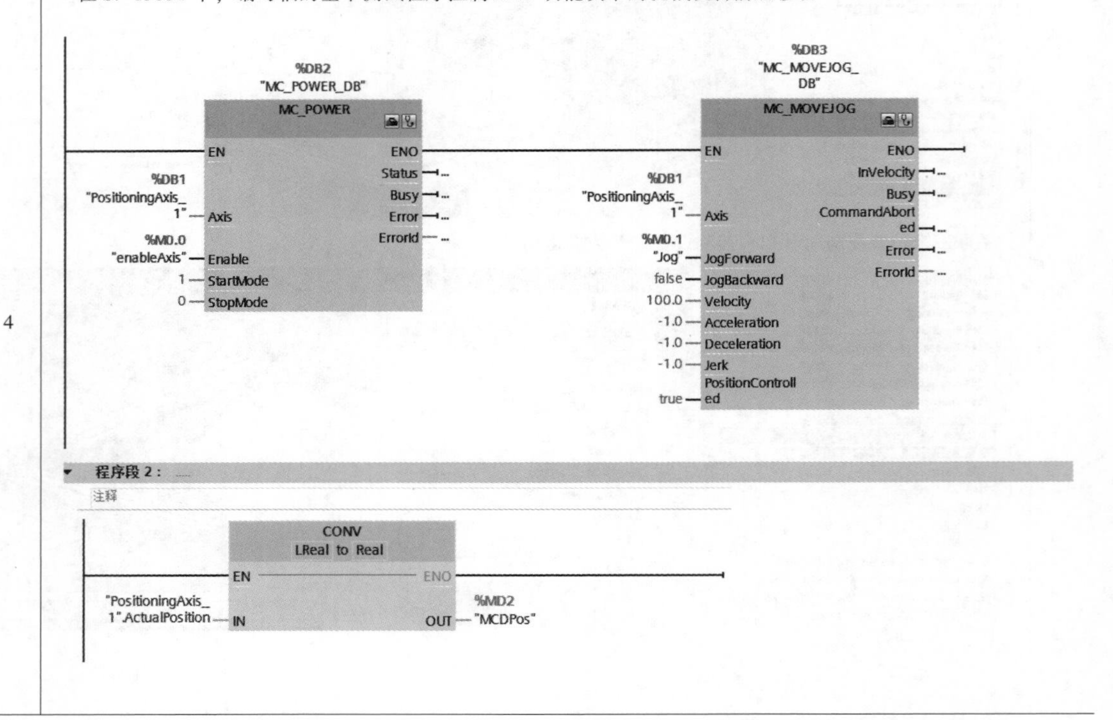

（续）

步骤	描　述
4	在 MCD 功能块的外部信号配置中，将 PLC 变量与 MCD 功能块中的变量进行互连： 1）由于 PLC 采用的是虚拟调试方式，所以在 MCD 功能块中选择“PLCSIM Adv”，刷新注册实例后，可以选择 PLC 中的变量 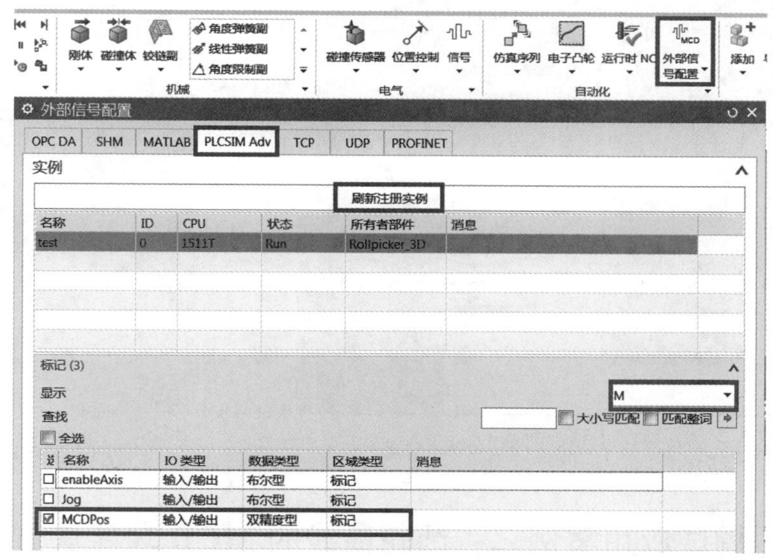 2）将 MCD 功能块中创建的位置信号变量与 PLC 变量进行信号映射，使 MCD 功能块中的运动模型按照 PLC 的实际位置运动 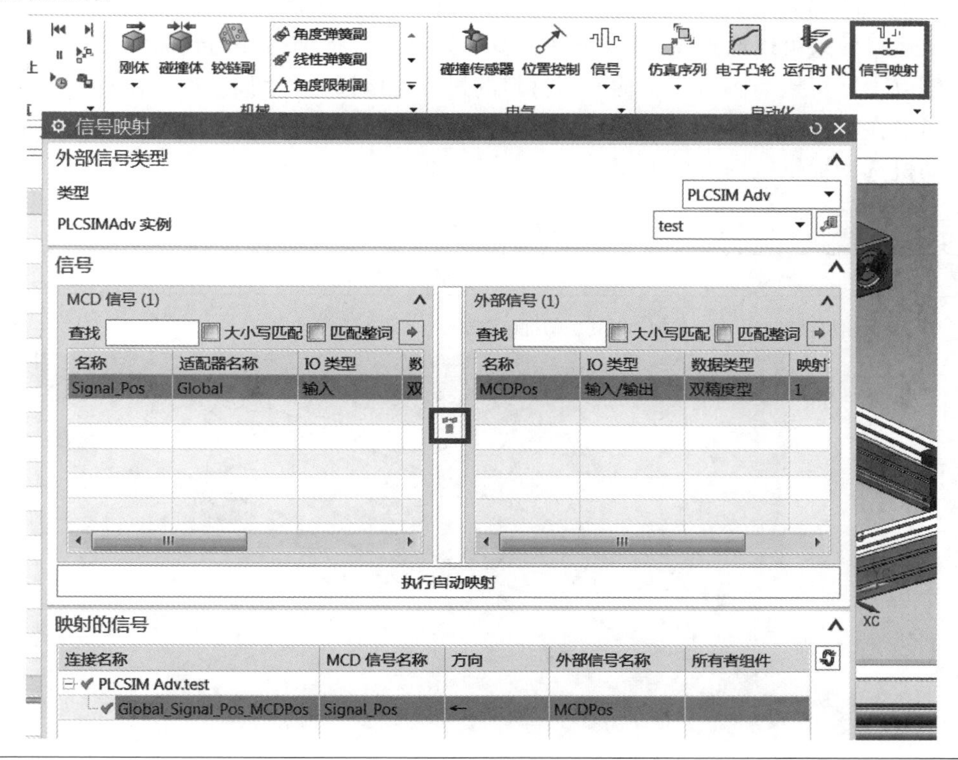

（续）

步骤	描　　述
5	通过点动程序进行 MCD 功能块中机械模型的运行测试，MCD 功能块需要启动播放功能 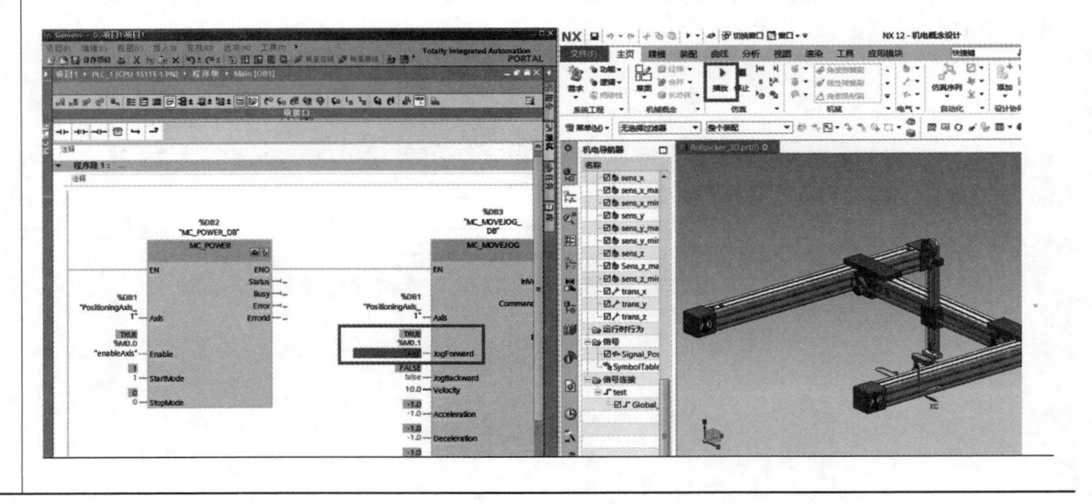

8.4　虚拟调试应用案例二：凸轮曲线的 MCD 功能块仿真

对于有凸轮应用的生产机械，一个设计良好的凸轮曲线是机械成功的关键。凸轮曲线的设计及运行效果可以通过 MCD 功能块仿真，这样可以提前得知凸轮曲线是否适合工艺需求。本示例以飞锯机械为例，剪切轴剪切材料的过程可以通过剪切轴与材料轴位置的凸轮曲线描述。通过在 MCD 功能块中模拟运行飞锯机械获得剪切轴电机所需要的最大转矩及平均转矩，为电动机选型提供依据。虚拟调试案例二见表 8-3。

表 8-3　虚拟调试案例二

步骤	描　　述
1	先画出机械模型，包含机架和剪切轴等机械模型

（续）

<table>
<tr><th>步骤</th><th>描　　述</th></tr>
<tr><td>1</td><td>
定义各个机械组件为刚体

机电导航器

名称 ▲ | 类型
基本机电对象
Belt | 刚体
Frame | 刚体
Knife | 刚体
Material | 刚体
Roller | 刚体
Sensor | 刚体

定义固定副及滑动副（可移动的部分需要定义为滑动副）

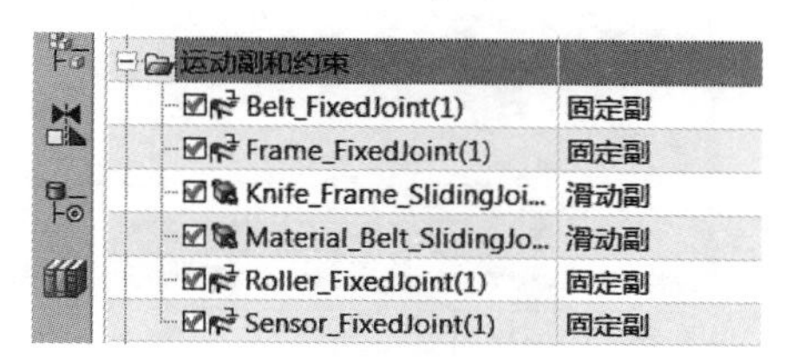

定义碰撞传感器及位置控制（基于滑动副的位置控制）

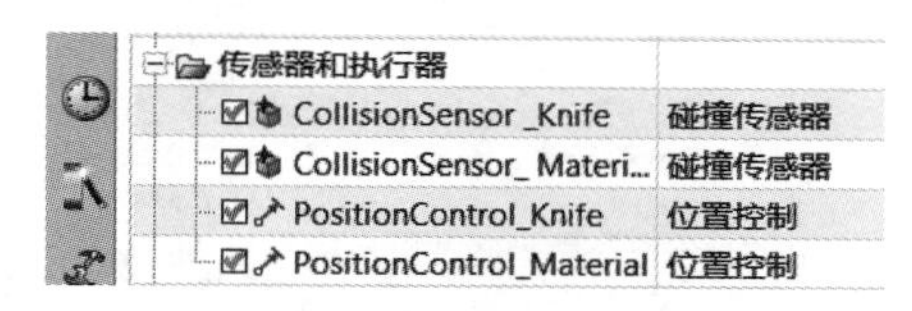

</td></tr>
<tr><td>2</td><td>
在 TIA 博途软件中，创建 Cam 曲线并导出

1）创建如下 Cam 曲线，采用 5 次多项式插补

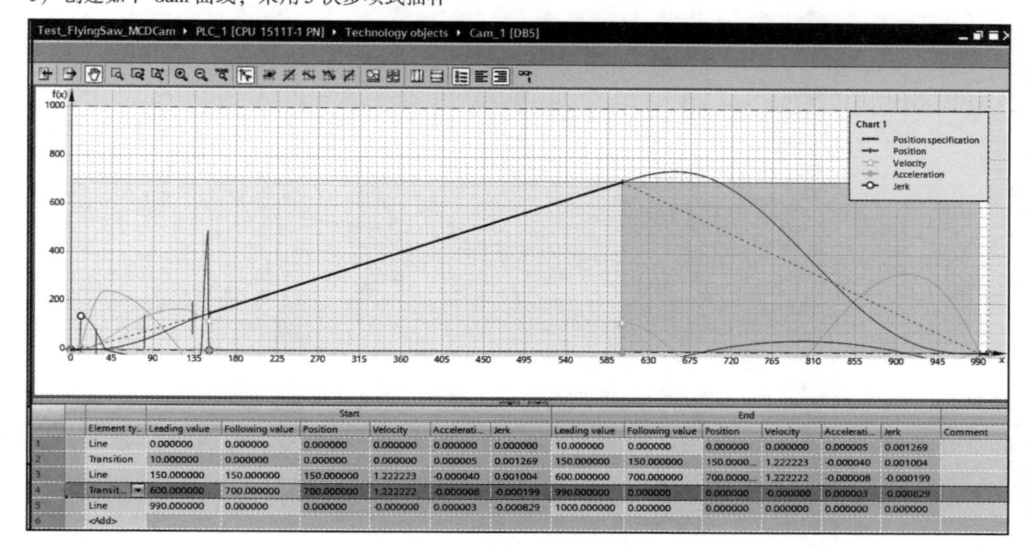

</td></tr>
</table>

（续）

<table>
<tr><th>步骤</th><th>描　述</th></tr>
<tr><td>2</td><td>

2）导出此 Cam 曲线，用于在 NX 软件中的 Cam 导入

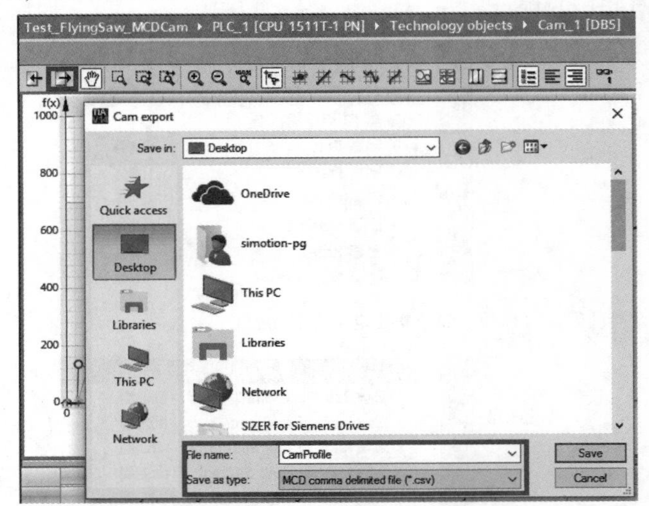

</td></tr>
<tr><td>3</td><td>

在 NX 软件中，导入 TIA 博途软件中导出的 Cam 曲线

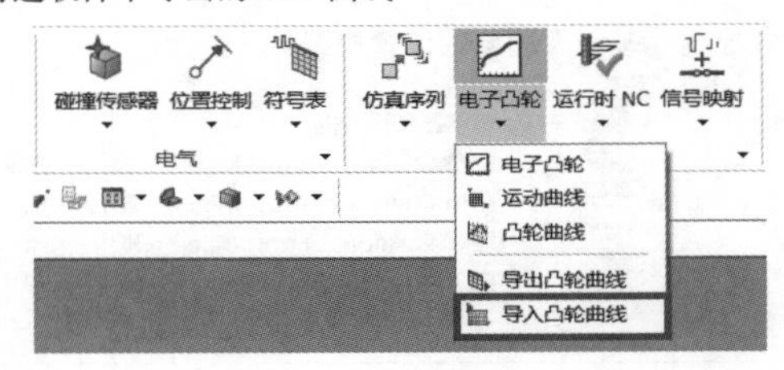

导入后的曲线如下：

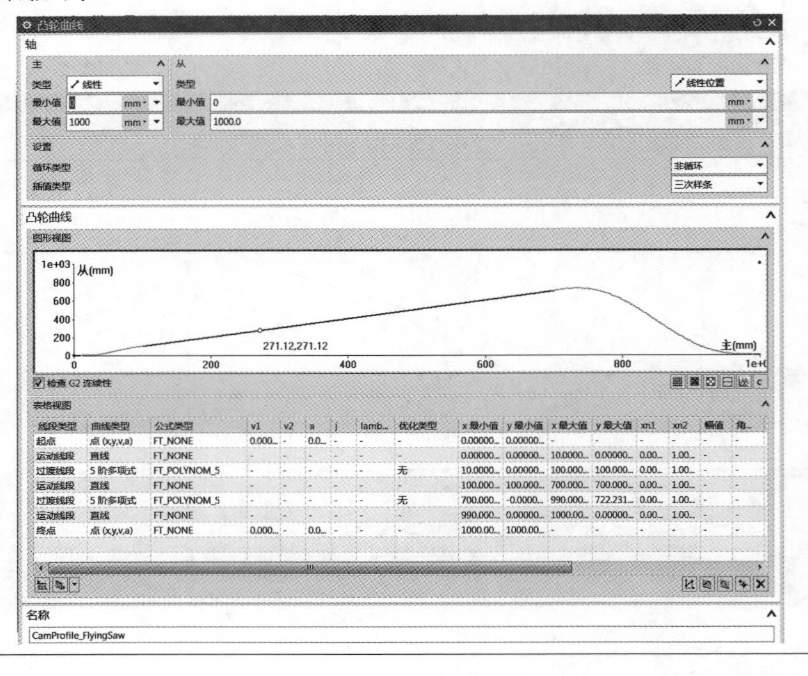

</td></tr>
</table>

（续）

<table>
<tr><th>步骤</th><th>描　述</th></tr>
<tr><td>4</td><td>也可以直接在 MCD 功能块中创建电子凸轮曲线（Cam profile）进行测试，将模拟运行后最终确定的凸轮曲线通过“导出电子凸轮曲线”功能提供给 TIA 博途软件

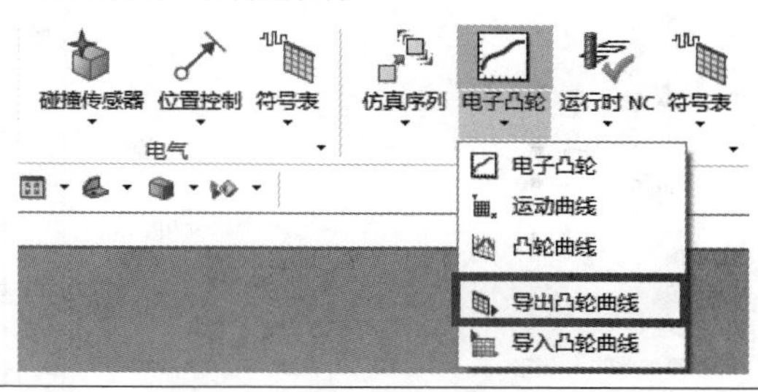
</td></tr>
<tr><td>5</td><td>在 MCD 功能块中创建电子凸轮，单击凸轮曲线菜单下的电子凸轮

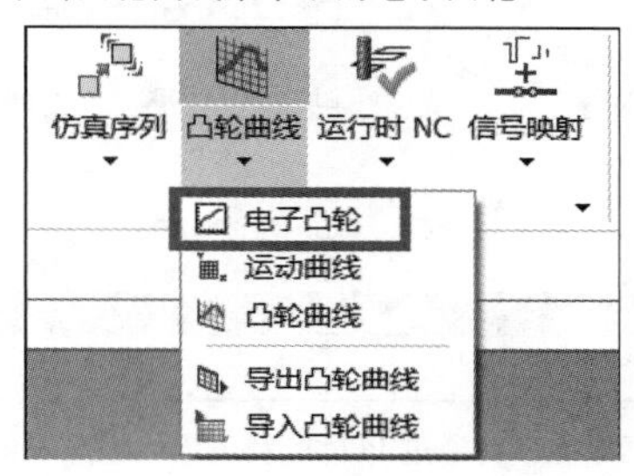

弹出“电子凸轮”菜单，从“主类型”中选择“轴”，并且分别选择主轴运动副（Material）及从轴运动副（Knife），在“曲线”中关联凸轮曲线

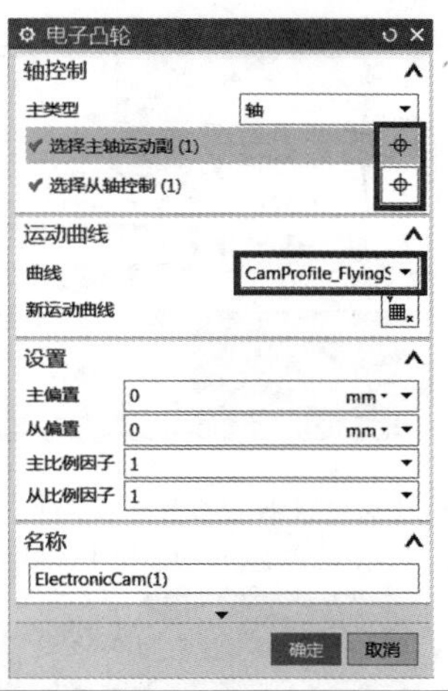
</td></tr>
<tr><td>6</td><td>将需要监控的信号添加到察看器中，选择“添加到察看器”，如下图所示

</td></tr>
</table>

（续）

步骤	描　　述
6	在察看器中，选择需要监控的信号，如驱动剪切轴需要的力，这样在运行模型时就可以看到图形化的力曲线 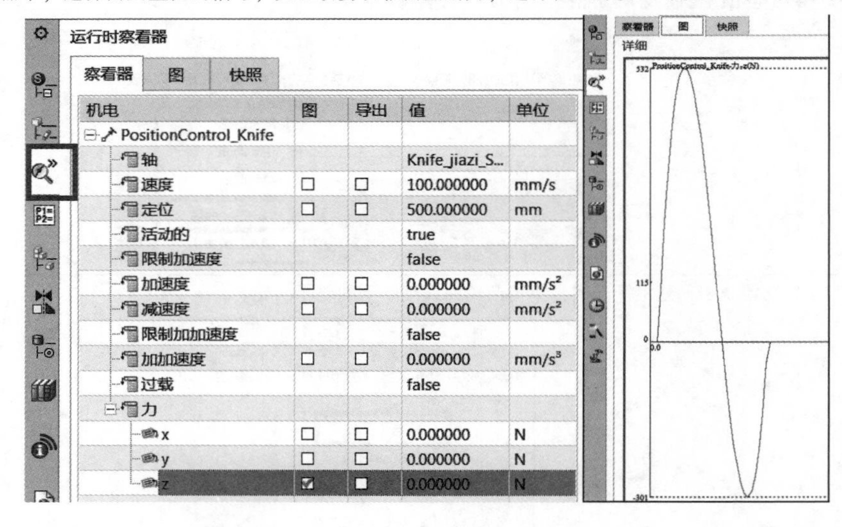
7	联合 PLC 进行飞锯功能的模拟仿真，通过 PLC 控制飞锯机械系统的运行，MCD 功能块进行机械运动的监控，在 MCD 功能块中设置如下： 1）首先在 MCD 功能块中定义信号 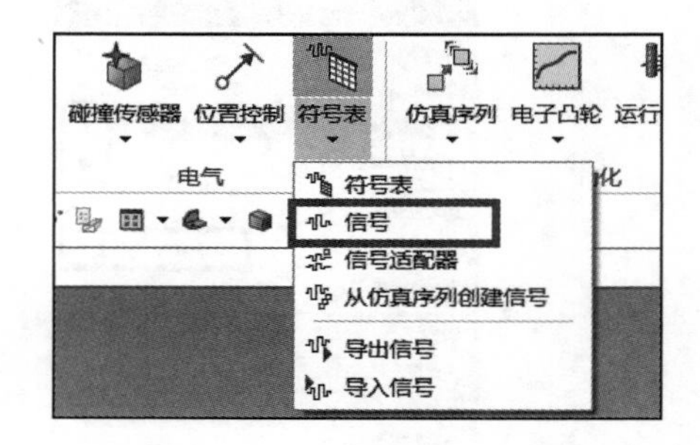 将 MCD 功能块中的信号与剪切轴及材料轴运动对象相关联，这样就可以实现当实际的飞锯系统工作时，MCD 功能块可以显示其运动情形，下图是在 MCD 功能块中关联剪切轴的位置实际值 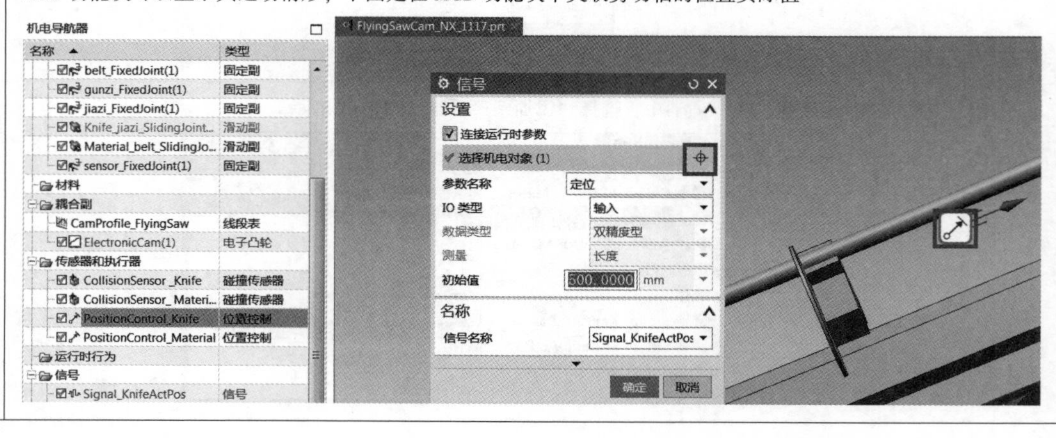

（续）

<table>
<tr><th>步骤</th><th>描　　述</th></tr>
<tr><td>7</td><td>
2）配置外部信号

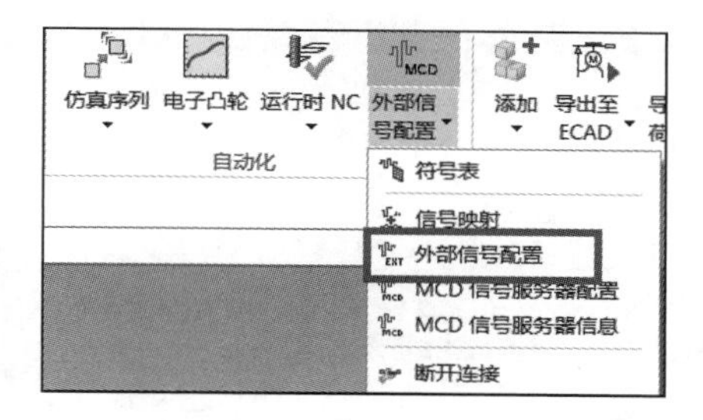

选择 PLC 中的数据

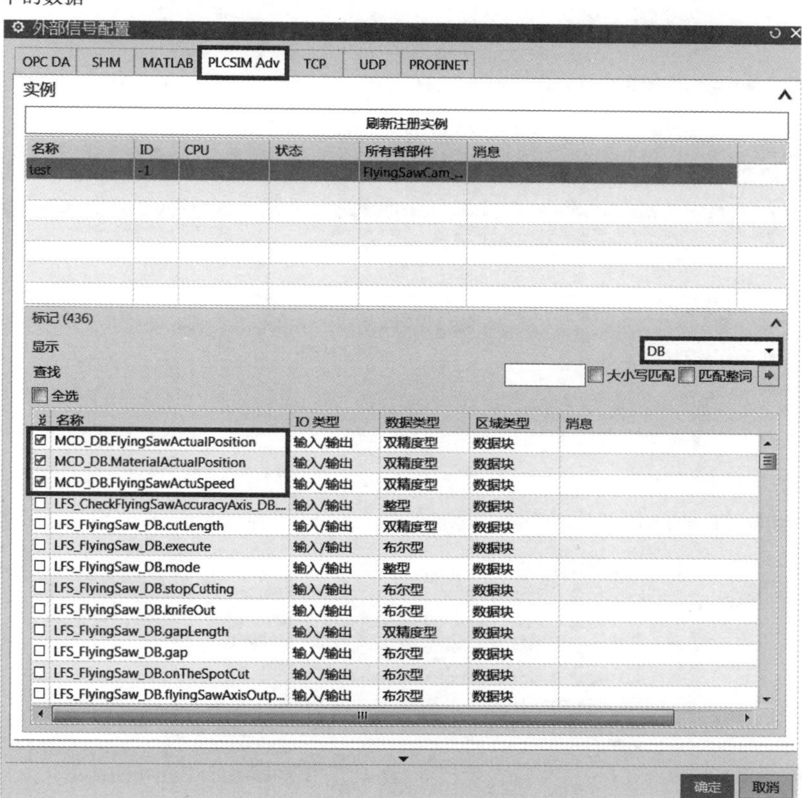

配置信号的映射

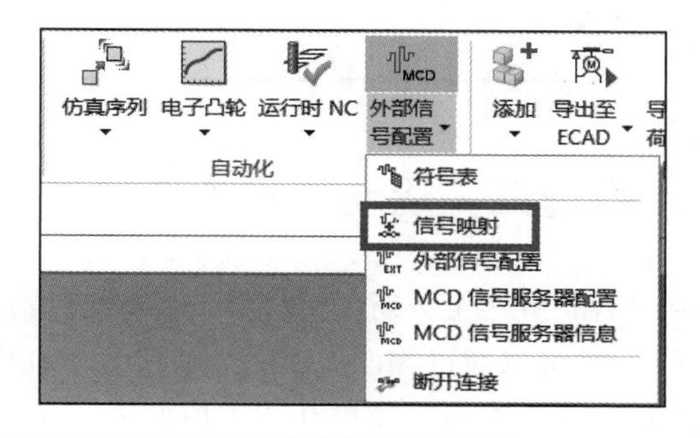

</td></tr>
</table>

（续）

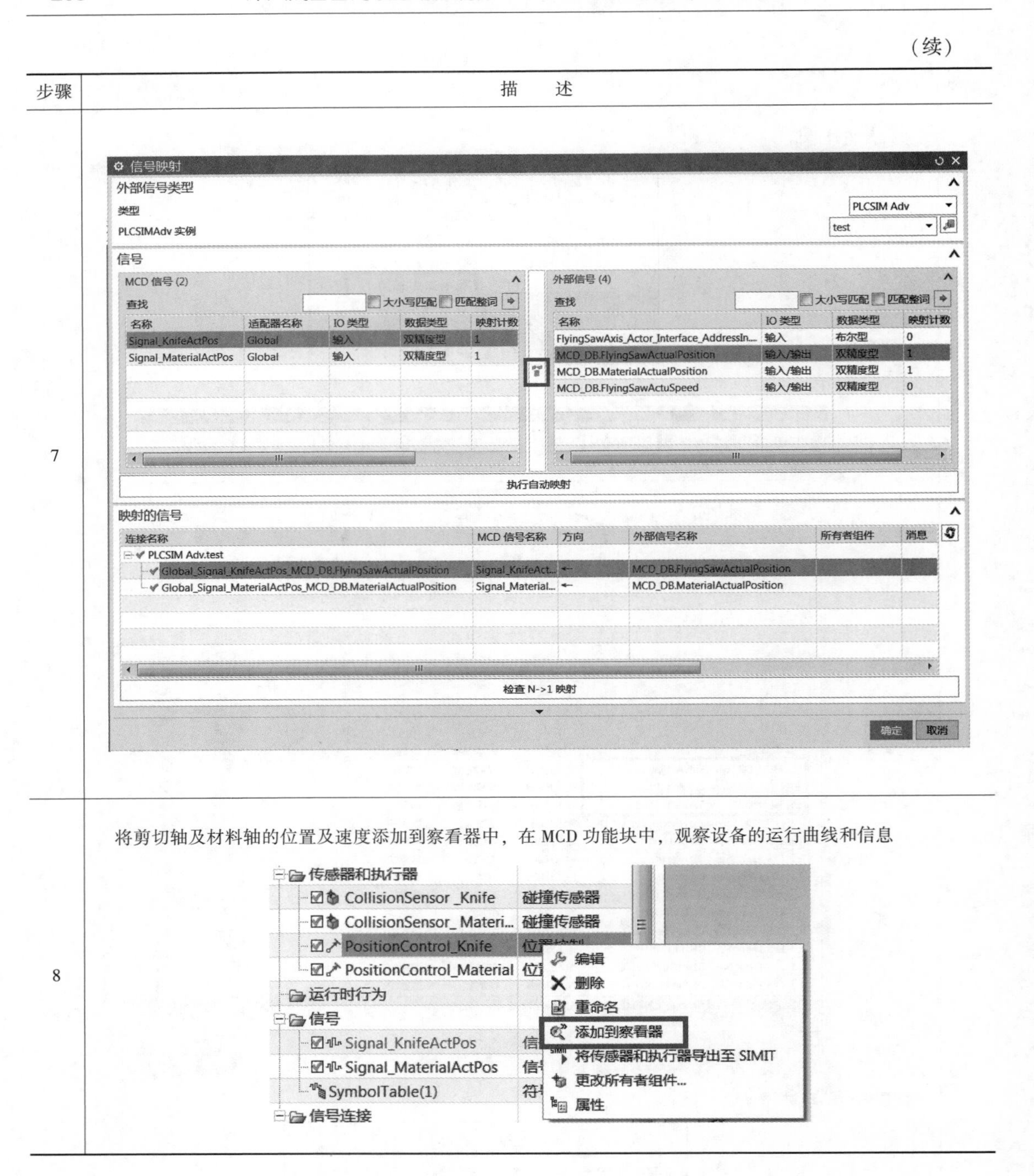

步骤	描　述
7	
8	将剪切轴及材料轴的位置及速度添加到察看器中，在 MCD 功能块中，观察设备的运行曲线和信息

8.5　虚拟调试应用案例三：运动机构功能的仿真

西门子 S7-1500T 中的运动机构工艺对象可以计算多轴合成运动下的运动设定值，内置了多种类型的运动机构类型。可以通过 MCD 功能块进行运动机构虚拟仿真调试工作。下面以一个 S7-1500T 中标准的运动机构为例简单介绍虚拟调试，见表 8-4。

表 8-4　虚拟调试案例三

<table>
<tr><th>步骤</th><th>描　述</th></tr>
<tr><td>1</td><td>在 S7-1500T 中，创建运动机构工艺对象，选择所需要的运动机构类型

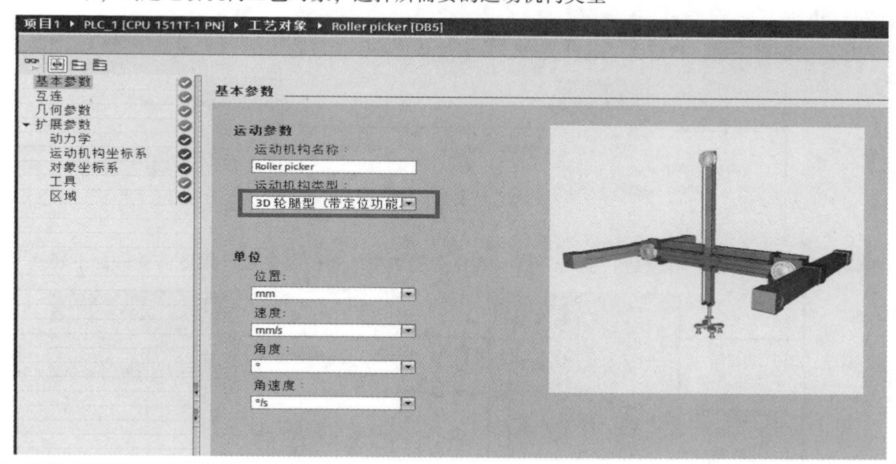

</td></tr>
<tr><td>2</td><td>关联各个独立轴到运动机构上

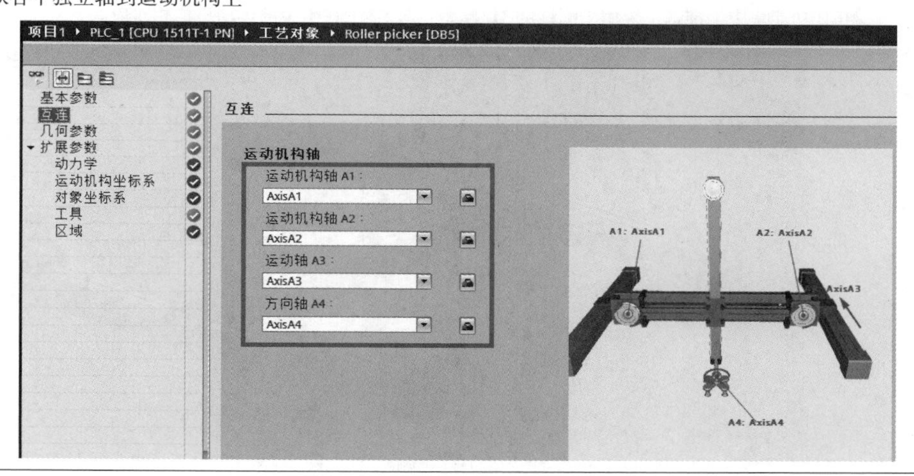

</td></tr>
<tr><td>3</td><td>正确填写运动机构的几何参数，此处的参数务必准确地和机械模型一致

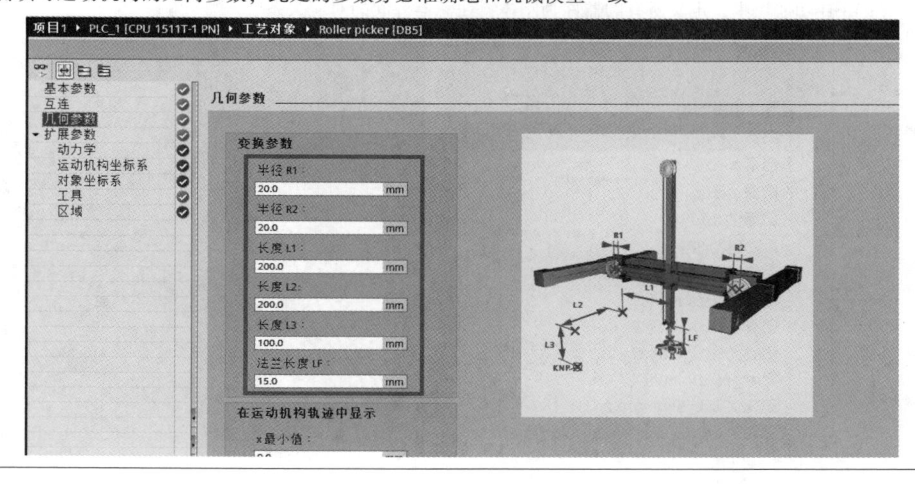

</td></tr>
</table>

（续）

步骤	描　　述
4	由于 MCD 功能块中长度单位为米，并且是 real 数据类型，因此需要编写 PLC 中工艺对象位置与 MCD 功能块中位置的转换程序 程序需要编写三次，针对 3 个运动关节，以下仅是第一个关节的程序 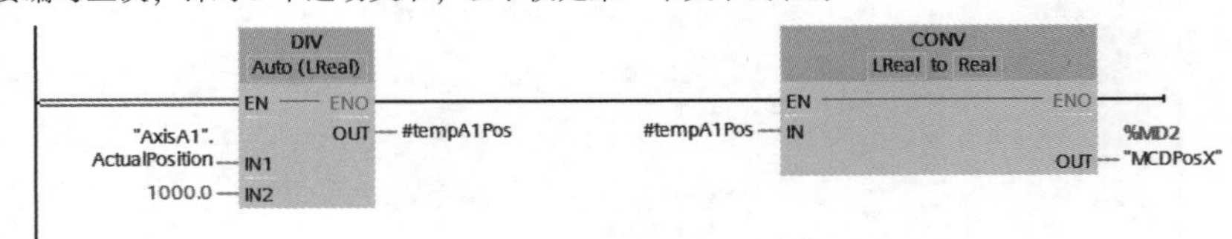 第四根轴是旋转轴，单位是“度”，而在 MCD 功能块中的单位是弧度，因此需要做如下转换 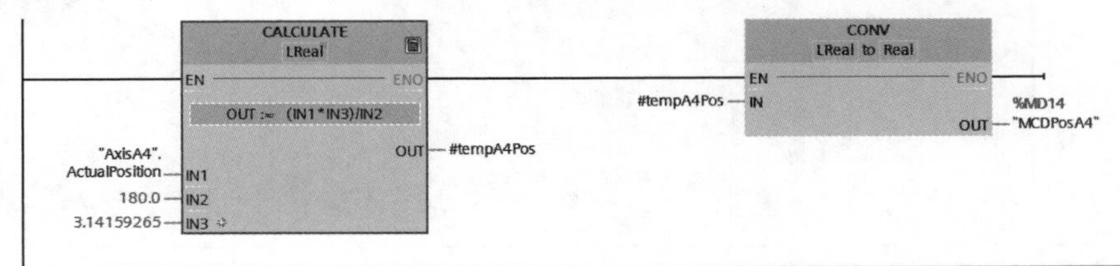
5	在 MCD 功能块中，准备一个用于测试的 3D 模型，与 S7-1500T 中的运动机构相对应 
6	在 MCD 功能块中，定义所有的器件为刚体，注意器件间的对应关系 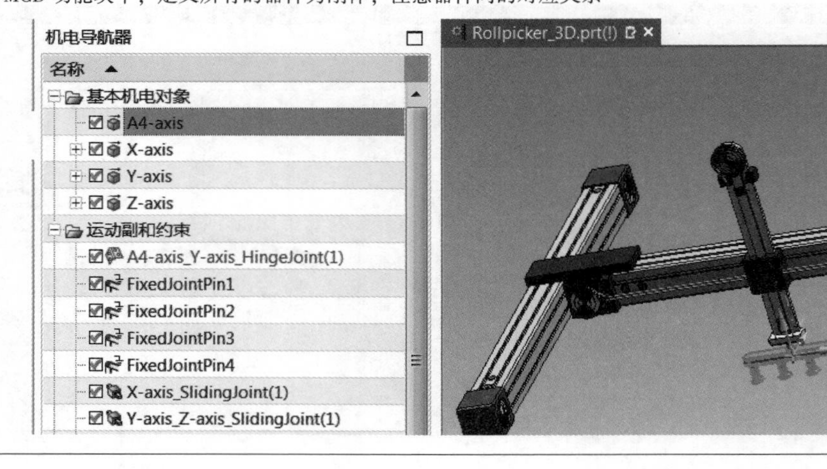

（续）

步骤	描　　述
7	定义所有移动部件的运动副关系，本体定义为固定副，其它各活动关节以滑动副和铰链副为主要定义对象，铰链副定义举例如下： 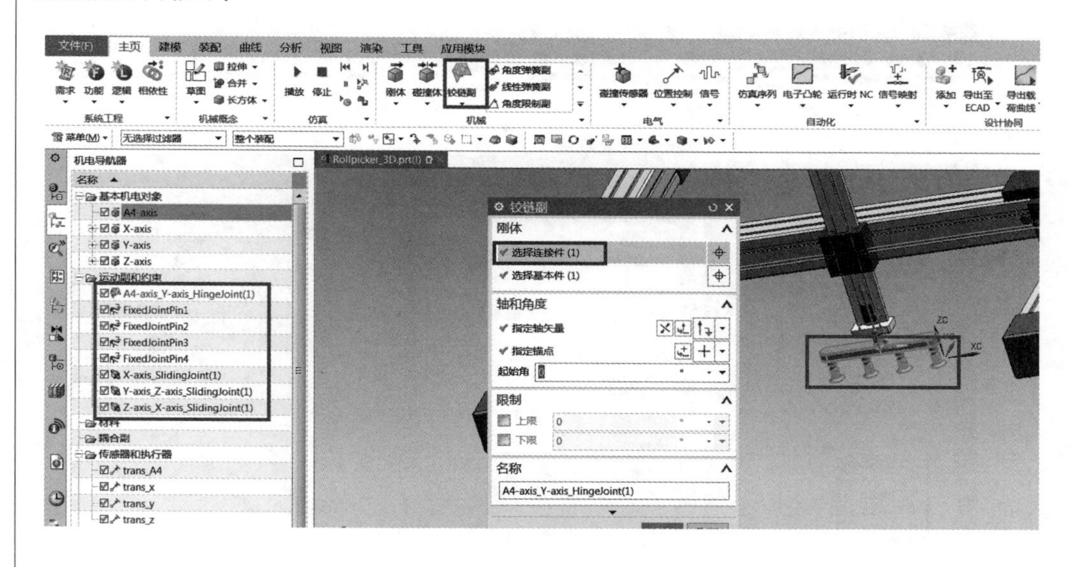
8	定义 Y 轴的移动部分为滑动副，其它方向的定义均与此类似 

（续）

步骤	描　述
9	完成机械部件的定义后，需要建立 4 个电机作用的位置控制对象，并且基于 3 个主要关节的滑动副及一个转动关节的铰链副进行控制 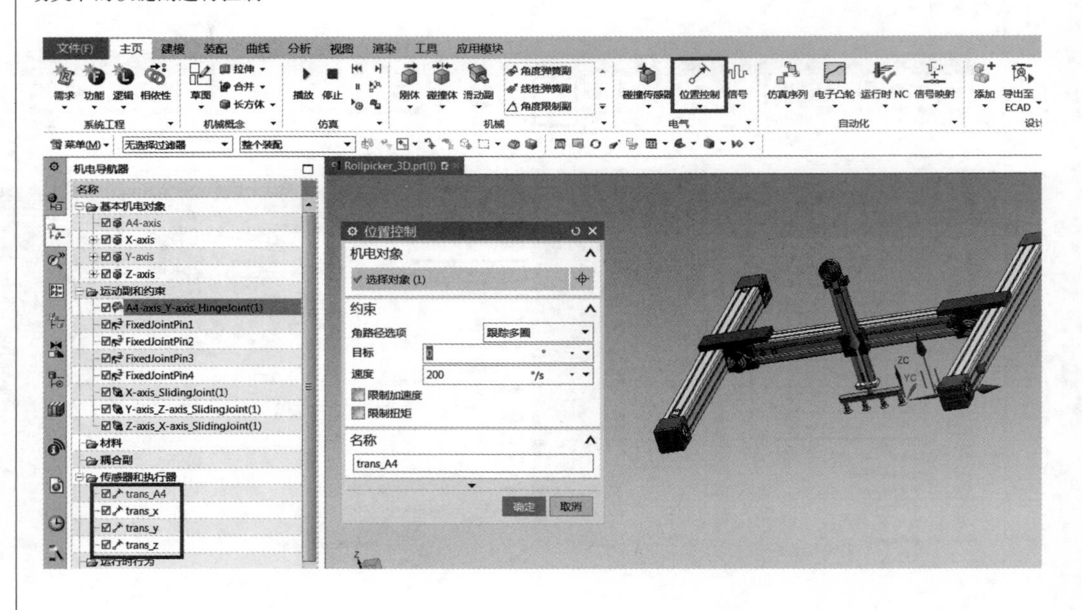
10	创建 4 个信号，将其关联到位置控制对象中 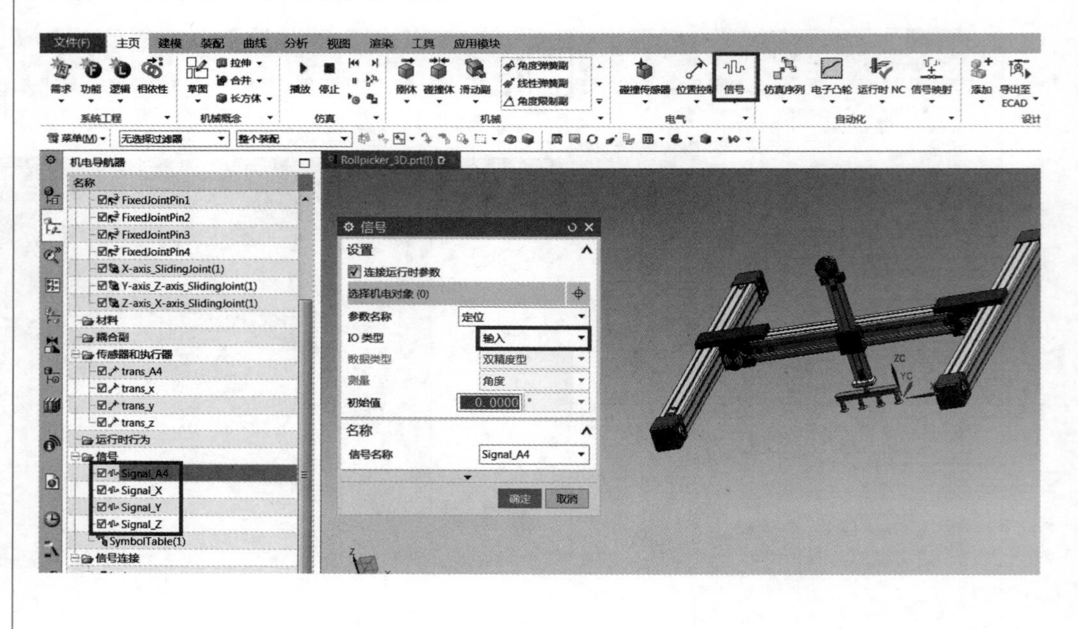

（续）

步骤	描　述
11	在外部信号配置界面中添加 PLC 变量 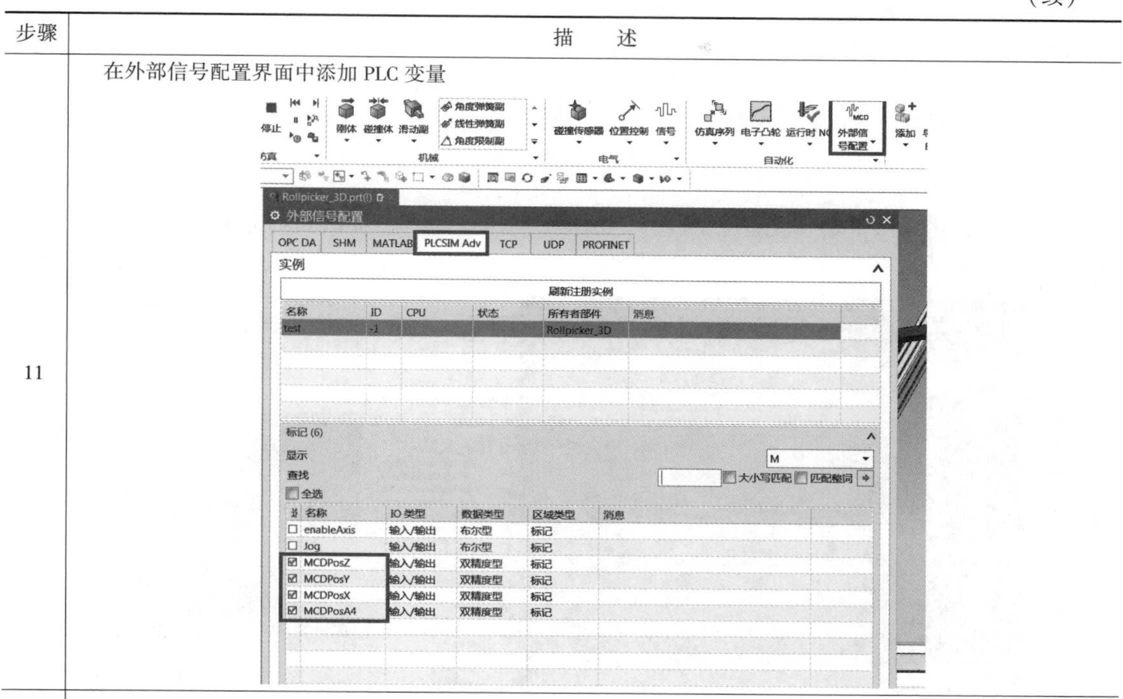
12	进行 MCD 功能块和 PLC 之间的信号映射 

（续）

步骤	描　　述
13	在 PLC 中，编写运动机构的运动测试程序，在 MCD 功能块中可以看到机械的运行情况 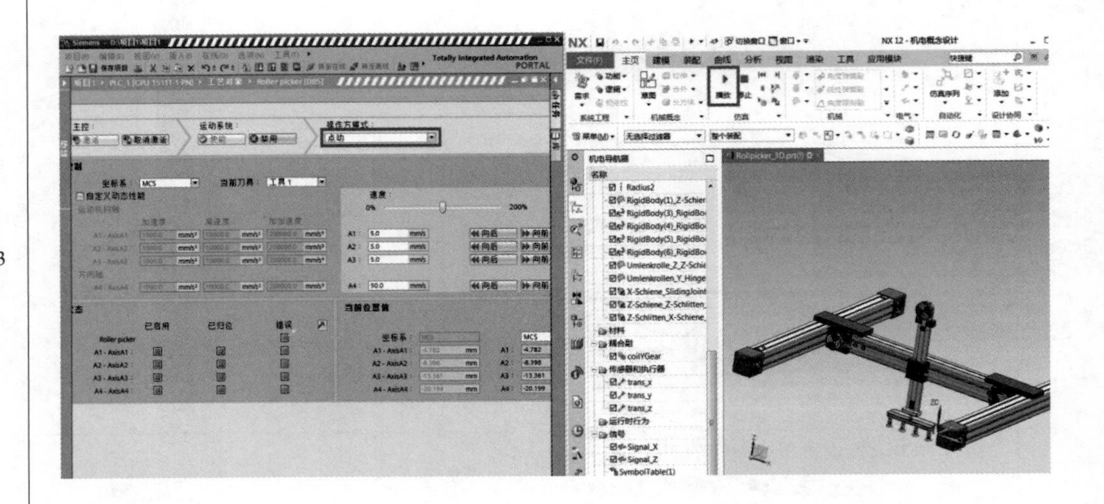 此示例下载链接如下：https://support. industry. siemens. com/cs/ww/en/view/109760078/zh

8.6 虚拟调试应用案例四：SIMATIC Machine Simulator 虚拟调试软件包

使用 SIMATIC Machine Simulator 进行虚拟调试分为三个组成部分：

需要真实机器的 3D 模型可以执行虚拟调试运行。3D 模型可以被指定为实际机器的数字双胞胎，包括以下三个部分：

1）机器的物理和机械 3D 模型，使用 NX MCD 功能模块进行定义和配置。

2）机器的行为模型，通过 SIMIT 软件进行处理。

3）机器自动化控制器，PLCSIM Advanced 软件功能仿真控制器。

SIMATIC Machine Simulator 软件包将仿真软件 SIMIT 与虚拟控制器 SIMATIC S7-PLCSIM Advanced 相结合。这种用于虚拟调试的集成软件环境具有非常大的优势。

具体的操作步骤见表 8-5。

表 8-5　虚拟调试案例四

<table>
<tr><th>步骤</th><th>描　述</th></tr>
<tr><td>1</td><td>在 TIA 博途软件中，插入 S7-1500T PLC；在硬件组态中，添加 DI 模块，定义用于连接回零开关的 DI 点
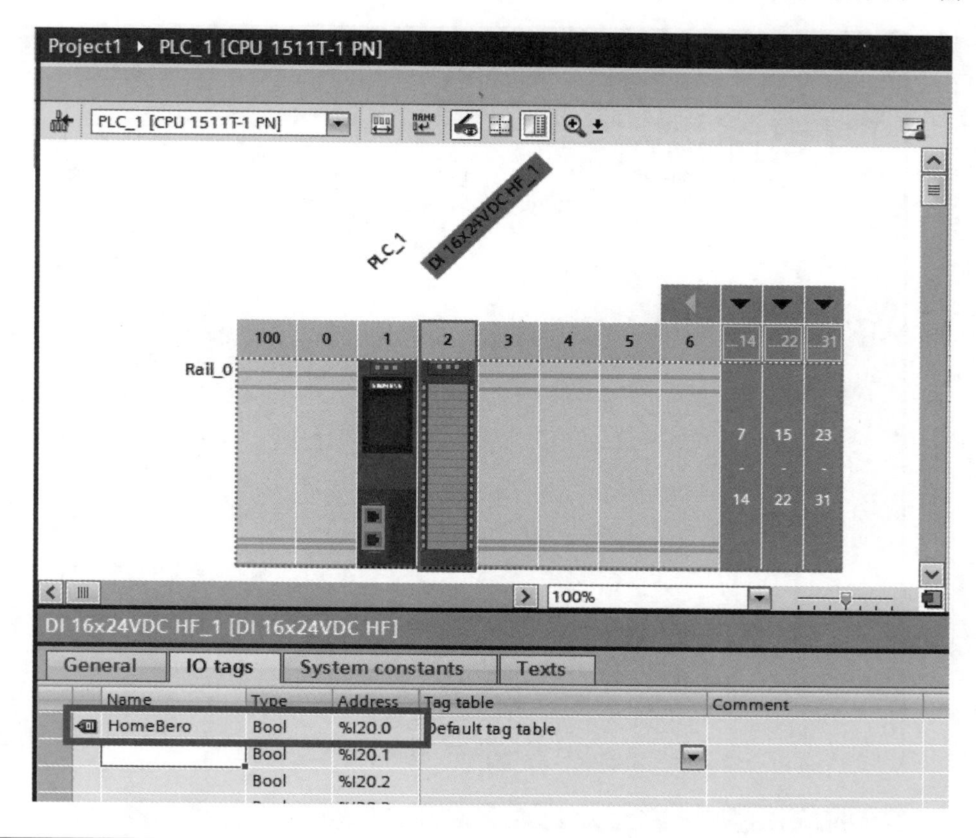
</td></tr>
<tr><td>2</td><td>在网络配置界面中，添加 V90 PN，创建 S7-1500T 连接驱动的（本例使用 V90 HSP）网络组态及拓扑
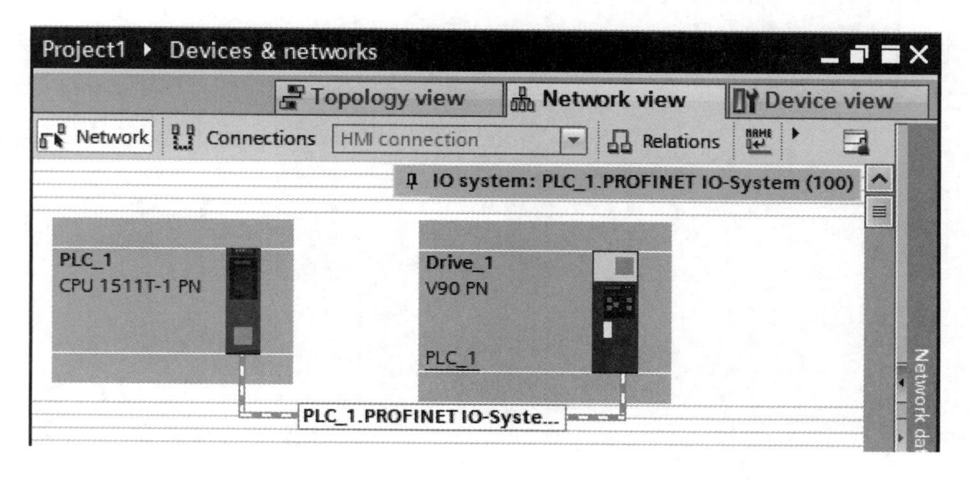
</td></tr>
</table>

（续）

<table>
<tr><th>步骤</th><th>描　　述</th></tr>
<tr><td>3</td><td>新增工艺对象，添加一个位置旋转轴工艺对象，连接配置的驱动对象

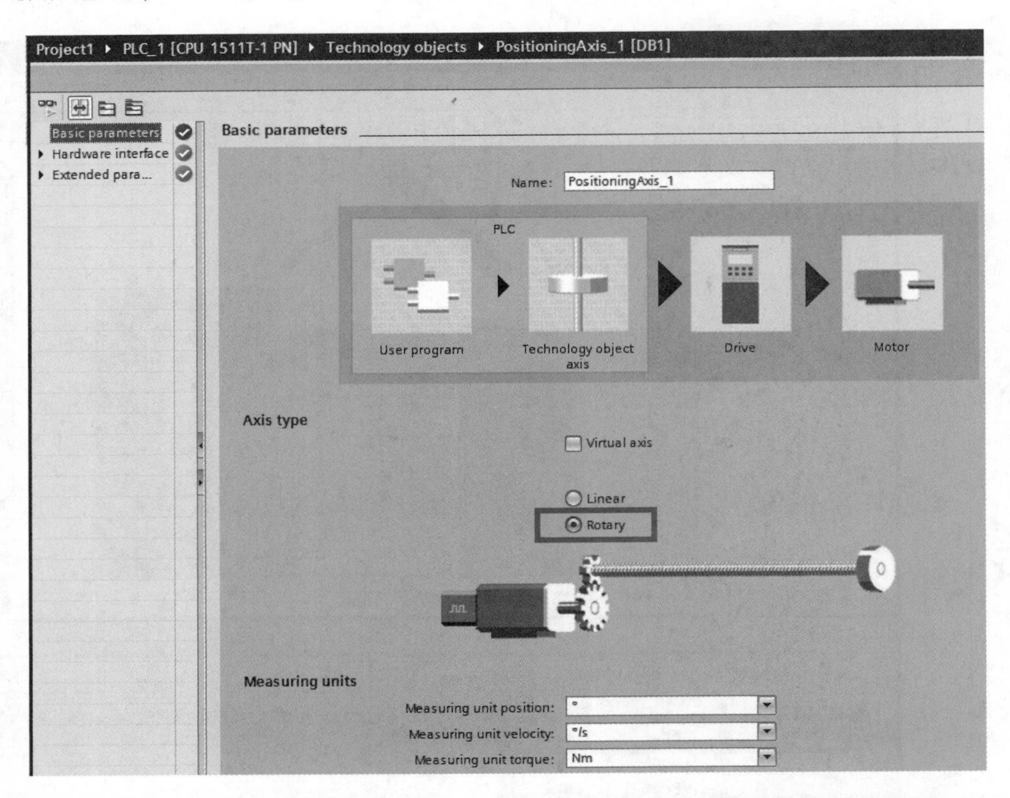

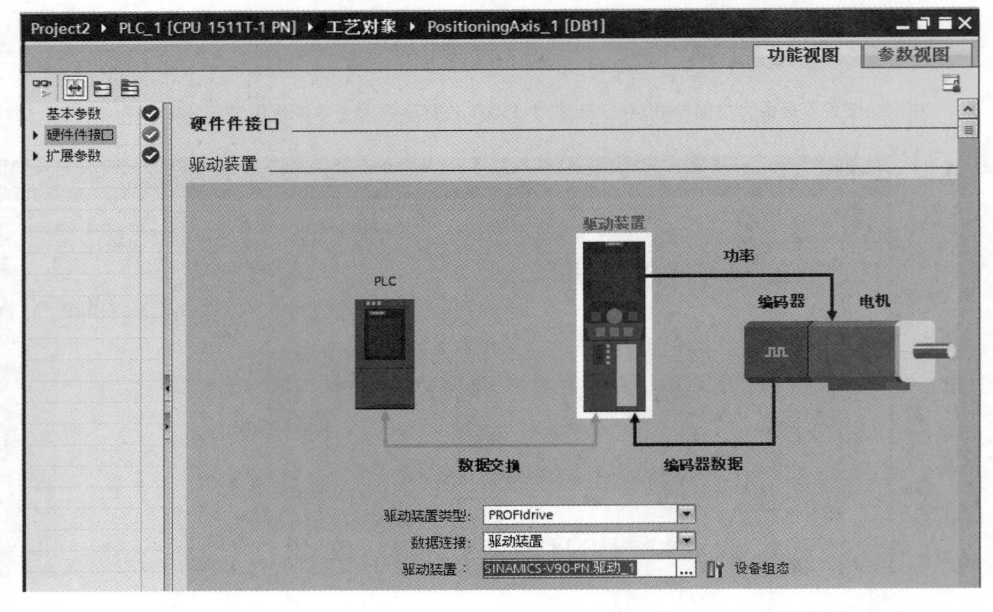
</td></tr>
</table>

（续）

<table>
<tr><th>步骤</th><th>描　述</th></tr>
<tr><td>3</td><td>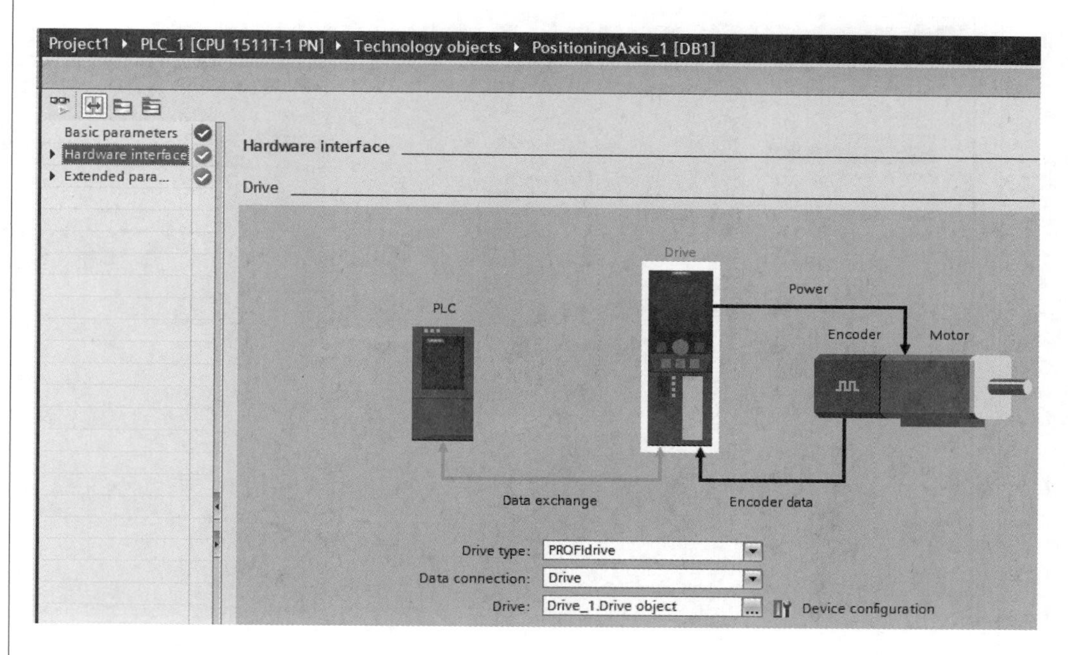
在硬件接口中的驱动及编码器数据交换界面中，如果勾选自动数据传输，在 SIMIT 中可以添加数据适配模块用于提供相关数据。当 PLC 运行时，将自动进行读取驱动器的数据
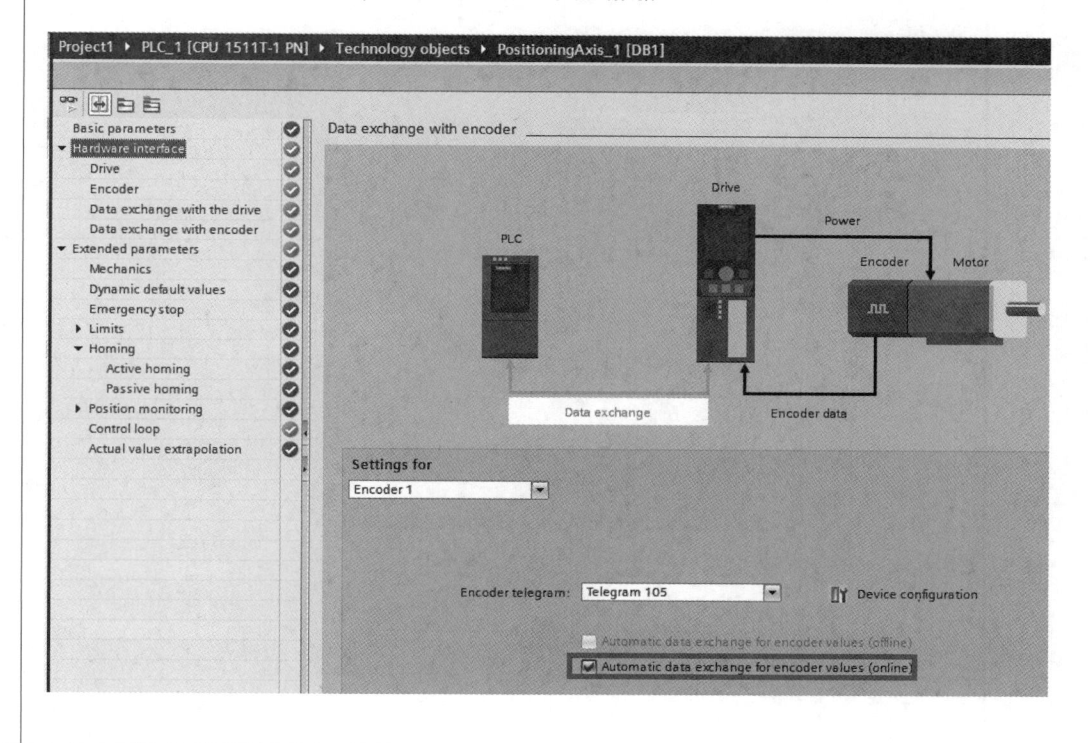</td></tr>
</table>

（续）

步骤	描　　述
	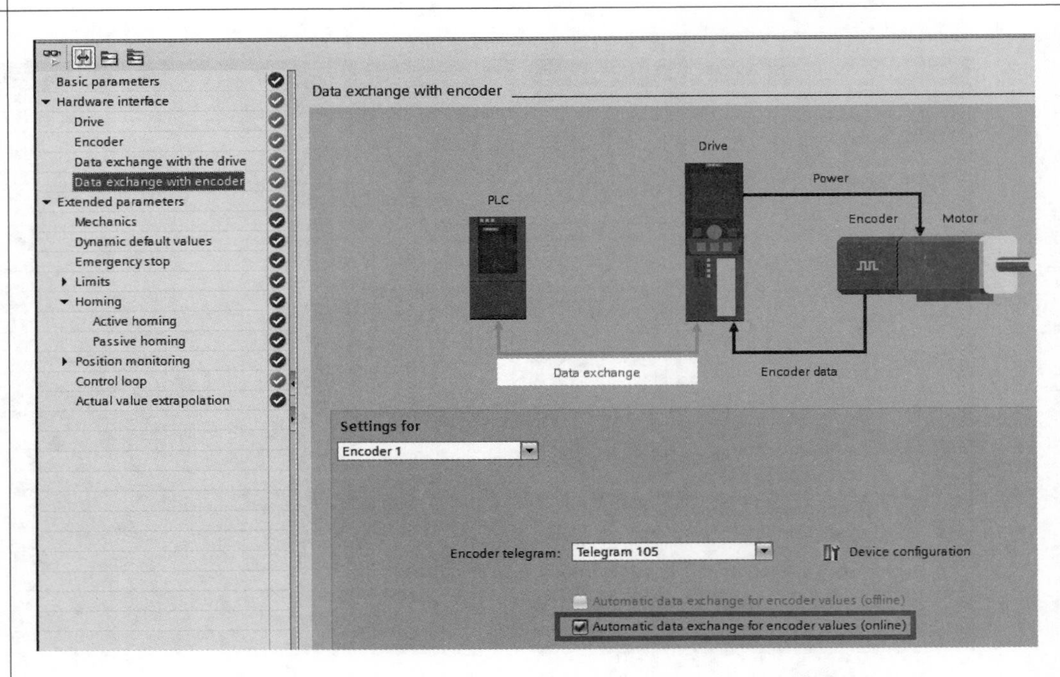
3	配置回零方式，此示例使用的是通过数字量输入点的形式，虚拟调试也支持其它的回零方式 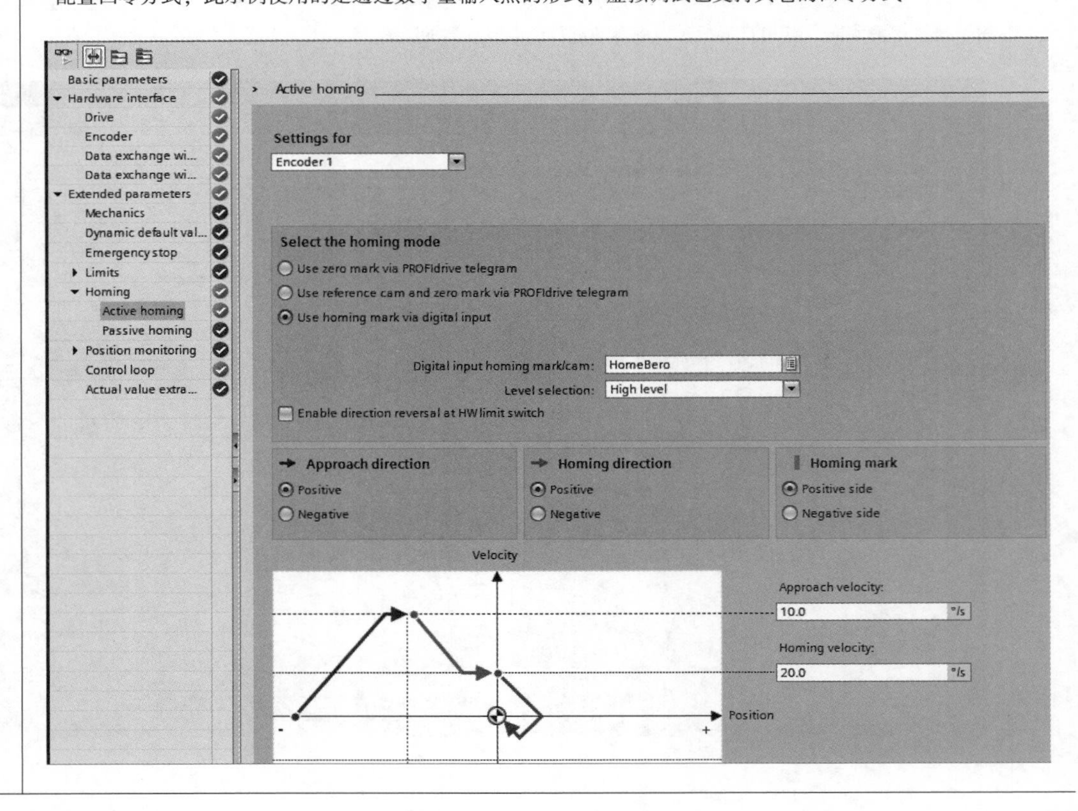

（续）

步骤	描　述
4	设置 OB91 的循环时钟，注意当前虚拟调试 Factor 必须设置为 1，在 SIMIT 中的 Time Slice 一定要与 PN Cycle 相同 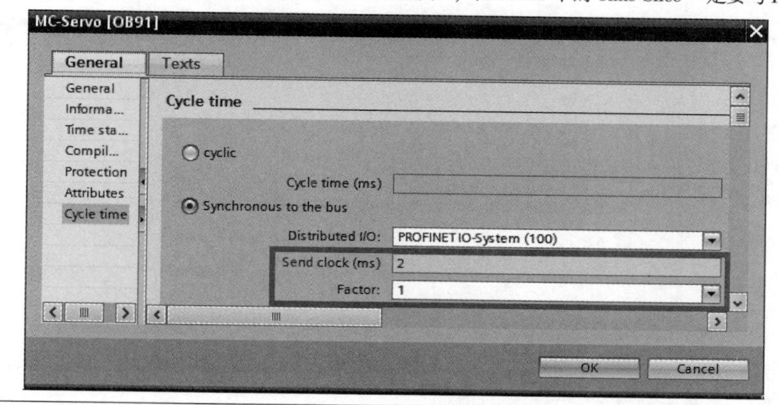
5	通过计算机开始菜单的运行命令中输入“compmgmt. msc”或控制面板打开计算机管理，添加“Siemens TIA Openness”用户组，添加完成后需要注销用户并再次登录 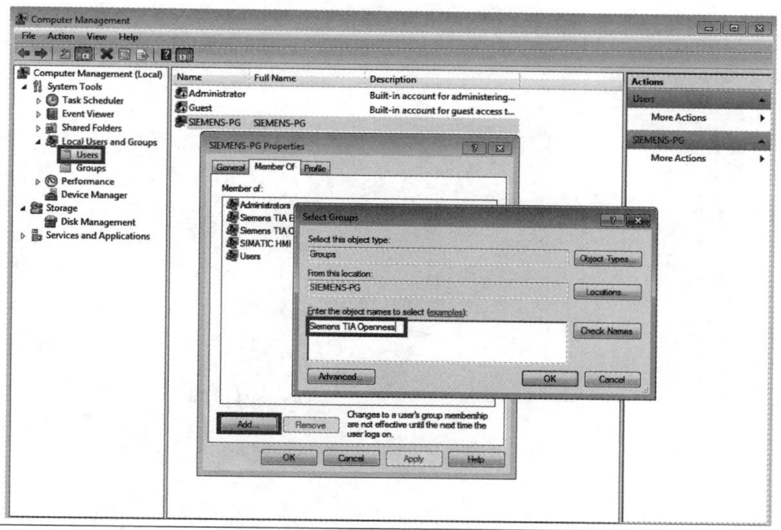
6	通过如下路径的 SIMIT 软件工具，将 TIA 博途项目转换为 XML 后缀文件 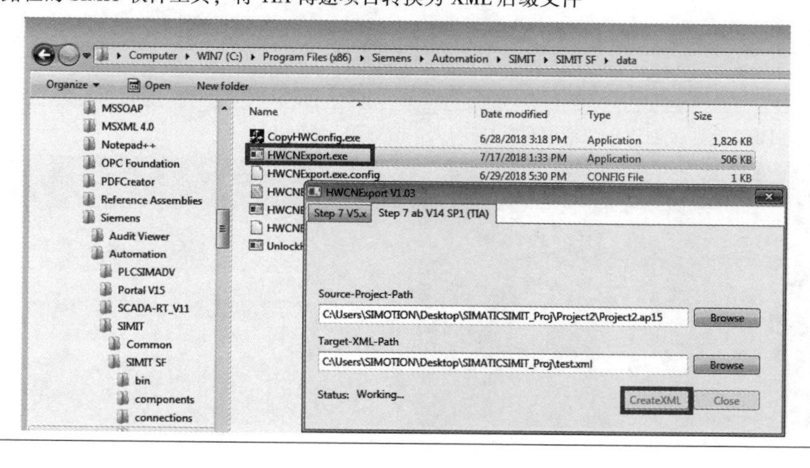

（续）

步骤	描　　述
6	转换成功后的界面如下 HWCNExport V1.03 Step 7 V5.x　Step 7 ab V14 SP1 (TIA) Source-Project-Path C:\Users\SIMOTION\Desktop\New folder\SIMATIC Machine Simulator\Portal I　Browse Target-XML-Path C:\Users\SIMOTION\Desktop\New folder\SIMATIC Machine Simulator\Portal I　Browse Status: Export successful.　CreateXML　Close
7	创建 MCD 功能块项目，创建一个曲柄连杆，定义钢体、铰链副及速度控制，再添加一个回零开关（碰撞传感器） 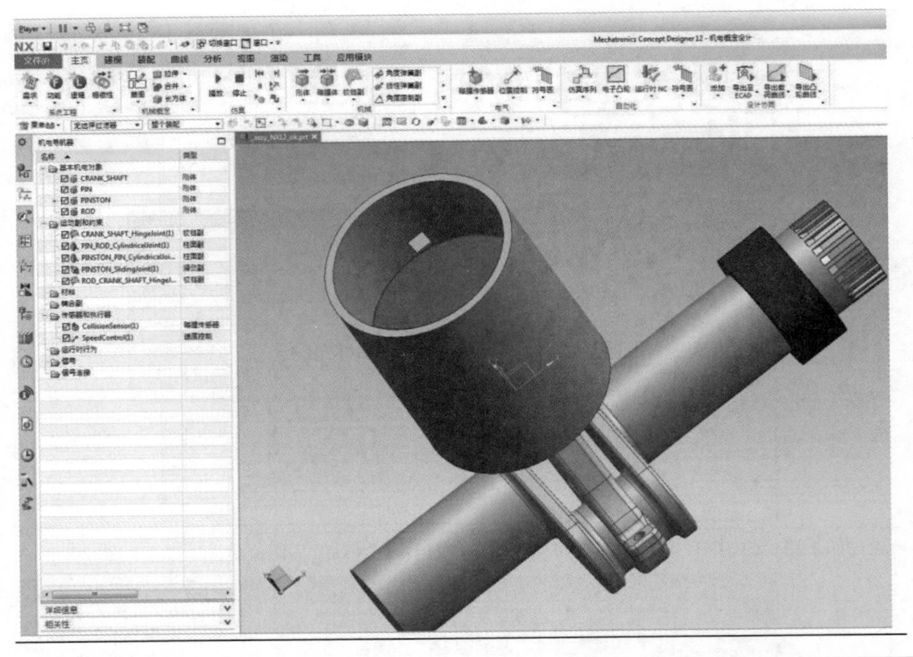
8	打开 SIMIT 软件后创建一个新项目 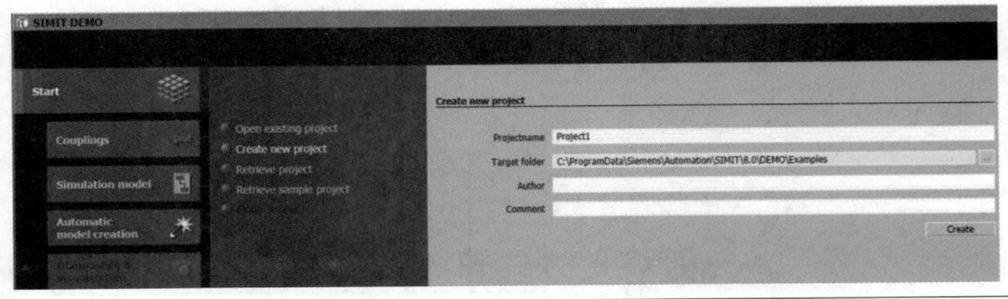

（续）

步骤	描　述
8	双击“Project Manager”，在 time slice 2 中输入 2ms，如下图
9	1）双击“New coupling” 2）选择“PLCSIM Advanced” 3）单击“OK”，见下图 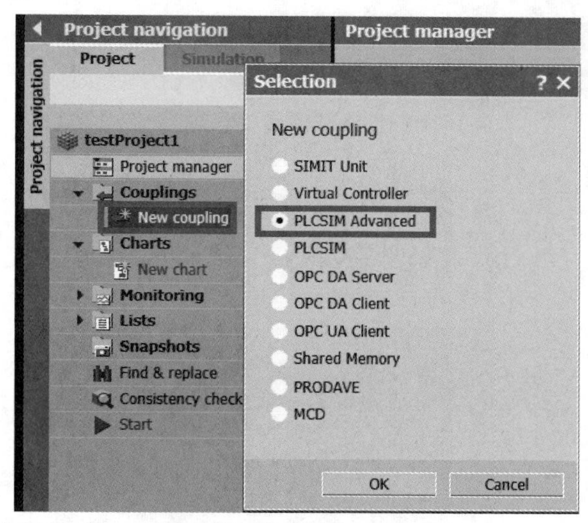 通过下面选项，选择之前转换的 TIA 博途项目文件，注意勾选“Bus synchronous”，单击 Import 按钮（也可以直接导入 TIA 博途项目） 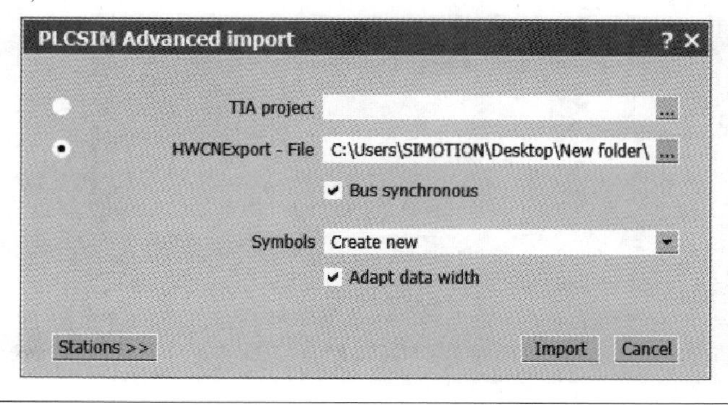

（续）

<table>
<tr><th>步骤</th><th>描　　述</th></tr>
<tr><td>9</td><td>导入的输入/输出信号如下图

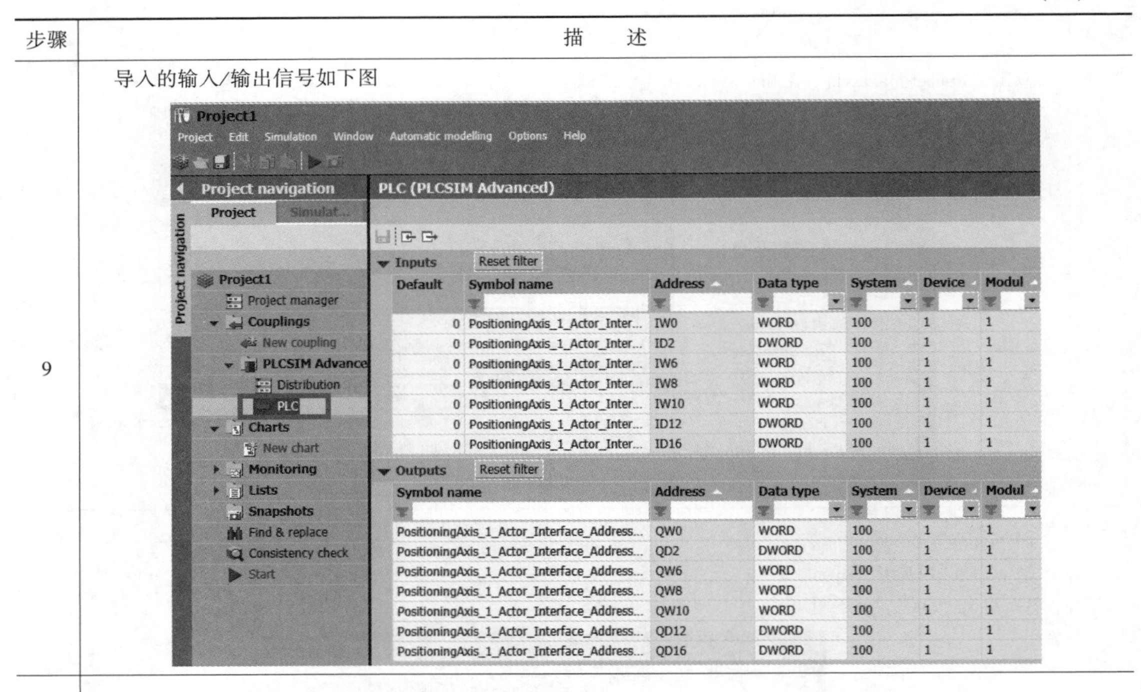
</td></tr>
<tr><td>10</td><td>双击“New coupling,”选择“MCD”功能块

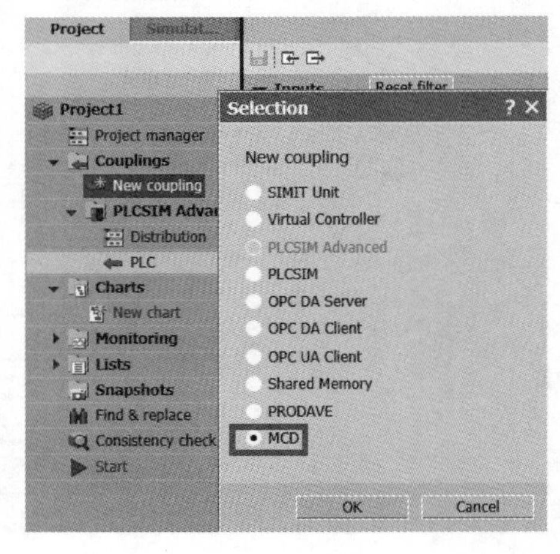

连接外部文件

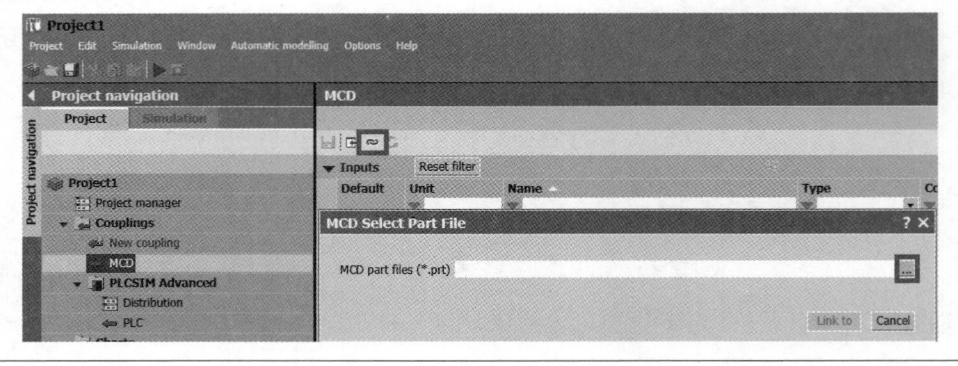
</td></tr>
</table>

（续）

<table>
<tr><th>步骤</th><th>描　　述</th></tr>
<tr><td>10</td><td>

导入 MCD 功能块模型

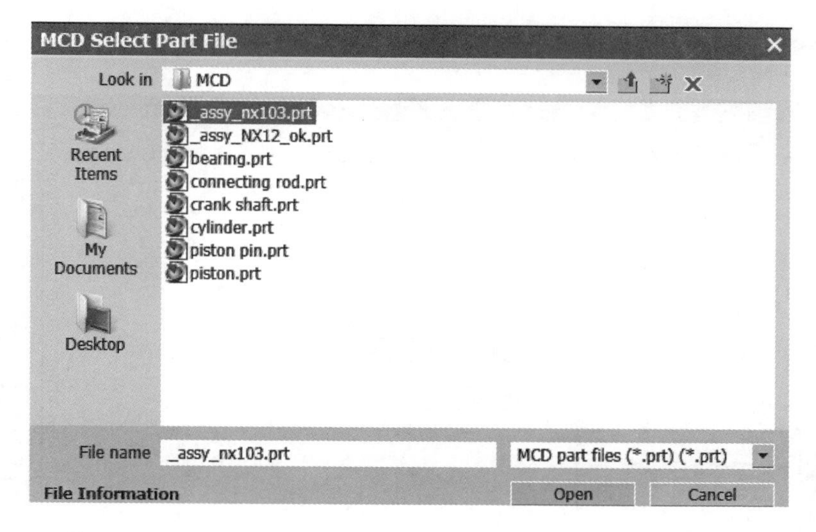

单击 “Link to” 按钮

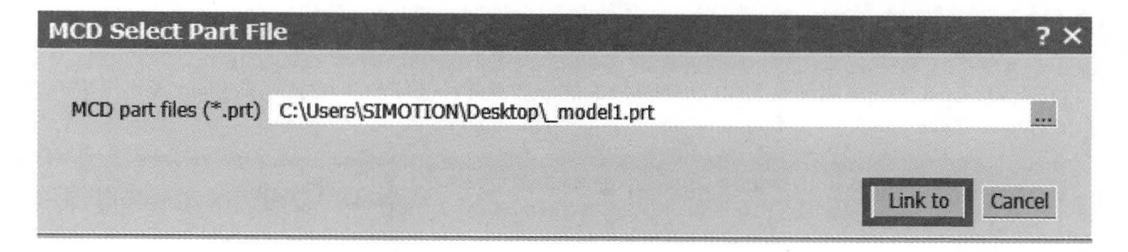

对输入/输出信号选择相关的单位（与 TO 的相同），注意勾选 “Bus synchronous”

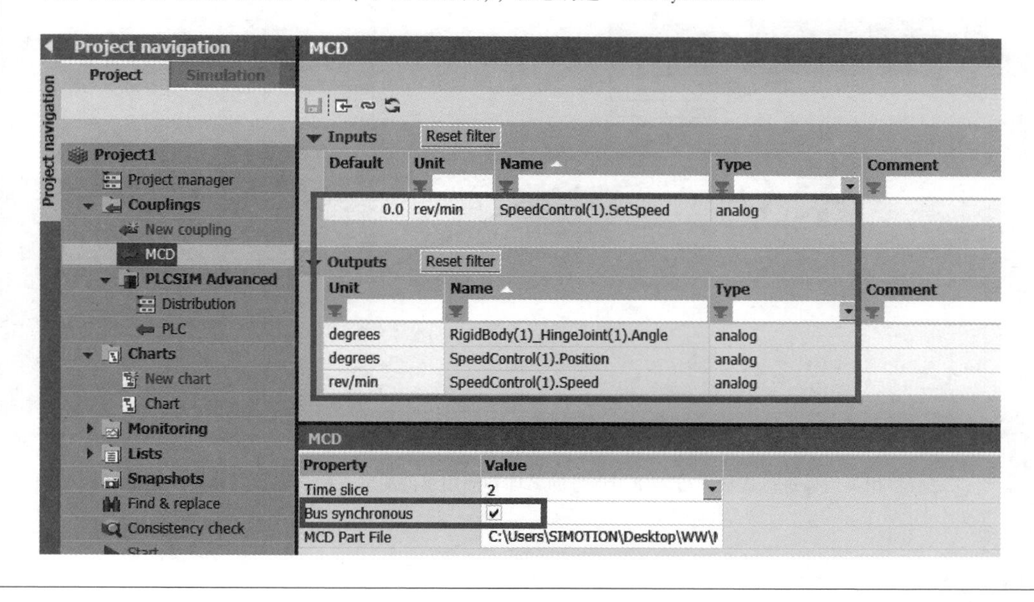

</td></tr>
</table>

（续）

步骤	描　述
11	插入一个新 Chart，并拖入 PROFIdrive2、Sensor 及 SensorProcessRotary 等相关组件 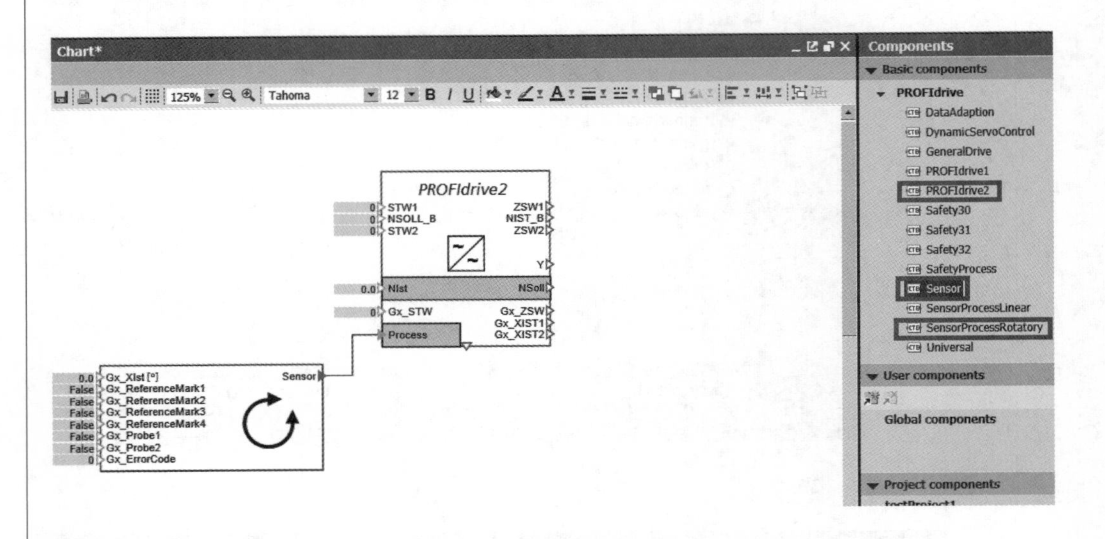 在右侧 Signal 中，将驱动及 MCD 功能块相关信号选择并且按住 Shift 键拖拽到 Chart 工作区中 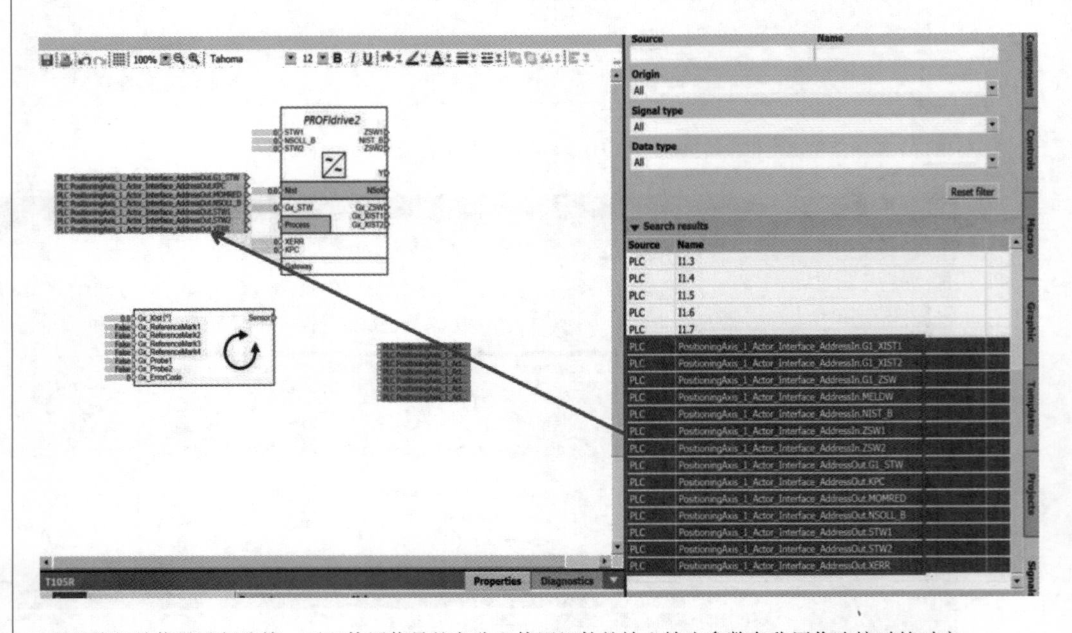 之后将相关信号进行连接，可以使用信号的名称和使用组件的输入输出参数名称用作连接时的对应

（续）

步骤	描　　述
11	（见下）

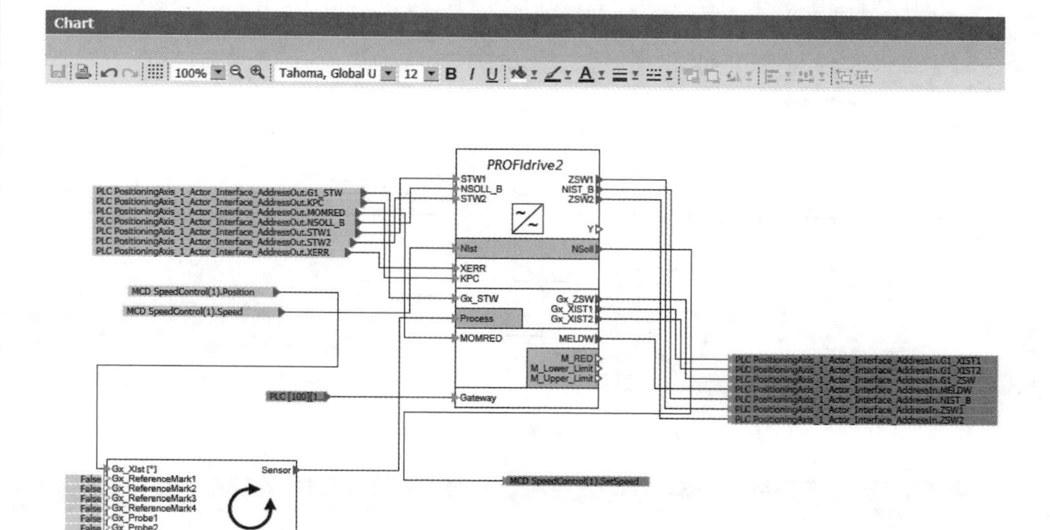

注意：

将信号进行相关的连接：

1）Nist→MCD. SpeedControl（1）. Speed

2）NSoll→MCD. SpeedControl（1）. SetSpeed 速度设定值

3）Sensor→Process 关联

4）MCD. SpeedControl（1）. Position- > GxXist

打开 PLC 和 Chart 两个窗口后，单击下面按钮，使两个界面上、下分布

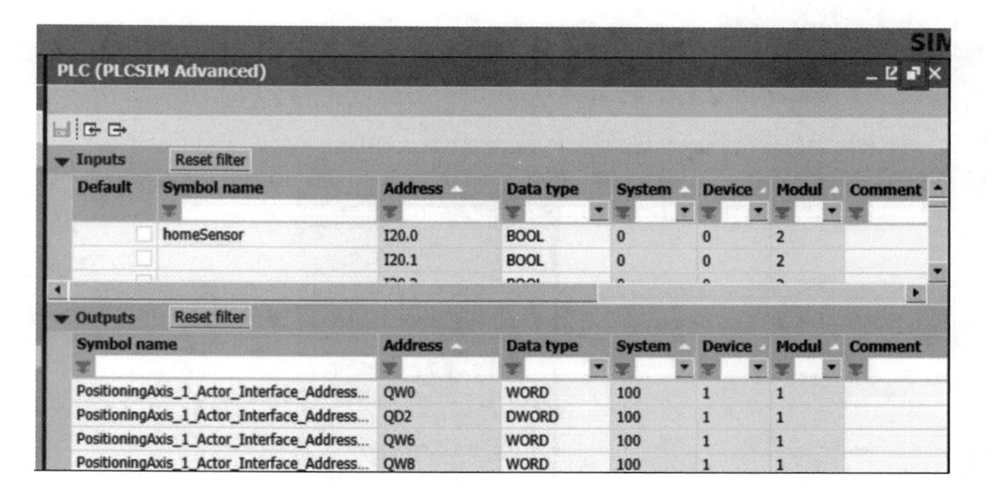

（续）

步骤	描　　述
11	之后可以将驱动报文拖到 Chart，与“GateWay”组件进行互连，用于工艺对象的自动数据传送功能使用 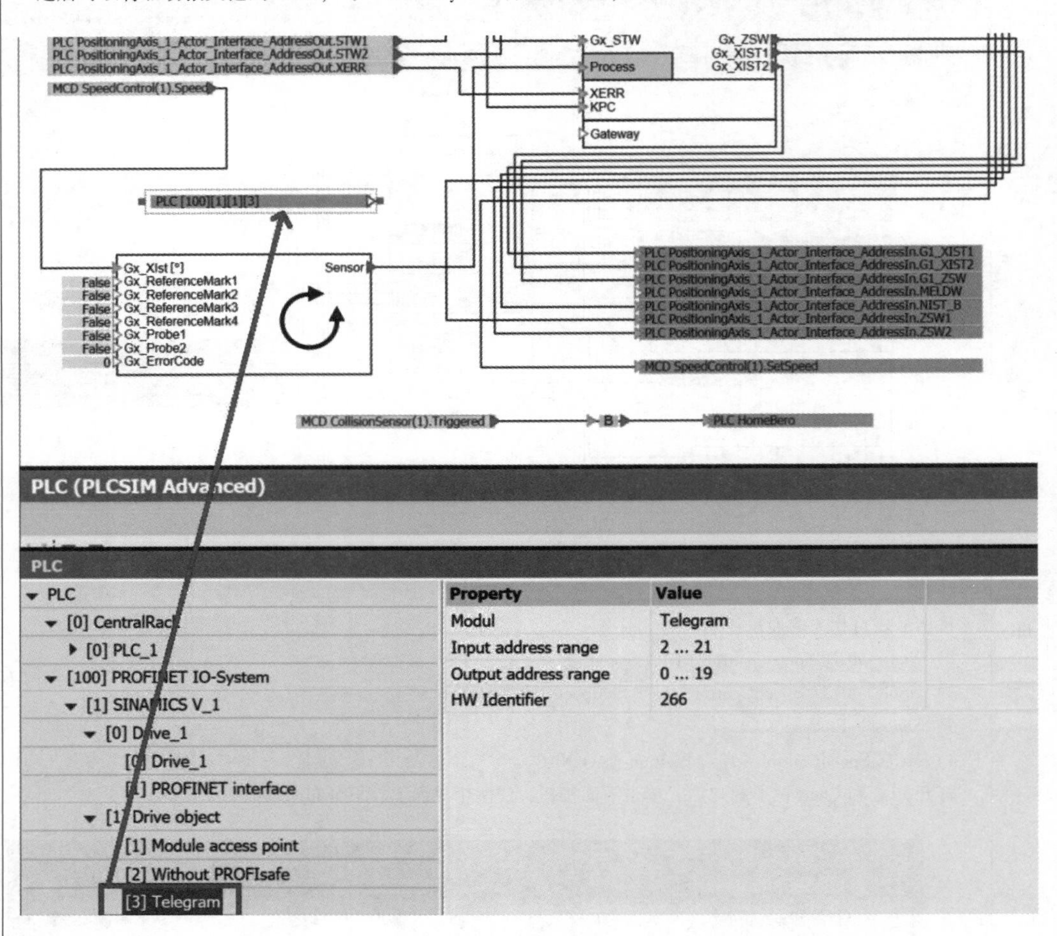 可以使用下述组件进行 MCD 功能块回零开关与 PLC 输入的互连 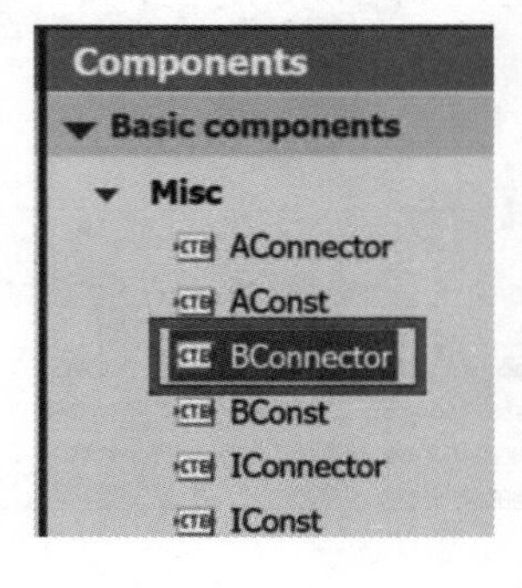

（续）

<table>
<tr><th>步骤</th><th>描　　述</th></tr>
<tr><td>12</td><td>

将互连好的 Chart 复制到 Template 中，创建模板为后续的其它轴所使用，之后再对信号进行通配修改，需要通配的部分使用｛$...｝符号

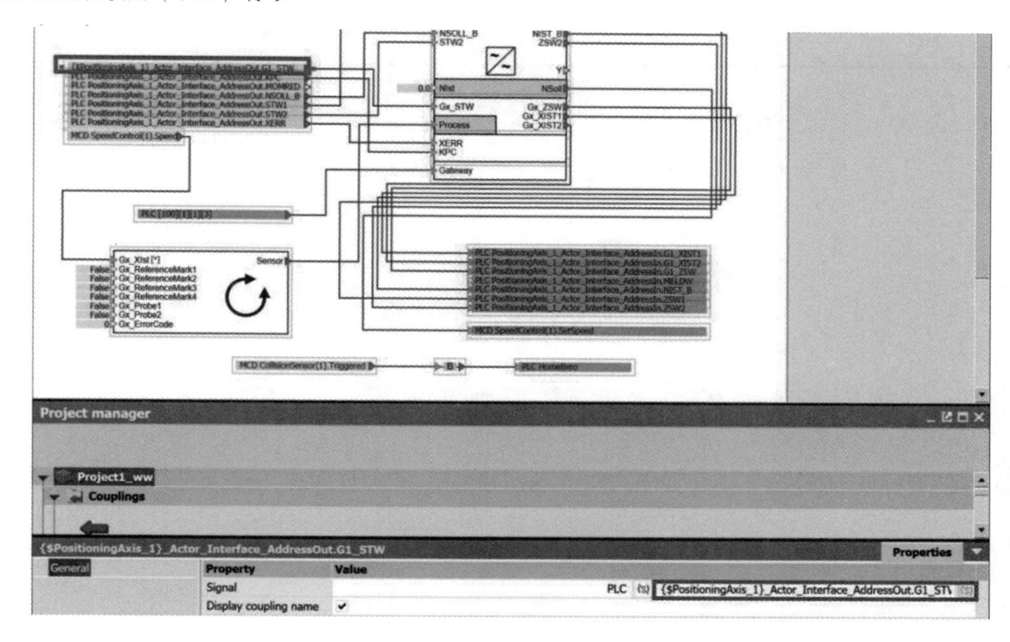

</td></tr>
<tr><td>13</td><td>

使用模板时，可以将创建的模板拖拽到 Chart 中，在弹出的界面中进行通配符的适配，输入的 Replacement 内容会替换模板中的相关通配部分，这样增加和修改仿真对象变得非常容易

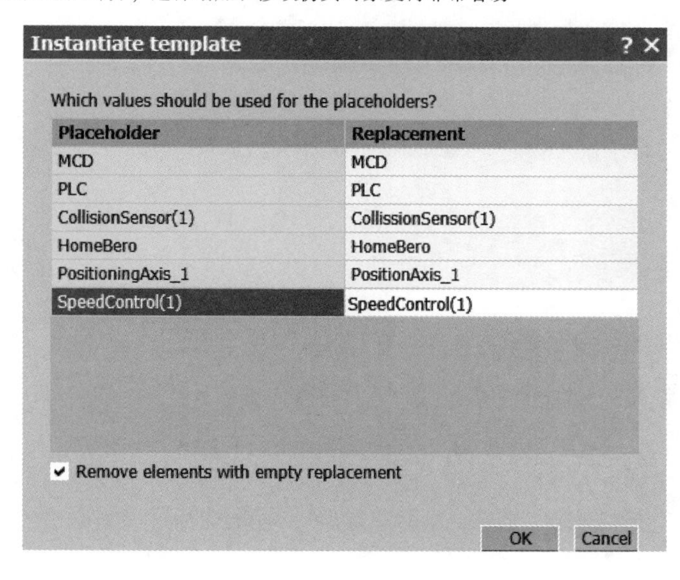

</td></tr>
</table>

（续）

步骤	描　述
14	1）将 TIA 博途项目下载到 PLCSIM Advanced，之后运行 PLC 2）在 SIMIT 中运行配置的项目，此时会自动打开并运行 MCD 功能块项目 3）通过 S7-1500T 项目中的控制面板运行轴，可以看到 MCD 功能块中的设备的运行状态 此示例下载链接如下：https://support.industry.siemens.com/cs/ww/en/view/109758943

第9章　常　用　库

为了提高 S7-1500T/TF 的可用性，提高工程师的编程效率并使项目规范化，西门子公司提供了一些常用库程序供用户使用。例如，轴控制功能库、非周期性通信功能库、色标检测及校正功能库和运动机构控制功能库等，使用这些标准功能库程序的优点如下：

1）缩短了工程师编程和调试的时间，降低了维护难度。

2）可使用各种编程语言调用标准功能库。

3）在编写标准功能库程序时，使用了高标准编程规范以及严格的功能测试和检查，确保程序的稳定和可靠。

4）在西门子公司技术支持的网站上，功能库程序会不断升级。

5）打开源程序可以添加适合自己需求的功能。

6）提供了应用示例和使用文档，简单易用。

7）免费提供给用户。

9.1　轴控制功能库“LAxisCtrl”

在实际工程应用中，工程师需要灵活地调用各种不同的命令，实现轴的各种运动控制功能，例如要实现一个简单的定位操作、控制轴的使能、进行轴的回零以及同步控制。在调用命令时，应考虑命令的控制时序以及相应的逻辑关系，如果在轴的数量多并且功能需求复杂的应用场合，就需要比较复杂的编程才能实现运动控制功能。对于这些运动控制功能的实现，不同的工程师采用的编程方式不相同，因此会导致程序的检查和维护变得非常困难。为了节省编程时间，实现轴控制的标准化编程，可以使用轴控制功能库（LAxisCtrl）。通过使用该功能库可以实现轴的全部控制功能，包括单轴的基本运动控制功能及多轴的同步运动控制，附加功能包括电动机抱闸开合及轴的状态反馈。“LAxisCtrl”功能库包含的主要功能如下：

- 轴的使能/去使能。
- 复位轴（故障确认/重启工艺对象）。
- 轴的点动控制（增量点动/连续点动）。
- 轴的速度控制（位置控制/速度控制）。
- 轴的停止、快速停止。
- 采用力/力矩限幅方式停止轴。
- 回零（主动方式/被动方式/设置当前位置实际值/绝对值编码器的校准/运行至固定停止点的回零）。
- 绝对定位/相对定位。
- 叠加相对定位。
- 相对齿轮同步/绝对齿轮同步。
- 凸轮同步（带坐标位置偏移及主值、从值的缩放，支持位置循环及非循环凸轮同步等模式）。

- 解除齿轮同步/凸轮同步。
- 相位调整（对于正在同步的轴进行位置调整）。
- 停止和去使能从轴，同步状态仍激活（仿真同步操作）。
- 在轴运行中修改目标速度、目标位置及齿轮比等参数。
- 提供轴的状态信息（状态、错误和报警）。
- 进行抱闸控制。

同时为了简化使用，还提供了一个简化版本“LAxisBasics”功能库，此简化版本仅提供轴的使能、回零、点动以及获取状态的功能。

9.1.1　库中的功能块

轴控功能库支持不同的轴类型，能够实现控制单个轴的基本功能，S7－1500/1500T CPU 固件 V2.9 及以上版本可以使用。

“LAxisCtrl_Axis”（FB 30616）轴控制功能块允许使用 S7－1500 或 S7－1500T PLC 操作所有类型的轴，包括 TO_SpeedAxis，TO_PositioningAxis，TO_SynchronousAxis，TO_ExternalEncoder 类型的轴。

如果不需要同步操作功能，输入参数“master”可以不连接。如果不需要凸轮功能，输入参数“cam”可以不连接。输入参数“configuration”是一个核心参数，使用库命令必须进行相关的配置，例如：动态响应、位置给定值、速度给定值以及回零方式等。这些配置是通过在全局数据块中添加数据类型为“LAxisCtrl_typeAxisConfig”的一个变量，并将此变量添加到轴功能块输入参数“configuration”来实现。“LAxisCtrl_typeAxisConfig”包含了多个数据类型，见表 9-1。

表 9-1　“LAxisCtrl_typeAxisConfig”参数说明

参数	数据类型	说　明
generalSettings	LAxisCtrl_typeGeneralSettings	通用设置的配置
power	LAxisCtrl_typePower	MC_Power 功能的参数配置
jog	LAxisCtrl_typeJog	Jog 功能的参数配置
moveVelocity	LAxisCtrl_typeMoveVelocity	MC_MoveVelocity 功能的参数配置
stop	LAxisCtrl_typeStop	MC_Halt 功能的参数配置
fastStop	LAxisCtrl_typeFastStop	MC_Halt 功能的参数配置（可选的动态参数）
torqueLimiting	LAxisCtrl_typeTorqueLimiting	MC_TorqueLimiting 功能的参数配置
homing	LAxisCtrl_typeHoming	回零功能的参数配置
posRelative	LAxisCtrl_typePosRelative	MC_MoveRelative 功能的参数配置
posAbsolute	LAxisCtrl_typePosAbsolute	MC_MoveAbsolute 功能的参数配置
posSuperimposed	LAxisCtrl_typePosSuperimposed	MC_PosSuperimposed 功能的参数配置
gearInRelative	LAxisCtrl_typeGearInRelative	MC_GearIn 功能的参数配置
gearInAbsolute	LAxisCtrl_typeGearInAbsolute	MC_GearIn_Pos 功能的参数配置
camIn	LAxisCtrl_typeCamIn	MC_CamIn 功能的参数配置
gearOutCamOut	LAxisCtrl_typeGearOutCamOut	MC_GearOut / MC_CamOut 参数配置
phasing	LAxisCtrl_typePhasing	MC_Phasing 功能的参数配置
offset	LAxisCtrl_typeOffset	MC_Offset 功能的参数配置

以上这些数据类型是结构体，其中包含相关功能的参数设置，比如对轴进行点动控制，需要在“LAxisCtrl_typeJog”结构体中进行相关参数的设置，见表9-2。设置完成后，将“LAxisCtrl_Axis”功能块输入参数“enable” = TRUE，“enableAxis” = TRUE，“jogForward” = TRUE后实现轴的正向点动控制。

表9-2　“LAxisCtrl_typeJog”中的参数设置

参数	数据类型	说　明
velocity	LReal	点动的速度
acceleration	LReal	点动的加速度
deceleration	LReal	点动的减速度
jerk	LReal	点动的加加速度
positionControlled	Bool	TRUE：位置控制模式；FALSE：速度控制模式（默认值：TRUE）
increment	LReal	增量/增量点动的距离（默认值：0.0）
mode	DInt	0：连续点动；1：开始新的增量点动；2：如果上一个增量点动没有完成，继续上一个增量点动

“LAxisCtrl_AxisStatusWord”（FB 30613）轴状态功能块将一个轴的状态字拆分成位。输入参数“axis”为轴工艺对象名称。“LAxisCtrl_AxisWarningWord”（FB 30614）轴警告状态功能块将一个轴的警告字拆分成位。“LAxisCtrl_AxisErrorWord”（FB 30615）轴故障状态功能块将一个轴的故障字拆分成位。

9.1.2　库文件的使用示例

可以将库文件导入到用户项目的全局库中，之后在程序中调用轴控制功能库，使用步骤见表9-3。

表9-3　轴控制功能库的使用步骤

序号	描　述
1	解压缩库文件压缩包LAxisCtrl_DBAnyBased_V1_x_x.zip
2	在TIA博途软件中选择“选项→全局库→打开库…”，导入库文件： 

（续）

<table>
<tr><th>序号</th><th>描　　述</th></tr>
<tr><td>2</td><td>

浏览下载的库程序文件所在的路径

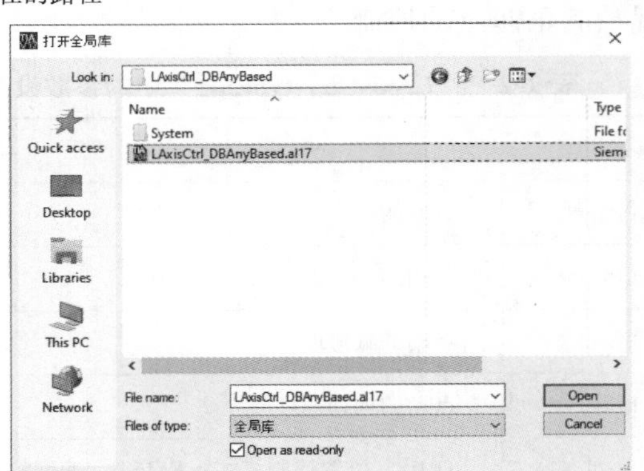

打开库文件后，可以在全局库中调用“LAxisCtrl_DBAnyBased”库中的功能块

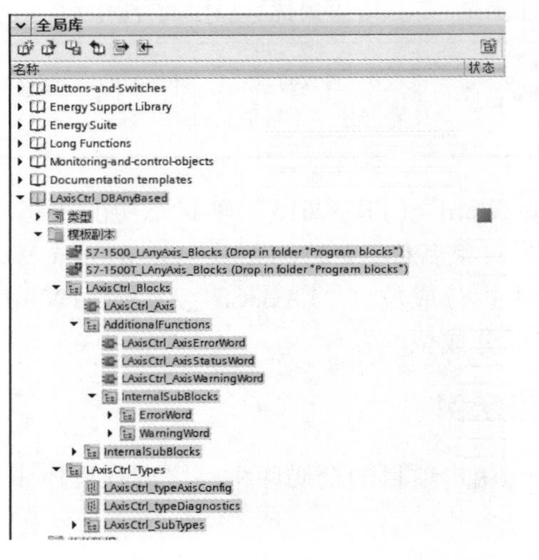

</td></tr>
<tr><td>3</td><td>

将库文件中的需要使用的程序块和全部的数据类型拖拽到左侧项目树的“程序块”和“PLC 数据类型”中

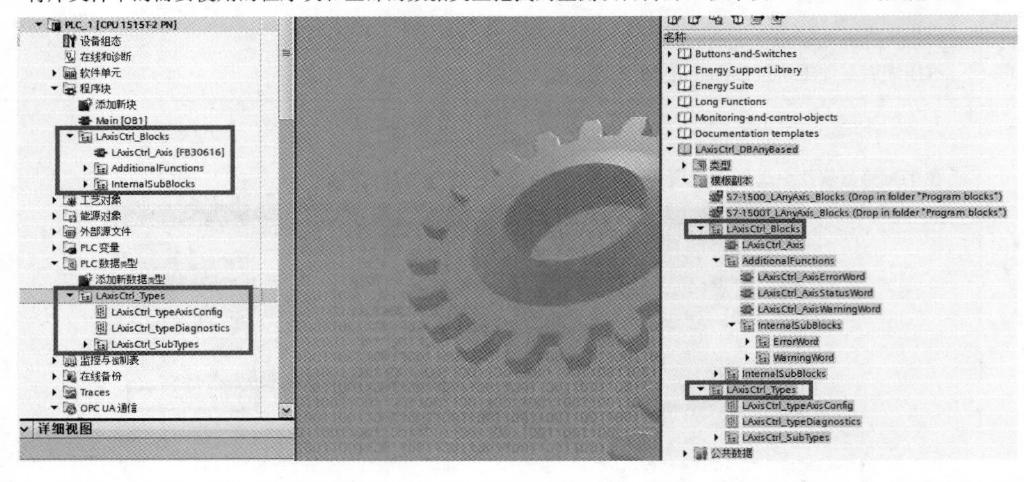

</td></tr>
</table>

（续）

序号	描　　述
4	创建一个全局数据块，注意：需要建立一个类型为“LAxisCtrl_typeAxisConfig”的变量 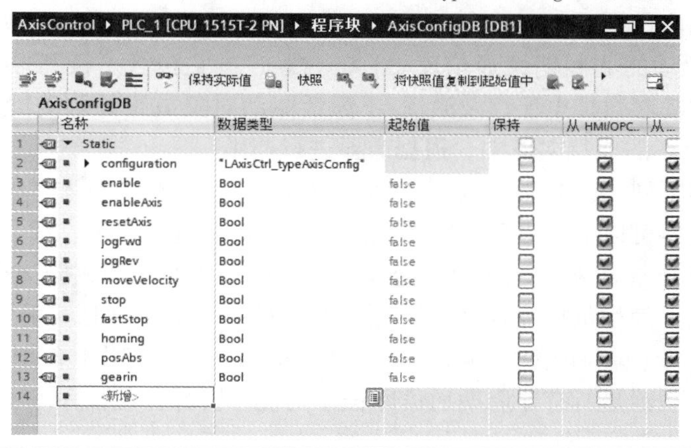
5	调用轴控制功能块，并对其参数进行赋值，可以通过“configuration”输入参数指定位置和速度等信息。通过上升沿激活定位请求参数“posAbsolute”，即可启动轴的定位运动（对于绝对定位，首先需要对轴进行回零操作）。轴控制功能块基于系统中的PLCopen命令，功能块的接口及行为与PLCopen命令兼容 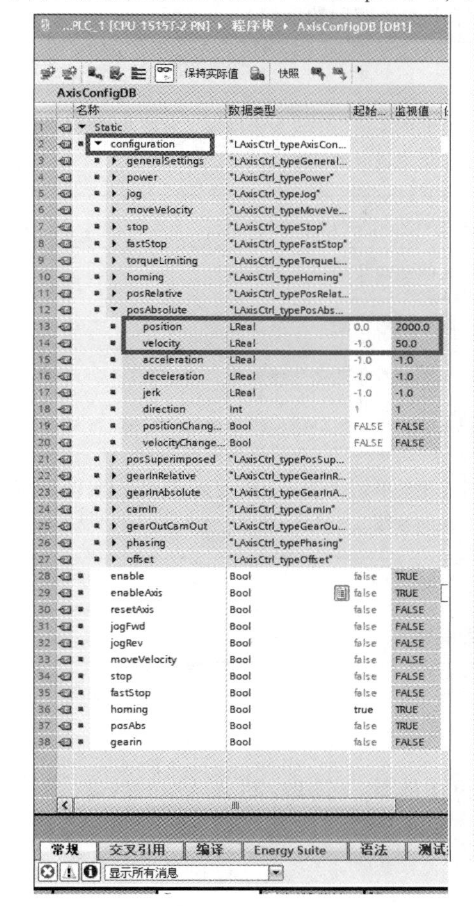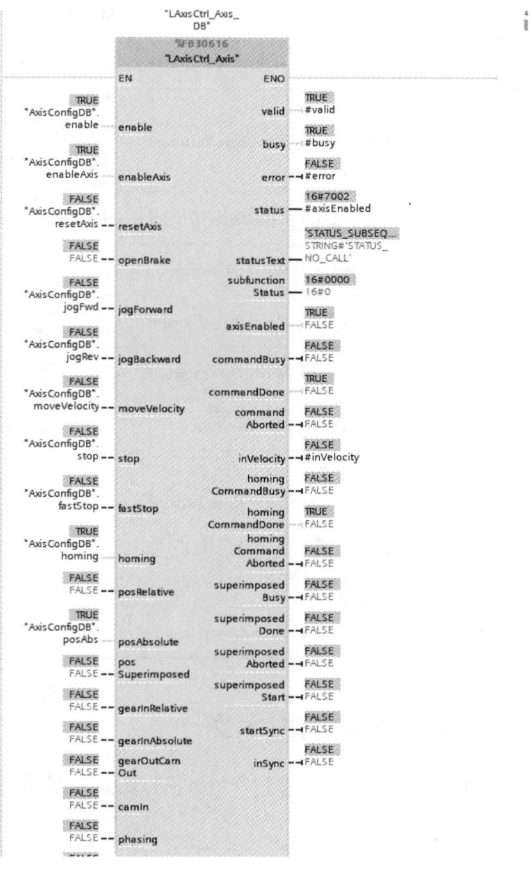

9.2 与驱动的非周期性通信功能库“LAcycCom”

在许多实际应用中，S7-1500T/TF PLC 需要读取或修改驱动的参数，为了方便编程，可以使用 PLC 与驱动的非周期性通信库“LAcycCom”，它包含了读写驱动参数、驱动与 PLC 的时钟同步、驱动参数掉电保存及激活/不激活驱动对象或组件等功能块，用户可以将这些功能块集成到 PLC 的项目文件中，根据需要进行调用。

与循环通信不同的是非循环数据交换只有当进行读写请求时才进行数据传输，来读写驱动对象参数。这样可以节省资源，因为数据仅根据需要进行请求。即当需要传送参数时，才使用“读取数据记录”和“写入数据记录”服务，用于非循环数据交换。

为了减轻用户编程负担并且避免出现 PLC 有限的非周期通信资源的不足，“LAcycCom”库提供一个资源管理器程序“LAcycCom_ResourceManager”用于管理用户的非周期通信服务，这个资源管理器是所有非周期通信库程序的统一资源管理程序。

9.2.1 库中的功能块

在“LAcycCom”库中，主要控制功能块见表 9-4。

表 9-4 “LAcycCom”库中主要控制功能块

功能块	符　　号	实现的功能
FB 30501	LAcycCom_ResourceManager	作为非周期通信的资源管理器，它将非循环数据交换资源分配给请求资源的程序块
FB 30510	LAcycCom_ReadDriveSingleParam	读取驱动对象的一个参数值
FB 30511	LAcycCom_WriteDriveSingleParam	写入驱动对象的一个参数值
FB 30512	LAcycCom_ReadDriveParams	读取驱动对象的多个参数值
FB 30513	LAcycCom_WriteDriveParams	写入驱动对象的多个参数值
FB 30514	LAcycCom_RTCSinamics	同步 PLC 与 SINAMICS 驱动单元的时钟
FB 30515	LAcycCom_DriveRamToRom	控制驱动单元的“Copy RAM to ROM”操作，以掉电后保持驱动的参数
FB 30516	LAcycCom_DriveActDeact	控制激活/不激活驱动对象
FB 30517	LAcycCom_DriveComponentsActDeact	控制激活/不激活驱动组件

9.2.2 库文件的使用示例

示例中 S7-1500T 通过“LAcycCom”库中的功能块，读取/写入 V90 PN 驱动参数，使用步骤见表 9-5。

表 9-5　“LAcycCom”库的使用步骤

步骤	描　　述
1	解压缩下载的库文件后，安装库文件
2	将导入库文件中的“LAcycCom_Blocks”及“PROFIdrive”文件夹拖拽到左侧“程序块”项目树下 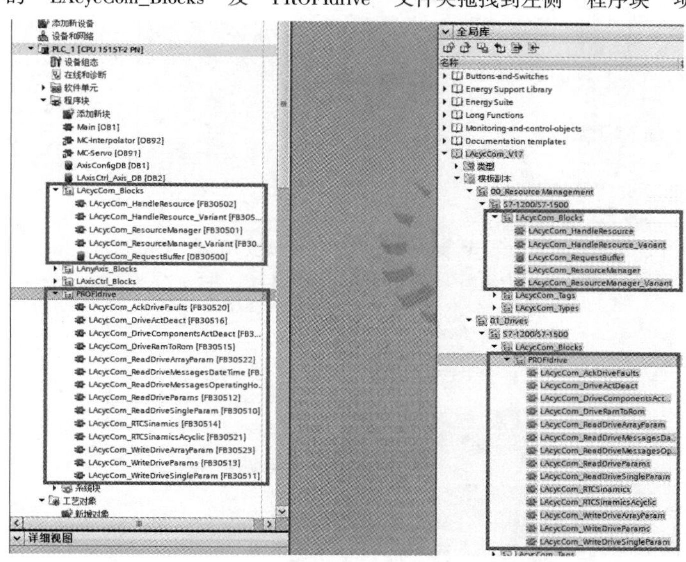 将导入的库文件中的“LAcycCom_Tags”及“LAcycCom_Drives”拖拽到左侧“PLC 变量”项目树下 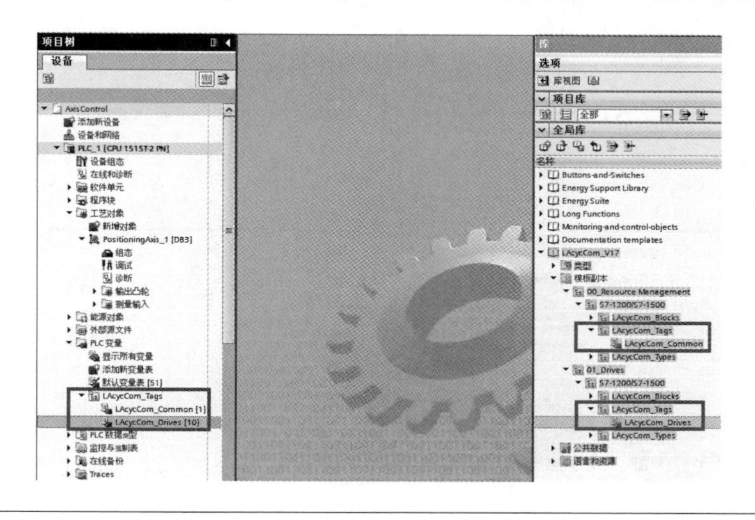

（续）

步骤	描　　述
2	将导入库文件中的两个“LAcycCom_Types”文件夹中的内容拖拽到左侧“PLC 数据类型”项目树下 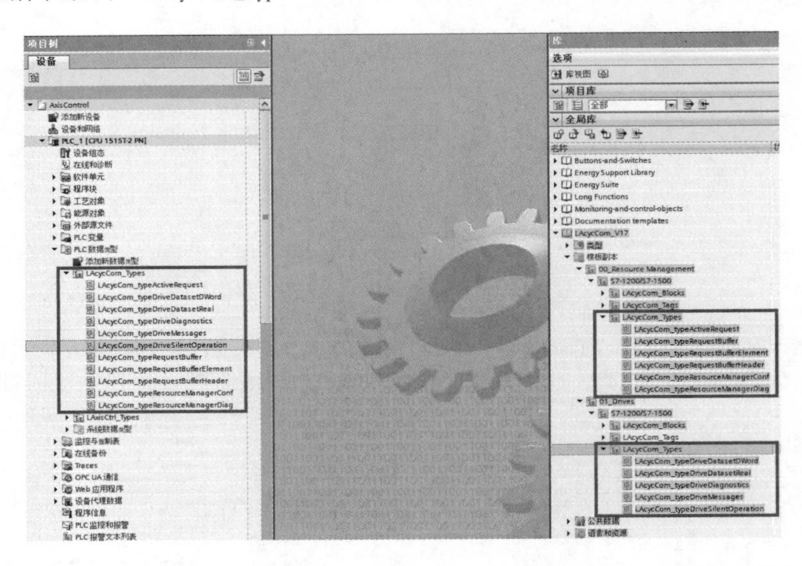
3	在循环 OB 中，编写读取驱动单个参数的程序，首先需要调用“LAcycCom_ResourceManager”作为整体资源控制器使用，在其它读写程序中填写统一的：“requestBuffer”参数“LAcycComRequestBuffer” 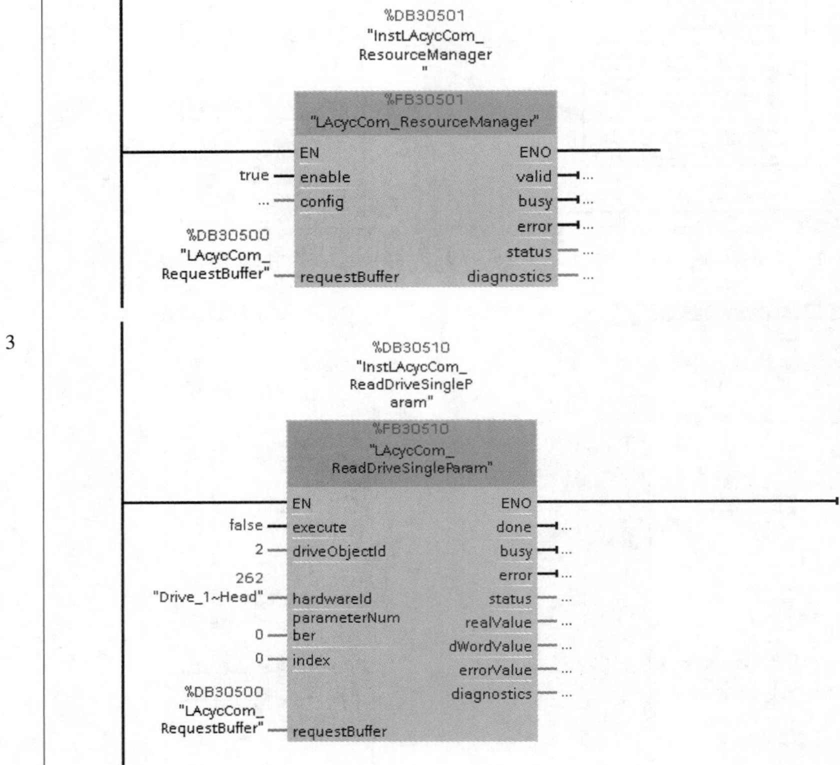

（续）

步骤	描 述
3	通过监控与强制表，完成读取 V90 PN 温度参数 r0632

7				
8	"InstLAcycCom_ReadDriveSingleParam".execute	Bool	TRUE	TRUE
9	"InstLAcycCom_ReadDriveSingleParam".driveObjectId	DEC	2	2
10	"InstLAcycCom_ReadDriveSingleParam".hardwareId	DEC	262	
11	"InstLAcycCom_ReadDriveSingleParam".parameterNumber	DEC	632	
12	"InstLAcycCom_ReadDriveSingleParam".index	DEC	0	
13	"InstLAcycCom_ReadDriveSingleParam".done	Bool	TRUE	
14	"InstLAcycCom_ReadDriveSingleParam".busy	Bool	FALSE	
15	"InstLAcycCom_ReadDriveSingleParam".error	Bool	FALSE	
16	"InstLAcycCom_ReadDriveSingleParam".status	Hex	16#0000	
17	"InstLAcycCom_ReadDriveSingleParam".realValue	Floating-point number	40.00019	
18	"InstLAcycCom_ReadDriveSingleParam".dWordValue	Bin	2#0100_0010_0...	
19	"InstLAcycCom_ReadDriveSingleParam".errorValue	Hex	16#FF	
20	"InstLAcycCom_ReadDriveSingleParam".diagnostics.subfunctionStatus	Hex	16#0000	
21	"InstLAcycCom_ReadDriveSingleParam".diagnostics.stateNumber	DEC+/-	0	
22	"InstLAcycCom_ReadDriveSingleParam".diagnostics.driveObjectId	DEC	2	
23	"InstLAcycCom_ReadDriveSingleParam".diagnostics.hardwareId	Hex	16#0106	
24	"InstLAcycCom_ReadDriveSingleParam".diagnostics.parameterCount	DEC+/-	1	
25	"InstLAcycCom_ReadDriveSingleParam".diagnostics.firstParameterError	DEC+/-	-1	
26	<Add r			

4

在循环 OB 中，编写修改驱动单个参数的程序

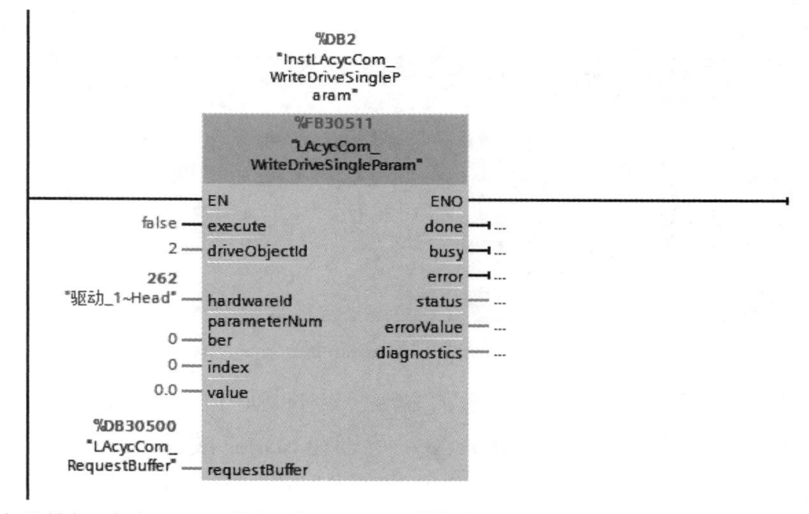

通过监控与强制表，完成 V90 PN 单个参数（p2000）的修改

	i	Name	Address	Display format	Monitor value	Modify value
1		"LAcycCom_WriteDriveSingleParam_DB".execute		Bool	TRUE	TRUE
2		"LAcycCom_WriteDriveSingleParam_DB".driveObjectId		DEC	2	
3		"LAcycCom_WriteDriveSingleParam_DB".hardwareId		DEC	262	
4		"LAcycCom_WriteDriveSingleParam_DB".parameterNumber		DEC	2000	2000
5		"LAcycCom_WriteDriveSingleParam_DB".index		DEC	0	
6		"LAcycCom_WriteDriveSingleParam_DB".value		Floating-point n...	3001.0	3001.0
7		"LAcycCom_WriteDriveSingleParam_DB".done		Bool	TRUE	
8		"LAcycCom_WriteDriveSingleParam_DB".busy		Bool	FALSE	
9		"LAcycCom_WriteDriveSingleParam_DB".error		Bool	FALSE	
10		"LAcycCom_WriteDriveSingleParam_DB".status		Hex	16#0000	
11		"LAcycCom_WriteDriveSingleParam_DB".errorValue		Hex	16#FF	
12		"LAcycCom_WriteDriveSingleParam_DB".diagnostics.status		Hex	16#0000	
13		"LAcycCom_WriteDriveSingleParam_DB".diagnostics.subfunctio...		Hex	16#0000	
14		"LAcycCom_WriteDriveSingleParam_DB".diagnostics.stateNumber		DEC+/-	0	
15		"LAcycCom_WriteDriveSingleParam_DB".diagnostics.driveObject...		DEC	2	
16		"LAcycCom_WriteDriveSingleParam_DB".diagnostics.hardwareId		DEC	262	
17		"LAcycCom_WriteDriveSingleParam_DB".diagnostics.parameter...		DEC+/-	1	
18		"LAcycCom_WriteDriveSingleParam_DB".diagnostics.firstParame...		DEC+/-	-1	
19			<Add nev			

注意事项：

1）确定“hardwareId”输入参数的方法。数据类型为“HW_SUBMODULE”的硬件标识符“hardwareId”可以在驱动的组态界面中查询。当在项目中添加 SINAMICS 驱动时，这些硬件标识符由 TIA 博途软件自动创建。在图 9-1 中可以查到硬件标识符，在功能块的“hardwareId”输入参数中使用这个硬件系统常数。

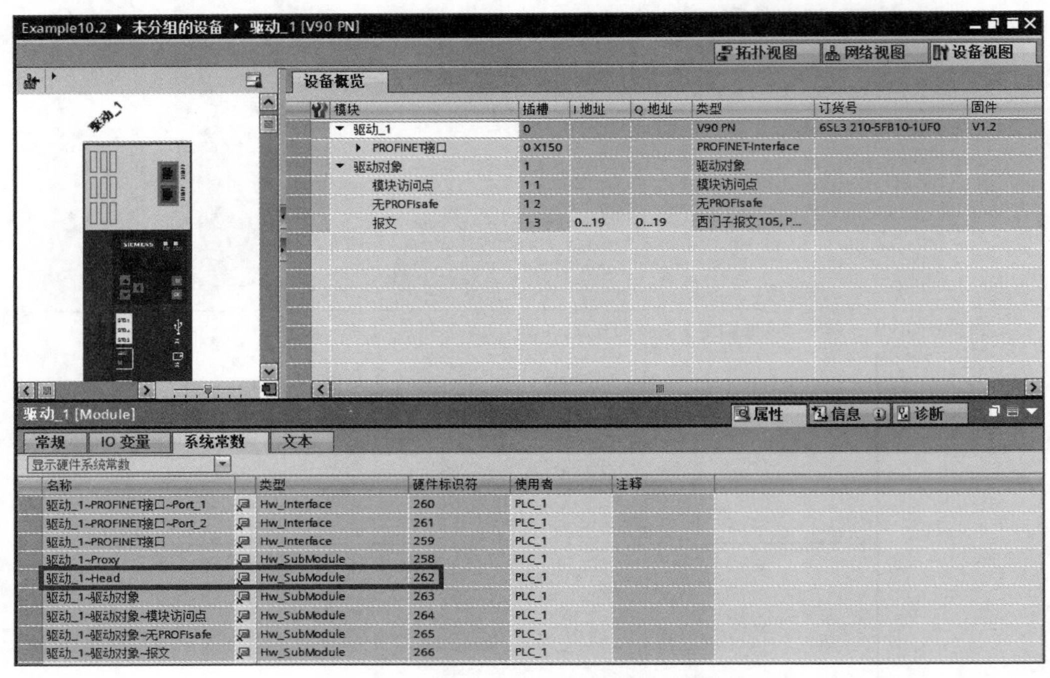

图 9-1　确定“hardwareId”输入参数

2）确定“driveObjectId”输入参数的方法。对于 V90 PN，“driveObjectId”固定填写 2。对于 SINAMICS S120 设备，“driveObjectId”可以在 Starter 或者 Starterdrive 项目中查看，如图 9-2、图 9-3 所示。对于 SINAMICS S210 设备，“drive ObjectId”固定填写 1。

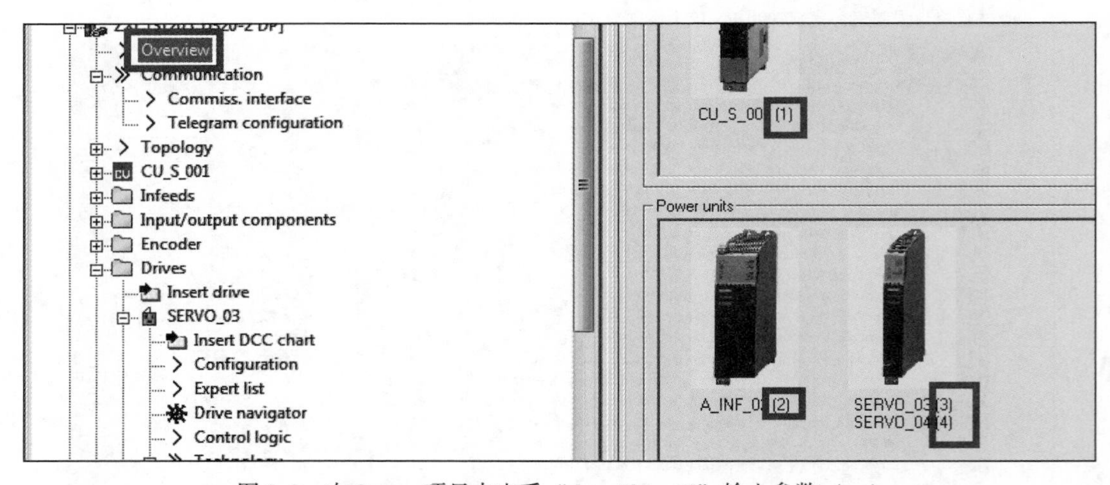

图 9-2　在 Starter 项目中查看“driveObjectId”输入参数（一）

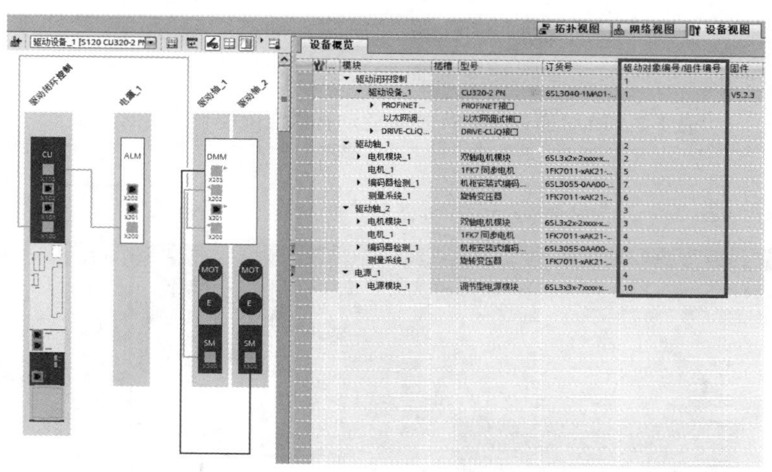

图 9-3 在 Starterdrive 项目中查看“driveObjectId”输入参数（二）

9.3 驱动控制功能库“Drive_Lib”

在许多实际应用中，除了同步控制的要求外，还有单轴的定位或速度控制的需求，为了降低 S7-1500T/TF 的工作负荷，可以将一些单轴定位的控制和运算放在驱动器中。使用驱动内置的基本定位控制器（EPOS），S7-1500T/TF PLC 与驱动间使用西门子标准 111 报文，结合“Drive_Lib”库中的位置控制功能块（FB284）或驱动工艺对象（“BasicPosControl”）实现驱动器的单轴位置控制。除此之外，驱动控制库还提供了速度控制（FB285）、整流单元控制（FB288）等功能块。

9.3.1 库中的功能块

在“Drive_Lib”库中，主要控制功能块的功能见表 9-6。

表 9-6 “Drive_Lib”库中主要控制功能块的功能

功能块	符　　号	实现的功能
FB284	SINA_POS	控制驱动实现的内置基本定位控制
FB285	SINA_SPEED	控制驱动实现速度控制
FB286	SINA_PARA	读写驱动的多个参数
FB 287	SINA_PARA_S	读写驱动的单个参数
FB288	SINA_INFEED	控制整流单元运行

9.3.2 库文件的使用示例（FB284）

下面以 S7-1500T/TF 通过 PROFINET 通信连接 V90 PN 为例，通过使用 FB284 功能块实现 V90 PN 的基本定位控制，步骤见表 9-7。

V90 PN 的基本定位（EPOS）是一个非常重要的功能，用于驱动的位置控制。它可用于直线轴或旋转轴的绝对及相对定位，需要在 V-Assistant 软件中将控制模式设置为基本定位（EPOS）模式，并选择西门子标准 111 报文。闭环位置控制器包含下述部分：

- 实际位置值准备（包括位置编码器的数值处理和编码器回零）。

- 位置控制器（包括位置轮廓插补、速度预控、动态限幅等）。
- 监控（静止、定位及动态跟随误差监控）。

表 9-7 PLC 通过 FB284 实现驱动基本定位控制的使用步骤

步骤	描 述
1	在完成 S7-1500T 与 V90 PN 的网络组态后，在设备视图中配置 111 通信报文
2	在 OB1 中，将如下路径中的“SINA_POS（FB284）”功能块拖拽到编程网络中 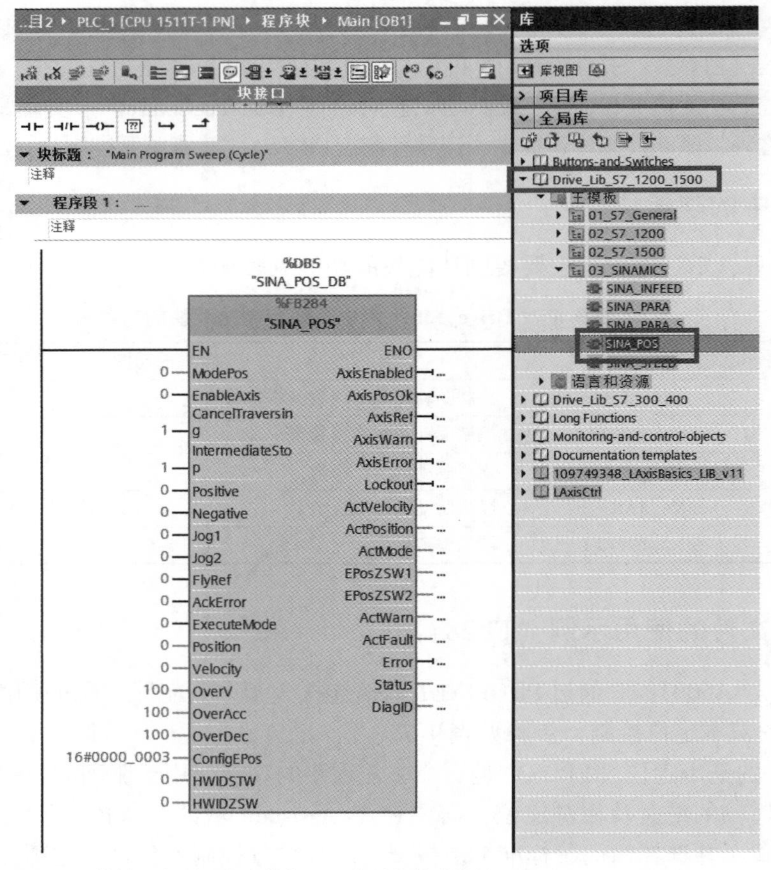 如果安装了 Startdrive 软件，也可以在选件包下面找到相关功能块。

（续）

<table>
<tr><th>步骤</th><th>描 述</th></tr>
<tr><td>3</td><td>注意：功能块输入参数“HWIDSTW”及“HWIDSZW”的数值查询如图所示
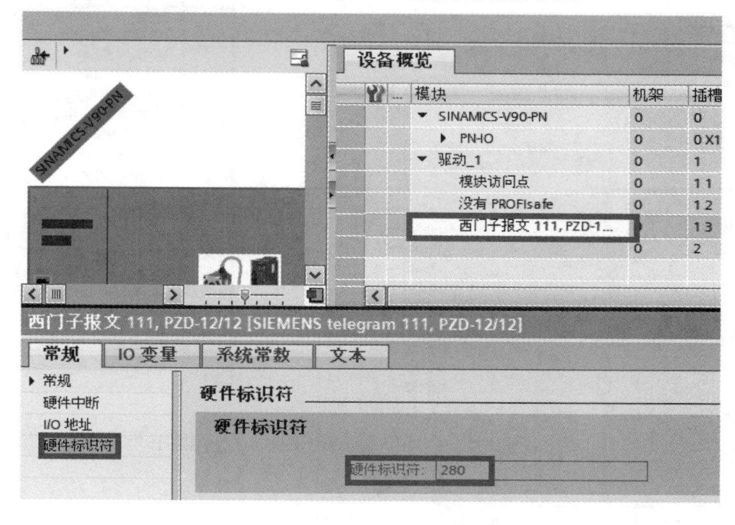
</td></tr>
</table>

基本位置控制器还可以实现下述功能：

- 齿轮间隙补偿。
- 模态轴。
- 位置跟踪/限制。
- 速度/加速度/加加速度限制。
- 软件限位开关。
- 硬件限位开关。
- 运行到固定停止点（夹紧）。

主要运行模式有点动、回零、MDI 和运行程序段。

9.3.3 库文件的使用示例（FB288）

对于 SINAMICS S120 系统中具有 DRIVE－CLiQ 接口的电源模块，如 ALM（Active Line Module）、BLM（Basic Line Module）、SLM（Smart Line Module），可以通过 PLC 的程序块“SINA_INFEED”（FB288）控制其启动和停止。该功能块只使用电源模块报文的控制字 STW1，并评估电源单元的状态字 ZSW1（标准报文 370）。

功能块的调用如图 9-4 所示，通过“EnablePrecharging”和“EnableInfeed”置 1 实现启动电源模块的功能。应注意“HWIDSTW”和“HWIDZSW”需要填写报文的硬件标识符。

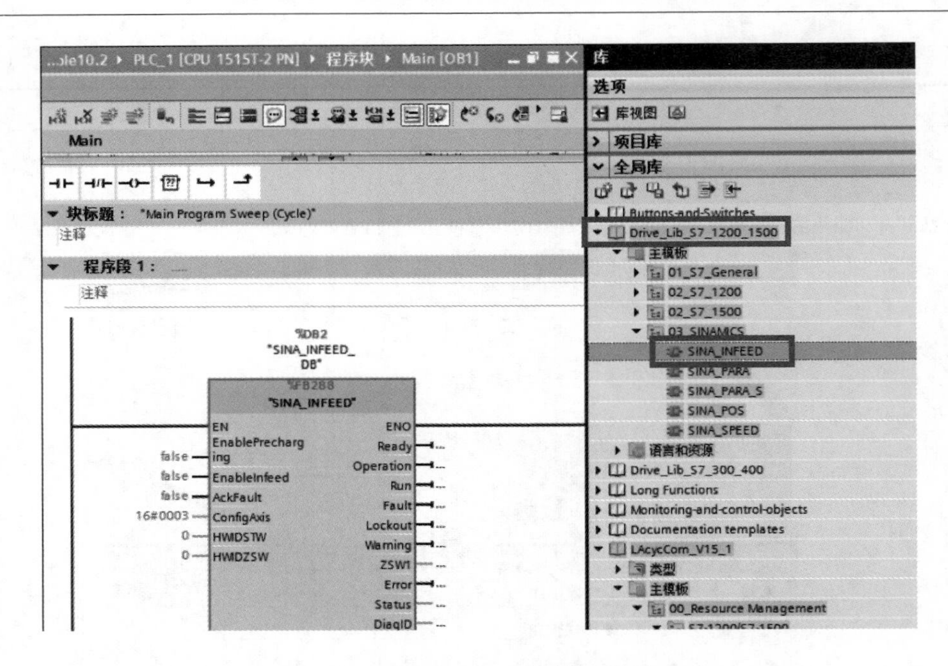

图 9-4　“SINA_INFEED” 程序调用

9.4　驱动基本定位工艺对象（BasicPosControl）

对于 EPOS 基本定位控制，还可以采用 TIA 博途软件中的工艺对象形式，其最大的亮点在于驱动的 EPOS 可以采用工艺对象的方式进行组态，可以选择物理工程单位。相较于之前使用 FB284 功能块进行 EPOS 控制，这种控制形式大大简化了工程师的单位转化工作，更加便于理解。

采用驱动基本定位工艺对象的方式具有如下优点：

- PLC 和驱动器之间的通信连接、设置和诊断非常简单。
- PLC 中组态的驱动工艺对象采用了机械参数设置方式，可使用物理单位。
- 在选择线性轴和旋转轴时，轴的位置和速度有多种单位可供选择。

TIA 博途软件中使用驱动基本定位工艺的方法见表 9-8。

表 9-8　TIA 博途软件中使用驱动基本定位工艺的方法

序号	描　　述
1	新建 TIA 博途软件项目，添加 S7－1500PLC，组态与驱动的网络连接 拓扑视图　网络视图　设备视图 网络　连接　HMI 连接 IO 系统：PLC_1.PROFINET IO-System (100) PLC_1 CPU 1515T-2 PN 驱动设备_1 S120 CU320-2 PN PLC_1 SINAMICS-V90-... SINAMICS V90 P... PLC_1 PLC_1.PROFINET IO-Syst

（续）

<table>
<tr><th>序号</th><th>描 述</th></tr>
<tr><td>2</td><td>配置驱动的通信报文为111
示例1. V90 PN的设置
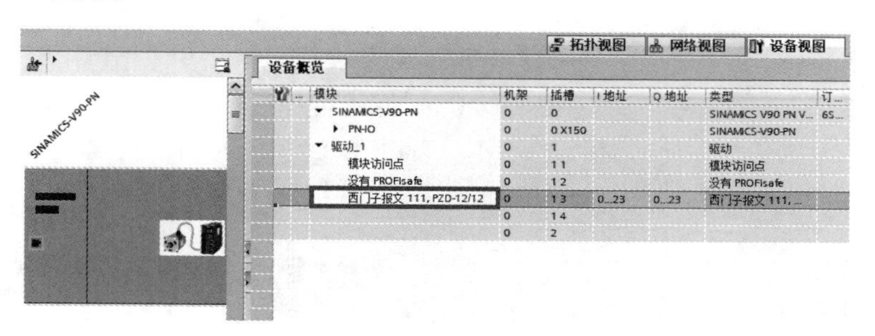

示例2. SINAMICS S120的设置

</td></tr>
<tr><td>3</td><td>双击”工艺对象”中的“新增对象”，在弹出的画面中选择“SINAMICS Technology”
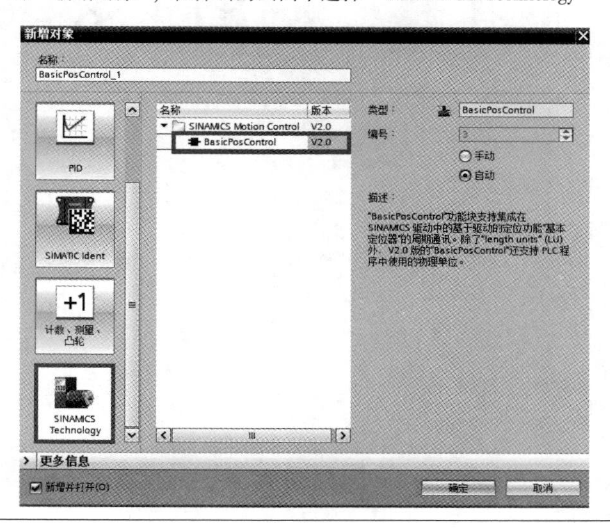
</td></tr>
</table>

（续）

序号	描　述
4	在“基本参数”界面中，可以选择轴的类型为线性或回转，进行单位的选择。以线性轴配置为例 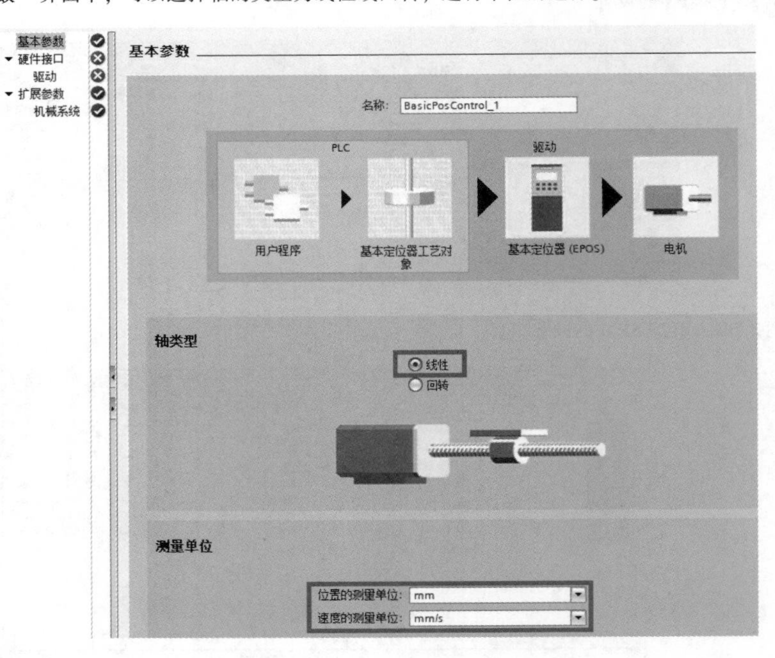
5	为工艺对象配置驱动，本示例选择 SINAMICS S120 中的“驱动轴_1”： 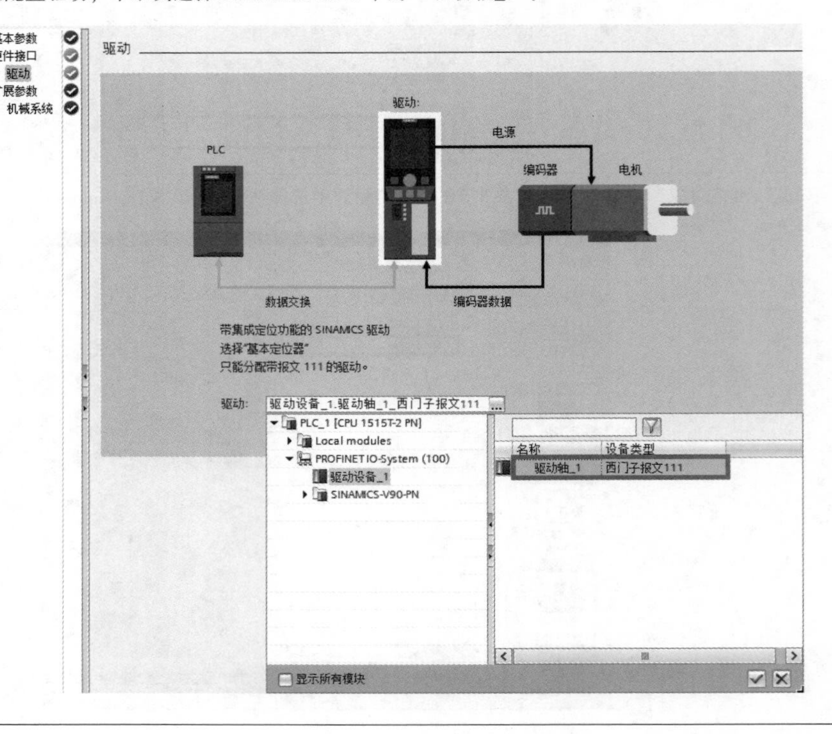

（续）

<table>
<tr><th>序号</th><th>描　　述</th></tr>
<tr><td>6</td><td>在 OB1 中，调用“工艺”文件夹中的“BasicPosControl”功能块来实现驱动的基本定位功能控制
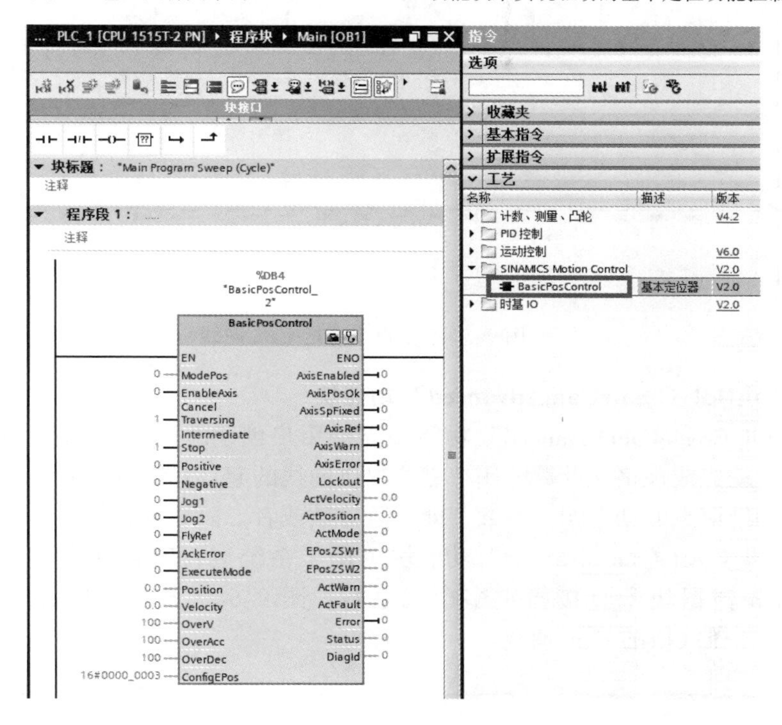
注意：
1）使用工艺对象的方式，不需要填写驱动器的“Hardware Id “
2）功能块中的“Position “及“Velocity “都是采用工艺对象配置时设置的物理单位，如 mm、mm/s
3）可以通过驱动工艺对象中的“诊断”画面查看定位控制的状态</td></tr>
</table>

9.5 动态生成 Cam 曲线的功能库

9.5.1 通过编程动态生成 Cam 曲线

在机器的运行中，通过编程实现凸轮曲线的创建和修改需求，以适应生产的需要。为了方便用户，西门子公司提供了生成凸轮曲线的库文件“LCamHdl”，它提供了“LCamHdl_CreateCamBasic”和“LCamHdl_CreateCamAdvanced”两种功能块，分别用于生成基本的凸轮曲线及符合 VDI 2143 的高品质和无抖动的凸轮曲线。在用户程序中，可以使用任何编程语言来调用这两个功能块。

1. “LCamHdl_CreateCamBasic”功能块

在程序运行时，定义 Cam 曲线中的点及动态响应，运动过渡均通过直线及 5 次多项式进行连接。使用“LCamHdl_CreateCamBasic”功能块创建 Cam 曲线，这样很容易处理生产机器最常用的凸轮轮廓，如图 9-5 所示，Cam 曲线是由 5 个点通过“LCamHdl_CreateCam-

Basic”生成的。

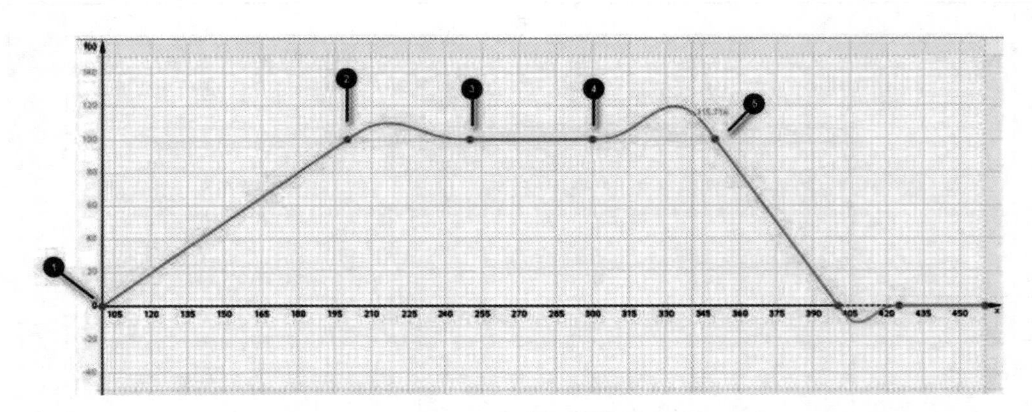

图 9-5　5 个点生成的 Cam 曲线

2. “LCamHdl_CreateCamAdvanced”功能块

“LCamHdl_CreateCamAdvanced”功能块支持用户创建符合 VDI 2143 规范的凸轮曲线，通过功能块自动完成规格化计算。用户需要提供曲线的起点和终点坐标以及根据具体的需求提供起始点和结束点的动态响应参数，即一阶导数或者二阶导数数值。

“LCamHdl_CreateCamAdvanced”功能块可用于系统运行时自动完成所有的参数计算，不需要在 Cam 数据块中直接指定多项式系数。图 9-6 是通过“LCamHdl_CreateCamAdvanced”创建 4 条线段的 Cam 曲线。

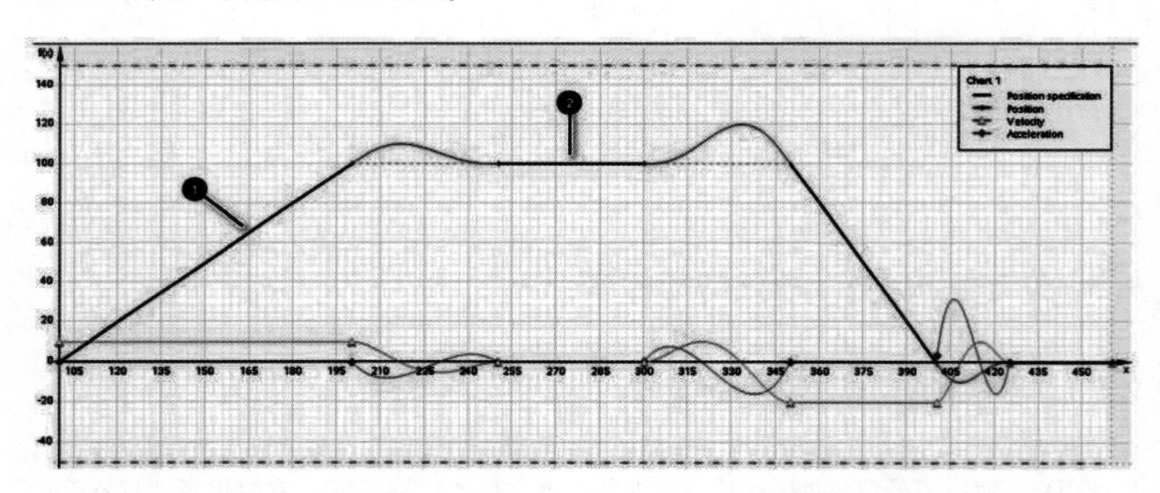

图 9-6　通过 LCamHdl_CreateCamAdvanced 创建 4 条线段的 Cam 曲线

在实际工程项目中，可能会需要通过程序生成多个 Cam 曲线，根据需要进行 Cam 曲线的切换，且在 HMI 上显示需要的 Cam 曲线，这些需求均可通过功能库和示例项目实现。

3. “LCamHdl_CreateCamBasedOnXYPoints”功能块

凸轮曲线可以基于提供的 X 和 Y 坐标点在运行时动态生成。可以选择直线、C 样条和 B 样条三种插补形式。除了以上三种主要功能块以外，“LCamHdl”附加程序库还提供计算凸轮曲线的最大、最小值等功能。

9.5.2 库文件的使用示例

下面是使用库中的“LCamHdl_CreateCamBasic”功能块生成的 Cam 曲线，步骤见表9-9。

表9-9 使用“LCamHdl_CreateCamBasic”功能块生成 Cam 曲线

<table>
<tr><th>步骤</th><th>描　述</th></tr>
<tr><td>1</td><td>解压缩“LCamHdl”库文件后，选择“LCamHdl. al15”进行安装
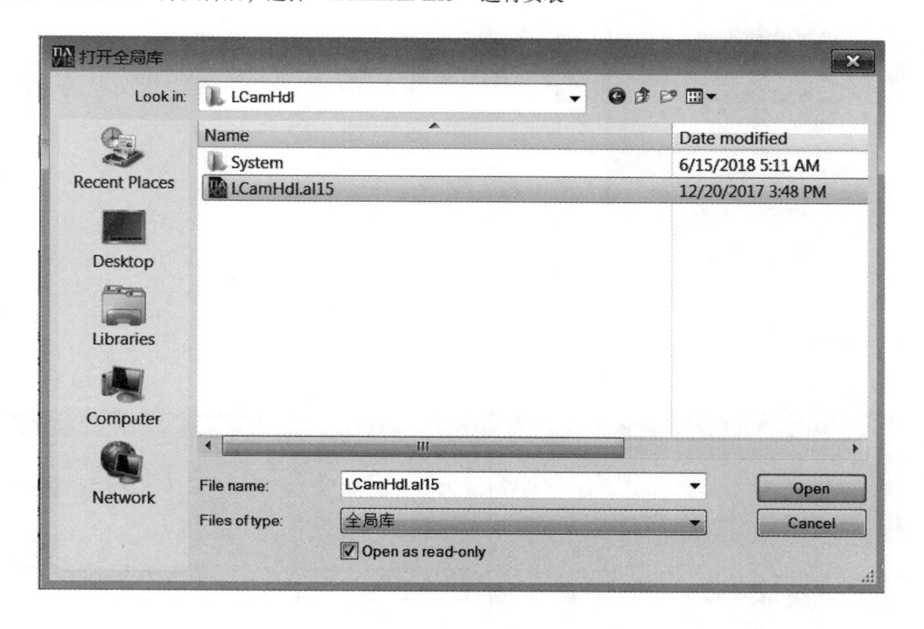
</td></tr>
<tr><td>2</td><td>分别将“LCamHdl”库中的“LCamHdl_Block”“LCamHdl_Tags”和“LCamHdl_Types”拖拽到“程序块”“PLC 变量”及“PLC 数据类型”目录下
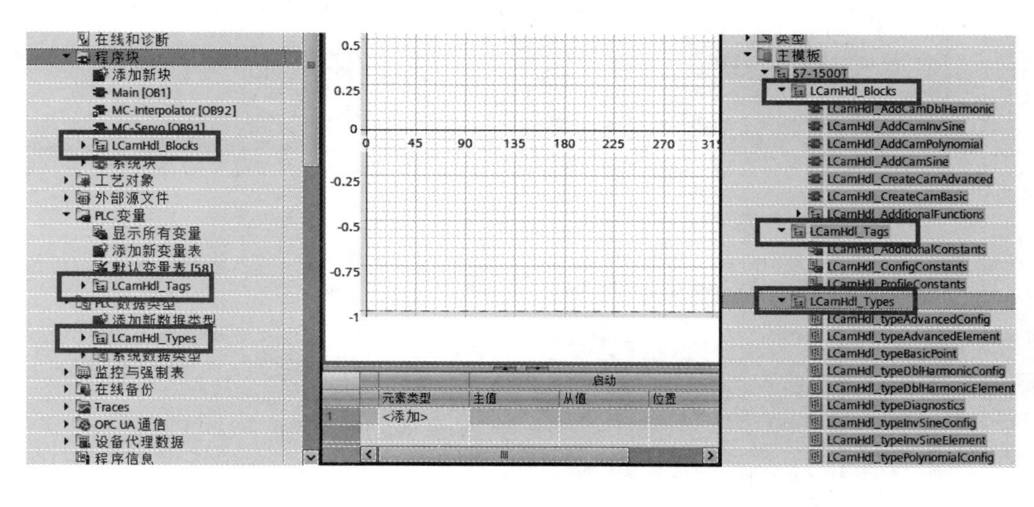
</td></tr>
</table>

（续）

<table>
<tr><th>步骤</th><th>描　述</th></tr>
<tr><td>3</td><td>

双击“新增对象”，创建一个 Cam 工艺对象，用于生成 Cam 曲线

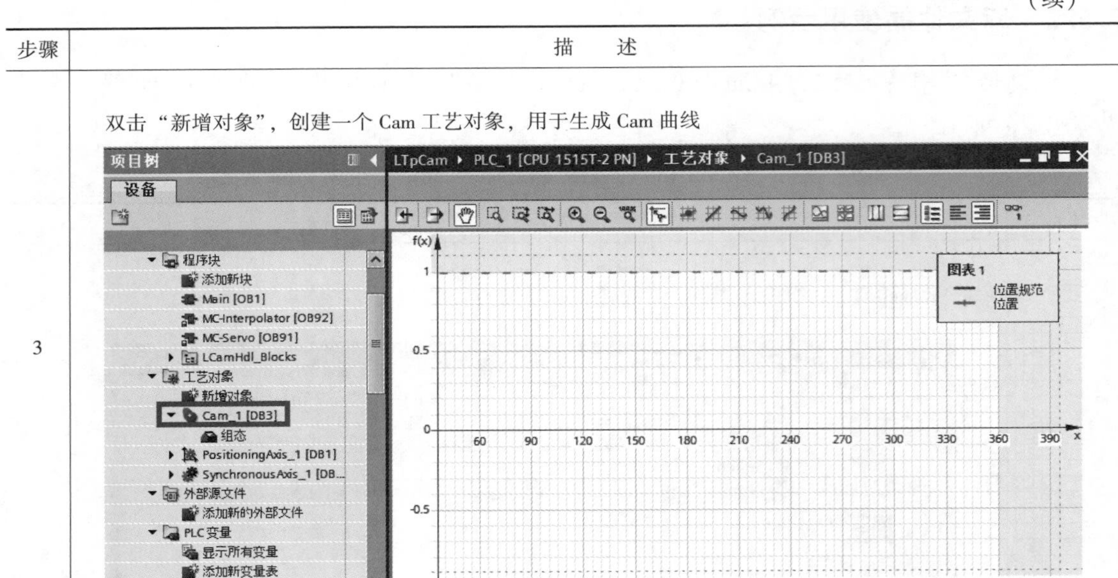

</td></tr>
<tr><td>4</td><td>

双击“添加新块”，创建一个全局 DB 块，用于 Cam 轮廓变量的定义

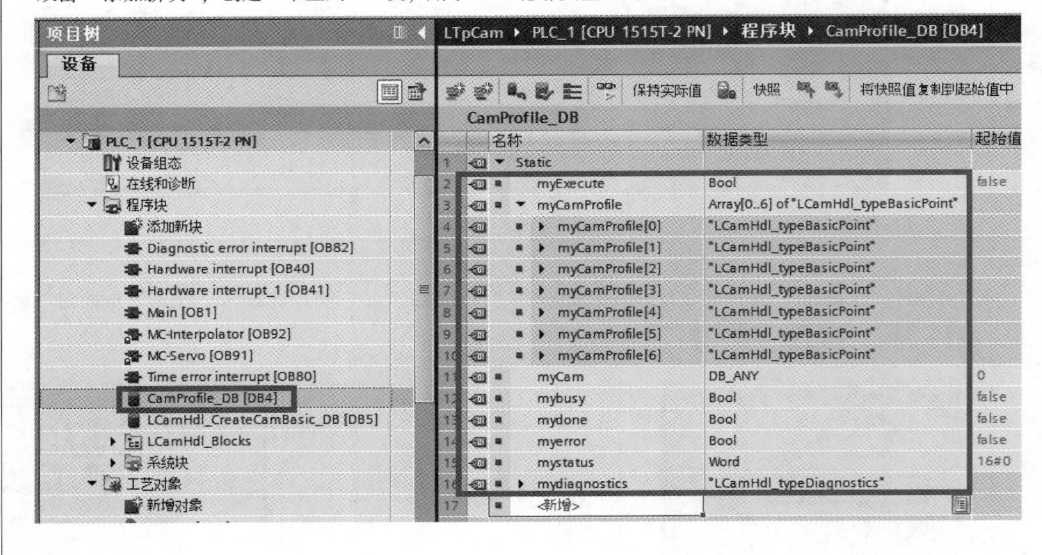

</td></tr>
<tr><td>5</td><td>

在 OB1 中，调用“LCamHdl_CreateCamBasic”功能块

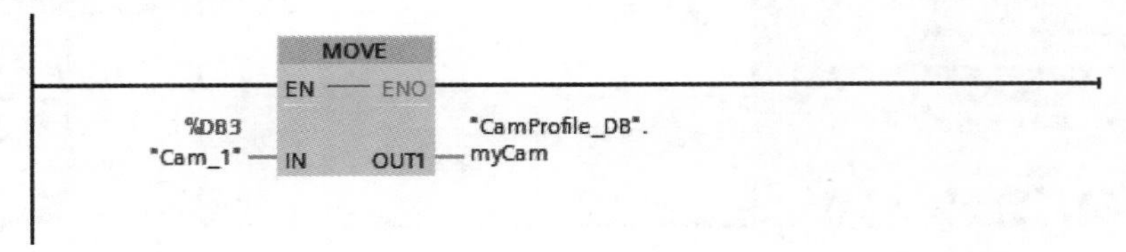

</td></tr>
</table>

（续）

步骤	描 述
5	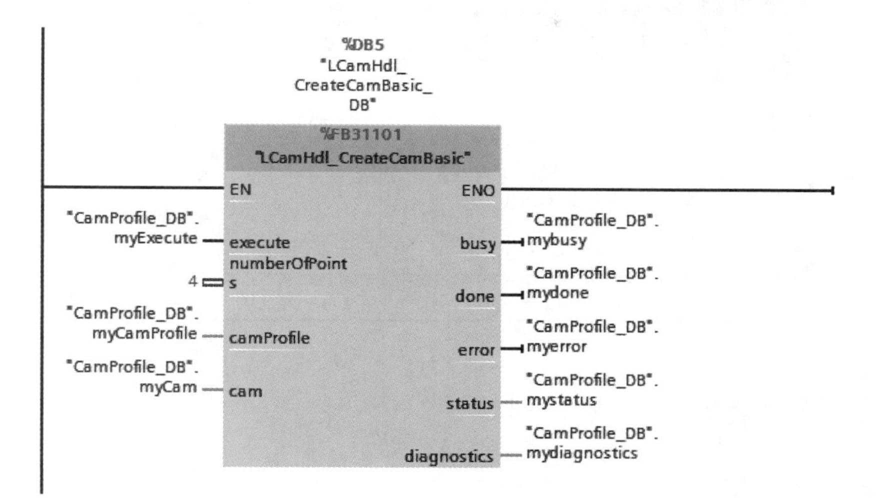

步骤	描 述
6	通过监控表，对 Cam 曲线的 4 个点进行赋值，之后将“myExecute”置 1，生成 Cam 曲线

LTpCam ▸ PLC_1 [CPU 1515T-2 PN] ▸ 监控与强制表 ▸ 监控表_1

	i	名称	地址	显示格式	监视值	修改值	⚡
1		"CamProfile_DB".myExecute		布尔型	TRUE	TRUE	☑ ⚠
2		"CamProfile_DB".myCam		无符号十进制	3		☐
3		"CamProfile_DB".mybusy		布尔型	FALSE		☐
4		"CamProfile_DB".mydone		布尔型	TRUE		☐
5		"CamProfile_DB".myerror		布尔型	FALSE		☐
6		"CamProfile_DB".mystatus		十六进制	16#0000		☐
7		"CamProfile_DB".myCamProfile[0].leadingValue		浮点数	0.0		☐
8		"CamProfile_DB".myCamProfile[0].followingValue		浮点数	0.0		☐
9		"CamProfile_DB".myCamProfile[0].velocityRatio		浮点数	0.0		☐
10		"CamProfile_DB".myCamProfile[0].accelerationRatio		浮点数	0.0		☐
11		"CamProfile_DB".myCamProfile[1].leadingValue		浮点数	100.0	100.0	☑ ⚠
12		"CamProfile_DB".myCamProfile[1].followingValue		浮点数	100.0	100.0	☑ ⚠
13		"CamProfile_DB".myCamProfile[1].velocityRatio		浮点数	0.0		☐
14		"CamProfile_DB".myCamProfile[1].accelerationRatio		浮点数	0.0		☐
15		"CamProfile_DB".myCamProfile[2].leadingValue		浮点数	200.0	200.0	☑ ⚠
16		"CamProfile_DB".myCamProfile[2].followingValue		浮点数	100.0	100.0	☑ ⚠
17		"CamProfile_DB".myCamProfile[2].velocityRatio		浮点数	0.0		☐
18		"CamProfile_DB".myCamProfile[2].accelerationRatio		浮点数	0.0		☐
19		"CamProfile_DB".myCamProfile[3].leadingValue		浮点数	300.0	300.0	☑ ⚠
20		"CamProfile_DB".myCamProfile[3].followingValue		浮点数	0.0		☐
21		"CamProfile_DB".myCamProfile[3].velocityRatio		浮点数	0.0		☐
22		"CamProfile_DB".myCamProfile[3].accelerationRatio		浮点数	0.0		☐
23			<添加>				☐

（续）

步骤	描　　述
7	单击“读取并显示一次在线曲线”图标，在线查看生成的 Cam 曲线 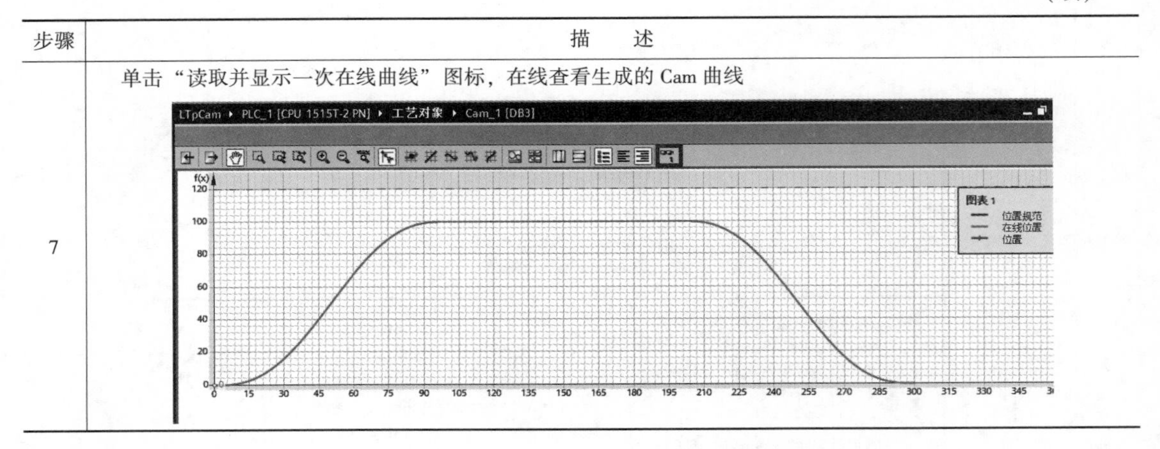

9.6　飞锯功能库

飞锯功能可以实现对连续运动的物料进行动态切割，避免了物料的损失和浪费，提高了生产效率，机械示意如图 9-7 所示。由于飞锯/飞剪功能对物料实现的是动态切割，避免了物料的频繁加速和减速，从而节省了资源。生产中可以根据生产和工艺的需要，对机械数据或切割长度进行实时修改，缩短工作时间，提高效率，从而节约了生产成本。

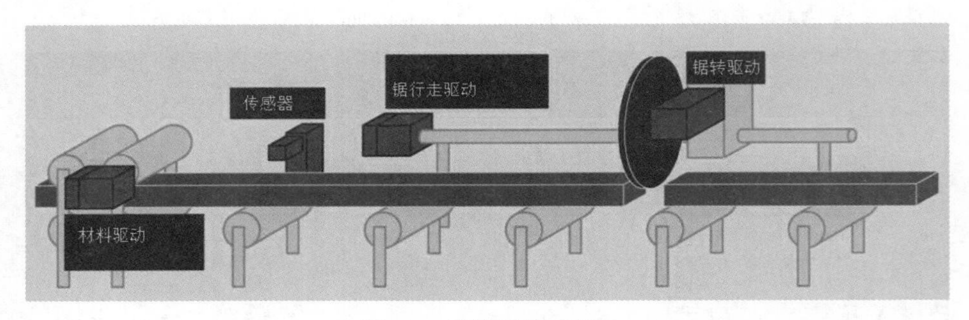

图 9-7　飞锯机械示意图

飞锯功能可以广泛地使用在高频直缝焊管或型钢的生产线上，可在焊管或型钢高速运动下实现自动跟踪锯切。同飞剪功能一样，都是在运动中对材料进行定长分切，较之传统的切割方式，飞锯（飞剪）功能除了可以保证剪切精度外还大大提高了生产效率，这是推广飞锯（飞剪）系统的关键所在。

S7-1500T 标准的“FlyingSaw”功能库分别有“FlyingSawBasic”和“FlyingSawAdvanced”两种库文件，可以实现对物料打印标记和定长切割，并且保证同步的精度。此外，还可以对测量偏差和同步偏差进行自动地修正和监控，从而保证切割的精度和可靠性，“FlyingSawBasic”库包含下述应用及功能：

1）可实现定长切或切标两种不同的剪切方法。

2）运行中可在实轴及外部编码器主值源之间进行即时切换。

3）运行期间运行参数的即时切换。

4）可实现立即剪切及自动模式下的剪切运行。

5）实现剪切材料的对称同步。

6）可配置飞锯的返回速度。

7）切割和切割长度的记录。

8）当切标时，可通过测量输入信号进行标记检测。

9）剪切后材料产生间隙。

1. 不同的剪切方法

1）定长切如图9-8所示。按照要求的长度对材料进行锯切，锯机操作员可以调整每个切割的材料长度。

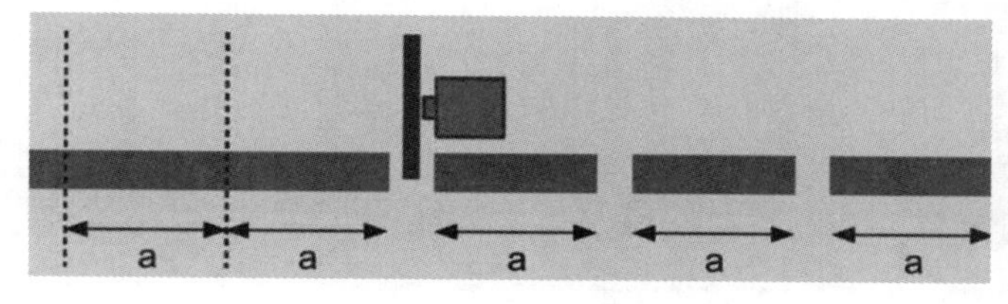

图9-8 定长切

2）切标如图9-9所示。切割到测量标记时，通过测量输入传感器检测材料上的标记，跟随轴和锯与标记同步。

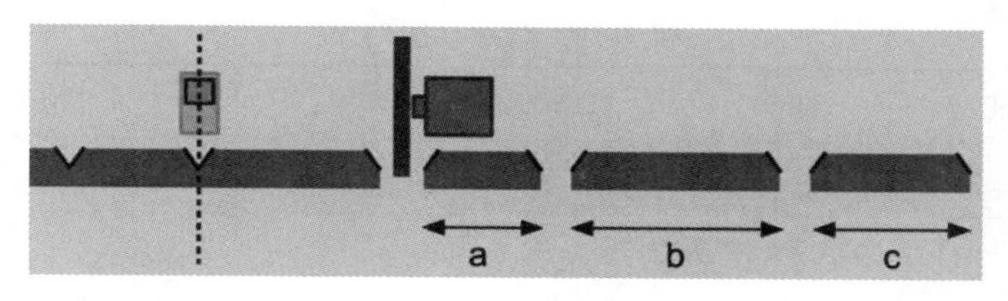

图9-9 切标

2. 不同的主值类型

1）实轴作为主值如图9-10所示。材料轴的位置值可以直接用作锯轴的主值。

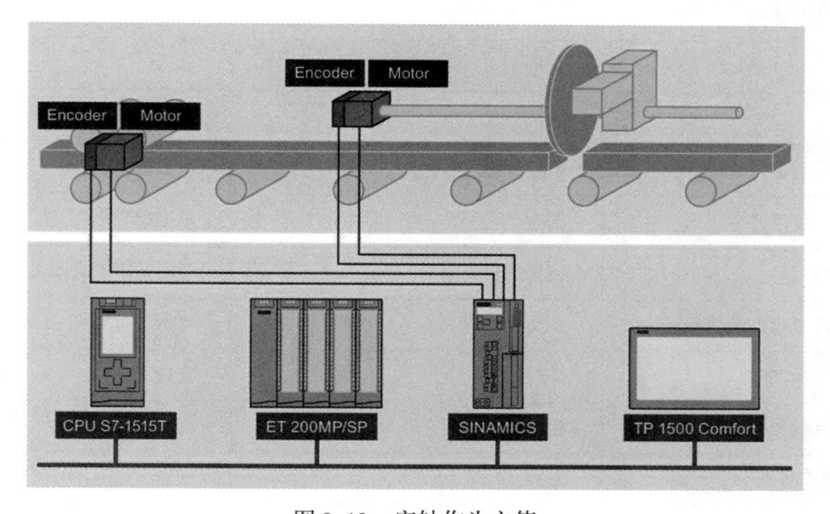

图9-10 实轴作为主值

2）外部编码器作为主值如图 9-11 所示。应用程序接收来自外部编码器的信号。

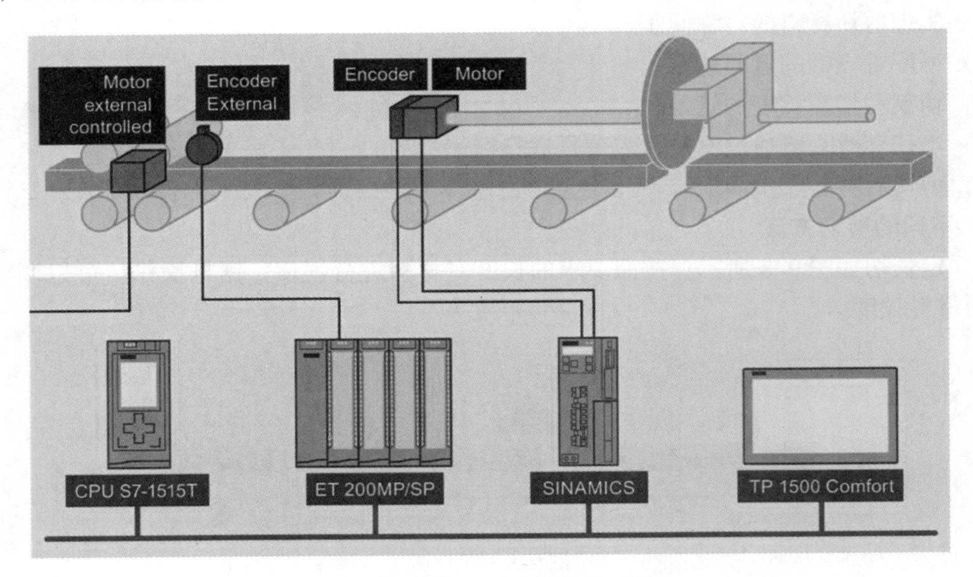

图 9-11 外部编码器作为主值

“FlyingSawBasic” 和 “FlyingSawAdvanced” 两种库文件中包含功能对比见表 9-10。

表 9-10 程序功能对比

功　能	“FlyingSawBasic”	“FlyingSawAdvanced”
切定长	支持	支持
切标	支持 到测量传感器的最大距离为一个产品长度	支持 到测量传感器的距离无要求（保存在缓存器中）
运行中，可在实轴及外部编码器主值源之间进行即时切换	支持	不支持
立即剪切	支持	支持
对称同步	支持	支持
锯轴返回的动态参数	可参数化	可参数化/自动
剪切及剪切长度累计	支持	根据用户应用
自动标记搜索	根据用户应用	激活范围的自动设置
运行到某个位置再继续剪切	不支持	支持
剪切后材料产生间隙	支持	支持
动态改变锯轴起始位置	根据用户应用	支持
HMI 调试/测试界面	支持	支持

9.7 收放卷及张力控制功能库

在物料加工行业中，收放卷的张力控制是十分常见的应用，例如印刷机械、包装机械、纺织机械等。在这些应用中，收放卷是一个非常核心的部分，图9-12描述了一个中心卷曲的基本构架。

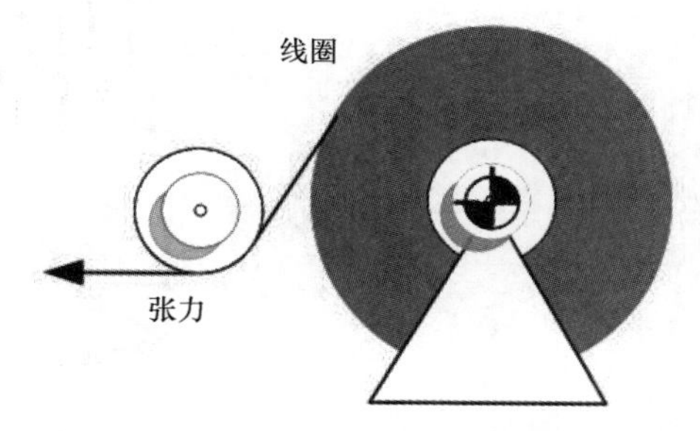

图9-12 收放卷示意图

一般地，卷曲方案包括卷筒驱动轴、材料夹送轴，以及外部传感器（根据张力控制类型来定）。卷曲的功能是按照一定的张力收卷或者放卷材料。运动控制系统利用若干系统变量计算实际卷径，并控制电动机转速，以便材料的张力保持恒定。如果系统必须满足更高的性能和张力精度，那么合适的传感器必须添加到系统中，如跳舞辊或者测压传感器。

针对S7-1500（T）控制系统，可以使用做卷曲控制的功能库“LCon”和“LCon-SMC”，使用标准的收放卷功能块可大大节省调试工程师的时间及精力，使程序项目更加标准化。

1. 收放卷库技术的特点

1）卷曲轴通过中心轴驱动。

2）针对卷径变化范围提供不同的卷曲控制方式。

2. 张力控制的特性

根据选择收放卷的不同方式，核心功能块可以产生控制收放卷轴的速度或转矩设定值。多种控制方式可供用户使用，如可采用速度控制器饱和（张力控制器对转矩进行限制）或速度校正技术（张力控制器影响速度设定点）等，其张力控制的特性如下：

1）可使用多项式，直线或双曲线特性进行张力锥度控制。

2）辊筒的转动惯量的加速度转矩预控功能。

3）采用多种技术计算卷径。

4）测压传感器或跳舞辊作为测量系统。

9.8 运动机构的控制功能库

9.8.1 运动机构控制功能库的应用

为了方便用户使用S7-1500T PLC运动机构工艺对象的路径控制，降低编程难度和规范编程，可以使用运动机构工艺对象的库程序“LKinCtrl”。库中的功能块通过控制命令列表及多个路径分段实现整个路径的运动控制，如图9-13所示。

库文件中的主要功能块说明如下：

1. “MC_MovePath”路径控制程序块

使用运动机构路径控制库，用户可以使运动机构工艺对象按照预定义的轨迹轻松地实现

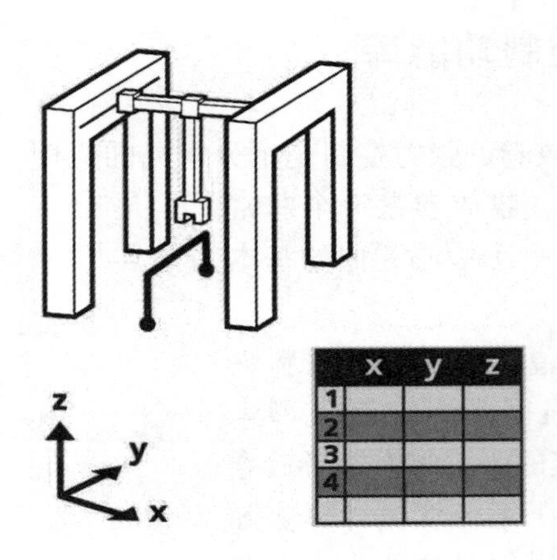

图 9-13　运动机构控制

路径控制。不需要在用户中执行和处理多个单一的动作命令，程序中只有一个核心功能块控制运动机构工艺对象。路径信息由一系列命令提供，支持的动作命令类型包括了路径转换功能的绝对或相对线性和圆形运动。路径运动只需通过输入参数就可以停止、中断和继续执行运动，功能块还可以提供路径执行时的状态以及错误诊断的详细信息。

使用库文件有以下好处：

- 命令列表中方便的路径定义。
- 根据命令列表执行动作命令。
- 路径执行的单步/自动模式。
- 诊断接口。
- 执行器控制的标志取决于路径状态。
- 熟悉的动作命令界面。
- 内存和运行时优化的功能块。

2. “MC_JogFrame” 运动机构点动程序块

功能块 “MC_JogFrame” 提供了 X、Y、Z 方向的连续点动或增量点动运动功能。

3. “GCode2MovePath” G 代码（数控系统中较为常用的编程语言）**转换数据工具**

附加的 Windows 工具 “GCode2MovePath” 支持自动基于 G 代码生成运动全局数据块。

标准应用程序 “LKinCtrl” 可以轻松预定义运动机构的运行路径，不需要在用户中编写多个动作的运行命令，图 9-14 显示了应用的工作流程。

9.8.2　HMI 运动机构手动控制模板

“LKinMCtrl” 库为运动机构工艺对象提供了在 HMI 中预定义面板中实现手动控制功能，这将大大减少工程师编写 HMI 的工程时间，使用此库可以在 HMI 中通过标准的控制界面实现下述运动控制功能：

1）运动机构轴控制

- 启用/停止单轴。
- 启用/停止所有运动机构工艺对象。

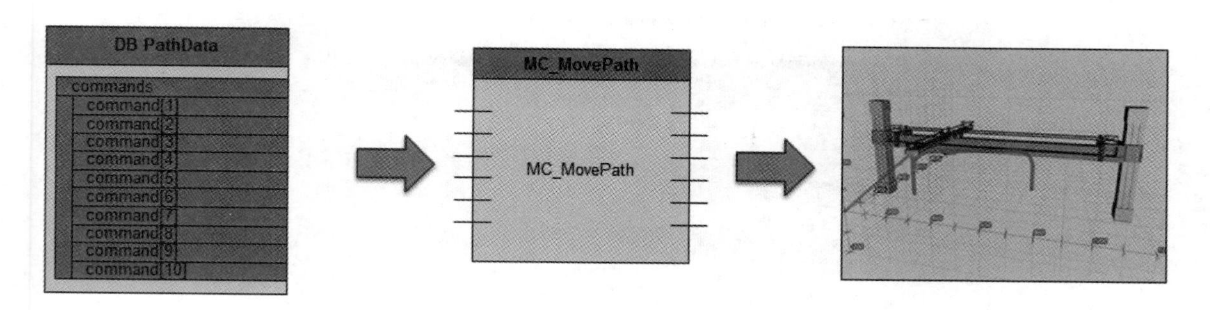

图 9-14 应用工作流程

- 打开/关闭电动机抱闸。
- 点动轴（增量/连续）。
- 轴回零（主动回原点/绝对编码器调整/直接回原点）。
- 更改轴的速度倍率。

2）运动机构工艺对象控制

- 点动运动机构工艺对象（增量/连续）。
- 点动运动机构工艺对象到目标位置。
- 更换工具。
- 更改坐标系。
- 点动速度的指定（路径/方向）。
- 更改运动机构工艺对象的速度倍率。

3）运动机构工艺对象配置

- KCS 配置。
- OCS1...3 配置。
- 工具配置。
- 默认的动态响应配置。
- 最大的动态响应配置。
- 改变动态响应适配模式。

4）域的定义

- 编辑工作区域。

（类型、状态、几何、坐标系、尺寸、位置、旋转）配置。

- 编辑运动区域。

（类型、状态、几何、坐标系、尺寸、位置、旋转）配置。

5）诊断

- 确认错误（运动机构工艺对象/轴/手动控制）。
- 在两个不同的坐标系中比较位置。

包含“运动机构 HMI”面板的库“LKinMCtrl”可以轻松地集成到用户项目中，它提供了统一的用户友好操作概念，如图 9-15 所示。

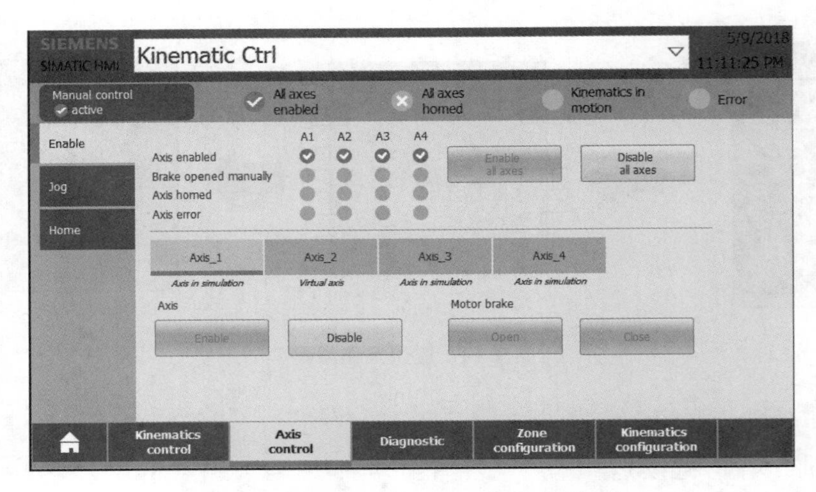

图 9-15　“运动机构 HMI”标准操作面板

9.9　编程规范及“OMAC”程序库

在规范编程方面，西门子工业在线支持网站上提供了许多有关 SIMATIC S7-1500 控制器编程优化的建议和信息，以指南的形式说明。

这些指南有助于帮助用户创建标准化的自动化解决方案以及优化编程，这些建议和信息分为编程指南和编程风格指南两部分。

第一部分为编程指南。针对控制器 S7-1500 的系统架构，并与 TIA 博途软件一起提供编程和配置的建议说明。针对 S7-1500 创新编程语言、优化块、数据类型和说明、一般编程的建议操作系统和用户程序、内存概念和符号寻址、程序库功能以及编程中最重要的建议概述。

第二部分为编程风格指南。在对 SIMATIC 控制器进行编程时，编程人员的任务是尽可能地创建清晰、可读的用户程序。每个工程师都有自己的策略，例如如何命名变量、块或注释方式。由于编程人员编程风格的不同，导致创建了非常不同的用户程序，因此只能由相应的编程人员解释和维护。而此编程风格指南文档提供了协调一致的编程规则。例如，这些规则描述了变量和块名称的统一分配，指令的调用方式以及程序的统一写法。如果是几个工程师维护同一个程序，建议使用统一协调的编程风格。从而使程序容易阅读和理解，便于维护和提高程序的可重用性，并且可以简单、快速地针对程序进行故障排除和纠错。

同时，通过编写状态机的方式进行运动控制编程，可以编写出模块化、规范化的运动控制代码：

- 只有状态机当前状态下的程序代码处于活动状态，程序代码相互之间不受影响。
- 明确界定各状态之间的转换，可以防止错误的转换到其它状态。
- 状态机的编程可以在 SCL 块中清晰、简单的构建。
- 程序代码的更改只影响其编程状态机的状态。

利用CASE指令，可以构建如图9-16所示的程序结构，在进入Function和退出Function时，需要考虑编写代码用于处理和复位相关状态。

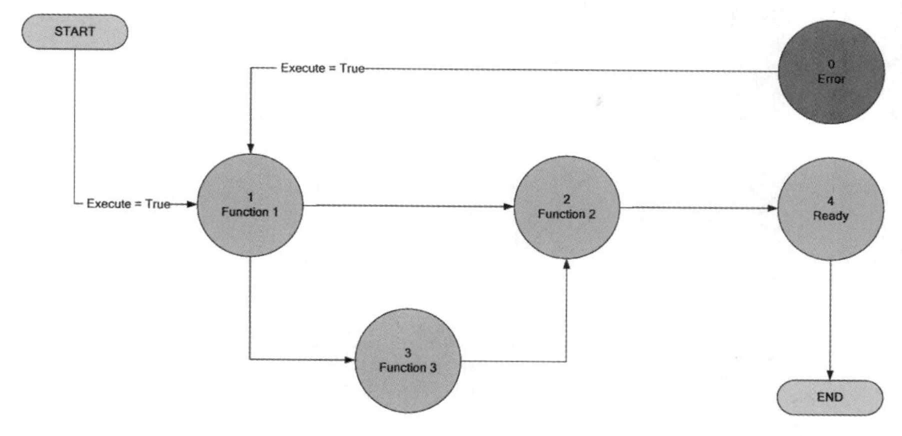

图9-16 状态机

如果需要进一步提高程序的规范性，也可以借鉴OMAC PackML V3.0标准，通过使用LPMLV30库，可以用于以标准模式和预定义状态的功能块控制设备运行。

- 单元模式包含手动、维护、生产和用户定义的模式。
- 单位模式内的状态，包含"Idle""Execute""Stopped"等可用于处理操作模式中的机器状态。状态切换按状态机的形式进行。

用户可以灵活地选择符合设备需要的状态和模式，并且仅在需要的模式和状态下编写设备执行代码。根据PackML V3.0的模式和状态，程序中定义了生产、维护、手动和用户定义模式以及由PackML V3.0定义的相关状态，手动、维护和用户定义模式的状态机通常是生产模式状态机的子集。如果使用模式不是标准中定义的，则用户可以根据需要在用户定义模式中定义。生产模式的状态模型应该被认为是最大的数量结构，可以减少，但不能增加。这意味着对于简易的状态结构，生产模式的状态模型中的单个状态可以直接跳过，如图9-17所示。

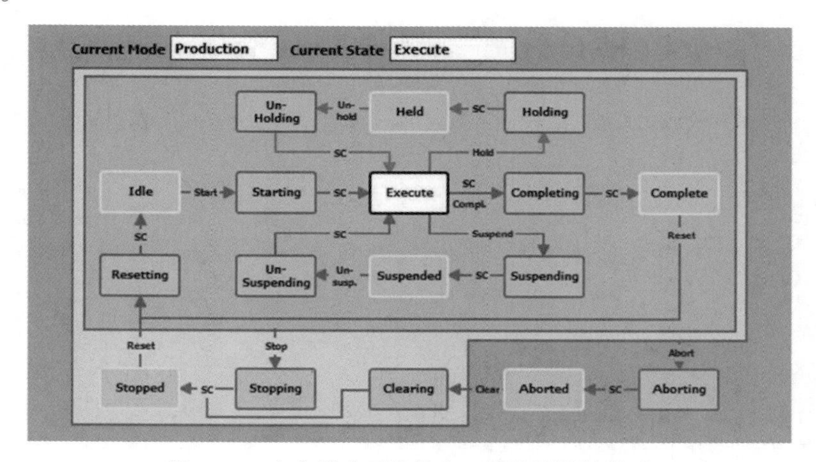

图9-17 生产模式下的状态一览以及跳转关系

除了“OMAC”程序库之外，西门子公司还提供了“CPG”模版，用于建立模块化设计的项目结构有助于生成易于诊断、便于扩展的标准化设备。通过西门子编程指南、“OMAC”程序库和“CPG”模版能够建立高可用性、规范的应用程序。

第10章　参考资料及下载资料

在机器制造领域中，西门子公司除了提供独一无二的产品之外，还提供了程序库和集成解决方案，这些程序库和集成解决方案将助力设备制造商制造出更加经济、高效的卓越机器。当今自动化领域的一个最为重要的趋势是朝着模块化、标准化方向快速发展。通过软件中经过验证和测试的程序库及集成解决方案，可以有效地提升设备的可靠运行时间以提高产品质量。因此，为了便于读者更好地理解本书内容和使用规范、标准的程序库功能，本章列出了相关的参考资料、程序库和集成解决方案的下载链接。除此之外，本章还列举了运动控制系统中常用工艺模块的参数组态以及使用中的工艺故障，供读者参考。

10.1　运动控制相关资料

运动控制相关资料下载链接见表10-1。

表10-1　运动控制相关资料下载链接

名　称	简　述	网址链接
编程指南和编程风格指南	描述如何以最佳的方式进行控制器编程	https://support.industry.siemens.com/cs/ww/en/view/81318674
标准化指南	展示了如何将机器和系统模块化。针对自动化解决方案的结构化和标准化编程提供建议和提示	https://support.industry.siemens.com/cs/ww/en/view/109756737
TIA博途库处理指南	介绍了如何在TIA博途中使用特定库元素创建企业库	https://support.industry.siemens.com/cs/ww/en/view/109747503
S7-1500（T）使用工艺对象进行轴控制的基础知识和轴优化方法	描述了轴控制的基本原理和工艺对象中位置控制的优化	https://support.industry.siemens.com/cs/ww/en/view/109779884
S7-1500T：实际值耦合的滤波和外推指南	提供了在“外部编码器”工艺对象上参数化实际值外推的指导方针。对各参数进行了详细的说明，并举例说明了实际值外推的效果	https://support.industry.siemens.com/cs/ww/en/view/109763337
LAxisCtrl标准轴控制应用库	此标准程序库可以实现SIMATIC S7-1500（T）轴的基本运动控制功能。使用此功能可以实现轴控制的简单、快速编程，并可以实现编程的标准化	https://support.industry.siemens.com/cs/ww/en/view/109749348

（续）

名　　称	简　　述	网址链接
SINAMICS S7-1500 驱动器报警处理库	通过报警处理应用程序，可以读取 SINAMICS 驱动器的报警、故障和安全消息并将其添加到 SIMATICS7-1500 的报警显示中。这些消息与驱动器中事件的时间戳和 SINAMICS 驱动器的消息文本一起添加，为机器的故障评估提供支持	https://support.industry.siemens.com/cs/ww/en/view/109761931
LcamHdl 凸轮曲线生成库	LcamHdl 程序库支持用户在运行时创建高质量且无冲击的凸轮曲线。支持不同曲线类型各段的计算，尤其是多项式系数和标准化的段，均由功能块完成	https://support.industry.siemens.com/cs/ww/en/view/105644659
使用 MC-PreServo 和 MC-PostServo 组织块	MC-PreServo 和 MC-PostServo 组织块是可编程的，此文档将对液压阀进行组态并用作定位轴，通过控制器的模拟输入来检测位置	https://support.industry.siemens.com/cs/ww/en/view/109741575
OMACPackML 设备和单元状态管理库	程序库为设备提供 OMAC 模式和状态管理器，通过在机器中使用标准模式和状态管理以及数据接口，可以实现更高效率的应用和管理	https://support.industry.siemens.com/cs/ww/en/view/49970441
智能传送带控制	智能传送带程序库适用于生产机械，主要用于包装行业。该应用包括至少一个传送带或链条，以处理所需的产品运动。每个传送带可以通过单独的驱动器驱动，并且由一个或多个载具小车组成	https://support.industry.siemens.com/cs/ww/en/view/48812744
SIMATIC ACL1500	ACL1500 库允许在一个简单的用户界面中根据模块化原则将预定义的动作、内置计时器和完全可参数化的数字和模拟条件组合成一个序列，从而使编程工作更加容易	https://support.industry.siemens.com/cs/ww/en/view/109783875
SIMATICInterpreter 解释器库	解释器应用程序提供控制结构的命令，如跳转、循环和转换条件，可以方便地创建机器序列。这些序列可以用程序中的命令进行参数化。多个程序可在机器中同时独立运行，以实现所需的机器功能	https://support.industry.siemens.com/cs/ww/en/view/109762264
LAcycCom 非周期数据交换	该库用于非循环数据通信，可以在多个非周期数据交换请求间进行协调，确保对驱动器参数读写请求的完成	https://support.industry.siemens.com/cs/ww/en/view/109479553
LDrvSafe 故障安全库	该库用于 S7-1200F、S7-1500F 和 SINAMICS 驱动器一起基于 PROFIsafe 协议，实现各种安全应用	https://support.industry.siemens.com/cs/ww/en/view/109485794

（续）

名　称	简　述	网址链接
SafeKinematics 安全机械手	该库可以安全地监控预定义运动系统的空间运动，实现安全速度监控、安全区监控、安全方向监测	https://support.industry.siemens.com/cs/ww/en/view/109793052
LCalcMC 运动轮廓的计算库	该库提供获取运动曲线详细信息的功能。功能块的结果可用于获取动态特性（速度、加速度、减速度、加加速度）的运动曲线编程	https://support.industry.siemens.com/cs/ww/en/view/109475569
SIMATIC 低频振动抑制定位	通过此应用，可以显著减少定位时的负载振荡，适用于发生低频负载振动的应用	https://support.industry.siemens.com/cs/us/en/view/109799539
LAnyAxis 支持 DB_ANY 的运动控制库	该库可以为各种轴类型创建运动控制应用程序	https://support.industry.siemens.com/cs/ww/en/view/109779533
LPrintMark 测量输入获取色标位置库	通过测量输入工艺对象，该库支持用户实现色标校准功能，通过测量输入工艺对象获取指定设定点位置与测量值之间的计算差值	https://support.industry.siemens.com/cs/ww/en/view/109475573
S7-1500LLoadBal 负载均衡库	该库提供了负载平衡功能，多个电机作用于一个共同的机械负载并一起驱动	https://support.industry.siemens.com/cs/ww/en/view/109794291
LSimaHydTO 液压应用库	该库使 S7-1500（T）可以闭环控制液压轴。借助于模块化功能块，不仅可以实现阀控液压应用，还可以实现变转速泵驱动（伺服泵）	https://support.industry.siemens.com/cs/cn/zh/view/109756217
LkinCtrl 运动机构控制库	该库可以实现对运动机构的轻松编程，可以在一个命令表中实现多个路径的控制。用户无须在程序中执行和处理单个运动命令，路径信息通过命令列表配置。并且功能块提供了有关路径执行状态及错误诊断信息的详细信息	https://support.industry.siemens.com/cs/ww/en/view/109755891
LKinLang 运动学语言库	该库支持运动学的文本运动编程。除了可以定义用户特定的文本语言，运动程序也可以在 G-Code 中定义	https://support.industry.siemens.com/cs/ww/en/view/109767009
LKinMCtrl 运动机构手动控制库	该库为运动机构工艺对象提供了手动控制功能，并提供了预定义的 HMI 面板。所有主要运动功能都封装在单个 HMI 模块中，减少了 HMI 的开发时间	https://support.industry.siemens.com/cs/us/en/view/109755892
LKinCTC 运动学计算扭矩控制	该库使用户能够轻松地实现驱动器中不同类型运动学的扭矩预控	https://support.industry.siemens.com/cs/ww/en/view/109755899
收放卷及张力控制库	该库包含使用张力传感器、浮动辊以及间接张力控制几种方式，还具有扭矩预控制、卷径计算或张力锥度等功能	https://support.industry.siemens.com/cs/ww/en/view/58565043

（续）

名　称	简　述	网址链接
Flying Saw 飞锯控制程序库	飞锯控制程序库可以在运行中剪切连续移动的材料，例如金属、纸、钢型材等。程序库提供的功能有自动控制模式、立即剪切、定长剪切等功能	https://support.industry.siemens.com/cs/ww/en/view/109744840
RotaryKnife 轮切库	轮切程序库可以实现旋转切割工艺应用，例如横切机、冲孔机和压花机控制	https://support.industry.siemens.com/cs/se/en/view/109757260

10.2 S7-1500T 手册及软件工具

S7-1500T 手册及软件工具下载链接见表 10-2。

表 10-2 S7-1500T 手册及软件工具下载链接

说　明	网址链接
S7-1500 运动控制概述手册	https：//support.industry.siemens.com/cs/ww/en/view/109781848/zh
S7-1500 轴功能手册	https://support.industry.siemens.com/cs/ww/en/view/109781849/zh
S7-1500 同步操作功能手册	https://support.industry.siemens.com/cs/ww/en/view/109781851/zh
S7-1500T Kinematics 运动机构功能手册	https://support.industry.siemens.com/cs/ww/en/view/109781850/zh
S7-1500 测量输入和凸轮功能手册	https://support.industry.siemens.com/cs/ww/en/view/109781852/zh
S7-1500 运动控制报警和错误手册	https://support.industry.siemens.com/cs/ww/en/view/109781853/zh
S7-1500 工艺对象“轴”的控制结构手册	https://support.industry.siemens.com/cs/ww/en/view/109770664
TIA 博途软件试用下载地址	https://support.industry.siemens.com/cs/ww/en/view/109784440
TIA Selection Tool 选型工具离线版	https://www.siemens.de/tia – selection – tool – standalone
TIA Selection Tool 选型工具在线版	https://www.siemens.com/tstcloud
SIZER 选型工具	https://support.industry.siemens.com/cs/ww/en/view/54992004

10.3 S7-1500T 轴数据块常用变量

工艺数据块包含工艺对象的所有组态数据、设定值和实际值以及状态信息。TIA 博途软件会在创建工艺对象时自动创建工艺数据块，可以通过程序访问工艺数据块的数据（读/写访问）。

从用户程序中，可以读出工艺对象中的实际值（如当前位置）、状态信息，或者检测错误消息。使用用户程序中编制的查询（如当前速度）语句，可以直接读出工艺对象中的值。与其它数据块相比，读取工艺数据块中的值耗时更长。在用户程序中，如果一个循环内多次使用这些变量，建议将这些变量值复制至局部变量，并在自己的程序中使用这些局部变量。

表 10-3 列出了常用轴状态值，<TO>是指轴的名称，例如“PositioningAxis_1.Position”表示定位轴 1 的位置设定值。

表 10-3　常用轴状态值

变量名称	变量功能	说明
< TO >. StatusWord. X0	使能状态，该工艺对象已使能	此时，可通过运动控制移动该轴
< TO >. StatusWord. X1	错误状态，工艺对象中发生错误	< TO >. ErrorDetail. Number 可以看故障代码
< TO >. StatusWord. X5	工艺对象已回原点	
< TO >. StatusWord. X6	Done 信号，没有运动指令正在执行	对于工艺对象，没有处于运行状态的运动控制工作
< TO >. StatusWord. X7	停止信号	0：轴处于运动状态 1：轴处于停止状态
< TO >. StatusWord. X17	已从负方向上逼近或超出硬限位开关	
< TO >. StatusWord. X18	已从正方向上逼近或超出硬限位开关	
< TO >. StatusWord. X21	同步正在建立	
< TO >. StatusWord. X22	同步已经建立	轴已经与引导轴同步，并与引导轴同步移动
< TO >. StatusWord2. X0	通过 MC_Stop 命令停止并禁用轴	
< TO >. StatusWord2. X2	已进行反向间隙补偿	
< TO >. ErrorWord. X4	驱动装置发生错误	
< TO >. ErrorWord. X5	编码器系统中发生错误	
< TO >. ErrorWord. X14	同步过程中出错	
< TO >. Velocity	速度设定值	
< TO >. Position	位置设定值	
< TO >. ActualPosition	实际位置	
< TO >. ActualVelocity	实际速度	
< TO >. ActualSpeed	电动机的实际速度	
< TO >. Override. Velocity	速度超驰，百分比形式的速度更正值，0.0 到 200.0%	百分比的速度修正值。更改会立即生效
< TO >. StatusPositioning. FollowingError	当前的跟随误差	
< TO >. StatusDrive. InOperation	驱动装置的运行状态	可以用于编程时的连锁使用，FALSE：驱动装置未就绪。将不执行设定值 TRUE：驱动装置就绪，可以执行设定值

（续）

变 量 名 称	变 量 功 能	说　明
<TO>. StatusDrive. CommunicationOK	控制器与驱动装置之间的周期性总线通信	可以用于编程时的连锁使用 FALSE：未建立 TRUE：已建立

10.4　命令的超驰

命令的超驰说明见表 10-4。

表 10-4　命令的超驰说明

新命令 \ 活动命令	MC_Home “Mode” = 2、8、10	MC_Home “Mode” = 3、5	MC_Halt MC_Move - Absolute MC_Move - Relative MC_Move - Velocity MC_MoveJog	MC_Stop	MC_Move - Super - imposed	MC_MotionInVelocity MC_MotionInPosition
MC_Home “Mode” = 3、5	命令中止	命令中止	命令中止	-	命令中止	命令中止
MC_Home “Mode” = 9	命令中止	-	-	-	-	-
MC_Halt MC_MoveAbsolute MC_MoveRelative MC_MoveVelocity MC_MoveJog MC_MotionInVelocity MC_MotionInPosition	-	命令中止	命令中止	-	命令中止	命令中止
MC_MoveSuper - imposed	-	-	-	-	命令中止	-
MC_Stop	命令中止	命令中止	命令中止	由具有同级或高级模式“MC_Stop”中止	命令中止	命令中止
MC_GearIn	-	命令中止	命令中止	-	命令中止	-

（续）

活动命令 / 新命令	MC_Home “Mode” = 2、8、10	MC_Home “Mode” = 3、5	MC_Halt MC_Move – Absolute MC_Move – Relative MC_Move – Velocity MC_MoveJog	MC_Stop	MC_Move – Super – imposed	MC_MotionInVelocity MC_MotionInPosition
MC_GearInPos MC_CamIn 等待1）	–	–	–	–	–	–
MC_GearInPos MC_CamIn 激活2）	–	命令中止	命令中止	–	命令中止	–
MC_Leading ValueAdditive	–	–	–	–	–	–
MC_GearOut MC_CamOut 等待3）	–	–	–	–	–	–
MC_GearOut MC_CamOut 激活4）	–	–	–	–	命令中止	–

注：–：无效，当前运行的命令将继续执行。

命令中止：当前运行的作业由“CommandAborted” = TRUE 中止。

1）状态“Busy” = TRUE、“StartSync” = FALSE、“InSync” = FALSE 对应于等待的同步操作。

2）状态“Busy” = TRUE、“StartSync”或“InSync” = TRUE 对应于激活的同步操作。

3）状态“Busy” = TRUE，“StartSyncOut” = FALSE 对应于挂起的取消同步命令。

4）状态“Busy” = TRUE，“StartSyncOut” = TRUE 对应于激活的取消同步命令。

活动命令 / 新命令	MC_GearIn	MC_GearInPos MC_CamIn 等待1）	MC_GearInPos MC_CamIn 激活2）	MC_Phasing Absolute MC_Phasing Relative	MC_Offset Absolute MC_Offset Relative	MC_Leading ValueAdditive	MC_GearOut MC_CamOut 等待3）	MC_GearOut MC_CamOut 激活4）
MC_Home “Mode” =3、5	命令中止	–	–	–	–	–	–	–
MC_Halt	命令中止	–	命令中止	命令中止	命令中止	–	命令中止	命令中止

（续）

活动命令 新命令	MC_GearIn	MC_GearInPos MC_CamIn 等待 1）	MC_GearInPos MC_CamIn 激活 2）	MC_Phasing Absolute MC_Phasing Relative	MC_Offset Absolute MC_Offset Relative	MC_Leading ValueAdditive	MC_Gea rOut MC_Ca mOut 等待 3）	MC_Gea rOut MC_Ca mOut 激活 4）
MC_MoveAbsolute MC_MoveRelative MC_MoveVelocity MC_MoveJog	命令 中止	–	命令 中止	命令 中止	命令 中止	–	命令 中止	命令 中止
MC_Motion InVelocity MC_Motion InPosition	命令 中止	命令 中止	命令 中止	命令 中止	命令 中止	–	命令 中止	命令 中止
MC_Move – Super – imposed	–	–	–	–	–	–	–	–
MC_Stop	命令 中止	命令 中止	命令 中止	命令 中止	命令 中止	–	命令 中止	命令 中止
MC_GearIn	命令 中止	命令 中止	命令 中止	命令 中止	命令 中止	–	命令 中止	命令 中止
MC_GearIn Pos MC_CamIn 等待 1）	–	命令 中止	–	–	–	–	命令 中止	–
MC_GearIn Pos MC_CamIn 激活 2）	命令 中止	命令 中止	命令 中止	命令 中止	命令 中止	–	命令 中止	命令 中止
MC_Phasin gAbsolute MC_Phasin gRelative	–	–	–	命令 中止	命令 被拒绝	–	–	–
MC_Offset Absolute MC_Offset Relative	–	–	–	命令 被拒绝	命令 中止	–	–	–

（续）

新命令 \ 活动命令	MC_GearIn	MC_GearInPos MC_CamIn 等待 1）	MC_GearInPos MC_CamIn 激活 2）	MC_Phasing Absolute MC_Phasing Relative	MC_Offset Absolute MC_Offset Relative	MC_Leading ValueAdditive	MC_GearOut MC_CamOut 等待 3）	MC_GearOut MC_CamOut 激活 4）
MC_LeadingValue - Additive	-	-	-	-	-	命令中止	-	-
MC_GearOut MC_CamOut 等待 3）	-	命令中止	-	-	-	-	命令中止 5）	-
MC_GearOut MC_CamOut 激活 4）	命令中止	命令中止	命令中止	命令中止	命令中止	-	命令中止 5）	-

注：－：无效，当前运行的命令将继续执行。
命令中止：当前运行的命令由"CommandAborted" = TRUE 中止。
命令被拒绝：不允许，当前运行的命令将继续执行。新命令被拒绝。

1）等待的同步操作（"Busy" = TRUE、"StartSync" = FALSE、"InSync" = FALSE）不会中止任何激活的命令。可通过"MC_Power"命令中止。

2）状态"Busy" = TRUE、"StartSync"或"InSync" = TRUE 对应于激活的同步操作。

3）挂起的取消同步命令（"Busy" = TRUE，"StartSyncOut" = FALSE）不会中止任何处于激活状态的命令。可通过"MC_Power"命令中止。

4）状态"Busy" = TRUE，"StartSyncOut" = TRUE 对应于激活的取消同步命令。

5）"MC_GearOut"命令仅终止"MC_Gear [...]"命令。相应地，"MC_CamOut"命令仅取消"MC_Cam [...]"命令。